바이오시대의

동 물 유 전

김희발 · 도창희 · 손시환 · 신영수 · 양영훈
여인서 · 여정수 · 이득환 · 이정구 · 이학교
조병욱 · 최연호 · 한재용 · 홍영호

선 진 문 화 사

머 리 말

21세기는 바이오(Bio)시대라 일컬어질 만큼 생명공학을 중심으로 하는 융합산업의 발달과 새로운 기술의 개발이 상상할 수 없을 정도의 결과를 이룰 것으로 기대된다. 특히 인간을 비롯한 동물을 대상으로 하는 생명산업은 생명체가 가지고 있는 유전자(DNA)와 이들의 후대에 유전적 체계와 유전자의 재조합을 통해 인간이 바라는 질적 · 양적가치를 높이는 데 기여할 수 있을 것이다.

이러한 유전적 체계의 기본은 부모가 가지고 있는 소질(素質)이 자손에 전달되는 현상을 말하는 것이고, 이 유전현상들이 동물을 대상으로 하여 과학적으로 규명되고 활용되는 학문이 동물유전학(animal genetics)이다. 유전학은 1865년 Gregor Mendel이 완두콩에서 발견했던 유전형질들의 우열관계, 자손에서 유전형질들의 분리현상, 그리고 유전형질간의 독립적 관계를 다루는 멘델유전을 시작으로 유전물질의 총합체인 염색체를 대상으로 한 세포유전학, DNA구조와 기능을 포함하는 분자유전학으로 발전되어 왔다.

21세기에 들어와서 밝혀진 유전물질의 본질인 DNA와 유전자의 구성, 그리고 유전자들의 기능에 대한 연구는 생명의 신비를 밝힐 수 있는 근거로서 끝 닿는 곳이 없을 정도로 활발한 연구결과들이 쏟아지고 있다. 더 나아가서는 유전자 조작을 통한 새로운 생명체의 탄생은 물론, 우수한 유전자들만 가지고 있는 맞춤 생명체의 탄생 등이 강력한 유전자 연구 대상 과제가 되고 있다.

유전자정보 시대에 예측할 수 없이 변화하는 유전연구의 결과를 이해하는 것은 우리들 생활에 필수 불가결한 상식이 되고 있다. 이러한 시대적 요구에 부응해서 지금까지 가능성이 입증된 유전현상의 결과들을 후학과 유전에 관심이 있는 이들에게 체계적이고, 쉽게 정리해야 하는 책임감으로, 몇몇 동물 유전학자들이 준비한 동물유전의 모든 부분을 총망라하여 "바이오시대의 동물유전"이라는 제목으로 출판하게 되었다.

본 집필진들은 급변하는 생명공학의 기술개발과 산업적 활용 정보를 부가하여 21세기를 살아가는 우리들의 생활에 도움이 될 수 있는 유전적 기술과 현상을 지속적으로 첨가와 수정을 통하여 이 책의 가치를 증진시킬 것을 약속드린다. 대학에서 강의와 연구로 바쁘신 중에 새로운 정보를 보완하여 집필하여 주신 집필진들의 정성과 노고, 그리고 이 책의 출판을 맡아 주신 선진문화사 여러분께 깊은 감사를 드린다.

2011. 7.

저자

:: 차　례 ::

1 동물유전학의 개요

2 세포와 염색체

3 멘델 유전과 유전현상

개 요

4 동물의 분자유전

개 요

5 동물의 형질유전

6 집단유전과 양적형질 유전

7 동물생명공학의 기초

8 동물생명공학의 응용

1 동물유전학의 개요

모든 생명체는 부모로부터 태어나는 자연현상에 대한 관심을 가지게 되면서, 부모의 특수한 생리적 물질이 자손에 전달되는 과정을 밝히는 과정에서 유전학(genetics)이 시작되었다. 유전학이란 어원 또한 라틴어의 genesis(출생, birth)에서 나온 단어로, 태어나는 자손은 부모로부터 전달받게 되는 유전적 개념이 담겨 있음을 알 수 있다.

철학자 Aristotle는 여자의 어떤 물질(substance)이 남자의 인간형성 물질(form)을 전달받아서 아기가 태어난다는 이론을 성립시켜, 남녀의 두 물질이 결합함으로써 탄생하는 새로운 생명체는 남자 정자의 신비한 힘에서만 좌우되는 것으로 알았다 (그림 1-1). 그 후 Wolff(1738~1794)는 식물이나 동물의 암수 모든 기관은 고유한 발생 기전을 가지고 있고, 이들의 다양한 결합에서 새로운 생명체의 탄생이 이루어진다는 가설을 제시함으로써 자손

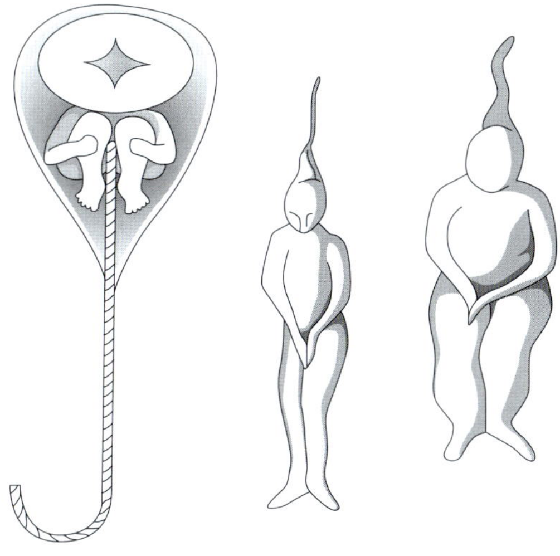

그림 1-1 Aristotle 시대의 가상적인 정자

은 부와 모의 고유한 각각의 생리적 기전에서 생명체의 탄생이 이루어진다는 이론으로 바뀌게 되었다.

과학의 시대에 돌입하면서 생명에 대한 신비로움과 호기심의 증대가 유전에 대한 커다란 연구 성과들을 가져오게 되었지만 아직도 현대 유전학의 연구 대상은 변함없이 부와 모의 유전적 특성이 어떻게 자손에게 전달되며, 어떠한 유전물질이 우수한 자손을 형성하게 되는지를 밝히는 유전학의 본질을 규명하고자 하는 연구는 무한하다고 할 수 있다. 따라서 사람들은 생명체 본질에서 얻어진 유전학적 규명으로 인간이 원하는 방향으로 모든 생명체를 생산하고, 인류의 건강과 삶의 질 개선에 부합하고자 하는 욕망이 유전학을 연구해야 하는 무한적 가치일 것이다.

1-1 동물유전학의 필요성

유전(heredity)이란 부모의 특성이 자식에게 전해지는 현상을 말하는 것이다. 우리가 일반적으로 관찰할 수 있는 예로써, 같은 부모에서 태어난 자손이라도 서로 다른 특성의 차이를 나타내고 있으며, 완전히 꼭 같은 두 개체는 일란성 쌍둥이를 제외하고는 존재하지 않는다. 이러한 생물의 개체간에 나타나는 차이를 변이(variation)라고 하며, 이러한 변이는 환경에 의해서 나타나는 환경변이(environmental variation)와 유전적으로 나타나는 유전변이(genetic variation)로 대별될 수 있다. 환경에 의해서 좌우되는 변이는 인위적인 노력으로 환경을 조절함으로써 거의 대부분 극복할 수 있는 반면에, 태어날 때부터 확정된 생명체의 유전적 구성에서 나타나는 유전변이는 인위적 조절이 불가능하다. 따라서 유전변이는 생명이 탄생되기 전 부모의 유전적인 구성과 특성의 조절로 해결될 수 있는 현상이기 때문에 부모를 통한 자손에 전달되는 유전적 기전을 다루는 유전학은 생명체의 근원적 신비를 밝히는 복잡하고 어려운 학문분야라 할 수 있다.

부모의 유전적 구성을 확인하고 이들의 기능을 밝혀 원하는 유전적 특성을 자손에게 전달시킴으로써 인간이 원하는 생명체의 생산이 유전학의 목표라 할 수 있다. 20세기에 시작된 동물유전학이 이루어낸 결과는 동물의 모든 특성(형질, character)에 관여하는 유전요인 중 인류에 경제적으로 이득이 되는 형질, 즉 경제형질(economic character)을 중심으로 지금까지 개량되어 온 능력으로 평가될 수가 있을 것이다. 젖소에서 산유능력 검정이 이루어진 후 우유생산량은 매년 약 500kg, 유지방생산은 약 49kg 증가하고 있고, 돼지의 경우 40년 전 체중 90kg에 도달하는 데 8~9개월이 소요되었고, 사료요구량은 1kg 증체에 4kg이 요구되었으나 현재는 90kg 체중에 도달 월령이 4개월 이내이고, 사료요구량도 2.0~2.1kg 으로 감소되었다. 그리고 닭에서도 1950년에 1년간 한 마리의 닭이 생산하는 산란수가 170개 정도로 계란 1kg 생산에 소요되는 사료량은 3.7kg이었으나 현재는 평균 산란수가 300~310개로 증가하였고, 사료요구량도 2.3kg정도로 감소하였다.

이러한 가축의 능력향상은 전적으로 유전연구의 결과라고는 할 수 없지만 가축의 환경적 여건인 사료의 질, 축사조건, 관리기술의 기여와 더불어 유전적 측면에서 이룩한 결과가 무엇보다도 중요한 역할을 한 것임에는 틀림이 없을 것이다. 21세기의 동물유전학은 유전자인 DNA구성을 직접 확인하고 유전자의 기능을 규명하는 수준에서 더욱 정확하고 손쉽게 유전구조와 현상을 밝힐 수 있는 기술들의 개발로, 인류가 추구하는 건강하고 부유한 삶에 부합되는 최선의 가치로 유전학의 연구가 더욱 필요로 하는 시대가 될 것이다.

1-2 유전학의 범위

동물유전학(animal genetics)은 동물을 대상으로 어미와 아비가 가지고 있는 유전적 특성을 알고, 어미의 난자와 아비의 정자가 결합하여 탄생되는 이들의 자손에게 전달되는 유전적 기전을 밝혀 인류가 원하는 가치의 우수한 능력개량을 목표로 하는 학문이다. 현재까지 활용되고 있는 동물유전학의 영역은 부모와 자식이 가지고 있는 표현능력, 즉 중요한 경제형질의 능력에만 기초한 우수 개체들의 선발에서 유전적 개량의 역사가 시작되었다.

그 후 유전자를 직접 눈으로 확인할 수 없어 모든 개체들이 가지고 있는 환경변이를 최소화하여 유전적 변이를 정확하게 추정하는 집단적 유전현상을 규명하는 집단유전학(population genetics)이 새로운 선발 모델의 개발과 이용으로 현재까지 상당한 동물의 유전적 능력개량에 기여해 왔다. 그러나 유전자를 직접 확인하고, 다룰 수 있는 기술의 발달로 1960년대부터 유전물질의 총합체인 염색체만을 통하여 이들의 여러 유전현상을 밝히고자 하는 유전적 접근기술인 세포유전학(cytogenetics)으로 이어졌고, 1980년 이후에는 염색체를 구성하고 있는 DNA를 직접 확인하고, 이를 조작하는 분자유전학(molecular genetics)의 시대로 이어져 2000년 초에는 인간 유전체 사업(Human Genome Project)이 완료되어 사람의 23쌍(46개) 염색체의 염기서열을 완벽하게 밝히는 개가를 이루어내기도 하였다.

이러한 유전적 기전을 밝히고 활용하기 위해서는 생물학, 미생물학, 생리학, 형태학, 물리학, 생화학, 통계학 등 여러 가지의 학문분야가 기초를 이루어 유전학의 성과를 최대화할 수 있을 것이다.

1-3 유전학의 발달

1. 멘델 유전학

유전적 개념과 이론이 정리된 연구는 1866년 처음으로 Gregor Mendel이 완두콩을 이용한 실험에서 7가지 특성의 유전양식을 발표하면서 유전의 기전에 대한 관심과 연구가 시작되었다고 볼 수 있다. Mendel은 green pea와 yellow pea의 교잡에서 F_1 자손들이 모두 yellow가 나타난 결과에서 F_1에서 나타난 yellow는 우성이고, 나타나지 않았던 형질인 green은 열성이라는 개념을 제시하였고, 이어서 yellow인 F_1이 자가 수정되어 나타난 F_2 후대는 yellow와 green의 비율이 거의 3 : 1인 우성과 열성의 분리비 결과를 얻었던 실험결과에서 지금까지 변하지 않는 유전이론들을 정립하였다.

이때까지 일반적으로 생각해온, 자손은 부모로부터 단순한 원리에 의해서 탄생된다는 인식에서 자손의 형성은 부모의 모든 요소(유전단위)에 의해서 이루어진다는 이론으로 바뀌게 되었고, Mendel이 말한 모든 요소라는 것은 유전자를 의미하는 것이었고, 양친에서 자손에 전달되는 새로운 유전양식은 유전자가 대립유전자(allele)로 이루어지고 있음을 알게 되었던 것이다. 이러한 결과에서 Mendel은 7가지 유전적 사실인 최초의 부모세대 완두콩은 두 가지 형태의 유전자로 구성된, 즉 2배수성(diploid)이며 상동 염색체상에서 대립유전자가 동일한 유전자일 경우는 동형접합체(homozygote), 그리고 서로 다른 형태의 유전자들로 구성된 경우는 이형접합체(heterozygote)의 개념을 설명하였다. 따라서 최초의 첫 교배에 사용된 부모세대의 암수 완두는 homozygote였고, F_1 완두는 heterozygote였다는 것을 알게 됨으로써 두 가지 형태의 유전자는 우성(dominance)과 열성(recessive)으로 구성되어 있으며, 이들 F_1들에서 태어난 후대(F_2)는 일정한 분리의 비율을 가진다는 사실을 발견하였던 것이다. 그리고 Mendel은 생식세포는 대립유전자 중 한 가지 형태의 유전자만이 가질 것이라는 반수체(haploid) 개념에서 F_1의 유전전달 기전을 정립하였던 것이다.

Mendel의 유전이론이 제시될 당시에는 일반상식을 뛰어 넘는 결과였기 때문에 아무도 관심을 갖지 않았었고, 그 후 34년이 지난 1900년에 다른 3명의 식물학자들이 Mendel의 결과와 유사한 이론을 다시 제시함으로써 Mendel의 이론은 뒤늦게 빛을 보게 되었다. 그 후 대부분의 유전학자들은 유전자의 특성에 대한 관심을 가지게 되었고, 유전자에 대한 연구는 극치를 이루어 19세기 중반까지 염색체의 개념을 이해하는 계기가 되기도 하였다.

2. 집단유전학

유전자의 실체가 확실하게 규명되지 않음은 물론 하나의 형질발현에 수 많은 유전자가 관여하는 복잡성과 후대에 전달되는 유전양식이 개체별, 가계별, 품종별 너무나 다양한 변이를 보이는 문제들 때문에, 많은 동물들을 집단적으로 유전양상을 규명하는 집단유전학(population genetics)은 1930년 대 후반부터 우수한 유전형질을 가진 부모를 선발(selection)하여 이들 간의 근친교배(inbreeding)와 잡종교배(crossbreeding)로써 우수한 유전형질을 물려받은 자손을 생산하는 실험들로 다양한 기준이 제시되었다. 집단유전학은 확률을 이용한 통계적 수단으로써 유전분석이 이루어지기 때문에 일명 통계유전학(statistical genetics)이라고도 한다. 1918년 Fisher는 근친의 정도를 추정하는 통계모델과 생물의 변이를 분석하는 분산분석(analysis of variance)을 도입하였고, 그 후 Sewall Wright는 근친과 잡종교배에서 태어난 자손들의 유전적 효과에 대한 연구에서 경로계수(path coefficient)를 추정함으로써 동 · 식물의 개량에 응용하게 하였다.

집단유전학이 실제로 동 · 식물에 적용할 수 있는 이론을 적립하는데 커다란 역할은 1940년 이 후 미국의 J.A. Lush가 양적형질의 유전에 있어서 육종가(breeding value), 선발효과(selection efficiency), 선발지수(selection index)의 개발로 동물의 능력 개량에 지대한 공헌을 하였다. 그 후 L.M. Winters는 근친교배의 효과와 잡종교배의 이용법에 대한 실증실험으로 Lush의 이론적 근거를 뒷받침하였고, 근교계통의 형성으로 이들 간의 잡종교배에 의한 잡종강세(hybrid vigor)를 이용한 개량이 이루어지는 계기가 되어 오늘날까지도 근친교배로서 우수한 유전형질을 가진 gene pool 집단들을 형성하고, 이들 근교계통들 간의 잡종교배로 F_1에 잡종강세의 효과가 최대로 나타나는 자손을 얻고자 하는 선발교배의 체계가 동물산업의 핵심적 개량기능을 하고 있다.

3. 세포유전학

세포유전학(cytogenetics)은 생명체의 기본 단위인 세포를 중심으로 유전적 현상을 밝히고자 하는 학문으로, 1910년에 Thomas Morgan이 처음으로 염색체는 유전자를 가지고 있는 총합체로, 각각 고유한 유전적 특성을 가지고 있으며, 염색체 수는 생식세포인 정자와 난자가 반으로 줄고, 부모세대에서 이들 염색체가 다시 결합하여 2배수성으로 된다는 염색체유전이론(chromosome theory of inheritance)을 정립하게 되었다. 이러한 주장은 유전자가 세포내의 핵 속에 존재하고, 직접 관찰할 수 있는 실체로서 유전적 사고를 완전하게 전환시키는 계기가 되었다. 계속적인 연구에서 Morgan은 초파리의 우성인 red eye와 열성인 white eye 개체를 교배해서 Mendel의 이론에 따라 red eye의 F_1만을 얻을 수 있었지만, 이형접합체인 F_1의 red eye 수컷과 암컷의 교배에서 태어난 자손 중 수컷의 1/2은 열성인 white eye가 나타났는데, 암컷에서는 white eye의 개체를 발견하지 못한 결과에서 초파리의 눈 색깔에서 성과 연관된 새로운 결과를 발견하게 되었다.

이 때 Morgan은 Mendel의 유전현상과 부합되지 않는 유전적 현상을 새롭게 제기하기는 하였으나 성과 초파리의 눈 색깔이 동시에 유전되는 이론인, 상 염색체와 성 염색체의 구분과 성염색체에서 암컷은 동형(XX)이고, 수컷은 이형(XY)인 사실을 규명하지는 못하였다. 또한 Morgan은 계속되는 초파리 실험에서 부모가 가지고 있는 두 종류의 유전자를 동시에 고려한 교배에서 얻어진 F_1 자손들의 일부분은 부모의 형질과 같은 자손들인 반면에, 다른 일부는 부모 어느 쪽에서 나타나지 않는 새로운 조합의 형태를 보인다는 유전현상을 발표하였다.

이러한 사실은 모든 유전자가 독립적으로 자손에 전달되지 않고 있다는 것을 증명하는 것으로, 우성인 정상날개(m^+)와 red eye(w^+)를 가진 초파리와 짧은 날개(m)와 white eye(w)를 가진 초파리의 교배에서 자손 중 65.5%는 부모와 같은 형태로 나타났지만, 나머지는 정상날개(m^+)와 white eye(w)나 짧은 날개(m)와 red eye(w^+)를 가진 초파리로 나타났기 때문에 이러한 현상을 부모에서는 없었던 새로운 재조합(recombinant)으로 표시하게 되었다. 이러한 유전현상은 염색체상에 유전자들이 일직선으로 염주처럼 정렬되어 있고, 이들 유전자 사이의 간격이 크면 대립유전자간에 교차가 일어나게 될 것이라는 것을 가정하게 되었다 (그림 1-2).

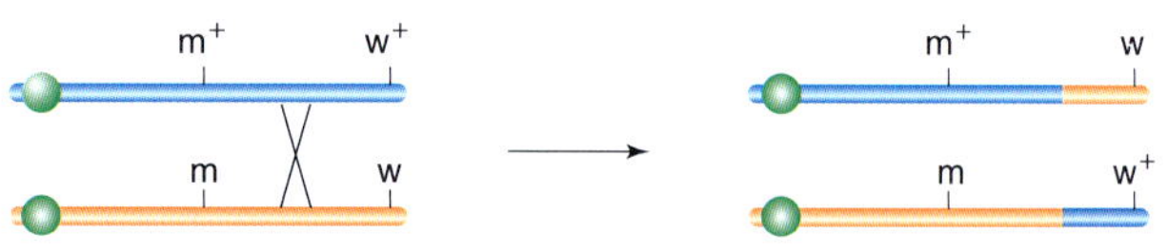

그림 1-2 초파리에서 정상날개(m^+)에 red eye(w^+), 짧은 날개(m)에 white eye(w) 개체가 유전자의 재조합에서 일어난 정상날개(m^+)와 white eye(w), 짧은 날개(m)와 red eye(w^+)

그 후 Sturtevant는 교차가 일어나는 빈도에 따라 두 유전자간의 거리를 추정하는 통계적 모델을 개발하여 오늘날 유전자지도(gene mapping)를 작성하는 데 기초를 만드는 계기가 되고 있다. 1931년에 McClintock는 교차에 의해서 나타나는 옥수수의 염색체에 유전자간 거리를 추정하면서 염색체별 유전자의 재조합관계를 제시함으로써 유전자 연구의 기본이론이 거의 정립되는 계기를 맞게 되었다.

4. 분자유전학

염색체 유전이론이 대부분의 유전학자들에 의해 인정을 받게 되고, 염색체의 내부는 어떻게 구성되어 있으며, 어떠한 기능을 가지고 있을 것인가에 대한 유전학자들의 관심이 높아졌다. 1940년대 초, Frederick Griffith가 치사능력을 가진 bacteria의 전이 연구에서 치사의 독성을 가진 bacteria를 열처리로 죽인 후 독성이 없는 살아있는 bacteria를 혼합하여 마우스에 감염시킨 결과 마우스가 죽었다는 실험결과가 bacteria의 DNA에 의해 일어난 것임을 입증하고, 1944년 Oswald Avery연구팀은 phage virus의 실험으로 유전물질은 DNA임을 재확인하였다. 이어서 분자생물학자들은 모든 생명체는 수많은 화학적 반응이 일어나고 있는데, 이러한 반응들은 enzyme이라는 단백질에 의해서 조절되고 있다는 사실들이 인정됨으로, 결국 생명체의 유전적 기능을 좌우하는 모든 유전자는 특정 enzyme의 작용을 받고 있다는 one gene-one enzyme 이론을 성립하게 되었다. 그리고 유전자에 의한 마지막 산물은 체내의 화학적 반응을 통하여 단백질 생산으로 기능을 발현하게 되고, 이러한 단백질은 enzyme이 DNA의 한 가닥을 RNA로 복사하고, 다음에 이 RNA가 세포질 내에 있는 ribosome의 작용으로 단백질이 형성된다는 사실까지 입증하게 되었다.

1953년 Watson과 Crick이 DNA는 double helix로 두 가닥 내에 DNA 염기가 쌍으로 형성되어 있고, 염기의 종류는 4종류로 Adenine(A), Guanine(G), Cytocine(C), 그리고 Thymine(T)로서 A는 T와 G는 C와 항상 결합된 AT, GC, TA, CG의 형태로 존재한다는 사실을 밝히게 되었다. 따라서 한 가닥의 DNA염기를 규명함으로써 나머지 가닥의 염기정보를 알 수 있는 상보성(complementary) 기능이 밝혀지고, 이들 주형의 DNA로부터 각각 새로운 염기를 복제(duplication)하는 기전의 기초도 밝혀지게 되었다.

AT		A		T		AT		AT
GC	→	G	+	C	→	GC	+	GC
TA		T		A		TA		TA
CG		C		G		CG		CG

1960년 초에 Marshall Nirenberg와 Har Gobind Khorana는 3종류의 염기로 구성되는 codon의 구성을 발표하고, 아미노산을 형성하는 61종류의 codon과 3종류의 정지 codon을 밝힘으로써 RNA를 통한 유전자 발현(gene expression)을 밝히는 주요 계기가 마련되었다. 최근에는 특정 유전자를 분리하여 다른 생명체(virus나 bacteria)에 옮기는 유전자 cloning기술

로써 선택적으로 특정 유전자의 대량생산과 이용이 가능하게 되었고, 이들을 다시 동 · 식물에 전이시켜 새로운 유전자를 가지는 형질전환된 생명체의 탄생이 이루어지고 있다 (그림 1-3).

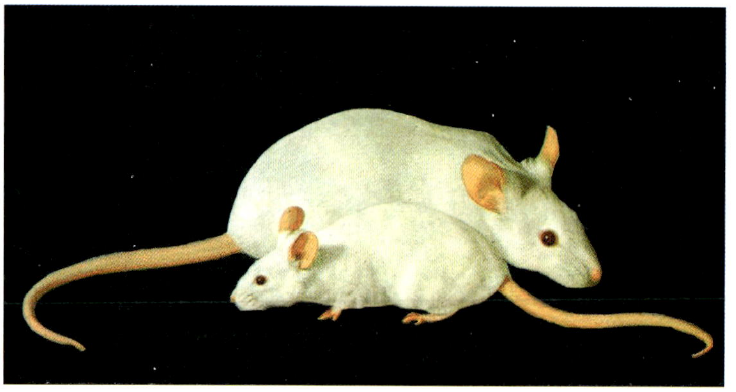

그림 1-3 집쥐의 성장유전자를 주입시켜 생산된 마우스와 정상의 마우스(Palmiter 등, 1981)

미국 환경부(Department of Environment, DOE)와 보건연구소(National Institute of Health, NIH)가 공동으로 1993~2003년까지 10년의 계획으로, 인간 유전체 사업(Human Genome Project)이 시작되었으나, DNA 분석기술의 개발과 공학기술의 발달로 2000년에 이 사업이 조기에 완료되어 사람(남자)의 23쌍 염색체가 가지고 있는 3,079,843,747 DNA 염기서열이 32,185개의 유전자를 가지고 있음이 밝혀지게 되었다. 이러한 염기서열이 어떤 형질에 관련되는 유전자인지를 밝히기 위해서는 생물정보학(bioinformatics)과 컴퓨터 program의 개발이 절실히 요구된다. 최근 이러한 분야의 괄목할만한 발전과 더불어 인간 유전체 연구 결과에서 밝힌 DNA들의 유전자 기능이 서서히 밝혀짐에 따라, 인류의 희망인 불노장생의 길은 열리게 될 것이고, 나아가 인간이 필요로 하는 안성맞춤의 인류사회가 도래하리라 여겨진다.

5. 포스트 게놈(Post-genome)

Post-genome era(게놈 후 시대)란 생명체의 DNA 정보를 모두 밝혀낸 후를 말하는 것으로서 이는 각 생물체의 게놈 프로젝트를 통해서 얻어지는 방대한 DNA 정보와 생명체의 정보를 이용한 연구분야로 유전자의 기능을 밝혀내는 일이 중요한 역할이다. 포스트 게놈 시대의 향후 연구방향은 크게 기능 유전체학(functional genomics) 연구와 비교 유전체학(comparative genomics) 연구의 두 가지 방향으로 추진되고 있다.

(1) 기능 유전체학(Functional genomics)

기능 유전체학이란 구조 유전체학(structural genomics)에서 밝혀놓은 구조분석의 결과인 유전정보를 바탕으로 유전자의 기능을 연구하는 것으로 분자생물학적 접근과 생물정보학(bioinformatics) 및 단백질 수준의 접근인 단백체학(proteomics)이 어우러지는 분야이다.

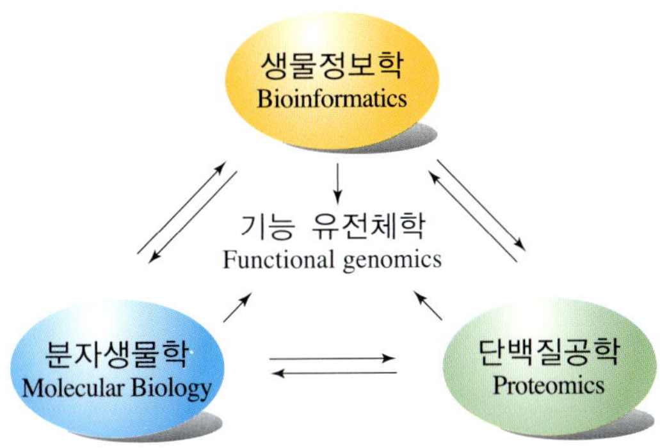

그림 1-4 기능유전체 연구의 연관분야

인간 유전체의 경우 다른 모델 생명체의 유전체보다 훨씬 복잡하며, 유전자로 추정되는 부분은 전체의 3% 정도에 지나지 않는 데다 거의 모든 유전자를 발굴한다는 것이 결코 쉬운 작업이 아니기 때문에, 염기서열이 완료된 후에도 기능유전체 연구는 한동안 지속될 것으로 예상되고 있다. 모든 동물 종들의 genome project에서 밝혀진 DNA구조를 통해 표현형 형질에 관련된 유전자들이 속속 밝혀지고, 이를 바탕으로 양적 · 질적 형질개량과 새로운 치료법의 개발 등으로 앞으로 유전학 전반에 걸쳐 큰 변화가 예상된다.

(2) 비교 유전체학(Comparative genomics)

비교 유전체학이란 개인, 인종, 생물간 유전체 정보를 비교해서 차이점을 찾아내고 이로 인한 생체기능의 차이를 추적하는 연구 분야를 말한다. 특히 개인간의 염기 하나의 차이를 나타내는 단일염기변이(SNP)를 발굴하고 연구하는 것은 비교유전체 연구의 시발점으로써 현재 다수의 생명공학회사들이 이를 찾기 위해 노력 중에 있다. 비교유전체 연구를 통해 개체의 체질, 유전적 성향, 의약품에 대한 반응의 차이 등을 파악할 수 있게 됨으로써 새로운 개념의 개체별 선발과 개량기술이 도입되고, 인간의 경우 이 체질적 맞춤의학과 같은 과학적 자료에 기반을 둔 예방의학이 크게 발전할 것으로 예상된다.

(3) 단백체학(Proteomics)

Proteome(단백체)이란 **prote**in과 gen**ome**의 합성어로 생명체가 특정한 환경 하에서 특정 유전자의 지시에 따라 생합성된 총 단백질을 의미하며 이러한 proteome을 연구하는 학문을 단백체학이라고 한다. 단백질 수준에서 세포진행과 유전자 발현 등에 관여하는 단백질의 특성 및 기능을 밝히는 연구로서 기능유전체 연구에서 중요한 위치를 차지하고 있는 분야이다. 또한 많은 질병이 유전자와는 무관하게 단백질의 상호작용, 기능장애 등의 의한 경우가 있기 때문에 genomics와 proteomics 기술을 병용한 연구의 필요성이 부각되고 있으며, 많은 단백질의 고성능 시스템을 이용한 분석과 테스트를 가능케 하는 단백질칩(protein chip) 분야도 새롭게 떠오르고 있는 분야이다.

요 약

1. 유전(heredity)이란 부모의 특성이 자식에게 전해지는 현상을 말한다.
2. 변이(variation)란 생물 개체간에 나타나는 차이로, 인위적인 힘으로 조절이 가능한 환경변이(environmental variation)와 조절이 불가능한 유전변이(genetic variation)로 대별된다.
3. 인간 유전체 사업(Human Genome Project)은 미국의 환경부(Department of Environment, DOC)와 보건연구소(National Institute of Health, NIH)가 동으로 1993~2000년에 사람의 23쌍(46개) 염색체의 염기서열을 밝힌 사업이다.
4. **동물 유전학의 범위**

   ① 멘델 유전학(transmission genetics)

   Mendel의 유전이론이 주가 되는 대립유전자(allele), 2배수성(diploid, 2n)과 반수체(haploid, n), 동형접합체(homozygote)와 이형접합체(heterozygote), 우성(dominant)과 열성(recessive)의 개념을 활용한 유전현상을 다루는 학문분야이다.

   ② 집단유전학(population genetics)

   동물들을 집단적 개념에서 확률을 이용한 통계모델(statistical model)과 분산분석(analysis of variance), 근친교배(inbreeding)와 잡종교배(crossbreeding)에 의한 잡종강세(hybrid vigor)를 이용, 그리고 육종가(breeding value), 선발효과(selection efficiency), 선발지수(selection index)의 모델을 통한 유전적 개량을 다룬 학문이다.

③ 세포유전학(cytogenetics)

염색체는 유전자를 가지고 있는 총합체로, 염색체 유전이론(chromosome theory of inheritance), 상 염색체(autosome)와 성 염색체(sex chromosome), 유전자 재조합(recombinant)으로 유전자지도(gene mapping)를 작성하는 개가를 이룬 학문의 영역이다.

④ 분자유전학(molecular genetics)

모든 유전자는 특정 enzyme의 작용을 받고 있다는 one gene-one enzyme이론을 바탕으로 double helix의 DNA구조, 염기의 분석, codon과 유전자 발현(gene expression), 그리고 이러한 유전자를 이용한 유전공학 등 분자적 차원에서 유전 현상을 구명하는 학문 영역이다.

⑤ 포스트 게놈(Post-genome)

Post-genome era(게놈 후 시대)란 생명체의 DNA 정보를 모두 밝혀낸 후 방대한 DNA 정보와 생명체의 정보를 이용한 연구분야로 기능유전체(functional genomics) 연구와 비교유전체(comparative genomics) 연구의 두 가지 방향으로 추진되고 있다.

프랑스의 유명한 가수이자 배우인 이브몽땅이 1991년에 사망을 하였다. 1974년 당시 19세의 프랑스의 여배우 안 질베르트와 2년간 교제를 하였고, 안 질베르트는 그녀의 딸인 드로사르가 이브몽땅의 딸이라고 법원에 친자확인 소송을 제기하였다. 몽땅은 생전에 안 질베르트와의 관계를 인정하였지만, 드로사르와의 친자관계는 일관되게 부인하고, 친자확인에 필요한 어떤 조사도 부인을 하였다. 파리법원은 1991년 드로사르와 몽땅이 닮았다는 점과 몽땅이 혈액검사를 거부했던 사실을 들어 몽땅이 드로사르의 친아버지라고 결론을 내렸다. 그리고 몽땅은 친자소송 진술을 위해 법정에 출두하기 3일 전 심장마비로 70세에 일생을 마감하였다. 몽땅의 가족들은 너무나 터무니없는 사실에 경악하기도 하였고, 드로사르의 요구를 무시하려고 하였지만, 1997년 11월 법원으로부터 허가를 얻어 6년간 끌었던 이 재판은 마지막으로 유전자감식이라는 DNA 기술을 도입하기로 하였다. 아버지와 어머니의 DNA가 고유하게 자식에게만 전달되기 때문에 이브몽땅과 질베르트의 DNA구성과 드로사르의 DNA구성을 확인함으로써 친자를 확인하는 검사를 하였다. 그러나 이브몽땅의 시신은 땅속에서 썩어버렸고, 다시 무덤을 파헤쳐 썩어버린 시신의 치아에서 DNA를 추출하여 그 당시 24세의 드로사르는 이브몽땅의 DNA를 가지고 있지 않음이 확인되어 재판은 모든 다른 정황을 무시하고 DNA검사의 결과로 판결을 내리게 되었다.

참고문헌

- Collins, F.S., A. Patrinos, E. Jordan, A. Chakravarti, R. Gesteland, L. Walters, and the members of the DOE and NIH planning groups, 1998. New goals for the U.S. Human Genom Project : 1998~2003. Science, 282 : 682~688.
- Frazier, M.E., G.M. Johnson, D.G. Thomassen, C.E. Oliver, and A. Patrinos. 2003. Realizing the potential of the genome revolution: The genomes to life program. Science 300 : 290~293.
- Hattori, M. 외 62명, 2000. The DNA sequence of human chromosome 21. Nature, 405 : 311~319.
- Palmiter, R.D., R.L. Brinster, R.E. Hammer, M.E. Trumbauer, M.G. Rosenfeld, N.C. Birnberg and R.M. Evans. 1982. Dramatic growth of mice that develop from eggs microinjected with metallothionein-growth hormone fusion genes. Nature, UK 300 : 611~615.
- Singer, C. 1959. A history of Biology. Abelard-Schuman, New York.
- Strickberger, M.W., 1968. Genetics. Macmillan Publishing Co., Inc. New York.
- Watson, J.D., Tooze, J. and Kurtz, D.T. Recombinant DNA(A Short Course). 1983. W.H. Freeman and Company, New York.
- Weaver, R.F. and Hedrick, P.W. Basic Genetics.1995. Wm.C. Brown Publishers.

2 세포와 염색체

개요

생물체를 구성하는 최소의 기본 단위를 세포라 한다. 세포는 그 자체가 하나의 생명체로서 구조상 · 기능상 생명현상을 영위할 수 있는 가장 기초적인 소단위이다. 이의 구조는 크게 유전물질을 담고 있는 핵과 세포 소기관들을 담고 있는 세포질로 나눌 수 있는데, 각각의 구성물질들이 생명현상을 영위할 수 있는 기능을 수행하는 역할을 한다. 동물세포의 증식은 세포분열이란 과정을 통하여 이루어지는데, 세포의 특성에 따라 유사분열과 감수분열로 나뉜다. 세포핵을 구성하는 염색체는 유전물질의 운반체로서 생물의 종류에 따라 그 수와 형태는 일정하며, 종 특이성을 가지는 것으로 세포적 차원에서 유전현상을 관장하는 제 1의 물질이다. 그러므로 본 장에서는 동물세포를 기준으로 기본적인 세포의 구조와 기능을 소개하고, 동물세포의 복잡한 세포분열 과정을 이해한다. 또한 유전물질을 함유하고 있는 각 동물별 염색체의 구조와 형태 등을 이해하고 염색체 이상 양상에 따른 제반 유전적 현상들을 살펴본다.

2-1 동물세포

세포(cell)란 생물체를 구성하는 최소의 구조 단위이자 생명현상을 영위하는 최소의 기능 단위를 말한다.

생물은 단 하나만의 세포로 생명체를 구성하는 단세포생물과 수많은 세포가 모여 하나의 생명체를 구성하는 다세포생물로 나눌 수 있는데, 인체의 경우 약 100여조 개의 세포로 구성되어 있는 것으로 추산하는 반면, 박테리아나 아메바와 같은 원생동물은 단 한 개의 세포로 구성되어 있다. 세포의 크기는 타조의 난세포처럼 수십 cm나 되는 것부터 1μm밖에 되지 않는 박테리아에 이르기까지 생물의 종에 따라 다양하고, 동일 종 내에서도 세포의 종류에 따라 다양하다. 일반적인 동물세포의 크기는 수 μm에서 수십 μm정도이다.

동물세포의 구조를 살펴보면 그림 2-1과 같이 세포질(cytoplasm)과 핵(nucleus)으로 크게 나눌 수 있다. 이와 같이 세포내 핵의 뚜렷한 양상이 핵막으로 구분되어 있는 형태의 세포를 진핵세포(eukaryote)라 하고, 이에 반해 핵의 양상이 뚜렷하게 구분되어지지 않은 형태의 세포를 원핵세포(prokaryote)라 하는데, 일반 고등생물의 세포는 거의 진핵세포로 구성되어 있으며, 박테리아와 같은 미생물의 경우는 원핵세포로 구성되어 있다.

세포질은 세포의 기능에 주작용을 하는 중심체(centrioles), 골지체(Golgi apparatus), 리보솜(ribosome), 미토콘드리아(mitochondria), 라이소솜(lysosome), 그리고 소포체(endoplasmic recticulum) 등으로 구성되어 있고, 핵은 세포의 가장 중요한 구성요소로 동물체의 기능과 생명에 필요한 유전물질(genetic material)을 포함하고 있는 염색체(chromosome)와 핵인(nucleolus)으로 구성되어 있다.

세포질의 구조 중에서 중심체는 거의 모든 동물세포에서만 존재하고 식물세포에는 없는 것으로, 세포질 내에 2개가 있다. 중심체는 9개 소관의 원통구조의 다발로 지름이 0.2μm,

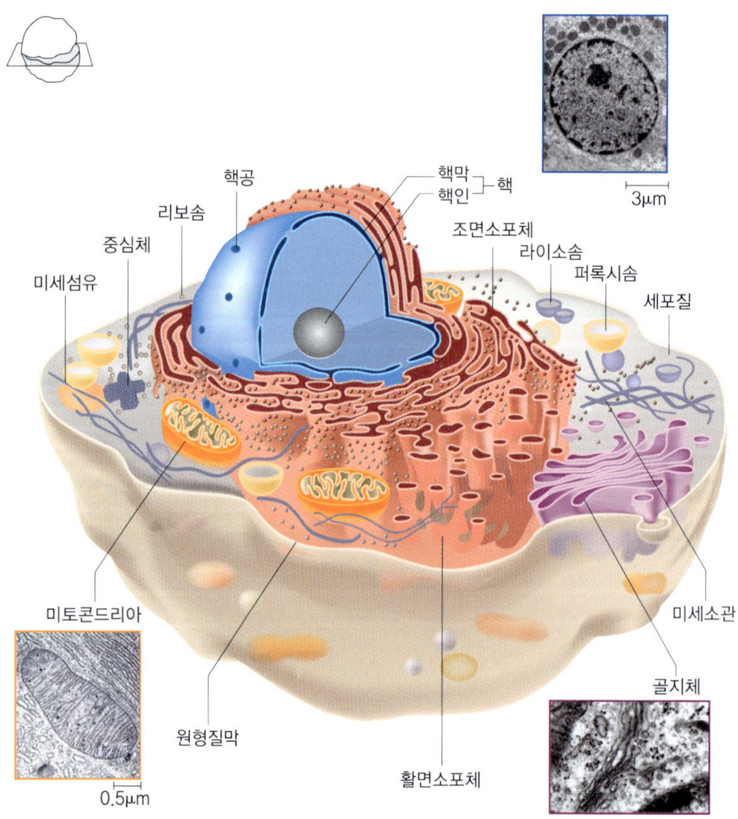

그림 2-1 일반적인 동물세포의 모형도

길이가 0.4μm 정도로 하나의 소관은 3개 미세소관으로 구성되어 있다. 이들의 기능은 세포 분열시 양극으로 나뉘어 이들 사이에 방추사를 형성한다.

골지체는 소포체가 변해 이루어진 것으로, 세포 내에서 만들어진 물질을 세포 외부로 분비하기 위한 일련의 작업자로서의 역할을 한다. 골지체의 주요 기능은 분비될 단백질에 탄수화물을 결합시키고, 분비 경로를 통하여 분비할 수 있도록 막을 변형시킨다. 따라서 골지체는 세포 내에서 변형과 방출을 담당하는 세포소기관이라 할 수 있다.

리보솜은 세포질내 여러 곳에 많이 존재하는 작은 미립자로, 세포질 내에 유리상태로 있는 것도 있고, 소포체의 막상구조에 부착되어 있는 것도 있다. 리보솜에는 수많은 RNA와 단백질합성에 관여하는 여러 효소가 들어 있어 단백질합성 공장의 역할을 맡고 있다.

미토콘드리아는 과립상의 막대 혹은 실의 모양으로, 세포의 종류에 따라 그 크기와 수가 다르다. 이중 막의 구조로써 외막과 내막(cristae)으로 구분되어 있고, 내막에는 여러 종류의 호흡효소군이 들어 있다. 이의 주된 기능으로는 호흡과 산화작용을 통하여 세포기능에 필요한 에너지를 공급해주는 것이다. 이 밖에도 환상 DNA 형태로 유전물질을 함유하고 있으며, 본 DNA로부터 자체 단백질을 합성하기도 한다.

라이소솜은 40종류 이상의 가수분해효소(hydrolytic enzymes)를 넣어둔 막 구조의 주머니 형태로 세포 내에 침입하는 박테리아나 이물질을 파괴하거나, 괴사한 세포내 소기관을 빨리 붕괴시켜 분해하는 역할을 하고 있다.

소포체는 그 형태에 따라 두 가지가 있는데, 표면에 작은 입자가 붙어 있는 조면소포체(rough endoplasmic reticulum)와 입자가 없는 활면소포체(smooth endoplasmic reticulum)가 있다. 조면소포체 주위에는 리보솜이 붙어 여기에서 합성된 단백질이 소포체로 들어가 필요한 장소로 이동하게 됨으로 세포내 물질이동의 주된 통로 역할을 한다. 반면, 활면소포체에는 리보솜이 붙어있지 않고 연결된 관의 형태로 스테로이드나 지방 및 인지질의 합성과 관련이 있는 것으로 알려져 있다.

핵은 이중 막의 핵막으로 둘러싸여 있으며, 핵 내에는 염색질과 핵인으로 구성되어 있다. 핵인은 간기상태에서 1개 또는 그 이상 존재하고 있으며, 염색질과의 사이에 막이 없는 상태이다. 이들은 RNA와 단백질로 구성되어 있고 RNA합성과 관계를 가지고 있으며, 일부 RNA는 리보솜 생성에 이용된다. 염색질을 구성하고 있는 염색체는 핵의 거의 대부분을 차지하고 간기상태일 때는 그 모양이 명확하지 않고 길게 늘어진 형태로 나타나나 세포분열 중기, 후기에서 종에 따라 고유한 특징적 형태를 보인다. 염색체는 DNA와 단백질로 구성되어있고, 여기에 자신의 고유한 유전물질을 함유하고 있으므로 세포 내에서 가장 중요한 부분이라 할 수 있다.

동물세포와 달리 식물세포에만 존재하는 세포내 구성물로는 광합성에 관여하는 엽록체(chloroplast)나 세포액으로 충만된 액포(vacuole) 등이 있다.

2-2 세포분열

동물체의 세포증식은 세포분열(cell division)이란 과정을 통해 이루어진다. 세포분열은 두 가지 방법이 있는데, 체세포(somatic cell) 증식에 관한 분열인 유사분열(mitosis)과 생식세포(germ cell)인 정자와 난자 생성에 관한 감수분열(meiosis)이 있다. 유사분열은 유전자와 염색체의 복제에 이어 세포가 둘로 나누어지는 일련의 규칙적인 복제과정이고, 감수분열은 연속적으로 두 번의 핵분열의 결과로 염색체의 수가 반감된 4개의 낭세포(daughter cell)가 형성되며, 생성된 낭세포들의 유전적 조성이 각기 다른 복잡한 과정이다.

1. 세포주기

분열중인 체세포의 세포주기(cell cycle)는 크게 간기상태(interphase)와 분열상태(division)로 나눌 수 있고, 휴지상태의 세포를 간기라 하고, 분열 중인 상태를 유사분열(mitotic stage)단계라 한다. 사람의 백혈구세포를 예로 들어, 이의 세포주기 모식도는 그림 2-2와 같다. 대부분의 동물세포의 세포주기는 18~24시간 정도이나 조직 및 세포의 유형에 따라 많은 시간적 차이가 있고, 동물의 종(種)에 따라서도 큰 차이가 있다.

세포주기 중 거의 대부분의 시간이 간기상태로서 이를 다시 G_1(gap 1), S(synthesis), G_2(gap 2)단계로 구분지울 수 있다. G_1기는 세포의 DNA와 염색체 복제를 위한 준비단계이고, S기에서 염색체 복제와 관련된 DNA의 합성이 이루어진다. G_2기는 유사분열을 위한 준비단계이다. 즉 유사분열이 진행된 후 간기상태에서 염색체의 복제가 일어남으로, 분열된 2개의 낭세포에서 각각의 세포가 완전한 한 쌍의 염색체를 지니게 되는 것이다.

세포주기 중 가장 오랜 시간이 소요되는 단계가 G_1기이며, S기나 G_2, M기에 비해 상대적으로 시간적 변이가 크다. 조직이나 세포의 유형에 따라 세포분열에 소요되는 시간의 차이는 거의 대부분 G_1기의 소요시간의 차이이다. 예를 들어 암세포(cancer cell)나 사람의 초기 배아세포(embryonic cell)의 경우 G_1기의 소요시간이 수 분에 불과한 반면, 성인의 신경세포와 같이 분화된 세포의 경우는 G_1기가 수 년이 걸린다. 특정 세포에 있어서는 간기가 시작되는 시점에서 휴지상태로 되어 분열하지 않는 단계로 진입하는 세포주기를 가지기도 하는데, 이를 G_0기(non-dividing stage)라 한다.

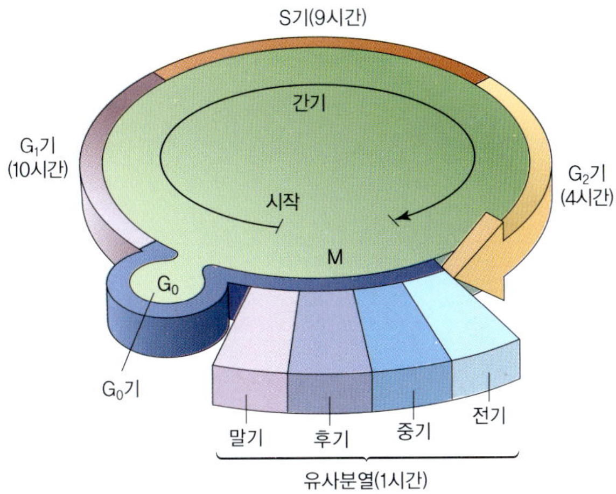

그림 2-2 동물세포의 세포주기

2. 유사분열

유사분열(mitosis)이란 체세포의 증식과정으로, 2배체(diploid, 2n) 상태의 염색체 수를 가진 세포가 유전물질이나 염색체 수에는 아무런 감소나 변화를 초래함이 없이 동일한 2개의 낭세포를 형성하는 과정이다.

유사분열은 간기(interphase) 이 후, 연속적 분열 진행과정으로, 세포적 형태에 따라 전기(prophase), 중기(metaphase), 후기(anaphase), 말기(telophase)로 구분한다.

그림 2-3은 유사분열의 분열시기별 양상이다.

(1) 전 기(prophase)

유사분열의 제1단계로, 간기에서 보다 활발한 세포분열의 준비가 시작되고, 간기에서 관찰할 수 없었던 새로운 염색체의 형태가 나타난다. 염색체가 나선형으로 꼬이거나 실 모양의 구조로 굵게 보인다. 전기과정이 진행되는 동안 이들 염색체들은 계속 응축됨으로 지속적으로 짧아지면서 굵어지는 양상을 나타내게 된다. 동시에 핵인과 핵막이 소실되면서 핵질과 세포질의 경계가 모호해지고, 세포의 양극에 있는 중심체(centriole) 주위에 성상체(aster)가 형성되며, 두 성상체간에 방추사(spindle fiber)가 나타나기 시작한다.

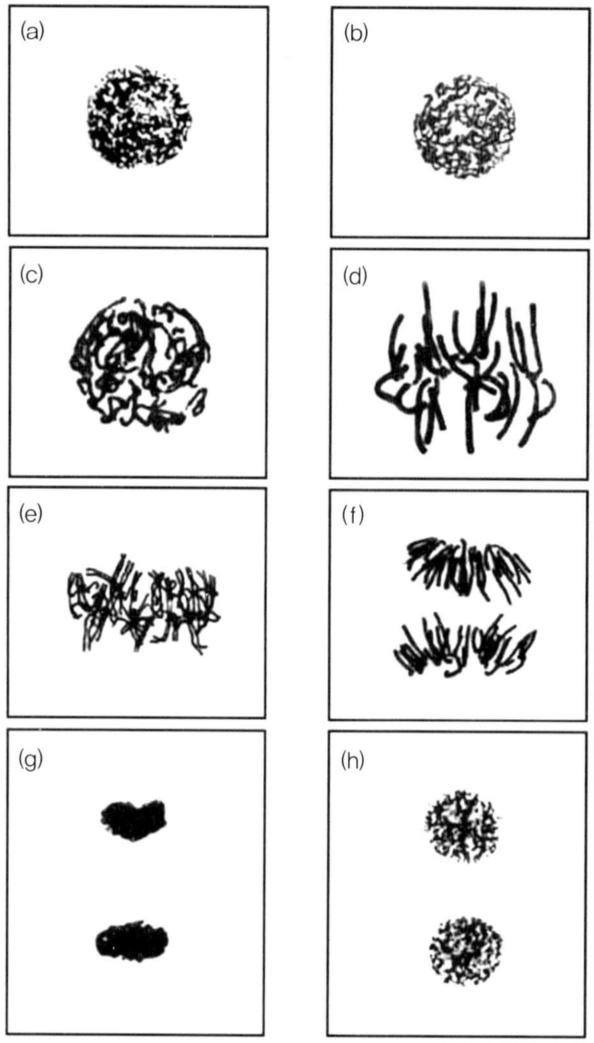

그림 2-3 체세포의 유사분열 양상
(a)~(c) 전기, (d) 중기, (e)~(f) 후기, (g) 말기, (h) 간기

(2) 중 기(metaphase)

염색체가 보다 굵어지고 개개 염색체의 형태를 가장 잘 식별할 수 있는 시기이다. 양극의 중심체에서 형성된 방추사는 각 염색체의 동원체(centromere)와 연결되고, 이들 염색체들은 세포의 정중앙에 위치하여 하나의 적도판(equatorial plate, metaphase plate)을 형성한다. 따라서 적도판에 정렬된 개개의 염색체는 양극으로부터 형성된 방추사가 동원체의 좌 · 우측에 각기 하나씩 연결된 상태로 지지되어 있다.

(3) 후　기(anaphase)

유사분열 과정에서 일어나는 후기의 현상은 개개의 염색체가 양극으로부터 형성된 방추사에 의해 끌려감으로 하나의 염색체가 2개의 염색분체(chromatid)로 나눠지는 과정이다. 즉 방추사의 견인력에 의해 각 염색체가 동원체를 중심으로 수직 분할이 일어남으로 하나의 염색체가 2개의 상동 염색분체(sister chromatids)로 분할됨을 볼 수 있다. 이 때 분리된 염색체의 모양은 동원체의 위치에 따라서 V, L, J, I자 형태로 방추사에 매달려 양극으로 빠른 시간 내에 옮겨가게 된다.

(4) 말　기(telophase)

양극에 이동된 개개의 염색분체들은 양 중심체 주위에 모여 염색질의 덩어리로 융합되고, 지금까지 응축된 상태의 염색체들이 느슨하고 풀어지는 양상을 나타낸다. 이 후 핵막이 염색체 쌍의 주위에 다시 형성되고 핵인과 핵소체가 생성되며, 방추사는 사라지게 된다. 이 시점에서 핵분열은 완료되고 하나의 세포 내에 2개의 핵을 가지게 된다.

(5) 세포질 분할(cytokinesis)

본 과정은 말기과정을 마친 세포에 있어 세포질의 분할과정이다. 즉 하나의 세포가 2개의 낭세포(daughter cell)로 완전히 분리되는 과정으로, 동물세포와 식물세포간에 세포질의 분리 양상에는 다소 차이가 있다. 동물세포에서는 2개의 핵 사이에 세포 만입(cell furrow) 현상이 생기면서 세포질 분할이 일어나고, 식물세포에서는 두 핵의 중간에 세포판(cell plate)이 형성되어 2개의 낭세포(daughter cell)가 만들어진다.

3. 감수분열

유사분열의 과정은 하나의 모세포에서 유전물질 구성이 모세포와 같은 2개의 낭세포를 형성하였으나, 감수분열(meiosis)은 분열과정에서 2회의 연속적인 핵분열(nuclear division)이 일어나서 2배체(diploid) 상태인 하나의 모세포에서 염색체수가 반수체(haploid, n)인 4개의 낭세포를 형성한다. 이러한 반수체(n)의 염색체를 가진 4개의 낭세포는 정자나 난자를 말하며, 이것을 배우자(gamete)라 한다. 반수체의 배우자인 정자와 난자가 결합함으로써 2배체(2n)의 접합체(zygote)가 형성되고, 이로써 새로운 한 개체가 만들어지는 것이다.

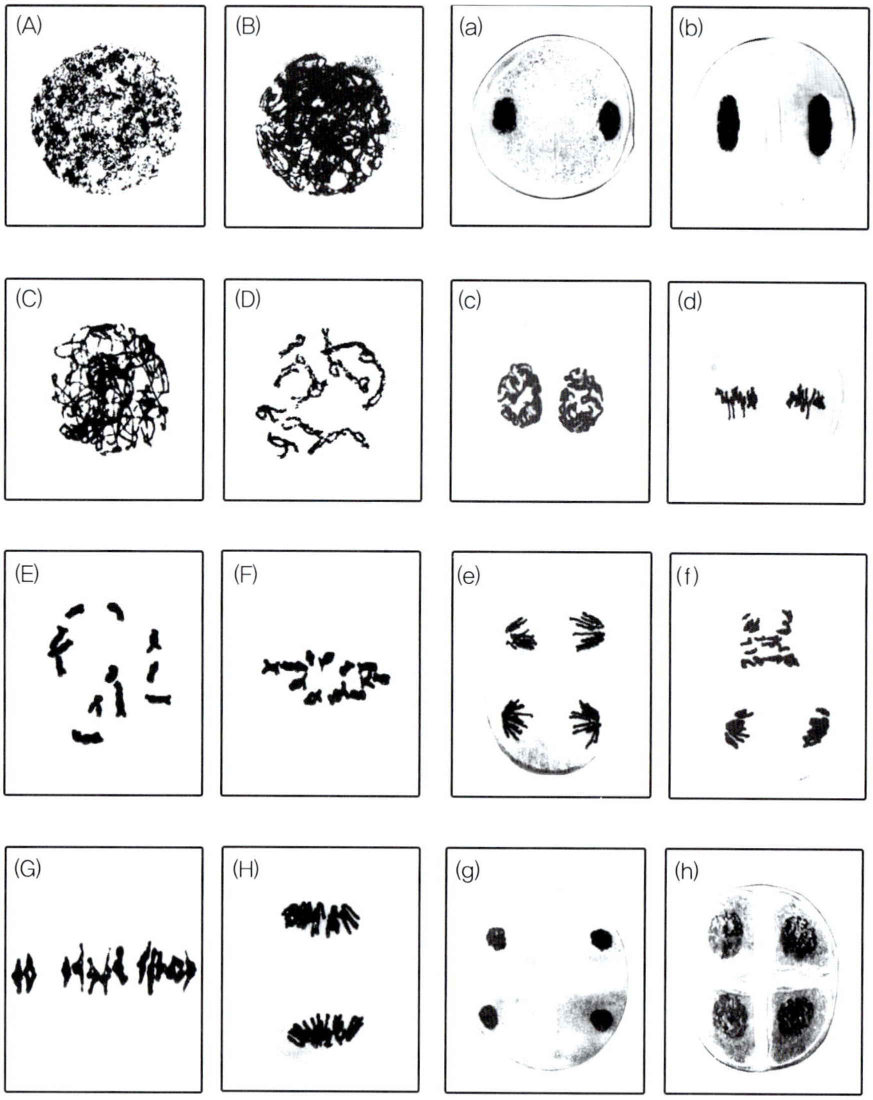

그림 2-4 감수분열 양상

(A)~(H) 제1감수분열, (a)~(h) 제2감수분열, (A) 전기-태사기, (B) 전기-접합기, (C) 전기-태사기, (D) 전기-이중기, (E) 전기-이동기, (F) 중기, (G) 후기, (H) 말기, (a) 간기, (b)~(c) 전기, (d) 중기, (e)~(f) 후기, (g) 말기, (h) 세포질분할

(1) 제1감수분열(meiosis I)

감수분열과 유사분열의 차이는 감수분열의 경우, 유사분열에서는 볼 수 없었던 상동 염색체의 접합(synapsis, pairing) 단계와 같은 제1감수분열의 전기(prophase I)에서 일어나는 복잡한 현상으로, 그림 2-4에서 보는 바와 같은 5가지 단계적 변화라 할 수 있겠다.

1) 전 기(prophase I)

제1감수분열 전기는 유사분열의 전기와 달리 유전적으로 매우 복잡하고 의미 있는 일들이 일어남으로 이를 다시 5단계로 구분한다. 전기 중 최초로 나타나는 세포의 양상은 핵내 모든 염색체들이 극도로 가는 실 모양의 형태를 보이는 것으로, 이때를 세사기(leptotene)라 한다. 다음은 접합기(zygotene)라 하여 상동 염색체간의 접합단계로 상동 염색체간에 짝을 지어 접하게 되므로 다소 굵어진 염색체의 양상을 보인다. 그러나 정확한 의미에서 염색체간의 접합이라기보다는 동일 유전자 좌위간의 접합점을 이루고 있는 상태로, 아직은 길게 뻗어 있는 염색체의 양상이므로 상동 염색체의 식별은 어렵다. 이 후, 쌍으로 된 염색체는 짧고 두꺼워지면서 명확한 모양을 나타내게 된다. 이때를 태사기(pachytene)라 하고, 상동 염색체는 각 2개씩의 염색분체를 가지고 있기 때문에 염색체 수는 2개, 염색분체수는 4개를 갖게 되는 것이다.

이렇게 염색분체가 4개로 형성된 상동 염색체를 4분체(tetrad)라 한다. 밀접하게 접합된 상동 염색체간에 각 염색분체는 염색분체간의 꼬임현상, 즉 키아즈마(chiasma)를 유발하게 되는데, 이 때 긴 상동 염색체일수록 보다 많은 키아즈마를 생성하게 된다. 이러한 현상은 이 후 염색체 분리 때 상동 염색체간에 부분적으로 교차(crossing-over)가 일어나게 하는 원인으로, 궁극적으로 유전물질의 교환이라는 유전적으로 대단히 중요한 의미를 갖는다. 다음 단계는 이중기(diplotene)라 하여 염색체는 더욱 응축되면서 동원체를 중심으로 상동 염색체간에 서로 밀어내는 성질이 생겨 동원체 부분은 서로 떨어지게 되고, 상동 염색체의 다른 부분들은 키아즈마로 인해 서로 붙어 있는 양상을 볼 수 있다. 그 후 염색체들은 괄목할만한 정도로 응축되고, 묶여진 4분체들의 재정리가 일어나는데, 이때를 이동기(diakinesis)라 하고, 제1감수분열의 전기는 끝이 난다.

2) 중 기(metaphase I)

제1감수분열 중기(metaphase I)에서 사분체 상동 염색체(tetrad chromosome)는 동원체를 중심으로 하여 적도판에 정렬하게 되는데, 이때에 모든 2가 염색체의 동원체는 서로 밀어내는 힘에 의하여 방추사에 연결된 채로 양극으로 이동하기 시작한다. 유사분열의 중기에서는 각각의 염색체가 적도판에 정렬되어 개개 염색체의 동원체에 양쪽으로 방추사가 연결되지만, 감수분열에서는 상동 염색체의 쌍이 적도판에 나타나고, 하나의 염색체에 한 개씩의 방추사만이 연결되는 것이 큰 차이라 할 수 있겠다.

3) 후 기(anaphase I)

유사분열에서는 동원체가 나뉘어져 염색분체의 이동이 시작되는 반면, 감수분열에서는 동원체의 분열이 없이 각 상동 염색체가 양극으로 이동하게 된다. 이 때 전기에서 일어난 키아즈마 현상으로 인하여, 양극으로 나눠지는 일부 상동 염색체간에는 부분적으로 염색체의 분절이 교차된다.

4) 말 기(telophase I)

유사분열과 마찬가지로, 염색체는 양극으로 이동이 일어나고, 이들 염색체들이 모여 풀어지는 과정이다. 유사분열에서는 각각의 염색체가 이동되어 2개의 핵 내에는 각각 공히 상동 염색체를 보유하게 되나, 감수분열에서는 상동 염색체 중 한쪽 염색체만 보유하게 된다. 양극으로 이동된 염색체 주위에 다시 핵막과 핵인이 형성되어 2개의 낭핵이 형성되는데, 낭핵은 단수(n)의 염색체를 갖는 상태로 되면서 이들 두 낭핵의 유전적 조성은 매우 다르다.

(2) 제2감수분열(meiosis II)

제1감수분열 이후, 종에 따라 짧은 간기를 가지거나 간기의 과정 없이 곧 바로 제2감수분열로 진행되기도 한다. 그러나 간기상태에서 유사분열에서와 같은 DNA나 염색체의 복제는 일어나지 않는다. 제2감수분열은 유사분열과 동일한 전기, 중기, 후기, 말기의 과정을 거치게 된다.

전기에서는 염색체의 응축양상이 진행되고, 중기에서는 염색체가 동원체를 중심으로 적도판을 형성하며, 각 염색체는 양극에서 형성된 방추사와 연결된다. 후기에서는 동원체가 분리되어 양 염색분체가 분리되면서 하나의 염색분체를 가진 염색체로 양극으로 끌려가게 된다. 말기에서는 양극의 염색체 주위에 다시 핵막이 형성되고, 연이은 세포질 분할이 일어나 최종적으로 2개의 낭세포가 된다. 여기에서 형성된 낭세포는 제1감수분열의 결과로 생성된 낭세포와 같은 단수(n)의 염색체를 가지나, 일부 교차된 염색분체로 인해 유전적 조성에는 다소의 차이가 있다. 결국 감수분열에서는 연속 2회의 핵분열을 통해 2n 상태(diploid)의 하나의 모세포로부터 n 상태(haploid)의 염색체를 갖는 4개의 낭세포를 형성하는 것이다.

감수분열이 기본적으로 유사분열과 서로 다른 몇 가지 사항을 살펴보면 첫째, 유사분열에서는 간기상태에서 염색체의 복제가 일어났으나, 감수분열에서는 염색체의 복제현상이 없다. 둘째, 유사분열의 염색분체는 상동 염색분체로서 2개의 유전적 구성이 동일하여 분리되어 형성된 낭세포간에 유전적 특성이 같으나, 감수분열의 경우 제1감수분열 전기에서 상동 염색분체(sister chromatids)간에 chiasma로 인한 교차현상이 일어남으로 상동 염색체간 유전물질이 교환되어 제2감수분열의 말기에서 분리하는 염색분체는 유전물질의 구성이 서로 같다고 할 수가 없다. 셋째, 유사분열의 세포주기는 소요시간이 다소 짧고 일정하나, 감수분열의 경우 소요시간이 매우 길며 일정하지를 않다.

(3) 배우자형성과정

생식세포의 기원인 원시생식세포(primordial germ cell)에 간직되어 있는 염색체와 유전자는 어미와 아비로부터 각각 같은 수를 받았기 때문에 2배체(diploid, 2n)이다.

원시생식세포는 동물에 있어서 일정기간 여러 번 반복 분열하여 수컷에서는 정원세포(spermatogonium), 암컷에서는 난원세포(oogonium)로 된다. 이러한 정원세포와 난원세포가 동물이 성 성숙에 도달하였을 때, 2번의 감수분열을 거쳐서 정자와 난자로 발전하는 과정을 배우자형성과정(gametogenesis)이라 하고, 정자를 형성하는 과정을 정자형성과정(spermatogenesis), 난자를 형성하는 과정을 난자형성과정(oogenesis)이라 한다.

1) 정자형성과정

성숙된 수가축의 정소내 세정관(seminiferous tubule)에서 감수분열이 시작되기 전의 정원세포를 발견할 수 있고, 이들 정원세포들 중 일부는 제1감수분열의 전기과정을 거쳐 2개의 상동 염색체가 4개의 염색분체로 구성되어 있는 제1정모세포(primary spermatocyte)가 된다. 제1정모세포는 제1감수분열의 중기, 후기, 말기를 거쳐 2개의 제2정모세포(secondary spermatocyte)를 형성한다. 이들의 염색체 구성은 제1정모세포와 달리 반수체(n)의 염색체를 가지게 된다. 다음에 제2감수분열이 진행됨으로써 각각의 제2정모세포는 동원체가 분열되어 반수체(haploid)인 2개의 낭세포를 형성하게 되는데, 이들이 정자세포(spermatid)인 것이다. 이 후 정자세포들이 일련의 형태 변화과정(spermiogenesis)을 거쳐, 하나의 완전한 정자로 생성되는 것이다. 정자형성과정을 통하여 결국 하나의 정원세포는 2회의 감수분열을 통하여 4개의 완전한 기능을 가진 반수체 상태의 정자를 생성하게 된다.

2) 난자형성과정

동물에서 수컷과 동일한 분열과정을 통하여 암컷에서도 난자가 형성되게 되는데, 난자형성의 원시세포인 난원세포(oogonium)는 정원세포처럼 성성숙에 도달하였을 때 계속적으로 분열이 진행되는 것이 아니다. 난원세포는 태아의 발육단계에서 생성이 되어, 어느 정도 유사분열을 지속한 후, 일정 시점에서 모든 난원세포들이 일제히 감수분열에 돌입하여 제1감수분열의 전기까지만 분열이 이루어진 후 출생하게 된다. 출생시에 나타나는 세포의 모양은 전기 Ⅰ의 태사기 상태로, 하나의 염색체가 2개의 염색분체로 형성된 4분체의 상동 염색체를 가진 제1난모세포(primary oocyte)상태이다. 이러한 상태는 성성숙이 될 때까지 지속되다가 성성숙이 이루어지면 성주기에 따라 이들 중 한 개의 난모세포만이 분열이 재개되어 제 1감수분열의 중기, 후기, 말기를 거쳐 하나의 염색체(n)만을 지니는 2개의 세포로 각각 분열되어 새로운 낭핵을 형성한다.

그러나 이러한 낭세포들은 정자형성과정에서와 달리 2개의 크기가 서로 다른데, 큰 낭세포는 제1난모세포로부터 대부분의 세포질(cytoplasm)을 받아서 제2난모세포(secondary oocyte)로 되고, 작은 낭세포는 세포질을 거의 받지 못하여 세포로써의 그 기능을 다할 수 없게 되므로, 다음 단계의 분열을 이행하지 못하는 극체(polar body)가 된다. 이 후 배란의 과정을 거치고, 배란된 제2난모세포는 곧 바로 제2감수분열로 이행되는 것이 아니라 반드시 정자와 만나 제2난모세포와 수정이 이루어진 후에 제2감수분열이 이루어지게 된다.

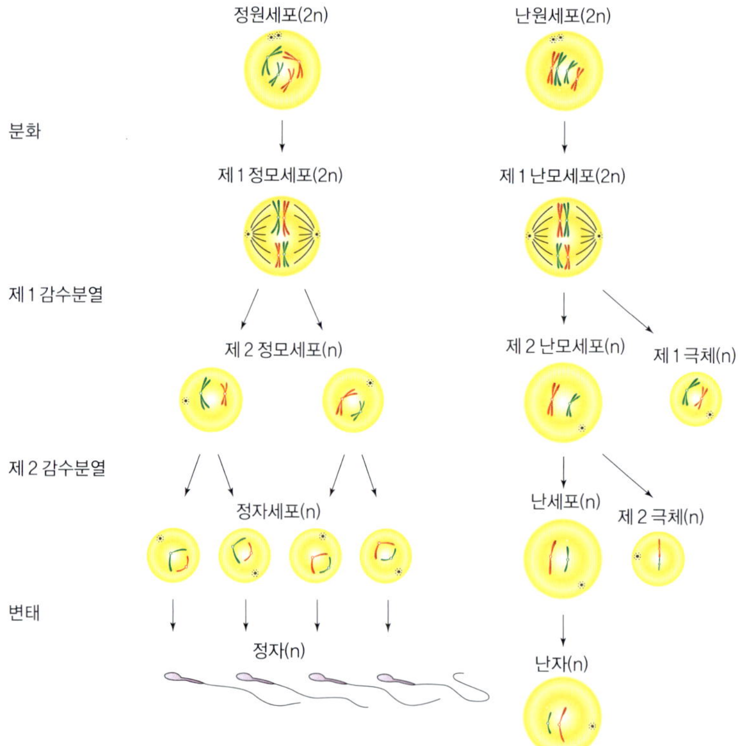

그림 2-5 정자형성과정과 난자형성과정

제2감수분열의 결과도 제1감수분열의 결과와 마찬가지로 크기가 서로 다른 2개의 낭세포인 난자(egg, ovum)를 형성하게 되는데 정상적인 세포질을 가진 낭세포와 세포질을 가지지 못한 극체를 형성하는 것이다. 이를 제1감수분열 후 생성된 극체와 구별하기 위해, 제2극체라 한다. 따라서 하나의 난원세포로부터 하나의 정상적인 난자만을 생산하게 되는 것이다. 정자형성에서와 같이 생성된 난자의 유전적 조성은 반수체 상태(n)이다.

2-3 염색체

동물체를 구성하고 있는 수많은 세포는 세포분열을 통해서 증식하게 된다. 세포분열과정 중, 중기에서 명확하게 관찰할 수 있는 염색체(chromosome)는 크게 상 염색체(autosome)와 성(性)과 관련 있는 성 염색체(sex chromosome)로 나눌 수 있다.

고등동물의 세포는 크게 몸을 구성하는 체세포(somatic cell)와 정자(sperm)와 난자(ovum)를 형성하는 생식세포(germ cell)로 나눌 수 있다. 체세포는 염색체가 이배체(diploid, 2n)로 되어있고, 생식세포는 반수체(haploid, n)로 구성되어 있는 차이를 발견할 수 있다. 이와 같이 체세포에서 쌍으로 형성된 염색체를 상동 염색체(homologous chromosome)라 하며, 이 상동 염색체는 각각 어미와 아비로부터 전달된 똑같은 형태의 염색체를 말하는 것이다.

모든 체세포는 한 쌍의 성 염색체를 가지고 있고, 생식세포에서는 단수의 염색체를 가지고 있기 때문에 하나의 성 염색체를 갖는다. 이러한 세포 내에 있는 성 염색체는 사람을 포함한 소, 말, 돼지, 양 등 포유동물의 경우 X와 Y로 표시되는데, 암컷의 체세포에서 성 염색체는 XX로, 수컷의 체세포에서 발견되는 성 염색체는 XY로써 쌍을 이룬다. 반면 생식세포의 경우 포유동물의 암컷 난자에서는 모두 성 염색체가 X로 나타나고, 수컷의 정자는 X나 Y형태의 성 염색체를 지니게 된다. 그러나 조류 또는 파충류의 경우, 성 염색체를 암컷의 경우 ZW, 수컷의 경우는 ZZ의 형태를 지녀 포유동물과 다른 양상을 나타낸다. 따라서 이들의 생식세포에서는 난자는 Z나 W형태의 성 염색체를 가지고 있고, 정자는 모두 Z형태의 성 염색체를 가지고 있다.

1. 염색체의 구조

염색체는 핵분열의 과정을 거치더라도 그 본래의 생리적 또는 형태적 성상이 변하지 않는 연속성을 갖는 특징을 가지고 있다. 이러한 염색체의 연속성은 염색체의 구조에도 아무런 변화를 초래하지 않기 때문에 동일 개체 내의 모든 염색체는 꼭 같은 구조를 유지한다.

염색체의 구조는 동원체(centromere)에서 협착이 이루어진 막대기 모양으로, 염색체의 가장 바깥쪽은 투명막으로 둘러싸여 있고, 이 투명막 내부에 있는 물질은 핵단백질인 기질(matrix)로 구성되어 있다. 기질 속에는 나선구조를 갖는 염색사(chromonema)가 있고, 염색사에는 몇 개 또는 몇 십개의 염색소립(chromomere)이 배열되어 있다. 형태적으로 나타나는 염색소립의 분자적 구조는 그림 2-6에서 보는 바와 같이 수많은 염색질(chromatin)이 모여 이루어진 것이고, 이러한 염색질은 뉴클레오솜(nucleosome)이란 매우 미세한 과립의 구조물들이 모여 이루어진 형태이다. 뉴클레오솜을 구성하고 있는 물질은 히스톤(histone) 단백질과 DNA로서 히스톤 단백질 8개를 이중나선구조의 DNA가 두 바퀴를 감고 있는 형태의 단위로서, 궁극적으로 염색체는 DNA와 히스톤 단백질로 구성되어 있다 할 수 있겠다. 따라서 유전자의 구성물질이 DNA임에 따라 염색체가 유전물질의 운반체라 함을 쉽게 이해할 수 있을 것이다. 유전자의 분자적 구조는 4장에서 보다 구체적으로 설명하도록 하겠다.

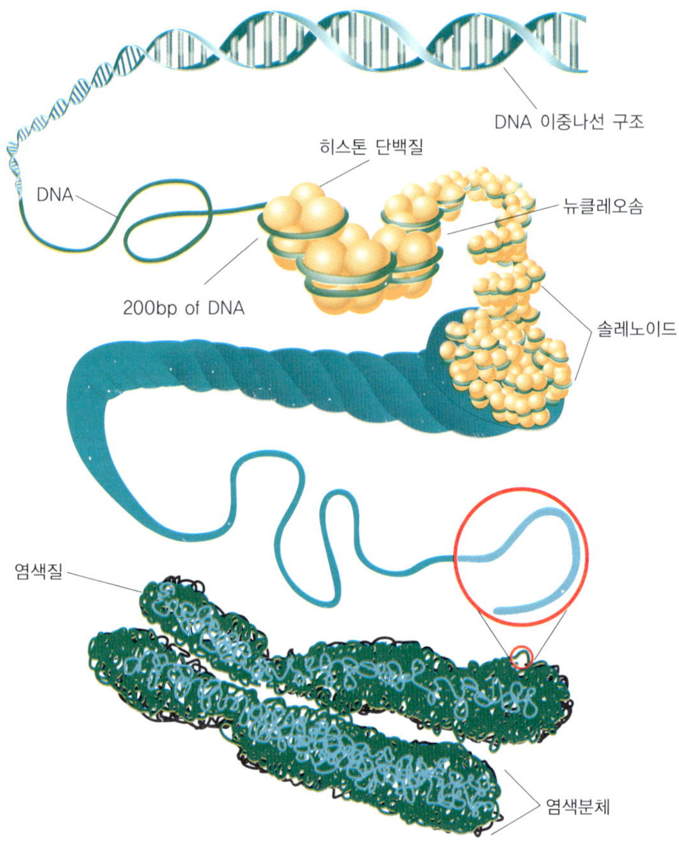

그림 2-6 염색체의 분자적 구조

2. 염색체의 형태와 핵형(karyotype)

염색체의 형태는 세포분열과정 중 중기에서 염색을 통해 광학현미경으로 관찰할 수 있는데, 그 크기와 형태는 각 종별에 따라 다르며, 종간에는 각각 동일한 종 고유의 특이적 염색체 형태를 지닌다.

염색체를 관찰할 때에는 중기상태의 염색체를 선정하여 관찰하고, 이들을 현미경 사진으로 촬영한 다음 염색체들을 크기와 모양에 따라 상동 염색체를 결정지어서 재정리하는데, 이를 핵형 분석(karyotyping)이라 한다. 염색체의 모양은 세포분열의 진행과정에 따라 연속적으로 응축되는 양상이므로, 전기상태일 때 가장 긴 양상을 보이다가 점진적으로 뭉쳐지고 짧아져, 말기에서는 2개의 핵으로 모여지며 다시 풀어지는 과정을 반복하게 된다. 따라서 중기상태 일 때의 염색체 모양을 기준으로 하여 각 종의 표준염색체 양상을 제시하게 되는데, 최근에는 보다 정밀한 염색체의 구명을 위하여 초기 중기, 혹은 전기상태의 염색체를 유도하여 이의 표준 핵형을 제시하기도 한다.

중기상태의 각 염색체는 2개의 염색분체(chromatid)로 구성되어 동원체로써 연결되어 있다. 그림 2-7에서 보는 바와 같이 염색체의 형태는 협착된 동원체를 중심으로 단완(短腕)과 장완(長腕)으로 구별되는데, 짧은 부위를 p-arm이라 하고, 긴 부위를 q-arm이라 한다. 따라서 염색체의 형태를 p, q-arm의 크기에 따라 크게 4가지로 구분하여 명명하는데, 동원체가 염색체의 거의 중간에 있어 p, q-arm의 길이가 유사할 때를 중앙염색체(metacentric chromosome)라 하고, p, q-arm의 길이가 다소 차이를 보여 동원체가 염색체의 중앙을 약간 벗어나서 위치할 때를 아중앙염색체(submetacentric chromosome)라 하며, 동원체가 극도로 위쪽으로 위치할 때를 아단염색체(acrocentric chromosome)라 한다. 그리고 동원체의 위치가 거의 말단

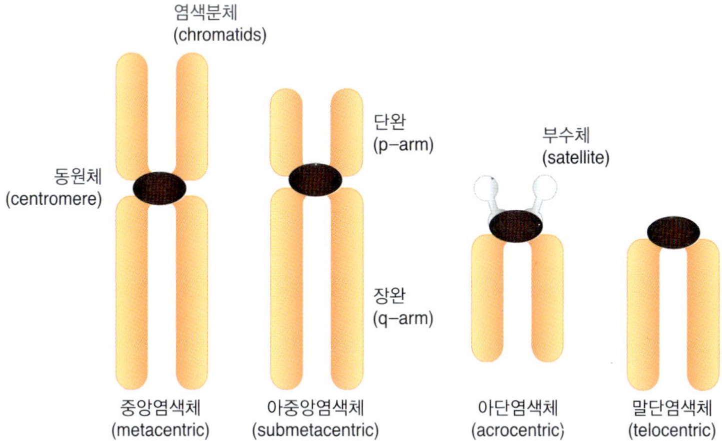

그림 2-7 동원체의 위치에 따른 염색체의 형태적 분류

에 있어 p-arm이 없는 경우를 말단염색체(telocentric chromosome)라 한다. 이와 같은 구분을 보다 명확하게 정의하기 위하여 동원체 지수(centromeric index)에 따른 형태적 명명을 결정하는데, 동원체 지수라 함은 각 염색체의 전체 길이 중 단완(p-arm)이 차지하는 백분율을 나타낸 것이다. 이의 비율이 37.5~50%일 때를 중앙염색체, 25~37.5%일 때를 아중앙염색체, 0~25%를 아단염색체로 명명하고, 말단염색체는 아단염색체에 포함시킨다(Levan 등, 1964). 어떤 염색체에는 부수체(satellite)가 달려있는 것도 있으며, 또 2차로 동원체 외에 협착이 나타나기도 한다. 한편 그림 2-8에 나타난 바와 같이 염색체의 양 말단을 텔로미어(telomere)라 하는데 이는 진핵생물 염색체 양 말단에 분포된 DNA와 단백질 복합체로서, 고등생물의 DNA는 주로 TTAGGG의 단순 반복 염기서열로 이루어져 있다(Blackburn과 Gall, 1978). 텔로미어의 역할은 염색체의 안정성을 유지하도록 하여 정상적인 생명주기를 가질 수 있도록 하나 세포분열 때마다 DNA 말단부위의 복제 손실로 인해 그 길이가 짧아지게 되어 세포의 노화를 유발하게 된다(Blackburn, 1991). 텔로미어 길이를 유지하기 위한 직접적인 효소를 텔로머레이스(telomerase)라 하는데, 일반적으로 대부분의 체세포에서는 출생 후 텔로머레이스의 활성도가 없어지므로 텔로미어 길이가 줄어들게 되어, 제한적인 복제 수명(limited replicative life)을 가지며 노화가 진행되게 된다(Harley, 1991). 그러나 분열이 왕성한 세포인 생식세포, 줄기세포, 불멸화 세포, 암세포에서는 일정한 텔로미어 길이를 유지하기 위해 텔로머레이스 활성도가 나타나는 것으로 알려져 있다.

텔로머레이스의 부적절한 활성화에 따른 세포의 통제 불능 증식은 사람에서 나타나는 전체 암의 90%정도에서 관찰되는 것으로 알려져 있다(Deng과 Chang, 2007). 따라서 텔로미

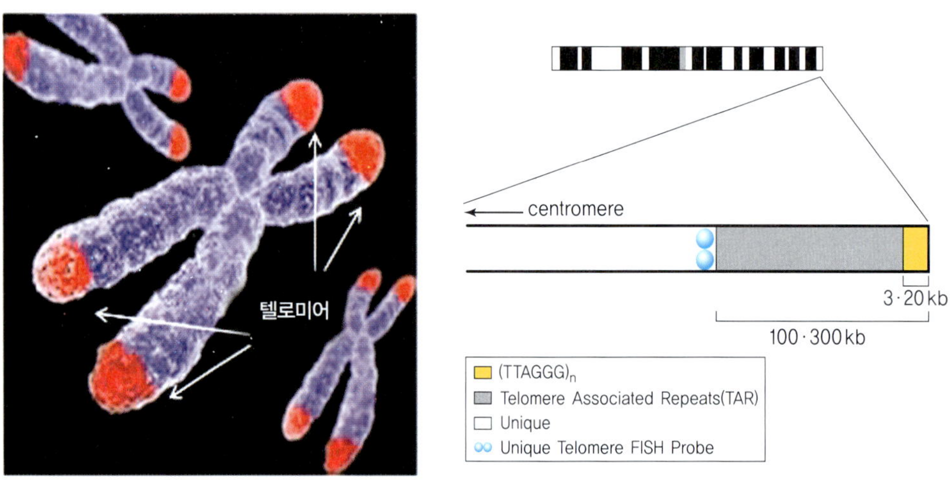

그림 2-8 텔로미어의 위치와 구조

어와 텔로머레이스는 세포의 노화, 증식, 분화 및 암세포 등과 관련한 연구들에 주요 표적이 되고 있으며, 이들의 존재와 역할에 관한 많은 연구들이 수행되고 있다(Sohn 등, 2002; 손 등, 2008; 최 등, 2008; 정 등, 2009; 손과 조, 2010).

그림 2-9는 사람을 비롯한 소, 돼지, 닭의 중기상과 핵형 양상을 나타낸 것이다. 핵형 분석에 나타난 바와 같이 사람의 염색체는 총 46개로서 44개의 상 염색체와 XX 또는 XY의 성

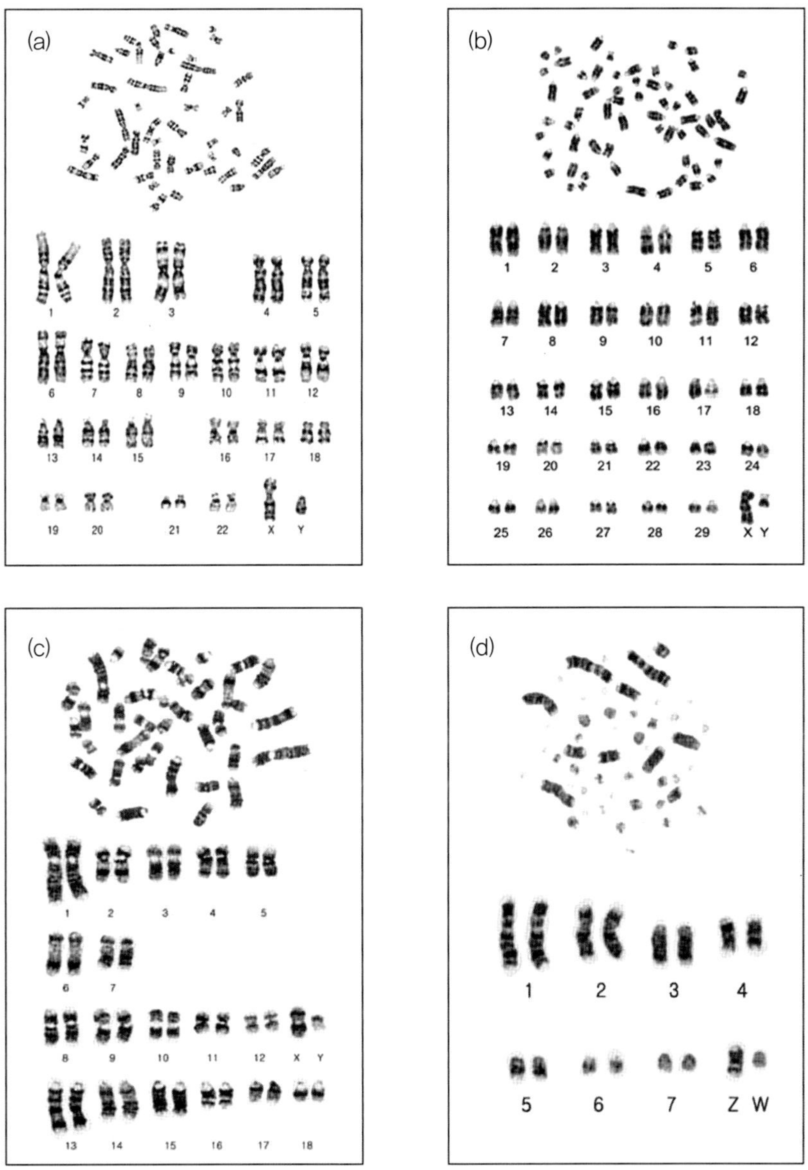

그림 2-9 각종 동물의 중기상과 핵형(손, personal report)
(a) 사람♂, (b) 소♂, (c) 돼지♂, (d) 닭♀

염색체로 구성되어 있다. 사람의 상 염색체의 경우, 일단의 크기 순으로 번호를 매겨나가나 유사한 형태의 염색체들 간에 그룹화를 하여 A~G까지 7개의 그룹을 둔다(ISCN, 1995). 동일 그룹내 상동 염색체의 식별을 위해서는 그림에서 나타난 바와 같이 염색체에 분염처리(banding)를 하여 가로 띠를 형성하게 하여야 한다. 분염처리에는 여러 방법들이 있으나, 특정 단백질 분해효소와 Giemsa염색을 이용한 G-분염법(G-banding)이 가장 보편적으로 이용되고 있다. 이는 상동 염색체간에 단백질 및 DNA의 조성이 유사함으로써 동일한 밴드(band) 상을 얻게 되는 것이다.

소의 염색체 수는 총 60개로, 이들 중 58개의 상 염색체는 동원체가 염색체의 말단부에 위치한 아단염색체이고, 성 염색체인 X 염색체는 거의 1번 크기인 아중앙염색체, Y 염색체는 가장 작은 중앙염색체이다(손 등, 1998). 소와 산양의 염색체는 크기와 모양, 수 등에서 거의 같은 것으로 밝혀져 동일 종의 진화 양상임을 알 수 있다.

돼지의 핵형양상은 2n = 38로, 5쌍의 아중앙염색체(Group I), 짧은 단완을 가진 2쌍의 아단염색체(Group II), 5쌍의 중앙염색체(Group III) 및 동원체가 말단부에 있는 6쌍의 아단염색체(Group IV)로 구성된 36개의 상 염색체와 중앙염색체인 X, Y 성 염색체로 구성되어 있음을 알 수 있다(손 등, 2003).

닭 염색체는 약 8쌍 정도의 대형염색체(macrochromosomes)와 31쌍 정도의 소형염색체(microchromosomes)로 구성되어 총 78개의 염색체로 구성되고, 성 염색체는 수컷이 ZZ, 암컷이 ZW 형태로서 암컷 이형접합체(heterozygote)를 나타내고 있다. 이들 염색체들의 형태적 특징으로 1번 염색체가 가장 긴 중앙염색체이고, 2번은 그 다음 크기인 아중앙염색체, 3번, 5번 및 7번은 거의 p-arm이 없는 아단염색체이며, 4번은 다소 p-arm이 있는 아단염색체이다. 한편 성 염색체인 Z, W와 8번 염색체는 거의 장완과 단완의 길이가 비슷한 중앙염색체이다. 이 외 31쌍의 소형염색체들은 거의 점의 형태로 형태적 식별에 어려움이 많아 상동염색체의 구분이 되지 않는다(백 등, 2003).

3. 염색체의 크기와 수

염색체의 크기는 DNA로 구성된 염색사가 나선형태로 감겨 있는 상태로 측정될 수 있는데, 세포분열 과정에서 염색사의 나선형태는 변하기 때문에 세포분열 과정에 따라서 염색체의 크기는 변하게 된다. 그러나 일반적으로 염색체의 형태를 가장 명확하게 볼 수 있는 시기인 세포분열과정 중 중기상태에서의 염색체를 기준으로 그 크기를 나타내고 있다. 종에 따라 염색체의 크기가 많은 차이가 있고, 동일 세포내 염색체별 그 차이가 매우 크므로,

가장 긴 1번 염색체를 기준으로 하였을 때 일반적으로 1~10μm 정도이고, 염색체의 두께는 100~500Å의 범위에 속한다. 대체적으로 포유동물의 염색체의 크기가 조류에 비해 다소 큰 양상이다.

각 종별 염색체 수는 일정하다. 표 2-1에서 보는 바와 같이 사람은 2배체(diploid, 2n) 상태에서 46개, 소는 60개, 돼지는 38개, 닭은 78개로 종에 따라 다양한 염색체 수를 지니고 있다. 그러나 개와 닭은 78개로 서로 다른 종이지만 같은 염색체 수를 가지고 있고, 또 말과 기니아피그(guinea pig)도 64개로 같으며, 토끼와 햄스터도 44개로 같은 수의 염색체를 가지고 있다. 이처럼 서로 다른 종이 같은 수의 염색체를 갖는다 하더라도 염색체의 모양뿐만 아니라 이들이 지닌 유전자의 구성이 전혀 다르기 때문에 개와 닭, 말과 기니아피그 그리고 토끼와 햄스터간의 교잡에서는 새끼를 얻을 수 없다. 반면 소에서는 서로 다른 품종인 한우와 젖소, 또는 한우와 육우의 교잡에서는 새끼를 얻을 수 있는데, 이는 서로 다른 품종일지라도 동일 종 내의 염색체는 모양, 크기, 구조가 같기 때문이다.

표 2-1 동물의 염색체 수

동물명	종(species)	염색체수(2n)	동물명	종(species)	염색체수(2n)
사람	*Homo sapiens*	46	고양이	*Felis domesticus*	38
말	*Equus caballus*	64	당나귀	*Equus asinus*	62
야생말	*Equus przewalskii*	66	마우스	*Mus musculus*	40
소	*Bos taurus*	60	집쥐	*Rattus norvegicus*	42
Zebu 소	*Bos indicus*	60	토끼	*Oryctolagus cuniculus*	44
야생돼지	*Sus scrofa*	36	햄스터	*Mesocricetus auratus*	44
돼지	*Sus scrofa*	38	기니아피그	*Cavia cobaya*	64
면양	*Ovis aries*	54	누에	*Bombyx mori*	56
산양	*Capra hircus*	60	벌	*Apis mellifera*	32
닭	*Gallus domesticus*	78	밍크	*Mustela vison*	30
개	*Canis familiaris*	78			

4. 염색체상의 유전자 위치

고등생물의 각 염색체는 DNA와 단백질로 구성되어 있으며, 이러한 DNA가 직접적인 유전자의 구성물질이다. 따라서 DNA로 구성된 수만 개의 유전자는 모두 염색체상에 존재하게 되는데, 이러한 염색체상의 유전자의 위치를 유전자 좌위(locus)라 한다. 상동 염색체의 경우, 유사한 유전자가 같은 염색체의 같은 유전자 좌위에 있을 때, 이것을 대립유전자(allele)라고 한다.

그림 2-10에서 소의 뿔에 대한 예와 같이, 상동 염색체의 동일 유전자 좌위에 무각에 관계하는 유전자 *P*와 유각에 관계하는 유전자 *p*가 있을 때, 뿔에 관계하는 *P*와 *p*를 대립유전자(allele)라 하고, 이러한 무각과 유각의 유전자들이 결합된 접합체(zygote)를 이형접합체(heterozygote), *P*와 *P*유전자의 접합체, 또는 *p*와 *p*유전자의 접합체는 동형접합체(homozygote)라 한다. 이 두 유전자의 접합체에서 발현되는 형질의 표현형(phenotype)은 유전자형(genotype)이 *PP*일 때에는 무각, *pp*일 때에는 유각, 그리고 *Pp*일 때는 무각을 가진 개체가 된다. 여기에서 이형접합체인 *Pp*에서 무각이 나타나는 현상은 무각의 유전자 *P*가 우성(dominance)이고, 유각유전자 *p*는 열성(recessive)으로 우성유전자가 열성유전자의 발현을 억제하기 때문이다.

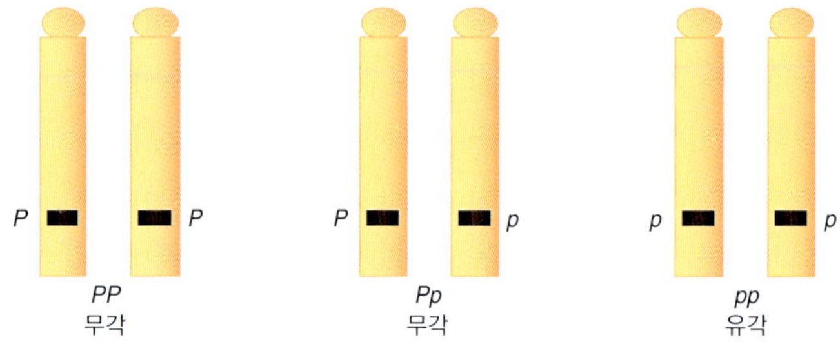

그림 2-10 소의 뿔에 관여하는 유전자 좌위의 모식도

5. 염색체의 이상

염색체는 생물의 종류에 따라서 그 수와 형태가 일정하다. 즉 같은 종 내에 수 많은 개체가 있다고 하더라도 염색체의 수나 그들 개개의 형태는 별로 차이가 없으며, 체세포분열이나 감수분열시 그들의 분열양상은 언제나 일정하다. 그러나 유전자가 그러하듯이 염색체의 경우도 어떤 요인에 의해 수나 구조가 변화될 수 있으며, 그렇게 되면 염색체의 분열양상 또한 정상에서 벗어날 것이고, 결과적으로 유전현상도 달라지게 된다. 이와 같이 염색체에 변화가 일어나 그에 관계된 형질에 변화를 초래하는 현상을 염색체 이상(chromosomal aberration)이라 하는데, 이들은 염색체의 수적 이상(numberical aberration)과 구조적 이상(structural aberration)으로 나눌 수 있다.

(1) 염색체의 수적 이상

1) 배수성(Euploidy)

생물의 한 종이 갖는 염색체의 기본수(n)를 게놈(genome)이라 하며, 이를 정배수로 갖는 세포들로 구성된 개체를 배수체(polyploid)라 한다. 이미 알고 있는 바와 같이 체세포는 기본수의 2배가 되는 염색체를 갖고 있기 때문에 정상적인 개체는 2배체(diploid)인 것이며, 이에 비하여 배우자는 절반의 염색체 수, 즉 기본수의 염색체를 갖고 있기 때문에 반수체(haploid)인 것이다. 그런데 경우에 따라서는 체세포내 염색체수가 기본수의 3배, 4배, 5배, 심지어는 8배, 10배가 되는 것도 있다. 이와 같이 체세포 내에 염색체 수가 기본수의 배수관계에 있는 현상을 배수성(polyploidy), 또는 정배수성(euploidy)이라 하고, 이러한 세포로 구성된 개체를 각각 3배체(triploid), 4배체(tetraploid), 또는 5배체(pentaploid)라 한다.

다배체가 생기는 것은 세포분열의 이상에서 연유된다. 즉 2배체의 세포가 분열시 염색체만 분열 배가되고, 세포 자체는 그대로 있을 때 이 세포는 4배체 세포가 되며, 만일 정원세포나 난원세포에서 이와 같은 경우가 한 차례 발생하였다고 하면, 이들 세포에서 연유된 정자나 난자들은 반수체가 아닌 2배체 배우자가 되고, 이것이 정상적인 배우자와 접합을 하게 되면 3배체가 되는 것이다. 이 외에도 수정시 다정자 침입(poly-spermy)이나 다란핵수정

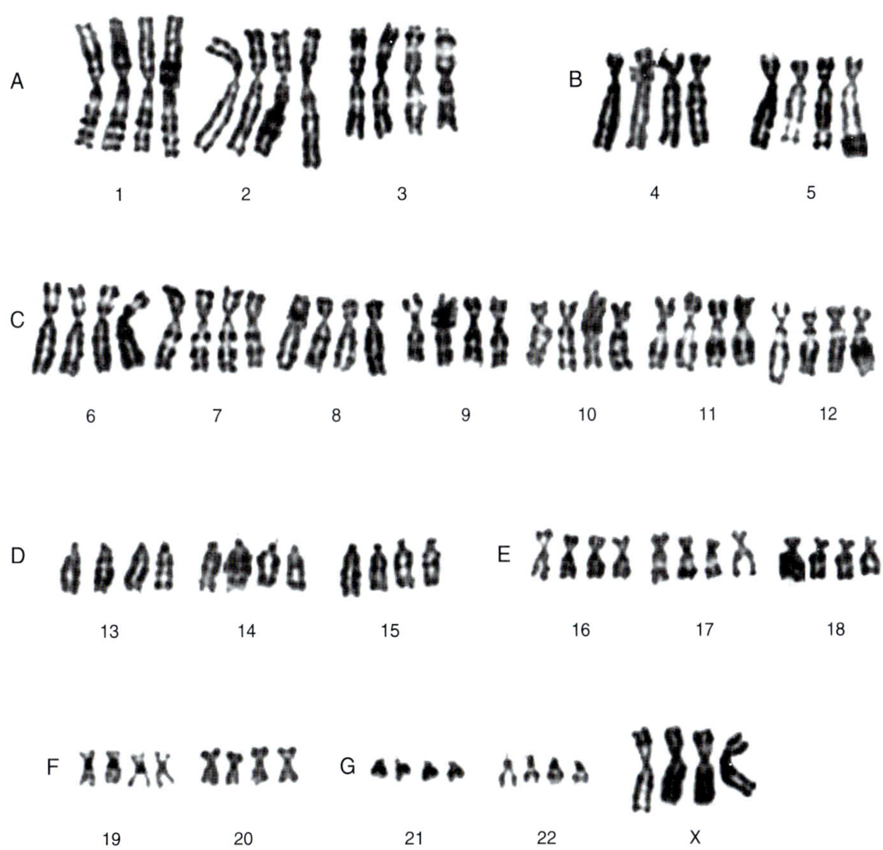

그림 2-11 사람의 4배수체 핵형(손, personal report, 2002)

(polygyny)으로 인해 다배체의 개체가 형성될 수도 있다.

식물에서는 chloral hydrate, acenaphthene, sulfanilamide 및 colchicine과 같은 분열 억제제를 처리함으로써 원하는 다배체를 쉽게 만들 수 있는데, 이들 중 가장 많이 쓰는 약제가 colchicine이다. 이 약제는 염색체의 분열과정에는 전혀 영향을 주지 않지만 방추사(spindle fibre)를 형성하지 못하게 함으로써 결과적으로 염색체만 분열 배가 되고, 세포 자체는 그대로 있게 되는 분열과정을 거치게 된다. 우리가 잘 알고 있는 씨 없는 수박도 배수체 중 동일한 genome이 배가 되어 만들어진 동질삼배수체인 것이다. 씨 없는 수박은 2배체에 colchicine처리를 하여 4배체를 만들고, 이들 2배체의 꽃가루를 암꽃에 수정시켜서 만든 3배체인데, 이는 감수분열 이상으로 종자는 형성할 수 없으나, 단위결실로 과실은 성숙한다.

동물에서도 몇 가지 다배체종이 알려져 있고, 누에에서는 인위적으로 다배체를 만든 예도 있지만, 식물에 비하면 그 수가 대단히 적다. 닭과 메추리 등에 triehylene melamine, ethyl methanesulfonate 및 colcemid와 같은 분열억제제를 투여하여 이들의 생식세포로부터 배수성 배우자를 유기하여 인위적인 다배체의 개체 생산을 시도한 바 있으나, 배아상태에서 거의 사망되거나 낮은 부화율로 인하여 정상 개체로써 발생은 거의 불가능하였다(Wang과 Shoffner, 1983 ; 여 등, 1990 ; 김 등, 1996). 식물과 달리 대다수의 동물들은 자웅이체이고, 또 염색체의 사소한 불균형에도 곧 발생불능 현상이 일어나기 때문이다. 즉 포유동물이나 조류의 경우 다배체는 배자시기에 치명적이어서 발생에는 어려움이 많은 것으로 알려져 있다(오 등, 1993 ; McFeely, 1967 ; Milunsky, 1994). 그림 2-11은 조기 유산된 사람의 태아 조직으로부터 분석된 다배수체의 핵형이다.

또한 정상 배우자의 경우 반감된 염색체수를 갖는 반수체(haploid)인데 반해, 체세포들이 1조의 genome만을 가진 경우 이는 염색체 이상으로 1배체(monoploid)를 의미한다. 1배체의 생물은 정상적인 genome을 갖는 배우자 생산이 어렵기 때문에 유성생식을 할 수 없는 것이 보통이지만, 수펄의 경우 등은 예외적이다. 수펄은 무정란으로부터 발생된 것이지만, 그 자체는 정상적인 배우자를 생산하고 있는 것이다. 즉 제1정모세포의 첫 분열은 핵물질을 포함하지 않은 상당량의 세포질을 분리해 내는 것으로 대신하고, 바로 제2분열로 들어가 각 염색체는 배가된 뒤 분리되어 2개의 세포핵을 만든다. 이 때 세포질은 한쪽 세포로만 집중되고, 다른 한쪽 세포에는 거의 포함되지 않기 때문에 결과적으로 기능을 갖는 정자세포는 한 개의 정모세포에서 하나가 생기게 되는 것이다. 칠면조에서도 가끔 무정란으로부터 배자발육이 이루어지며, 실제 부화가 완료될 뿐만 아니라 정상적으로 성장해 후손을 남긴 예도 보고되고 있다. 그러나 수펄과는 달리 부화된 칠면조는 1배체가 아니고 2배체이며, 발생된 모든 개체는 수컷이다. 처녀생식으로 태어난 칠면조가 어떻게 2배체가 되었는가에 관해서는 아직도 명확히 밝혀져 있지 않고 있으나, 대부분의 견해는 제 2 감수분열을 마친 낭세포와 제 2극체가 융합된 결과이며, 수컷만 발생된 것은 조류는 성 염색체가 암컷 이형이므로 이러한 분열시 ZZ 또는 WW염색체를 지닌 개체가 생성되나, WW개체의 생존은 불가능하기 때문인 것으로 추측한다.

2) 이수성(Aneuploidy)

사람의 체세포 내 염색체수는 2n = 46이다. 그런데 가끔 2n = 45이거나, 2n = 47인 사람도 태어난다. 이와 같이 genome을 구성하고 있는 염색체들의 과부족현상을 이수성(aneuploidy or heteroploidy)이라 하고, 이러한 세포들로 구성된 개체를 이수체(aneuploid)라 한다. 이수체가 생기게 되는 것은 감수분열시 한 쌍의 접합된 상동 염색체가 양극으로 분리 이동하지 않고, 어느 한쪽으로 함께 이동하는 소위 염색체 불분리현상(non-disjunction of chromosome) 때문이다.

이수성을 지닌 개체의 생존 양상은 사람에서 가장 많이 알려져 있다. 가장 대표적인 이수성 양상은 사람의 21번 염색체가 삼염색체인 다운증후군(Down's syndrome)과 성 염색체수의 이상인 터너증후군(Turner syndrome) 및 클라인펠터증후군(Klinefelter syndrome) 등이 있다. 다운증후군(47, XX 또는 XY, +21)은 몽고증백치(mongolism)라고도 하는데, 1959년 Lejeune과 Turpin에 의해 본 질환이 염색체성 이상 증후군임을 밝히고, 환아는 총 47개의 염색체를 가지며 21번 염색체가 하나 더 있음을 지적하였다(그림 2-12).

본 증후군은 700명 출생에 1명 정도의 빈도를 나타내는데, 임신되는 것은 이보다 더 높아 60%정도는 자연 유산되고, 20%정도는 사산되는 것으로 추측하고 있다. 다운증후군의 증상은 지능저하(IQ 25~50)와 대체로 발육이 부진해 몸이 작을 뿐 아니라 질병에 대한 저항성이 약한 특징을 보이고, 선천성 심질환을 가지는 경우가 많다. 외형상 특징으로는 편평한 안면에 단두증이고 납작한 후두골의 양상을 가지며, 눈은 양안 격리증 및 사시가 대부분이고, 귀는 작고 변형된 형태에 하악의 발육부전증과 혀를 내미는 특징을 보인다. 이 증후군의 발생빈도는 산모의 연령과 밀접한 관계를 가지는데 산모의 나이가 많을수록 출생빈도가 급격히 높아진다. 이밖에도 상 염색체의 3배체 양상으로 18번 염색체가 3개인 에드워드증후군(Edward's syndrome), 13번 염색체가 3개인 파튜증후군(Patau's syndrome) 등이 보고되고 있는데, 이러한 증후군의 환아들은 출생시 심한 기형 양상을 보이고, 거의 대부분 출생 직후 또는 출생 후 6개월 이내에 치사한다.

성 염색체의 이수성 양상으로 터너증후군(45, X)은 성 염색체 중 X 염색체 하나만 있는

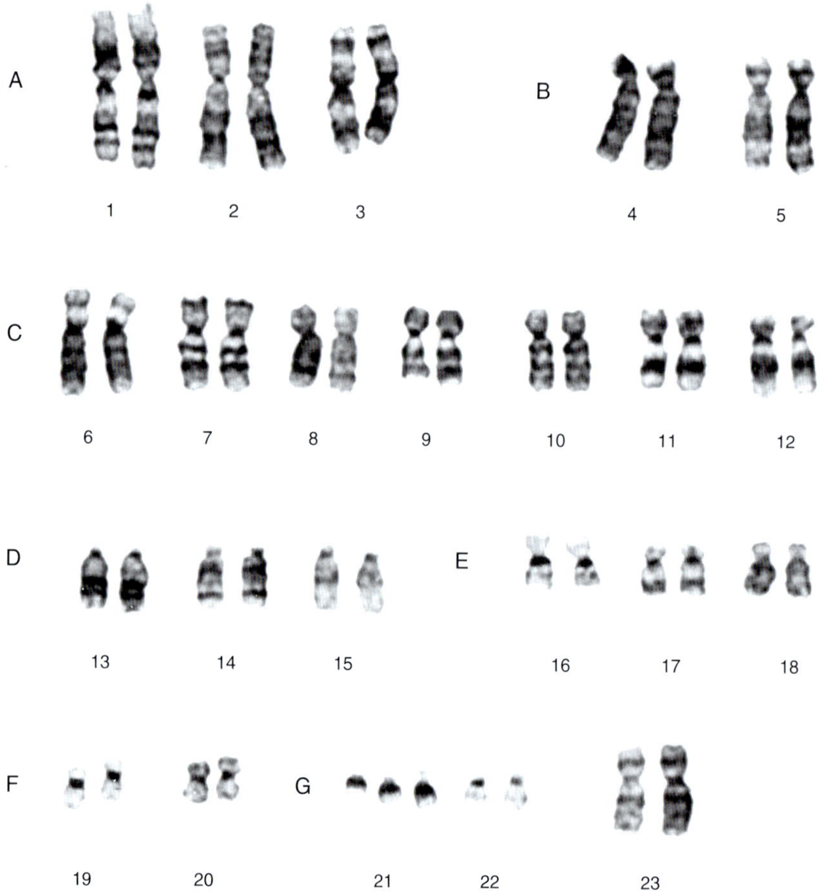

그림 2-12 다운증후군 환아의 염색체 핵형(47, XX, +21)(손, personal report, 2002)

것으로 2n=45, X이다. 이는 5,000명의 출생 여아 중 1명 정도로 출현하며, 특징으로는 외음부 여성, 단신, 물갈퀴 목, 원발성 무월경, 2차 성징 결핍, 불임, 지능저하 등을 수반한다. 또한 클라인펠터 증후군은 성 염색체가 XXY, XXXY 또는 XXXXY로 되어서 2n=47, 48, 49인 이수성의 증상이다. 이 증후군의 발생빈도는 남아 1,000명의 출생에 1명 정도로 외형상으로는 남성이지만 정소가 위축되어 있고, 심할 경우 무정자증이 되며 불임, 여성형 유방, 어깨가 좁고, 사지가 길고, 대체적으로 장신의 체형을 가진다. 경한 지능저하의 소견도 나타낸다. 사람에서 본 바와 같이 이수체는 경우에 따라 생존은 가능하나, 다양한 질환의 증상을 수반하고 심지어는 치사에 이르는 경우가 많다.

(2) 염색체의 구조적 이상

염색체는 모든 유전자를 지닌 운반체임으로 염색체의 수적 및 구조적 이상은 필연적으로 유전물질의 불균형을 초래하여 표현형에 이상을 나타내게 된다. 염색체의 구조적 이상으로는 그림 2-13에서 보는 바와 같이 하나의 염색체 내에 일어날 수 있는 염색체의 결실

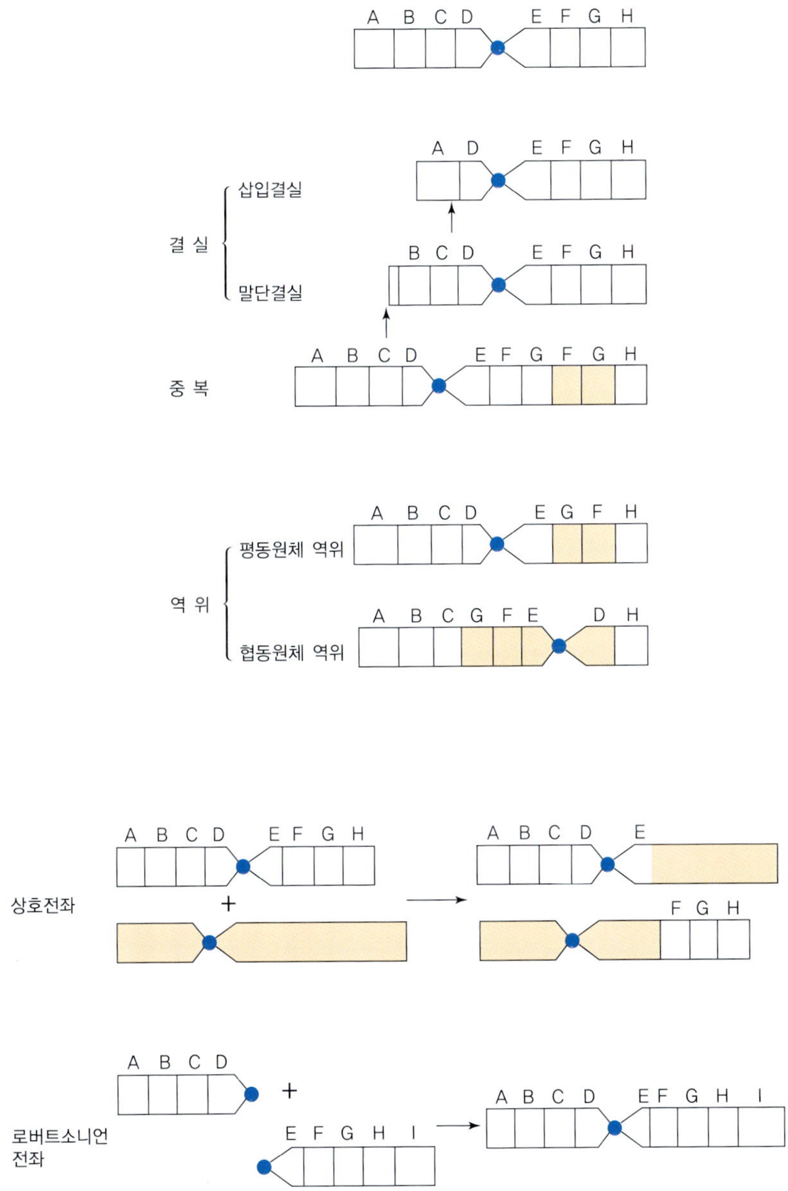

그림 2-13 염색체의 구조적 이상 형태

(deletion), 중복(duplication), 역위(inversion)현상과 비상동 염색체간에 일어나는 전좌(transloca-tion)현상이 있다.

1) 결 실

X선과 같은 고에너지 방사선들이나, mustard gas와 같은 화학물질들은 종종 염색체를 절단시킨다. 절단으로 인해 생긴 염색체 단편이 다른 염색체에 붙거나 소실될 경우, 남아 있는 염색체 부분은 그만큼 짧아지며, 또 소실된 염색체 단편상의 유전자는 잃게 된다. 이와 같이 염색체 일부가 떨어져 나가 결과적으로 그 부분의 유전자를 잃게 되는 현상을 결실(deletion 또는 deficiency)이라 한다. 결실은 염색체의 한쪽 끝에서 일어나기도 하지만, 중간 부분이 소실되고, 양쪽 끝 부분이 다시 연결되는 경우도 많다. 양단의 소실시, 염색체는 그림 2-14와 같이 재결합하여 환상 염색체(ring chromosome)를 형성하기도 한다.

하나의 염색체가 절단에 의해 2개의 단편으로 될 경우, 방추사 부착점이 있는 단편은 정상적인 다른 염색체와 같이 세포분열과정을 거쳐 낭세포로 들어가지만, 방추사 부착점이 없는 단편은 다른 염색체에 부착되지 않는 한 분열과정에서 낭세포 핵 내에 들어가지 못하고, 세포질 내에 방치되어 기능을 잃는 경우가 많다. 염색체의 결실은 여러 가지 유전현상의 변이를 초래한다. 즉 치사작용을 초래하며, 교차율을 변화시키고, 위우성(pseudodomi-

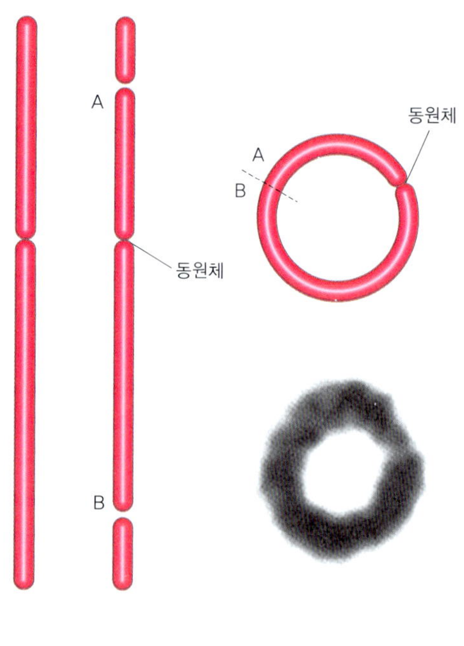

그림 2-14 염색체의 결실에 따른 환상 염색체의 형성

nance)현상과 여러 가지 형태적 변화를 야기 시키기도 한다.

사람에게서 cri-du-chat증후군(cat's cry syndrome)은 5번 염색체의 p-arm(short arm)에 결실현상의 결과임은 잘 알려진 사실이다. 이 증후군의 명칭은 특유한 울음소리에서 연유된 것인데, 정신박약과 얼굴모양의 이상을 동반한다. 이와 같이 결실로 인해 나타난 형질변화를 근거로 결실부위의 유전자가 어떤 형질에 관여하고 있는지를 확인할 수 있는 것이며, 나아가서 각 유전자의 염색체내 좌위를 결정해 아주 세밀한 세포학적 염색체 지도를 작성할 수도 있다. 실제로 사람을 비롯한 여러 종에서 인위적으로 결실을 만들어 세포학적 염색체 지도를 작성하고 있다.

2) 중 복

염색체의 일정한 부위가 염색체 내에 2중으로 되어 있는 현상을 중복(duplication)이라고 한다. 비록 적은 부분이라고 할지라도 중복이 되어 있을 경우, 일정한 표현형의 변이가 발생하는 것이 일반적이다. 가장 잘 알려진 중복의 예로, 초파리의 겹눈을 들 수 있다. 이 겹눈은 약 700여 개의 단안이 모여서 이루어지는데, X염색체의 16A부위가 2중 또는 3중으로 중복됨으로써 복안을 구성한 단안의 수가 현저히 감소되어 둥근 복안이 가늘고 긴 세장안(bar 안)으로 변한 것이다.

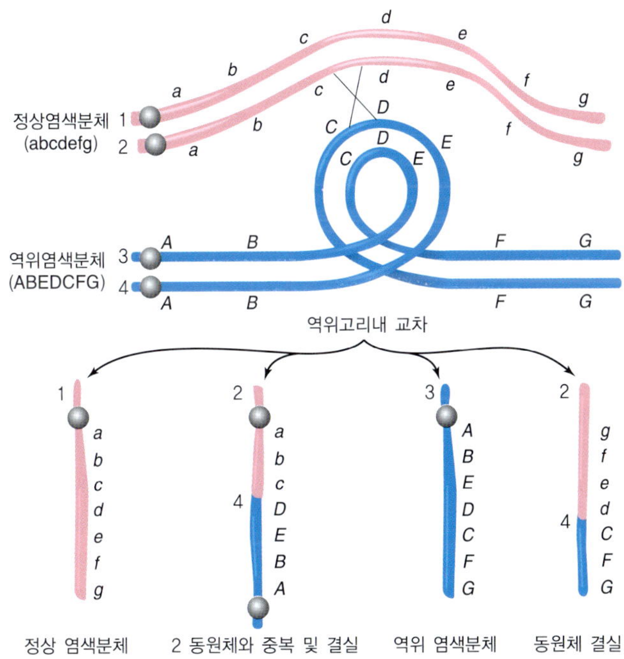

그림 2-15 감수분열에서 역위염색체의 접합양상과 배우자 생성

염색체의 특정부위에서 중복현상이 발생하게 되는 것은 감수분열과정에서 부적절한 접합이 이루어진 가운데, 교차가 일어난 결과이다. 즉 부등위교차(unequal crossing over)로 상동염색체의 한쪽은 특정부위가 결실된 반면, 다른 쪽은 중복이 되는 것이다. 따라서 중복염색체를 갖는 교배자가 정상적인 교배자와 수정이 이루어진다면 그 접합체는 동일한 염색체 부분이 셋이 되고, 같은 중복염색체를 갖는 교배자간에 수정이 된다면 동일부분을 넷이나 갖는 개체가 된다.

중복은 생물로 하여금 유전자수를 증가시키는 요인이 된다. 즉 한 유전자를 중복으로 갖게 되면, 그 중 하나는 기능상 필요 없게 되고, 따라서 쉽게 돌연변이를 일으켜 새로운 형이 되는 것이다. 실제로 일부 복대립유전자는 생물의 발달과정에서 어느 한 시기에 중복현상으로부터 야기된 것으로 알려져 있다. 그러나 중복도 그 규모가 커지면, 비록 치사적이 아닐지라도 대부분 유해적이어서 생존에 불리하다.

3) 역 위

염색체로부터 떨어져 나온 단편(fragment)이 180° 회전하여 본래의 염색체에 다시 부착하는 현상을 역위(inversion)라 한다. 염색체의 동원체(centromere)가 역위부분 내에 포함되는 경

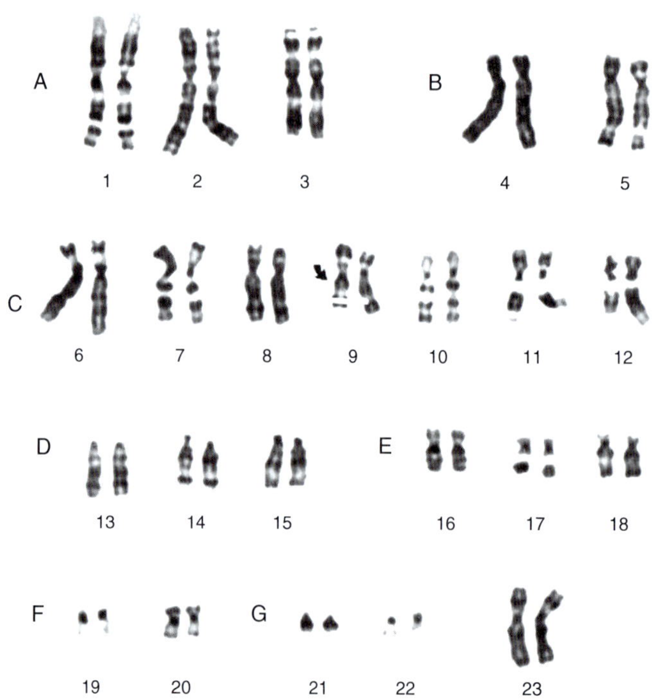

그림 2-16 사람의 9번 염색체 역위 핵형(손, personal report, 2002)

우(pericentric)와 포함되지 않는 경우(paracentric)가 있는데, 자연계에서는 후자의 경우가 더 흔한 것으로 알려져 있다. 다음 그림 2-15는 역위가 일어나는 과정과 역위이형접합체의 감수분열시 접합형태를 보여주는 모형도이다. 역위 결과 2개의 정상적인 비교차형 염색체와 결실 및 중복된 염색분체가 형성되므로 교배자는 대개 수정이 불가능하거나, 수정을 한다고 하더라도 발생이 불가능한 접합체가 되기 쉽다.

그림 2-16은 사람에서 흔히 볼 수 있는 9번 염색체의 역위 핵형이다.

4) 전 좌

끊어진 염색체 단편이 상동 염색체가 아닌 다른 염색체에 부착되는 현상을 전좌(translocation)라 한다. 이는 한쪽 염색체 단편이 일방적으로 다른 염색체로 자리를 옮기는 삽입전좌(insertional translocation)의 경우와 비상동 염색체간에 서로 단편을 교환하는 상호전좌(reciprocal translocation)의 경우가 있다. 상호전좌의 결과, 이동원체적 염색체와 무동원체적 염색체가 발생할 수 있다. 이러한 염색체를 갖는 생식세포는 염색체의 심한 구조적 이상으로 대부분 수정이 불가능하거나, 수정 후 정상적 개체로 발생하지 못한다. 상호전좌의 결과로 감수분열시 염색체들의 접합이 매우 복잡하여지는 경우가 있다. 즉 전좌 동형접합체간에는 세포유전학적으로 이상이 없고, 염색체의 접합 및 낭핵형성에 별다른 이상이 없지만, 전좌 이

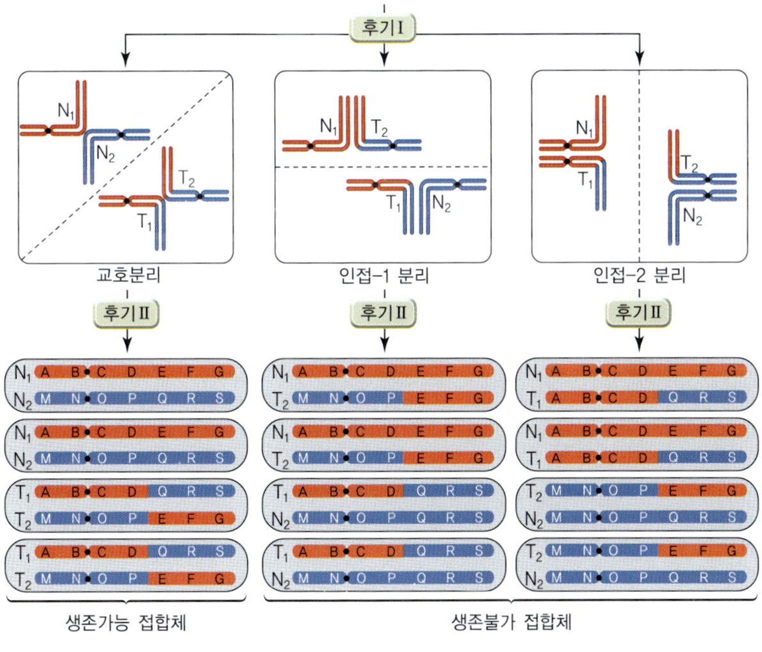

그림 2-17 상호전좌의 분리양상과 배우자 생성

형접합체의 경우는 감수분열 전기의 접합기에서 상동 염색체들이 접합을 완성하기 위해 십자형의 모양을 하게 되어 복잡한 분리과정을 거치게 된다. 전좌 이형접합체에서 형성된 배우자는 그림 2-17에서 볼 수 있는 것처럼 교호분리에 의해서만 정상 배우자와 균형 전좌(balanced translocation)를 지닌 배우자가 만들어져, 이들 배우자들만이 정상 접합자가 되어 생존할 수 있지만, 인접분리에서는 유전자의 결실 또는 중복을 나타내는 불균형 전좌(unbalanced translocation) 현상을 이루어 치사됨으로써 배우자의 불임성(sterility)을 이루어 결국 이형상호전좌의 유전적 효과는 반불임성(semisterility)을 나타낸다.

한편 전좌의 특수한 경우로 2개의 비상동 아단염색체(acrocentric chromosome)가 동원체를 서로 융합하여 하나의 새로운 중앙 또는 아중앙염색체(metacentric or submetacentric chromosome)를 만드는 일이 있는데, 이와 같은 전좌를 특히 로버트소니언 전좌(Robertsonian translocation)라 한다.

사람에서도 D그룹의 염색체들과 G그룹의 염색체간의 로버트소니언 전좌현상이 빈번히

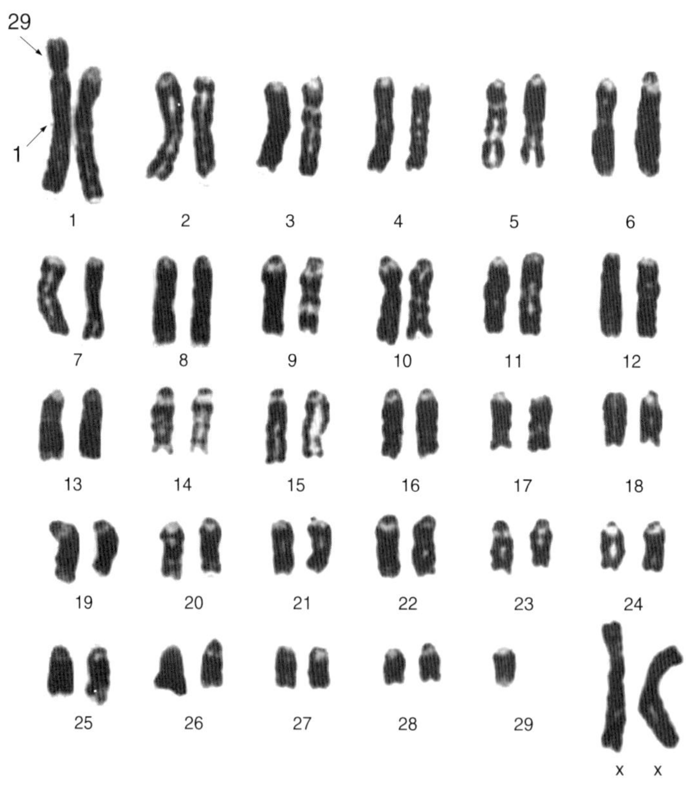

그림 2-18 소의 1/29 로버트소니언 전좌 염색체의 핵형(Sohn 등, 1998)

보고되고 있으며, 동물의 경우 특히 소에 있어서 그림 2-18에서 보는 바와 같이 1번 염색체와 29번 염색체의 로버트소니언 전좌현상이 거의 모든 축종에서 보고되고 있다(Gustavsson, 1979 ; Sohn 등, 1998). 이러한 염색체 이상개체는 상호전좌 현상에서 본 바와 같이 정상 배우자를 생성할 수 있는 빈도가 낮으므로 당연 수정능력이 떨어지고, 수정되더라도 사산의 비율이 높다. 이러한 1/29 전좌가 밝혀진 후, 프랑스 등지에서는 종모우의 선택이나 수정란 이식에 사용되는 종축의 경우, 염색체 검사를 필수적 사항으로 조사하고 있다.

요 약

1. 생물체의 가장 기본적인 소단위로서 구조상 또는 기능상 기초적 단위가 세포이다. 동물세포는 세포질과 핵으로 크게 나눌 수 있고, 세포질은 중심체, 골지체, 리보솜, 미토콘드리아, 라이소솜, 소포체 등의 소기관으로 구성되어 있다. 핵은 동물체의 기능과 생명에 필요한 유전물질을 포함하고 있는 염색체와 핵인으로 구성되어 있다.
2. 동물체의 세포증식은 세포분열이란 과정을 통해 이루어진다. 세포분열에는 체세포 증식에 관한 분열인 유사분열(mitosis)과 생식세포인 정자와 난자 생성에 관한 감수분열(meiosis)이 있다. 유사분열은 유전자와 염색체의 복제에 이어 세포가 둘로 나누어지는 일련의 규칙적인 복제과정이고, 감수분열은 연속적으로 두 번의 핵분열의 결과로 염색체의 수가 반감된 4개의 낭세포가 형성되며, 생성된 낭세포들의 유전적 조성이 각기 다른 복잡한 과정이다.
3. 염색체는 동물체의 구성과 기능에 관계하는 상 염색체와 성과 관련 있는 성 염색체로 나눌 수 있으며, 체세포는 염색체가 복수로 되어 있는 반면, 생식세포는 단수로 구성되어 있다. 염색체는 동원체에서 협착이 이루어진 막대기 모양으로 종마다 고유한 형태적 특징과 수를 가지며, DNA와 단백질로 구성되어 있다.
4. 염색체의 경우 어떤 요인에 의해 수나 구조가 변화될 수 있다. 염색체에 변화가 일어나 이에 관계된 형질에 변화를 초래하는 현상을 염색체 이상이라 하는데, 이들에는 배수성, 이수성과 같은 염색체의 수적 이상과 염색체의 결실, 중복, 역위, 전좌 현상과 같은 구조적 이상이 있다.

참고문헌

- Blackburn, E.H. 1991. Structure and function of telomere. Nature 350 : 569~573.
- Blackburn, E.H. and J.G. Gall. 1978. A tandemly repeated sequence at the termini of the extrachromosomal ribosomal RNA genes in Tetrahymena. Mol Biol 120(1) : 33~53.
- Deng, Y. and S. Chang. 2007. Role of telomeres and telomerase in genomic instability, senescence and cancer. Lab Invest. 87(11) : 1071~1076.
- Gustavsson, I. 1979. Cytogenetics of farm animals; distribution and effects of the 1/29 translocation in cattle J. Dairy Science 62 : 825~835.
- Harley, C.B. 1991. Telomere loss: mitotic clock or genetic time bomb? Mutat Res 1991; 256(2~6) : 271~282.
- ISCN. 1995. An International System for Human Cytogenetic Nomenclature. S. Karger Pub. Farmington.
- Jorde, L.B., J.C. Carey and R.L. White. 1995. Medical Genetics. Mosby Inc. St. Louis.
- Levan, A., K. Fredga and A.A. Sandberg. 1964. Nomenclature for centromeric position on chromosomes. Hereditas 52 : 201~220.
- McFeely, R.A. 1967. Chromosome abnormalities in early embryos of the pig. J. Reprod. Fertil. 13 : 579~281.
- Milunsky, A. 1992. Genetic disorders and the fetus; Diagnosis, prevention, and treatment(3rd ed.). The Johns Hopkins Univ. Press.
- Pierce, B.A. 2008. Genetics(3rd ed.). W. H. Freeman and Co. NY.
- Sohn, S.H., A.S. Multani, P.K. Gugnani and S. Pathak. 2002. Telomere erosion-induced mitotic catastrophe in continuously grown Chinese hamster Don cells. Exptl. Cell Res. 279(2) : 271~276.
- Sohn, S.H., J.I. Lee, S. Ryu and C.S. Choi. 1998. A case of rob(1;29) in Charolais and its cytogenetic study. The proceedings of the 8th WCAP. Vol. II : 656~657. Seoul.
- Wang, N., R.N. Shoffner, J.S. Otis and M. Kimbery. 1983. The induction of chromosomal structural changes in male chickens by the alkylating agents triethylene melamine and ethyl methanesulfonate. Mutation Res. 96 : 53~66.

- 김철욱, 손시환, 전익수. 1996. 가금류의 정자 세포 배수성 유기를 위한 세포유전학적 연구. 한국가금학회지 23(1) : 1~7.
- 김한화. 1997. 기초의학유전학. 정문각. 서울.
- 백규흠, 이철영, 상병돈, 최철환, 김학규, 손시환. 2003. 한국재래계의 염색체 분염 표지 분석. 한국동물자원과학회지 45(1) : 1~12.
- 손시환, 권오섭, 백규흠, 정원, 조은정, 강민영. 2003. 한국재래돼지의 G-, C-, 및 NOR-banding. 한국동물자원과학회지 45(6) : 901~910.
- 손시환, 신영수, 양영훈, 여정수, 이정구, 이학교, 조병욱, 최연호, 한재용, 홍영호, 2002. 동물유전의 이해. 선진문화사. 서울.
- 손시환, 신영수. 1997. High-Resolution banding에 의한 닭의 핵형분석. 한국동물유전육종학회지 1(1) : 1~11.
- 손시환, 이재익. 1998. 고분염분석(High-resolution banding)에 의한 한우 염색체의 표준표지 설정. 한국축산학회지 40(5) : 467~484.
- 손시환, 정구민. 1994. 혈액세포를 이용한 염색체 분리 분석에 관한 방법적 고찰. 대한불임학회지 21(2) : 207~214.
- 손시환, 정현진, 최덕순. 2008. 양적형광접합보인법(Q-FISH)에 의한 돼지 백혈구 세포의 텔로미어 함량 분석. 한국동물자원과학회지 50(4) : 465~474.
- 손시환, 조은정. 2010. 한국재래닭 염색체의 텔로미어 분포 양상. 한국가금학회지 37(3) : 247~253.
- 여정수, 정선부, 오봉국, 정경진. 1990. 염색체의 배수성 증가에 의한 닭의 신품종 개발. 2. 다 배수성 개체의 생산. 한국축산학회지 32 : 567~572.
- 오희정, 손시환, 최성복, 정선부, 정일정. 1993. 가금류 초기배자의 염색체 이상양상과 빈도. 한국축산학회지 35(5) : 363~369.
- 정예화, 이수희, 조상래, 공일근, 조재동, 손시환. 2009. 소의 초기 배 발생단계별 Telomeric DNA 함량 및 Telomerase Activity 분석. 대한생식의학회지 36(2) : 101~109.
- 최덕순, 조창연, 손시환. 2008. 소의 생리적 특성에 따른 세포내 텔로미어 함량과 텔로머레이스 활성도 분석. 한국동물자원과학회지 50(4) : 445~456.

3 멘델 유전과 유전현상

개 요

왜 자식들은 양친을 닮는가? 동일 종임에도 불구하고 왜 개체간에 차이를 보이는가? 자식들 간의 닮음 정도는 어떠하며, 이들의 유전양식은 어떠한가 등 한 세대에서 다음세대로 유전자의 이동 양상을 규명하는 것을 전달유전학(transmission genetics)이라 한다. 본 장에서는 전달 유전학의 원리를 Gregor Johann Mendel(1822~1884)의 유전적 실험을 기초로 한 유전현상과 멘델 유전 외적 제반 유전현상을 통하여 유전자의 전달과 분리 양식을 이해하고, 또한 염색체와 관련하여 유전자들의 위치를 설정하는 연관 지도에 대해 살펴보고자 한다.

3-1 멘델 유전

Gregor J. Mendel(오스트리아, 1822~1884)은 유전현상에 대한 체계적 원리를 최초로 소개한 사람으로, 완두를 재료로 하여 이들의 제반 유전현상을 박물학회지에 "*Versuche uber Pflanzenhybriden*"이란 제목으로 1866년에 발표하였다. 이러한 실험결과에는 현대 유전학의 바탕을 이룩한 유전의 원리가 들어있는데도 불구하고, 당시에는 학계의 인정을 받지 못하고, 사후 1900년에 de Vries(네덜란드), Correns(독일), Tschermak(오스트리아) 세 사람에 의해 독자적으로 이에 대한 이론이 다시 소개되면서 지금의 멘델 유전법칙이 정립되었다.

멘델의 유전현상을 이해하기 위하여 단순 멘델 유전현상에 따르는 동물의 특정 형질을 예로 들어, 다음에 언급되는 몇 가지 용어를 알아두는 것이 필요하다. 만약 적색피모를 가진 한우와 흑색의 피모를 가진 홀스타인(Holstein-Friesian)을 교잡하였을 때, 여기에서 태어난 새끼의 피모색은 흑색으로 나타난다. 이 때 자손에서 표현형으로 나타난 흑색은 적색에 대해서 우성(dominance)이라고 하고, 적색은 열성(recessive)이라 한다. 적색과 흑색의 표현형을 가진 양친을 부모세대(parental generation)라고 하며, 흑색의 자손은 제1자손세대(the first filial generation)라고 하는데, 이들의 약어로 부모세대를 P, 그리고 첫 번째 자손세대를 F_1으로 표시한다. 이러한 유전현상으로 나타나는 적색피모와 흑색피모를 표현형(phenotype)이라 하고, 이러한 유전형질을 나타내는 유전인자의 표기를 유전자형(genotype)이라 하여 알파벳의 대문자나 소문자로 나타낸다. 여기에서 우성인 흑색은 *B*, 열성인 적색은 *b*로 표시된다. 또한 가축이 축화되기 전 원 조상인 야생 선조에 나타났던 야생형 유전자는 알파벳기호의 오른쪽 위에 +를 표시하던가 또는 +만으로 사용할 수도 있다.

1. 멘델의 유전법칙

유전형질을 표현시키는 수많은 유전인자들의 유전효과를 한 번의 실험을 통해서 규명한다는 것은 불가능한 것이다. 따라서 하나의 형질에 관여하는 한 쌍의 대립인자 만에 대하여 멘델의 유전현상을 설명하기로 하자.

상술한 바와 같이 흑색피모의 소와 적색피모의 소를 교배시켰을 때 나타나는 F_1 개체의 피모색, 그리고 F_1 개체간의 교잡에서 태어난 제2자손세대(the second filial generation), 즉 F_2 개체들의 유전자형과 표현형이 그림 3-1에 표시되어 있다. 흑색과 적색피모를 가진 부모로부터 태어난 F_1의 피모색은 흑색으로 나타났고, 이 때 부모 중 한쪽의 유전형질이 F_1에서 나타나지 않는 유전현상을 볼 수 있다. F_1에서 나타난 우성의 흑색 유전인자는 열성인 적색유전자를 표현하지 못하도록 지배한다는 의미에서 이러한 유전현상을 우열의 법칙(law of dominance)이라고 한다. 그러나 F_1 개체들 간의 교잡으로 생산된 F_2에서는 F_1에 나타났던 흑색 개체와 F_1에서 나타나지 않았던 적색 개체의 비율이 3 : 1로 나타난다. 여기서 F_2의 표현형이 우성 3 : 열성 1로 나타나는 유전양식을 설명하면, F_1의 흑색 개체의 유전자형은 *Bb*로서 이 개체가 생산하는 배우자(gamete)는 *B* 또는 *b*유전자를 가지게 된다. 그러므로 F_1 개체끼리 교잡을 통해서 얻을 수 있는 접합체(zygote)는 *BB*, *Bb* 및 *bb*의 세 가지 형태를 가진 F_2가 생산되게 된다. 다시 말하면, *B*나 *b*유전자를 가진 정자가 *B*나 *b*유전자를 가진 난자와 결합하는 기회는 완전임의(completely random)로 이루어지기 때문에 2개의 동전을 동시에 던져서 앞면과 뒷면이 나오는 임의적 확률과 같은 것이다. 이와 같이 F_2에서 우성과 열성형질이 3 : 1로 분리되는 현상을 분리의 법칙(law of segregation)이라 한다.

한편 2종류의 대립인자에 대한 유전양식을 살펴보면, 하나의 형질에 관여하는 한 쌍의 대립인자에 대한 멘델의 유전현상과 같이 두 대립인자는 서로간에 영향을 받지 않고 독립

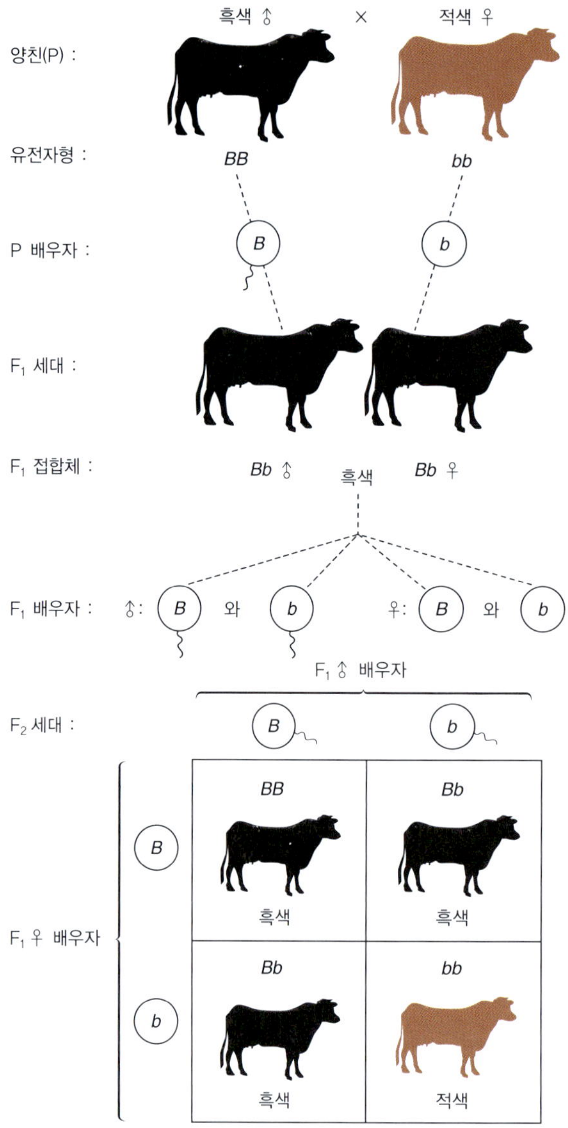

그림 3-1 흑색피모와 적색 피모를 가진 소들의 교잡에서 나타나는 F_1과 F_2의 표현형과 유전자형

적으로 F_1, F_2에서 일정비율로 분리한다.

육용우인 앵거스종(Aberdeen Angus)과 쇼트혼종(Shorthorn)의 교배를 예로 들면, 앵거스는 피모색이 흑색(*BB*)이고, 무각(*PP*)으로 유전자형은 *BBPP*로 표시할 수 있고, 쇼트혼은 적색(*bb*)피모와 유각(*pp*)으로 *bbpp*의 유전자형을 가진 개체다. 앵거스에서 생산되는 배우자는 우성인자인 *B*와 *P*이고, 쇼트혼의 배우자는 열성인자인 *b*와 *p*이기 때문에 이들의 교배에서

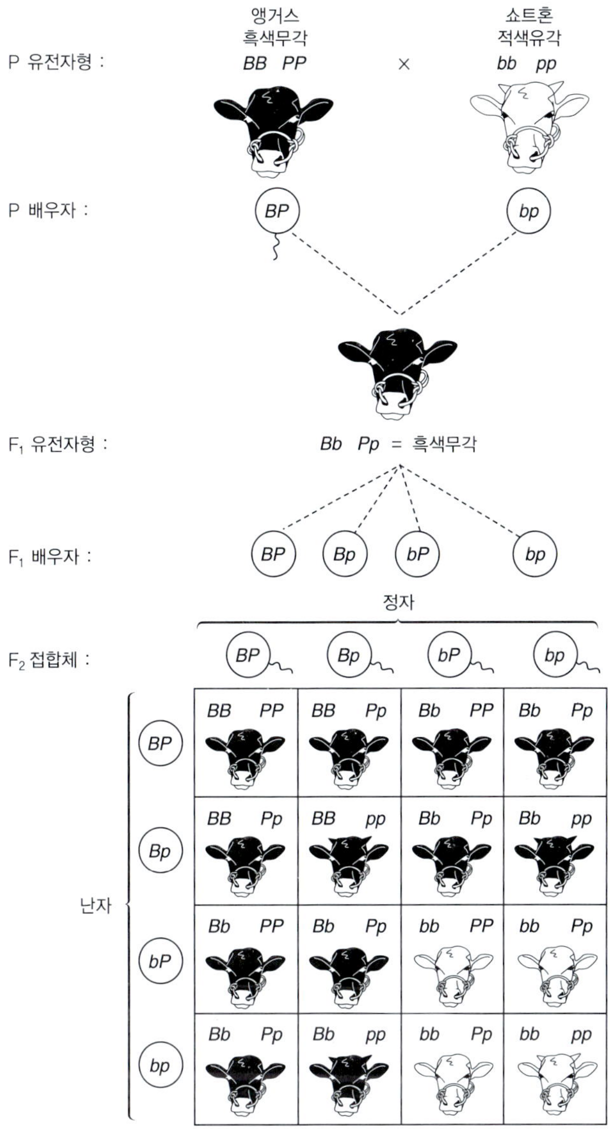

그림 3-2 소의 뿔과 피모색에 대한 양성교잡에서 나타나는 F_1과 F_2의 표현형과 유전자형

생산되는 F_1은 유전자형이 *BbPp*로 피모색은 흑색이고 무각인 개체들이 된다. 이러한 F_1개체가 수컷일 때는 간혹 뿔의 흔적이 보이는 경우도 있다.

이와 같이 두 쌍의 유전인자를 대상으로 해서 교배되어 태어난 이형접합체의 F_1을 양성교잡종(dihybrid)이라 한다. 교잡종(hybrid)이라는 것은 유전적인 개념에서 유전자 구성이 서로 다른 개체나 품종간에 교배를 통해서 생산된 개체를 말하는 것으로 단성교잡종(monohybrid), 양성교잡종(dihybrid) 또는 다성교잡종(polyhybrid)으로 각각 한 쌍, 두 쌍, 나수 쌍의 유전자에 관한 이형접합체를 말하는 것이다.

양성교잡의 F_1에서 나타날 수 있는 배우자는 위의 예에서 *BP*, *Bp*, *bP*, *bp*의 4종류가 되어 이들 F_1끼리의 교잡에서 수컷의 4종류 배우자, 그리고 암컷의 4종류 배우자가 완전 임의로 결합하게 되어 $4 \times 4 = 16$ 종류의 조합이 생기고, 이를 정리하면 9종류의 유전자형이 F_2에서 나타나게 된다. 그림 3-2에서와 같이 16종류의 조합 중 표현형으로는 4종류가 나타나고, 이들의 분리비는 흑색무각(*B–P–*) 9 : 흑색유각(*B–pp*) 3 : 적색무각(*bbP–*) 3 : 적색유각(*bbpp*) 1의 비율로 나타난다. 이들 분리비를 각각 하나의 형질에 대해 살펴보면 피모색의 경우 흑색이 12, 적색이 4의 분리비를 보이고, 뿔의 유무에서도 무각 12 : 유각 4의 비로 나타난다. 이 두 형질은 하나의 대립유전자간의 예에서 나타난 바와 같은 F_2의 분리비 3 : 1과 같은 현상이므로 염색체상에 서로 다른 유전자들은 서로간에 영향이나 간섭 없이 독립적으로 유전됨을 알 수 있다. 이러한 양성교잡에서 2개의 대립인자간에 어떠한 간섭이 없이 각 대립인자의 유전자들은 독립적으로 유전된다는 유전현상이 멘델의 독립의 법칙(law of independence)이다.

조금 더 발전시켜, 3쌍의 유전자들에 대한 멘델의 유전양식을 살펴보도록 하겠다. 소의 피모색과 뿔의 유무 및 얼굴색에 대한 3종류의 유전자에 대한 개체들의 유전양식을 3성교잡의 예를 통해 설명하도록 하겠다. 얼굴색은 흰색(*H*)이 우성이고, 유색(*h*)은 열성이다. 흑색피모, 무각, 검은 얼굴의 앵거스(*BBPPhh*)와 적색피모, 유각, 흰색 얼굴의 쇼트혼(*bbppHH*)을 교배해서 태어난 F_1은 흑색피모, 무각, 백색얼굴(*BbPpHh*)의 표현형을 가진 개체가 된다. 이 F_1개체에서 얻을 수 있는 배우자의 종류는 *BPH*, *BPh*, *BpH*, *Bph*, *bPH*, *bPh*, *bpH* 및 *bph*와 같은 8종류를 얻을 수 있다. 이러한 8가지의 배우자가 서로 임의로 결합할 때, F_2에서 64개의 조합을 형성하나 유전자형의 종류 수는 한 쌍의 유전자에 대해 3가지의 유전자형이 나타남으로 $3 \times 3 \times 3 = 27$가지가 된다. 또한 표현형의 종류 수 역시 각 대립유전자당 두 가지씩 나타나므로 $2 \times 2 \times 2 = 8$가지가 되고, 이들의 분리비는 $(3B+1b) \times (3P+1p) \times (3H+1h)$로서 27*BPH*, 9*BPh*, 9*BpH*, 3*Bph*, 9b*PH*, 3*bPh*, 3*bpH*, 1*bph*가 된다.

표 3-1 대립유전자 쌍의 수에 따른 F_1 및 F_2의 표현형과 유전자형의 출현도

유전자쌍의 수	F_1의 배우자수	F_1 배우자의 조합수	F_2의 표현형 종류	F_2의 유전자형 종류
1	2	4	2	3
2	4	16	4	9
3	8	64	8	27
4	16	256	16	81
n	2^n	4^n	2^n	3^n

이와 같이 단순 멘델의 유전양식에 따르는 형질의 경우, 아무리 많은 수의 형질을 복합적으로 고려하여도 각 형질들은 독립적으로 유전하기 때문에 기대되는 유전자형의 수나 표현형의 수는 얼마든지 계산이 가능하다. 표 3-1에서와 같이 대립유전자 쌍의 수에 따라 출현되는 표현형 및 유전자형의 수를 쉽게 예측할 수 있다.

2. 퇴교배와 검정교배

이형접합체인 F_1이 양친 중 어느 한쪽과 교배하는 경우를 퇴교배(back cross)라 한다. 앞 절의 예에서와 같이 *Bb*의 유전자형을 가진 F_1이 우성동형개체인 *BB*의 유전자를 가진 아비, 또는 어미와 퇴교배 되었을 때 어버이의 배우자는 모두 우성형질인 흑색유전자 *B*를 가지게 되므로 이 퇴교배에서 태어난 개체들은 모두 흑색이 된다. 이렇게 표현형은 모두 흑색이지만, 유전자형으로 고찰하면 *BB*와 *Bb*가 1 : 1로 된다. 이에 반해서, F_1개체가 부모 중 열성동형 개체인 *bb*와 교배되었을 때 어버이의 배우자는 모두 열성형질인 적색의 유전자 *b*만 가진 것이고, F_1개체는 우성형질인 흑색유전자(*B*)와 열성형질인 적색유전자(*b*)를 가지고 있기 때문에 여기에서 생산되는 접합체는 흑색과 적색의 표현형이 1 : 1의 비율로 나타나게 되며, 유전자형은 *Bb*(흑색)와 *bb*(적색)의 비율이 동일하게 된다.

일반적으로 퇴교배는 F_1개체가 그 양친 중 어느 하나와 교배하는 것으로 이들 중 알려지지 않은 개체의 유전자형을 알기 위해서 열성동형접합체의 개체와 교배하는 것을 검정교배(test cross)라 한다. 검정교배는 이형접합체를 규명하는 기본 교배양식이고, 또한 불량한 열성형질을 제거하는 데 이용되는 것이다. 이러한 검정은 닭, 쥐, 토끼 등과 같이 자손의 수를 한 번에 많이 생산할 수 있고, 또한 임신기간과 성성숙이 빠른 동물에서는 빠른 시일 내에 할 수 있으나, 소나 말 등의 대동물에서는 많은 시간과 어려움이 따르게 된다. 소나 말의 경우는 검정 대상이 되는 개체를 수컷으로 사용하여 한 번에 많은 암컷과 교배시키게 되면 일시에 많은 자손을 얻게 되어 암컷을 검정개체로 택하는 경우보다 검정기간을 단축시킬 수 있다.

3-2 멘델 유전현상의 확장

1. 대립유전자간의 상호작용에 따른 유전현상

우리는 지금까지 멘델의 유전법칙에서 우성이 열성을 지배하는 경우를 살펴보았다. 그러나 이것은 극히 전형적인 경우이고, 실제에는 많은 예외가 있다. 즉 우성이 열성을 완전히 지배하는 경우가 있는가 하면, 대립유전자간에 상호작용으로 인하여 형질의 발현을 달리하고, 심지어 비대립유전자 사이의 상호작용 또는 유전자와 환경 사이의 상호작용에 의하여 형질의 발현을 결정짓는 경우를 볼 수 있다.

멘델의 우열의 법칙에 의하면 대립형질간의 F_1에서는 우성형질만 나타나게 되어 있다. 즉 열성유전자는 고유의 단백질을 생산하지 못하거나 생산한다고 하더라도 그의 기능이 우성유전자가 만든 단백질에 의해 완전히 제한됨으로써 F_1에서는 우성형질만 나타나게 되는 것이다. 하지만 대립유전자간의 우열관계가 언제나 그렇게 명확한 것은 아니다. 우성유전자작용이 열성유전자작용을 완전하게 지배하지 못하기 때문에 F_1의 표현형은 양친의 중간형이 되거나 아니면 어느 한쪽에 유사하지만 결코 동일하지 않은 경우가 있고, 또 양친의 대립형질이 어느 한쪽으로 치우침 없이 F_1개체에 동시에 발현되는 경우도 있다.

우리는 전자의 경우를 불완전우성(incomplete dominance)이라 하고, 후자의 경우를 공동우성(codominance)이라 하는데, Shorthorn(소), Palomino(말), Andalusian(닭) 종의 모색유전이나 닭에서 역우(逆羽)현상의 유전은 전자의 경우이고, 사람의 MN혈액형이나 ABO혈액형의 유전현상은 바로 후자의 경우에 속한다.

(1) 불완전 우성

많은 경우 우성은 부분적으로 또는 불완전하게 나타나는 경우가 있다. 즉 우성 동형접합체와 열성 동형접합체의 개체가 교배되었을 때 여기에서 태어난 F_1은 양친의 중간형질로 표현형을 나타낸다. 이러한 F_1의 이형접합체인 유전인자 구성은 이미 양친의 유전자형을 알고 있는 경우이기 때문에 분명히 우성과 열성인자의 대립으로 구성된 개체임에 틀림이 없다. 이와 같이 부모의 우성유전자가 F_1에서 불완전하게 나타나는 유전현상, 즉 열성유전자를 완전하게 지배하지 못하는 우성유전자의 유전현상을 불완전 우성(incomplete dominance)이라 한다.

동물의 형질들 중 대표적인 불완전 우성의 유전현상들을 소개하면, 쇼트혼종의 피모색의 경우 백색피모(r)를 가진 쇼트혼종(Shorthorn)과 적색피모(R)의 쇼트혼종과 교배에서 태어난 F_1은 조모색(roan, *Rr*)을 나타낸다. 그리고 조모인 이형접합체간의 교배에서 태어난 F_2 개체들은 백색 1 : 조모 2 : 적색 1로 멘델의 우열의 법칙이나 분리의 법칙에 어긋나는 결과를 보이게 된다. 이러한 유전현상은 멘델유전법칙의 예외로써 조모는 색소침착을 촉진시키는 MGF(mast cell growth factor) 대립유전자 중 기능적유전자(*R*)와 비기능적유전자(*r*)를 헤테로상태(*Rr*)로 가짐으로 백색과 적색피모가 혼재되어 나타나는 것이다.

그림 3-3 닭의 역우

한편 닭의 깃털이 역우(frizzle)인 경우를 간혹 볼 수 있다. 이 형질에 관한 유전인자는 우성돌연변이에 의해서 나타난 것이다. 역우는 그림 3-3에서와 같이 우축(shaft)이 앞으로 꼬여져 있고, 깃털의 끝은 머리쪽으로 향하고 있으며, 날개와 꼬리의 깃털은 몸의 다른 부분보다 덜 꼬여 있지만 우지(barb)가 뒤헝클어져 있는 상태의 것이다. 역우 닭을 정상우의 닭과 교배하였을 때 F_1은 역우와 정상우의 중간 모양의 깃털을 나타낸다.

팔로미노(*Dd*) 알비노(*DD*) 밤색(*dd*)

그림 3-4 말의 모색

이밖에도 말의 팔로미노(Palomino) 품종의 표준 피모색은 목덜미에 갈기를 가지고 있고 꼬리가 흰색이며, 몸 전체가 황금색인 것이다. 이러한 팔로미노간의 교배에서 생산된 자손들은 부모와 같은 피모색을 나타내는 것이 50%, 그리고 25%는 옅은 밤색(chestnut), 그 밖의 25%는 알비노(albino)라 불리는 흰색이다. 이러한 유전현상은 앞의 다른 경우와 마찬가지로 흰색(DD)개체와 밤색(dd)개체와의 교배에서 F_1은 황금색이 되는 것이다. 여기에서 황금색은 D유전자가 밤색을 연화시켜서 나타난 것으로 판명되었다(그림 3-4).

(2) 공동우성

이형접합체의 표현형이 동형접합체인 양친의 어느 한쪽 표현형과 일치하거나 또는 유사하지도 않고 양쪽 표현형을 어느 한쪽으로 조금도 치우침 없이 그대로 다 발현되는 경우가 있는데, 이와 같은 대립유전자들의 작용을 특히 공동우성(codominance)이라 한다. 이와 같은 예는 사람의 혈액형에서 흔히 볼 수 있는데, 사람의 MN혈액형에 관해서 살펴보기로 한다. 모든 사람은 혈구 중에 M 또는 N항원을 반드시 갖는다. 각자가 갖고 있는 항원의 종류에 따라서 혈액형을 M형, N형 또는 MN형으로 분류하는데, M형과 N형의 부모 사이에서는 MN형 자식만이 출생되고, MN형 부모들 사이에서는 M형과 MN형 그리고 N형의 자식이 1 : 2 : 1의 비율을 보이며, MN형과 M형 부모간에는 M형과 MN형 자식이 1 : 1로 출생되는 것으로 보아 이들 혈액형을 한쌍의 대립인자의 지배하에 두고 있음을 쉽게 알 수 있다. 즉 M항원의 유전자를 A^M, N항원의 유전자를 A^N으로 표시할 때, 혈액형이 M형인 사람의 유전자형은 A^MA^M이 되고, MN형은 A^MA^N, N형은 A^NA^N가 되는데, 유전자형이 A^MA^N인 개체는 유전자 A^M과 A^N이 우열관계를 갖지 않고 양자가 대등한 힘으로 각기 고유의 형질을 발현시킴으로써 모든 혈구는 M항원과 N항원을 동시에 갖게 되고, 따라서 표현형은 MN형이 된 것이다. 이와 같은 공동우성현상은 사람의 ABO혈액형 유전에서도 볼 수 있는데, I^A, I^B, I^O 유전자는 서로 복대립인자로 I^O인자는 I^A와 I^B 유전자에 대해 열성이나 I^A와 I^B 유전자간에는 우열이 전혀 없는 공동우성유전자들이기 때문에 I^AI^B인자형의 표현형은 AB형이 된다.

(3) 복대립유전자

같은 유전자 좌위에 있으면서 동일형질에 대해 표현도가 조금씩 다른 3종 이상의 1군의 유전자를 복대립유전자(multiple allele)라 한다.

본래 염색체의 각 유전자 좌위에는 각각 한 가지의 유전자들만 존재하였으며, 따라서 그 유전자들에 의해 발현된 형질의 표현형은 한 가지씩 뿐이었다. 그러나 세대를 이어온 과정에서 몇몇 개체의 일부 유전자들은 돌연변이를 하여서 기존 유전자들에 대한 대립유전자가 되고 이와 같은 돌연변이는 같은 유전자로부터 다른 방향으로도 일어나기 때문에 결과적으로 한 개의 유전자 좌위에 형질발현의 기능은 같으나 표현도가 서로 다른 여러 종류의 유전자, 즉 복대립유전자가 만들어진 것이다.

복대립인자군 내에 각 유전자들 간에 우열관계가 모두 분명할 경우, 이들 대립유전자들에 의해 나타날 수 있는 표현형의 가지 수는 복대립관계에 있는 유전자 종류 수와 같게 된다. 그러나 대립유전자들 간에 불완전우성이나 공동우성관계 등을 갖는 경우도 있고, 또 치사인자로 된 경우도 있어 표현형의 가지 수는 유전자의 종류수보다 많게, 또는 적게 될 수도 있다.

토끼의 색원체유전자 C는 털에 색소를 주며 단색을 갖게 하는데, 여기에 여러 종류의 변경유전자들이 작용하여 다양한 색깔이 된다. 그런데 이 색원체 유전자는 돌연변이로 인해 3종의 복대립유전자(c^{ch}, c^h 및 c)를 더 갖게 되었고, 이들이 변경유전자들과 조합을 이루어 피모의 색징은 더욱 복잡하게 된 것이다.

돌연변이로 얻어진 이들 복대립유전자의 공통된 특징은 피모로부터 탈색기능을 갖는 점이다. 즉 c^{ch}(chinchilla) 유전자는 피모로부터 황색색소를 제거하며, c^h(himalayan)유전자는 색소를 신체의 돌단부에만 국한시키고 다른 부위에서는 완전 탈색시키는 반면, c(albino) 유전자는 몸 전체를 순백색으로 만든다(그림 3-5).

그림 3-5 히말리안 모색(a)과 알비노 모색(b)

복대립유전자간 우열관계를 알아보기 위해 이형접합체들의 모색을 가진 개체간의 교배에서 다음 세대(F_2)의 표현형 분리비를 보면 표 3-2와 같다.

표 3-2에서 유전자형이 CC, Cc^{ch}, Cc^h, Cc인 개체는 모색이 모두 단일흑색이고, $c^{ch}c^{ch}$, $c^{ch}c^h$ 및 $c^{ch}c$인 개체는 친칠라(chinchilla), c^hc^h 및 c^hc인 개체는 히말리안(himalayan), cc인 개

체는 순백색을 나타내며, 그리고 각 이형접합체를 동복교배(interse) 시킬 때 다음 세대에서 모색의 분리비가 각각 3 : 1인 점을 볼 때, 이들 유전자들은 같은 좌위를 갖는 복대립유전자임이 분명하고, 이들이 우열 관계는 $C > c^{ch} > c^{h} > c$ 임을 쉽게 알 수 있다.

표 3-2 토끼 모색의 유전양식

P	F₁		F₂
Black CC	Black Cc^{ch}	⟶	Black : Chinchilla 3 : 1
	Black Cc^{h}	⟶	Black : Himalayan 3 : 1
Chinchilla $c^{ch}c^{ch}$	Black Cc	⟶	Black : Albino 3 : 1
	Chinchilla $c^{ch}c^{h}$	⟶	Chinchilla : Himalayan 3 : 1
Himalayan $c^{h}c^{h}$	Chinchilla $c^{ch}c$	⟶	Chinchilla : Albino 3 : 1
Ablino cc	Himalayan $c^{h}c$	⟶	Himalayan : Albino 3 : 1

한편 모피동물로 집에서 기르는 여우의 표준모색유전자(W^{+}; sliver)에 대한 복대립유전자들이 좋은 예가 되는데, 이에는 W^{p}(platinum), W(white-faced silver) 및 W^{g}(georgian white)가 알려져 있다. 이들 3유전자는 표준모색유전자에 대해 모두 우성으로 작용하지만, 열성치사유전자로 작용을 하기도 한다. 따라서 유전자형이 $W^{p}W^{p}$, WW, $W^{g}W^{g}$, $W^{p}W$, $W^{p}W^{g}$, WW^{g}인 개체는 출생되지 못하며, 표준모색과 백금색(platinum), 백안은색(white-faced silver) 및 죠지안 백색(georgian white)의 유전자형은 각각 $W^{+}W^{+}$, $W^{p}W^{+}$, WW^{+}, $W^{g}W^{+}$가 된다. 본래 야생여우의 모색은 흑색 자모가 많은 적갈색이지만, 축화과정에서 자모의 흑색색소를 줄이는 방향으로 선발이 가해진 결과 현재 사육여우의 표준색은 갈색 빛이 나는 회색이 되었으며, 보통 은색(silver)이라 부른다. 그런데 이 은색종의 사육과정에서 색도가 아주 열어지고, 또 착색부위가 줄어진 백금색 여우와 그리고 은색종과 백금색종의 중간색인 백안은색 여우(white-faced silver)가 돌연변이로 나왔으며, 최근에는 착색부위가 등과 머리 및 발목 등에 제한되어 몸 전체에 백색 부위가 월등히 많아진 죠지안 백색종이 역시 돌연변이로 출현되어졌다.

2. 비대립유전자간의 상호작용에 따른 유전현상

비대립유전자간의 상호작용에는 크게 세 가지의 경우를 생각할 수 있다.

첫째는 유전자 좌위를 달리하는 2종의 유전자가 각기 고유의 단백질을 만들지만, 이들 단백질이 공동작용을 함으로써 판이한 제 3의 형질을 발현시키는 경우(보족유전자작용, complementary gene effects)이고, 둘째는 어느 한 유전자가 그의 대립유전자가 아닌 다른 유전자의 기능발휘를 간섭함으로써 자신의 형질만 발현시키고, 다른 유전자의 형질발현은 저지시켜 버리는 경우(상위유전자작용, epistatic gene effects)이며, 셋째는 2쌍 이상의 비대립유전자들이 어느 한 형질의 표현에 동일방향으로 작용하는 경우(다인자유전자작용, polymeric gene effects)이다.

이와 같은 비대립유전자들 사이의 상호작용 때문에 각 유전자들은 독립적으로 분리 · 조합함에도 표현형의 분리비율은 앞에서 밝힌 멘델의 분리비와 현저한 차이를 보이게 된다. 몇 가지 변화된 분리비를 상호작용 유형별로 살펴보기로 한다.

(1) 보족유전자작용

몇 개의 비대립유전자들이 하나의 형질에 관여하여 각기 고유의 표현형과는 전혀 다른 제 3의 표현형을 만들 때, 이들 비대립 유전자들을 특히 보족유전자(complementary gene)라 하고, 이들의 공동작용을 보족유전자작용이라 한다.

닭의 볏모양은 그림 3-6에서 보는 바와 같이 단관, 장미관, 호두관 및 완두관이 있고, 이들을 서로 교배시키면 다음 그림 3-7에서와 같이 형질들이 분리되어 나온다. 교배 1과 2에서 단관유전자는 장미관과 완두관 유전자에 대해 완전열성임을 쉽게 알 수 있다. 그러나 이들 세 유전자가 동일한 유전자 좌위를 갖는 복대립관계가 아님을 교배 3에서 볼 수 있다. 만일 장미관과 완두관 유전자가 대립유전자로써 불완전 우열관계였다면, 교배 3의 F_2세대는 표현형이 3종류이어야 한다. 그런데, 실제 나타난 것은 4종의 표현형, 즉 호두관, 장미관, 완두관 및 단관이 9 : 3 : 3 : 1의 비율로 분리되어 있다. 이와 같은 분리비는 양성잡종간 교배에서 얻어진다. 즉 장미관과 완두관 유전자는 유전자 좌위를 달리한 우성유전자들이며, 이들 유전자가 공존할 때, 상호작용을 함으로써 각기 고유의 표현형과는 상이한 호두관을 만든 것이다. 여기에서 장미관 유전자를 *R*, 그리고 완두관 유전자를 *P*로 표시한다면, 이중열성인 단관의 유전자형은 *rrpp*가 되고, 장미관은 *RRpp* 또는 *Rrpp*, 완두관은 *rrPP* 또는 *rrPp*, 호두관은 *R–P–*가 될 것이다. 본래, 닭의 볏은 단관이 기본형이며, 이는 무관에 대해 우성이다. 따라서 앞에서 밝힌 장미관 유전자(*R*)와 완두관 유전자(*P*)는 단관의 형태를 변형시키는 변경유전자들인 것이며, 호두관은 변경유전자들에 보족작용으로 표현된 것이다.

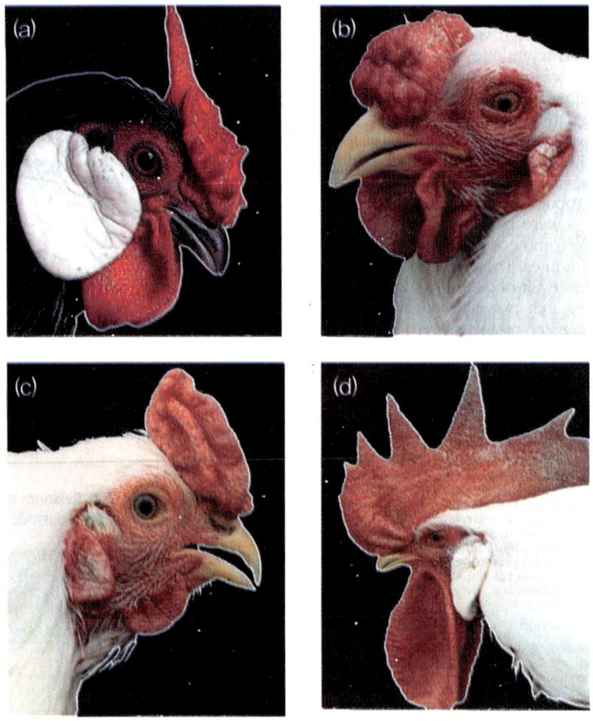

그림 3-6 닭의 볏 모양

(a) 장미관(*R-pp*), (b) 호두관(*R-P-*), (c) 완두관(*rrP-*), (d) 단관(*rrpp*)

<교 배 1>

P ……………………단관 × 장미관

↓

F_1 ……………………장미관

↓

F_2 ……………………장미관 3 : 단관 1

<교 배 2>

P ……………………단관 × 완두관

↓

F_1 ……………………완두관

↓

F_2 ……………………완두관 3 : 단관 1

<교 배 3>

P ……………………장미관 × 완두관

↓

F_1 ……………………호두관 × 호두관

↓

F_2 ……………………호두관 9 : 장미관 3 : 완두관 3 : 단관 1

그림 3-7 닭의 볏 모양의 유전양식

(2) 상위성 유전자작용

좌위를 달리하는 2개의 유전자가 하나의 형질에 각기 독자적으로 작용하여 자신의 표현형을 발현할 수 있으면서도 이 두 유전자가 공존할 경우, 한 쪽 유전자의 작용 결과만 발현되고 다른 유전자작용 결과는 피복되어서 외부로 표현되지 않는 경우가 있다. 이 때 표현형이 발현되는 쪽의 유전자를 상위성 유전자(epistatic gene)라 하는데, 이와 같은 상하위성 관계의 유전자들은 가축의 모색에 관여된 유전자들 중에서 쉽게 찾아 볼 수 있다.

그런데, 상위성 유전자가 대상형질에 대한 자신의 특정표현형을 갖지 않고, 단순히 하위성 유전자의 표현형 발현작용을 억제시키는 일을 전담하는 경우가 있다. 이와 같은 상위성 유전자를 특히 억제유전자(inhibitor 또는 suppressor)라 하는데, 말이나 개, 닭, 누에고치 등의 우성백색유전자가 이에 속한다. 상위성과 하위성 유전자 또는 억제와 피억제유전자들은 각기 독립유전을 하므로 양성교잡간 교배에서 표현형의 분리비는 13 : 3 또는 12 : 3 : 1 등으로 변형된다.

닭의 우모색은 우모내 색소립의 유무와 이들의 크기, 모양, 배열상태 및 축적 정도에 따라서 차이가 나고, 또 색소립 위에 덮고 있는 세포층들의 수 및 구조 차이에 따른 빛의 반사, 회절, 분산 및 흡수 등에 따라서도 달라져 아주 다양하다. 색의 본체인 색소립(pigment granules)은 복합단백질인 멜라닌(melanin)과 이의 변형체(phaemelanin 등)인데, 색소립에서 melanophores라는 특수세포들이 만들어지고, 이 세포들은 긴 돌기를 많이 갖고 있고, 핵을 여러 개씩 갖기도 한다. 우모 형성기에 이와 같은 melanophores는 우모낭의 중간세포들(intermediate cells ; 이들이 우모로 발달함) 사이에 있어서 자신들이 만든 색소립들을 긴 돌기를 통해 우지나 소우지 세포들에 분산시킴으로써 우모에 색을 나타내게 한다. 그런데 색원체 유전자(C)가 바로 우모낭 내에 melanophores의 존속을 결정하는 유전자인 것이다. 즉 색원체유전자가 열성 동형으로 된 개체는 배자발육 초기에 우모낭 내에 melanophores가 나타나긴 하지만, 곧 퇴화되거나 또는 존속한다 해도 그 수가 지극히 적어 멜라닌 생산량은 극미해 결과적으로 우모는 백색이 될 수밖에 없다. 이와 같은 백색종을 열성백색종이라 부르며, 백색 플리머스록(White Plymouth Rock)이나, 백색 와이언토트(Wyandotte)종이 대표적인 품종이다.

그러나 같은 백색종이지만, 백색 레그혼종의 경우는 백색우모를 갖게 되는 과정이 전혀 다르다(그림 3-8). 백색 레그혼종과 열성백색종인 백색 플리머스록종간의 잡종들을 동복교배시키면 유색우모 개체가 3/16의 비율로 나타나는데, 레그혼종이 열성백색종이었다면 이와 같은 유색우모 개체는 결코 나올 수 없는 것이다. 즉 백색 레그혼종은 색원체유전자를 우성으로 갖고 있으나, 이의 기능을 억제하는 억제유전자를 함께 갖고 있기 때문에 색소립이 정상적으로 생산되지 않았던 것이다. 백색인 레그혼종과 플리머스록 종간의 교배의 F_2에서 유색개체들이 3/16의 비율로 출현되는 것으로 보아 억제유전자를 *I*라 할 때, 레그혼종의 유전자조합은 *IICC*이었음이 분명하다. 이와 같이 우성억제유전자 때문에 우모색이 백색으로 된 것을 특히 우성백색종이라 한다. 닭에서 *I*유전자의 억제기능은 *IICC*일 경우 완전하나, *IiCC*일 때는 불완전해서 유색우모가 가끔 섞여 있게 된다. 이러한 유전양식을 그림 3-9에 제시하였다.

(3) 다인자 유전작용

하나의 형질에 대해 비대립 관계에 있는 2쌍 이상의 유전자가 같은 방향으로 작용할 때 이들 유전자군을 다인자유전자(polymeric gene)라 하며, 유전자들의 작용양상에 따라 중복유전자, 상가유전자, 중다유전자로 구분하기도 한다.

그림 3-8 백색 레그혼종(우성백색) 왼쪽과 백색 플리머스록종(열성백색) 오른쪽

P　　*IICC* × *iicc*
　　우성백색종　열성백색종
　　↓
F_1　　*IiCc* × *IiCc*
　　백색　　백색
　　↓
F_2　　9 *I–C–* : 3 *I–cc* : 3 *iiC–* : 1 *iicc*
　　백색　백색　유색　백색
　　(13 백색 : 3 유색)

그림 3-9 닭의 우성백색과 열성백색의 유전양식

1) 중복유전자

좌위를 달리하는 우성유전자들이 어떠한 형질에 같은 방향으로 작용을 하면서 그들의 작용효과가 누적되지 않아 그 형질에 관여한 유전자들이 모두 열성동형상태로 조합되지 않는 한 유전자형의 종류와 관계없이 표현형이 모두 동일한 경우 이들 유전자를 중복유전자(duplicate gene)라 한다. 따라서 2쌍의 중복유전자를 가정한다면, *AABB*, *AaBB*, *AABb*, *AaBb*, *AAbb*, *Aabb*, *aaBb*의 유전자형을 갖는 개체는 표현형이 모두 같으며, 양성잡종간 교잡에서는 두 가지의 표현형이 15 : 1의 비율로 분리된다. 이와 같이 동의유전자들의 작용효과가 누적되지 않는다고 하여, 중복유전자를 비누적적 상가유전자(non-cumulative polymery)라 부르기도 한다.

중복유전자 작용의 예로 냉이(*Capsella*)의 열매형태 유전이 잘 알려져 있다. 냉이의 열매는 삼각형의 부채꼴(*CCDD*)을 한 것과 방추형(*ccdd*)의 것이 있는데, 이들을 교잡하면 F_1은 *CcDd*로 부채꼴을 하고, F_2에서는 부채꼴(9 *C–D–*, 3 *C–dd*, 3 *ccD–*)과 방추형(*ccdd*)이 15 : 1로 분리된다. 만일 3쌍의 유전자가 중복유전자 관계에 있다면 F_2의 분리비는 63 : 1이 될 것이다.

2) 상가유전자

어느 특정 형질발현에 같은 방향으로 공동 참여하고 있는 2쌍 이상의 대립인자들이 각각 고유의 작용역가를 누적시킴으로써 누적된 작용역가의 크기에 따라 형질의 표현정도가 달라지는 경우, 이들 유전자를 상가유전자(multiple gene)라 한다. 이들 유전자들의 작용역가에 누적현상은 보통 가산적(additional)이지만, 상승적(multiple)인 경우도 있고, 또 가산적이라 하더라도 유전자들의 역가가 서로 동일한 경우와 각각 상이한 경우가 있는데, 전자의 경우를 등가 상가유전자(homomery)라 하고, 후자의 경우를 이가 상가유전자(heteromery)라 한다.

일찍이 Davenport(1913)는 사람의 피부색 유전을 2쌍의 등가 상가유전자로 설명한 바 있다. 즉 백인과 흑인사이에 피부의 색도를 5등급(white, light mulatto, mulatto, dark mulatto, black)으로 구분하고, 이에는 2쌍의 다인자유전자(*A*와 *A'* 및 *B*와 *B'*)가 관여하는데, A와 B유전자는 같은 역가로 각각 축적시키고 있어 백인(*AABB*)과 흑인(*A'A'B'B'*)간에는 피부 색도가 꼭 중간인 자식(mulatto ; *AA'BB'*)이 태어나고, mulatto간 결혼시 자식(F_2)들의 피부색은 표 3–3과 같이 분리된다는 것이다. 사실 오늘날 알려진 사람의 피부색 유전현상은 훨씬 더 복잡하다. Stern에 의하면 피부색은 4~7쌍의 비대립유전자에 의해서 결정된다고 하며, 또 이들 다인자유전자들의 역가가 등가인지도 의문이고 환경(일광)에 의해서도 색도가 현저히 달라진다고 한다. 등가 상가유전자에 지배되는 형질은 F_1에서 양친의 중간으로 되고, F_2에서는 관련 유전자수가 많을수록 분리되는 계급수가 많아지는데, 이 때 관련 유전자가 n쌍이라면, 분리되는 계급수와 빈도는 $(a+b)^n$를 전개시켜 얻을 수 있다. 그러나 유전자의 형질지배 역가가 이가인 경우나 상승적인 경우, 분리되는 계급수와 빈도는 이와 같이 규칙적 일 수는 없다. 형질발현에 관여된 유전자수는 같다고 하더라도 조합된 유전자의 종류에 따라 표현형은 달라지기 때문이다.

표 3-3 Mulatto간 결혼시 자식들의 피부색 분리비

유 전 자	피부의 색도	분 리 비
AABB	0 (white)	1
AABB′, A′ABB	1 (light mulatto)	4
AAB′B′, A′A′BB, AA′BB′	2 (mulatto)	6
AA′B′B′, A′A′B′B	3 (dark mulatto)	4
A′A′B′B′	4 (black)	1

3) 중다유전자

중다유전자(polygene)는 유전자들이 특정형질의 발현에 같은 방향으로 작용을 하되 개개의 작용역가가 누적된다는 점에서 앞에서 말한 상가유전자와 같다. 그러나 형질발현에 관계된 유전자의 수가 대단히 많고, 또 유전자 개개의 작용역가는 극히 경미해 환경변이 효과보다 적다는 점에서 차이가 난다. 즉 유전자 개개의 작용효과를 뚜렷이 식별할 수 없다는 것이 특색이다. 상가유전자와 중다유전자는 주로 양적형질의 유전에 관계하므로 이들을 계량유전자라고도 하는데, 양적형질의 유전양상과 분석방법들은 양적형질유전 편에서 다루기로 한다.

3. 유전자의 특수작용

(1) 변경유전자

주 유전자(major gene)에 의해 발현되는 특정형질의 표현형을 양적 또는 질적으로 변화시키는 일 군의 유전자를 변경유전자(modifying gene 또는 modifier)라 한다.

다수의 변경유전자가 관여된 형질의 대표적인 예는 홀스타인종에 백반(white spotting)의 크기를 들 수 있다. 이들 젖소의 몸 각 부위에 백반이 나타나게 된 것은 단일색유전자(*S*)에 대해 열성인 백반유전자(*s*)가 동형접합체로 되어 있기 때문인데, 흑색부위에 대한 백색부위의 상대적인 크기는 바로 변경유전자들이 백반유전자에 부가됨으로써 결정되는 것이다.

즉 백반부를 크게 하는 변경유전자(plus-modifier ; *lw*)들이 한 개체에 많이 축적되면 그만큼 흑색부위는 줄어들고, 반대로 백반부를 작게하는 변경유전자(minus-modifier ; *Lw*)들만 축적되면 그 개체는 거의 흑색우가 된다. 피모색이 흑색 단일로 된 앵거스종도 백반유전자의 표현형을 변화시키는 변경유전자들을 갖고 있다. 그러나 주 유전자인 백반유전자 자체를 갖고 있지 않기 때문에 이들 변경유전자들의 존재 표시가 나타나지 않는 것이다.

(2) 유전자의 다면작용

완두콩의 꽃색에 관한 유전시험에서 적색 꽃을 가진 개체는 항시 종피가 회색이고, 꽃받침에는 적색반점이 나타남은 멘델 시대부터 잘 알려진 사실이고, 또한 마우스에서 치사유전자인 A^y를 갖는 개체는 모색이 황색이고, 치사유전자를 갖지 않는 동복개체에 비해 대사율이 낮아 약간 비만현상을 보일뿐 아니라 골격이 크고, 또 유방암에 대해 저항성을 갖는다는 것이 역시 잘 알려진 사실이다.

이와 같이, 1개의 유전자가 여러 형질을 지배하는 현상을 유전자의 다면작용(pleiotropy)이라 하고, 이와 같은 유전자를 다면작용 유전자(pleiotropic gene)라 한다. 유전자가 다면작용을 갖는 것은 유전자로부터 형질이 발현되는 과정, 즉 유전자와 형질간의 관계를 생각하면 쉽게 이해된다. A^y 유전자의 다면효과도 서로 무관한 것처럼 보이지만 사실은 A^y 유전자 때문에 나타난 세포내 이상생리현상 결과들로 알려져 있으며, A^y 유전자 외에 모색에 관계된 다른 유전자들도 체중, 체장 또는 꼬리의 길이 등에 다면작용을 하는 것으로 알려져 있다.

산양에서 무각유전자가 바로 자성간성을 만드는 인자이며, 밍크에서 모색을 갈색(pastel)으로 만드는 유전자가 동시에 이석형성(耳石形成)을 저해시켜 평형감각이상(screw neck)을 초래하게 하는 원인이고, Karakul 면양에서 모색을 회색으로 만드는 유전자가 반추위 이상을 야기시키는 치사인자(lethal gene)임은 이미 잘 알려진 사실들인데, 이들은 모두가 유전자 다면작용의 좋은 예가 된다.

(3) 치사작용

앞의 항에서 예로 들었던, 황색 마우스와 회색 Karakul면양의 모색 유전에 관해 좀더 살펴보자. 우선 마우스에서 황색개체끼리 교잡시키면 다음 대에서는 황색과 흑색개체가 2 : 1로 출생되고, 황색개체에 흑색개체를 교잡시키면 황색개체와 흑색개체가 1 : 1로 나온다.

한편 Karakul면양에서 회색개체에 흑색개체를 교잡시키면 새끼는 회색과 흑색개체가 1 : 1로 되고, 회색개체끼리 교잡시키면 회색과 흑색개체가 3 : 1로 출생되지만, 회색개체의 1/3은 4~9개월령에 제 4위의 이상으로 죽게 되어 결국 성축에서는 회색개체와 흑색개체가 2 : 1의 비율이 된다. 이와 같은 사실들로 미루어 보아 황색 마우스와 회색 Karakul면양의 모색에 관한 유전자형은 이형접합체임이 분명하고, 흑색개체들은 열성동형접합체였음을 알 수 있다. 따라서 죽은 회색 Karakul면양들의 모색에 관한 유전자형은 그들의 사망비율로 보아 우성동형접합체 이었음이 분명하며, 마우스의 경우도 황색모 유전자가 동형접합체인 것은 배자 발육기에 사망한 결과 황색개체간 교잡에서 황색개체의 출생비율이 3/4이 아니고, 2/3가 되었던 것이다. 이러한 유전양식은 그림 3-10에서 보는 바와 같다.

위의 예에서와 같이 생물이 발육하는 일정한 시기, 즉 배우자시기나 배자시기 또는 출생

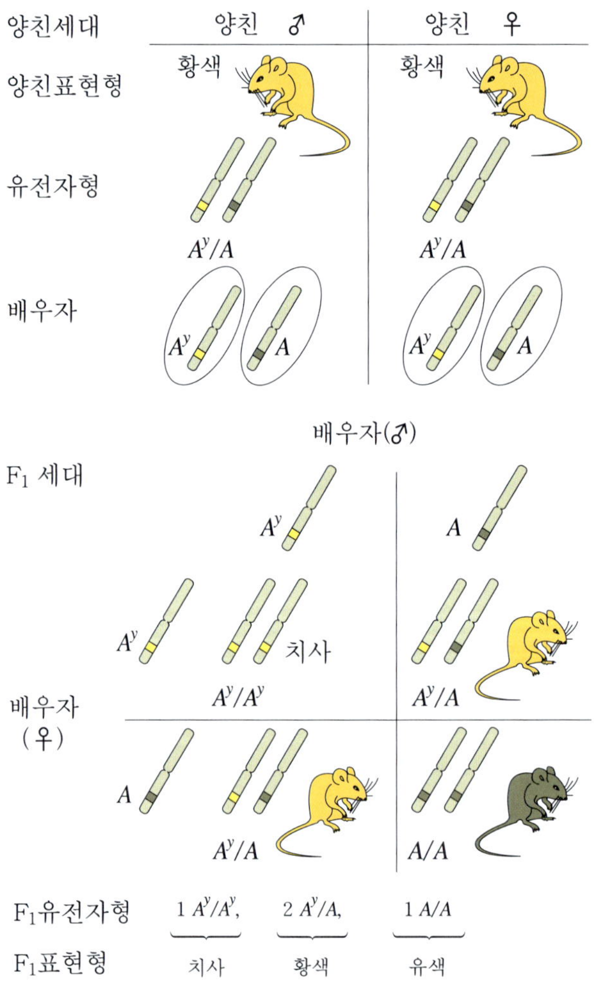

그림 3-10 마우스의 A^y 치사유전자의 유전양식

직후나 일정한 연령 도달시기에 형태적 또는 생리적 결함을 초래해 그 개체를 죽게 하는 유전자를 치사유전자(lethal gene)라 하며, 이 유전자들의 형질 발현과정을 치사작용(lethal effect)이라 한다.

치사유전자는 그의 작용시기에 따라서 배우자 치사유전자(gamete lethal gene)와 접합체 치사유전자(zygotic lethal gene)로 구분하는데, 후자는 다시 완전치사유전자(absolute or complete lethal gene)와 불완전치사유전자(semi or incomplete lethal gene)로 구별된다. 전자의 경우는 주어진 환경여하에 관계없이 치사유전자를 가진 개체는 모두 치사되는데 비해, 후자는 환경이 좋을 경우 유전자형은 치사하도록 되어있으나 개체가 생존할 수 있는 경우를 말한다. 그리고 치사작용의 시기가 출생 후 일정 연령까지 지체되는 유전자를 특히 반치사유전자(sub-lethal gene)라 한다.

한편 치사유전자가 동형접합체일 때는 물론이고 이형접합체일 때도 치사시키는 유전자를 우성치사유전자(dominant lethal gene)라 하고, 반대로 이형접합체일 경우는 치사되지 않는 유전자를 열성치사유전자(recessive lethal gene)라 하며, 또 치사유전자가 성 염색체상에 있을 때 이들 유전자를 반성 치사유전자(sex-linked lethal gene)라 하고, 상 염색체에 있는 치사유전자는 비반성 치사유전자(non-sex-linked lethal gene)라 한다. 앞에서 예로 들었던 A^y유전자는 모색에 관해서는 우성으로 작용하였으나 치사작용은 열성으로 한 열성치사유전자였고, Karakul면양에 회색모 유전자도 모색에 관해서는 우성이었으나 치사작용은 열성으로 한 비반성 반치사유전자였던 것이다.

이들 유전자는 모색에 관여하는 한편, 치사작용도 하므로 다면유전자이기도 하다. 그러나 모든 치사인자가 이렇게 다면작용을 하는 것은 아니며, 오직 치사작용만 하는 경우도 많다.

3-3 성의 유전

성(sex)이란 생물에 있어서 암컷 또는 수컷으로 구분되어 나타나는 것으로 동일품종에 있어서 성이 같은 개체는 형태가 비슷하고 생리작용 및 습성이 유사하다. 동물은 자웅이체로 어떤 형질은 한쪽 성에만 발현되기도 하고, 양쪽 성에 같이 발현되는 형질이라 하더라도 암수 양성에서의 표현도가 서로 다른 경우가 많으므로, 동물의 성에 관한 유전은 식물, 곤충 및 하등동물과 매우 다르다.

1. 성 염색체와 성 결정

(1) 성 염색체

염색체(chromosome)가 성의 결정과 관계가 있는지에 대한 연구는 지난 19세기 말부터 시작되었다. 독일의 생물학자 Henking은 곤충의 정모세포에서 X체를 발견하였고, 그 후 McClung은 이 X체가 성의 결정과 관계가 있는 것으로 생각하였다.

Henking이 발견하였던 X체는 성의 결정과 관계있는 하나의 염색체였으며, 그 후 이것을 성 염색체(sex chromosome) 또는 X염색체라고 하였다. 성 염색체를 제외한 다른 염색체들을 상 염색체(autosome)라고 한다.

성 결정(sex determination)에 관하여 McClung(1901)은 곤충을 대상으로 실험한 결과 정자는 X염색체와 Y염색체 어느 하나를 갖고 있으며, 이들 2종류의 정자는 거의 같은 비율로 난자를 수정시켜 양성의 비를 같게 하고 있음을 발견하였다. 또한 암컷의 성세포는 수컷과 달리 X염색체만 갖고 있음을 발견하고, 수컷의 염색체는 XY형, 암컷의 염색체는 XX형으로, 이들 염색체 쌍에 따라 성이 결정됨을 밝혔다. 이와 같이 수컷 이형접합체의 성 염색체형을 갖는 생물로는 사람, 포유동물, 초파리 등이 있다. 반면 포유동물과는 달리 조류(Aves), 파충류, 나방, 누에 등은 암컷의 성 염색체가 XY형이고, 수컷이 XX형으로 암컷이 이형접합체를 가지고, 수컷은 동형접합체의 성 염색체형을 가진다. 따라서 수컷의 정자는 X형으로 일정하고, 암컷의 난자가 X형 또는 Y형임에 따라 수정란의 성은 암컷의 배우자형에 따라 결정된다.

어떤 종의 암컷은 사람의 Y염색체와 유사한 염색체를 갖고 있는데, 암컷이 이형배우자이고, 수컷이 동형배우자라는 사실을 환기시키기 위하여 암컷을 ZW 그리고 수컷을 ZZ로 표기한다.

(2) 성의 결정

1) Y염색체에 의한 성의 결정

사람을 비롯한 포유동물의 경우에 성의 결정은 Y염색체의 존재 유무에 따르는 것으로, 만약 Y염색체가 없을 경우 원시생식세포는 난소로 발달하게 된다. 이러한 사실은 성 염색체 이상인 터너증후군이나 클라인펠터증후군의 환자에서 이들의 표현형적 성이 어떻게 나타나는가에서 볼 수 있다. 즉 성 염색체가 하나 없는 45, X의 터너증 환자의 경우나 X염색체가 3개 있는 47, XXX의 경우는 여러 표현형적 이상 증상을 수반하기는 하나 외형적 성은 여성이고, 47, XXY인 클라인펠터 증후군이나 XYY 증후군의 경우는 X 염색체의 수와 관계없이 모두 외형적 성은 남성으로 나타난다는 것이다.

X염색체는 Y염색체와 달리, 성의 결정에 직접적 영향을 미치는 것이 아니라 많은 반성 유전형질의 운반체로써 그 역할을 담당하고 있다. 일반적으로 염색체의 수적 이상의 경우 대개의 상 염색체의 수적 이상은 치사되는 반면, 성 염색체의 경우는 상당히 생존 가능성이 높음을 볼 수 있다. 이는 X염색체에 대한 보상효과(dosage compensation)가 존재하기 때문인 것으로 알려져 있는데, 2개의 X염색체가 존재할 경우 이들 중 하나는 불활성화된 X염색체로서 소위 바소체(Barr body)라고 한다. 정상 여성의 경우 한 개의 바소체가 존재하고, 정상 남성의 경우는 바소체가 없으며, 터너증후군의 경우도 바소체가 존재하지 않으므로 생존이 가능한 것으로 알려져 있고, 생존하는 삼염색체증후군 환자(XXX)의 경우 2개의 바소체가 나타난다.

이와 같이 Y염색체의 존재가 남성을 결정하는 여러 증거와 더불어 최근 사람 및 마우스에서 이에 관여하는 직접적인 유전자와 단백질을 확인하고 분리하는 데 성공하였다. 성 분화에 있어 정소를 결정하는 데 직접적인 관여를 하는 단백질을 정소결정인자(testis-determining factor, TDF)라 하고, 이러한 유전자를 SRY라 하여 본 유전자가 Y염색체상에 존재함을 확인하였다(Haqq 등, 1994).

2) 초파리의 성 결정

성 염색체(sex chromosome)가 발견된 이래, 과연 모든 생물의 성이 단지 XX형이냐 XY형이냐에 따라 성이 결정되는 것인가 하는 문제가 대두되기 시작하였다.

초파리의 성 염색체가 발견된 후에도 초파리의 성 결정에 대한 연구가 계속되었으나, 초파리의 성이 반드시 앞에서 설명한 Y염색체가 출현하느냐, 그렇지 않느냐에 따라서 결정되는 것이 아니라는 사실이 명백해졌다. 그 후 많은 연구결과 성 염색체를 가지고 있는 동·식물이 반드시 성 염색체에 의해서만 성이 결정되는 것이 아니고, 오히려 성 결정과 관계가 있는 요인은 복잡하다는 것을 알게 되었다.

실제로 초파리에 있어서 X염색체는 자성을, 상 염색체는 웅성을 지배하고, Y염색체는 성 결정에 거의 무관한 것으로 나타났다. 따라서 Bridges(1925)는 성 염색체와 상 염색체에 있는 유전자들의 양적 평형관계에 의하여 성이 결정된다는 유전자 평형설(genetic balance theory)을 제창하게 되는데, 노랑 초파리의 수컷 중 어떤 것은 Y염색체가 없는 XO형을 나타내었고 이들은 불임이나 외관 및 행동은 정상적인 수컷과 다를 바가 없었다. 또한 어떤 암컷은 Y염색체를 갖고 있어 XXY형태의 것으로 되며, 이들은 정상적이고 수태도 가능하였다. 이러한 발견은 적어도 노랑 초파리에 있어서는 X염색체가 하나일 때는 수컷, X염색체가 둘일 때는 암컷이 된다는 결론에 도달하게 되며, Y염색체는 성 결정과 관계가 없고, 초파리의 성은 X염색체와 상 염색체의 비율에 의해서 결정된다고 설명하였다. 예를 들면 정상적인 암컷은 2개의 X염색체와 2조의 상 염색체를 가지고 있을 때, 즉 그 비율이 2/2로써 1.0일 때 생기고, 정상적인 수컷은 1개의 X염색체와 2조의 상 염색체를 가지고 있을 때, 즉 그 비율이 1/2로써 0.5일 때 생긴다고 하였다(표 3-4).

표 3-4 초파리의 성 결정에 있어 유전자 평형이론

성 염색체	상 염색체(A)	X:A 비율	성
XX	AA	1.00	♀
XY	AA	0.50	♂
XXX	AA	1.50	초자성(불임)
XXY	AA	1.00	♀
XXX	AAAA	0.75	간성(불임)
XX	AAA	0.67	간성(불임)
X	AA	0.50	♂(불임)

상술한 바와 같이 어느 초파리가 XXY와 2조의 상 염색체를 가지고 암컷인 반면, 어느 초파리는 XXY와 3조의 상 염색체를 가지고 간성(intersex), 즉 암컷과 수컷의 중간되는 성을 나타내었으며 불임이었다. 이는 상 염색체가 2조인 경우, X염색체와 상 염색체의 비율이 1.0이었기 때문으로 정상 암컷으로 되고, 상 염색체가 3조인 경우는 X염색체와 상 염색체의 비율이 2/3로 0.67, 즉 완전한 암컷에 있어서 비율 1.0과 완전한 수컷에 있어서 비율 0.5와의 사이에 있었기 때문으로 간성화 된 것이다. 어떤 경우든 Y염색체가 그 초파리를 수컷으로 만드는 역할이 아니었음을 알 수 있다. 이와 같은 사실로 미루어 보아 초파리의 성 결정에는 성 염색체만 관여하는 것이 아니라 상 염색체도 크게 관여한다는 것을 알 수 있다. 종래에는 초파리의 성이 Y염색체에 의해 결정되는 것으로 믿고 있었으나 사실은 Y염색체는 성 결정과는 관계가 없고, 다만 초파리의 경우 불임의 여부와 관계가 있을 뿐이고, X염색체와 상 염색체의 비율이나 이들 염색체에 있는 성 염색체들의 균형에 의해 결정된다고 할 수 있다.

3) 꿀벌의 성 결정

꿀벌(honey bee)은 아주 특이한 방법에 의하여 성이 결정된다. 즉 성 염색체가 따로 없이 염색체의 수가 1배체(n)인가 또는 2배체(2n)인가에 따라서 수컷 또는 암컷이 결정된다. 여왕벌은 단 1회 교미에 의하여 4~5년 동안 수정란을 생산할 수 있는 충분한 정자를 보유하게 되나, 여왕벌은 수정란과 무정란 두 종류의 알을 여왕벌 스스로 조절하여 생산한다. 수정란에서는 여왕벌과 일벌이 발생하고, 무정란에서는 수펄이 발생한다. 수펄은 무성생식(asexual reproduction)에 의하여 발생하는 것으로 꿀벌에 있어서 단위생식(parthenogenesis)은 수펄의 발생을 의미하는 것이다(그림 3-11).

여왕벌과 일벌은 2배체로 염색체 수는 32개이고, 수펄은 1배체로 염색체 수는 16개이다. 수정란이 번식능력이 있는 여왕벌과 번식능력이 없는 일벌로 발생되는 것은 환경적인 요인에 의하여 좌우된다. 꿀벌의 수정란이 여왕벌 또는 일벌로 발생하도록 결정하는 것은 벌방의 종류와 크기 그리고 왕유(royal jelly)를 먹이는 기간 차이이다. 왕대(queen cell)는 여왕벌이 양성되는 방으로 일벌방과 수펄방과는 전혀 다르며, 그 모양이 크다. 일벌이 될 새끼벌은 부화 후 3일까지만 왕유를 먹이나, 여왕벌이 될 새끼벌은 5일간 왕유를 먹인다. 이와 같이 수정란으로부터 여왕벌과 일벌이 분화되는 것은 벌방의 크기와 왕유 공급기간 등의 환경적인 요인에 따라 결정되는 것이다.

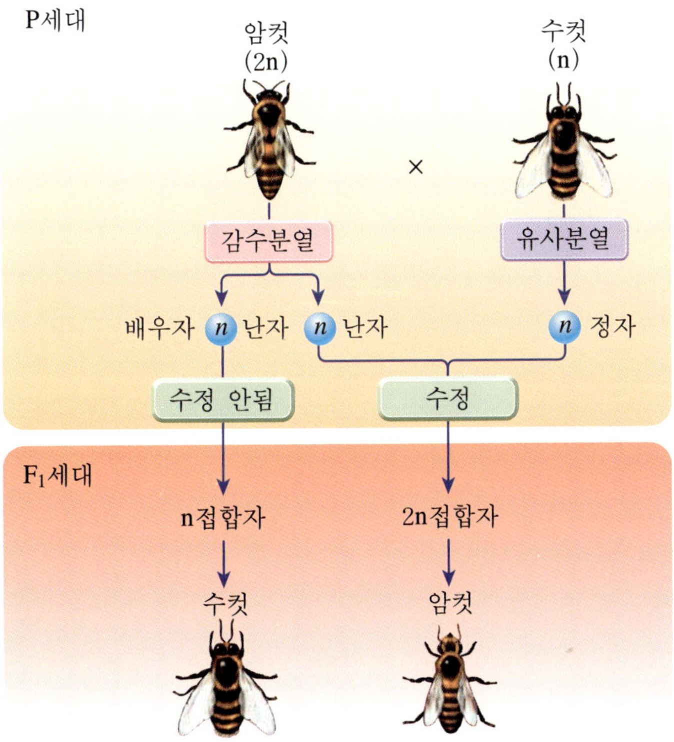

그림 3-11 꿀벌의 성 결정

4) 환경에 의한 성 결정

어떤 하등동물에 있어서는 성 염색체나 유전자에 의하여 성이 결정되지 않고 외부환경에 따라서 결정된다. 예를 들면 바다지렁이의 일종인 Bonellia의 암컷은 몸의 길이가 5cm 정도이고 주둥이가 긴데 비하여, 수컷은 너무 작아 육안으로 겨우 볼 수 있는 정도이며, 암컷의 자궁(uterus) 안에서 살고 있다. Bonellia에 있어서 성은 우연히 결정되는 것으로 바다 속에 떠돌아다니는 유충(larvae)은 암컷도 수컷도 아닌 성이 결정되지 않은 상태인데, 이 유충이 바다 바닥에 정착하게 되면 암컷이 되나, 유충이 우연히 암컷의 기다란 주둥이에 붙게 되면 수컷이 된다. 유충이 암컷의 주둥이에 붙었다가 떨어지게 되면 이들 유충은 간성(intersex)이 되는데, 간성 정도(degree of intersexuality)는 유충이 암컷에 붙어 있는 시간의 길고 짧음에 좌우된다고 한다. 이 지렁이의 유충은 수컷 또는 암컷이 되는 유전자를 모두 갖고 있어 암컷의 주둥이에 정착하면 암컷의 입에서 유충의 웅성 결정유전자를 자극하는 어떤 물질이 발산되어 수컷으로 분화된다고 한다.

2. 간 성

하등동물에는 한 개체에 자웅 생식기관을 동시에 갖고 있는 자웅동체(hermaphrodite)가 있으나, 고등동물은 대부분 자웅이체(gonochorist)이다. 때로는 자웅이체의 종이 자웅양성의 형질을 어느 정도 점유하고 있는 경우가 있다. 이에는 간성(intersex)과 자웅감합체(gynandromorph)가 있는데, 전자는 암수의 두 형질이 시간적으로 전후해서 혼합 · 발달하였거나 또는 한쪽 성에서 다른 쪽 성에의 과도적 변환을 나타내는 불임성 개체를 말하며, 후자는 성 모자이크(sex-mosaic)라고도 하는데 신체의 일부는 자성형질, 다른 부위는 웅성형질로 되어 있어서 각 부위는 각기의 성에 따른 성 염색체와 유전적 조성을 갖는 조직세포로 구성되어 있다.

간성은 외부 형태와 생식기 등이 양쪽 성의 특징을 혼합하고 있는데, 내외생식기가 모두 수컷에 가까운 것으로부터 암컷에 가까운 것까지 변이가 크다. 간성은 대부분 불임이나 그 중에는 생식력이 있는 것도 있는데, 유전적인 수컷이 간성으로 전환한 것을 웅형간성(male type intersexes), 유전적인 암컷이 간성으로 전환한 것을 자형간성(female type intersexes)이라고 한다.

간성에는 유전적 간성(genetic intersexes)과 호르몬성 간성(hormonal intersexes)이 있다.

사람의 유전적 간성은 성 염색체 구성의 차이에 기인한다. 클라인펠터증(Klinefelter's syndrome, 47, XXY)의 경우 정도의 차이는 있으나 고환이 작아서 정자형성(spermatogenesis)이 되지 않고, 오히려 유선(mammary gland)이 발달되는 특징적 외양을 보이는데, 이러한 것을 대표적인 웅형간성이라 한다. 한편 자형간성인 터너증(Turner syndrome, 45, X)의 경우 표현형적으로 여자이지만 난쟁이, 유치증(infantilism), 2차 성징의 발현 불량 그리고 대부분 불임 등의 증세를 나타낸다.

동물에 있어서 유전적 간성은 산양에서 대표적으로 나타나고 있고, 돼지, 면양, 소, 말 및 닭 등에서도 간성이 보고된 바 있다. 산양의 경우 태어나는 새끼 산양 중 5~11%가 간성으로 발생한다. 산양의 간성은 상 염색체상의 단순열성인 간성유전자(*h*)에 기인하는데, 이 간성유전자는 수컷에는 작용하지 않고 암컷에만 작용하므로 산양의 간성은 자형간성이다. 그 이유는 암컷의 간성유전자가 동형일 때에만 간성으로 되고, 수컷은 동형이라도 정상이 되기 때문이다. 산양의 간성은 유각인 개체에서는 거의 발견되지 않고, 무각인 개체에서 발견되므로 간성유전자는 무각성과 강한 연관을 맺고 있는 것으로 보인다.

사람에 있어서 클라인펠터증을 나타내는 XXY 핵형은 고양이, 개, 돼지, 염소 및 소 등에서 보고되고 있다. 귀갑고양이(tortoise-shell cat) 중에서 희귀하게 존재하는 수컷은 정소가 적고, 정자 형성이 되지 않아 XXY핵형을 가진 것으로 알려져 있다.

소의 쌍태에 있어서 한쪽이 수컷이고, 다른 쪽이 암컷일 때 암컷은 간성으로 되어 불임이 된다. 이와 같은 암컷을 프리마틴(freemartin)이라 하는데, 소의 프리마틴은 흔히 발견되

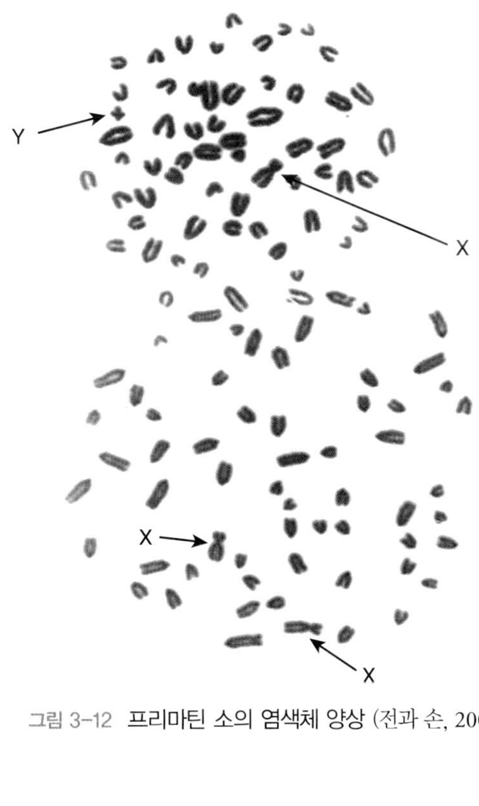

그림 3-12 **프리마틴 소의 염색체 양상** (전과 손, 2001)

는 대표적 호르몬성 간성으로 알려져 있으나 최근 여러 연구 보고에서 이는 성 염색체 키메리즘 양상(XX/XY chimerism)으로 명확한 유전적 간성으로 인정된다(Sohn 등, 2007). 소의 이성쌍태 중 암컷이 프리마틴으로 되는 비율은 90~96%인데, 간성 정도는 태생 중의 호르몬의 작용 강도, 지속시간 등에 따라 다르고, 또한 수컷에 가까운 것으로부터 암컷에 가까운 것에 이르기까지 변이가 크다. 프리마틴이 되는 원인은 이성 쌍태의 각 태막에 있는 혈관이 문합(anastomosis)하여 쌍태간의 혈류교류와 호르몬적 교류가 이루어져 수컷의 생식선이 암컷의 생식선보다 먼저 발달하여 수컷에서 분비하는 호르몬인 뮐러관 억제인자 등이 암컷의 생식선 발육을 억제하기 때문으로 생각하고 있다(Dominguez 등, 1990). 프리마틴의 유전적 성은 언급한 바와 같이 60, XX와 60, XY가 혼재된 양상(그림 3-12)이나 외부 생식기는 암컷으로 개체에 따라 정상적인 형태에서부터 여러 변이를 나타낸다. 그러나 대다수의 프리마틴의 경우 질, 자궁, 난소 등 내부 생식기의 발육이 부진하고 개체에 따라 난소조직 및 정소조직을 함께 갖고 있는 경우도 있다. 프리마틴과 함께 태어난 이성 쌍자 개체들도 동일한 성 염색체 키메리즘을 가지나 표현형상 수컷으로 정상적인 정자를 생산하는 것으로 알려져 있다.

호르몬성 간성이란 성에 관계되는 유전자형은 정상이나 성호르몬의 이상에 기인하여 형성되는 간성으로 유전적 간성과는 명확히 구분된다. 닭에 있어서 호르몬성 간성이 종종 발견된다. 닭은 난소가 원래 좌측에만 있고, 우측 난소는 발생 초기에 이미 흔적도 없이 퇴축된다. 만일 정상인 암탉이 결핵 · 종양 등의 병변으로 난소가 파괴되거나 난소가 완전히 제거되면 대개 난소는 재생되지 않고, 그 대신 우측 또는 양측에 난정소(ovotestis)가 발생하는 일이 있다. 난정소는 고환에 가까운 것부터 난소에 가까운 것 까지 여러 가지 종류의 것이 있으므로 제 2차 성징도 각종 계층으로 구분되며, 고환조직이 잘 발달한 것은 정자도 형성하고 실제로 교미한 결과 수정란을 만들어 병아리까지 부화하는 일이 있는데, 수컷으로 완전히 성전환(sex reversal)되기까지는 호르몬성 간성으로 존재한다.

암컷 또는 수컷의 성 결정은 수정시에 이루어지는 것이 원칙인데, 일단 결정된 성이 그 후에 다른 쪽 성으로 변화하는 경우가 있다. 즉 동일한 개체가 하나의 성으로부터 반대의 성으로 바뀌는 현상을 성전환이라 한다. 동물의 성은 태생 중에 다른 쪽 성에 접근하여 간성으로 되는 일이 있지만, 이것이 최후단계까지 진행하면 완전히 성이 바뀌어 성전환을 초래한다. 이러한 원인은 대개 성선 호르몬 또는 성 스테로이드 호르몬의 불균형에 의해 초래되는 것으로 알려져 있다. 간성 중에서 호르몬성 간성과 같은 것은 일종의 성전환에 이르는 한 과정이라고 볼 수 있다. 따라서 인공적 성전환은 외래 성 호르몬의 투여로 어느 정도까지 효과를 볼 수 있다.

3. 성 비

암수의 비를 성비(sex ratio)라 하는데, 출생시 또는 부화시 성비가 1 : 1로 되려면 다음과 같은 조건이 성립되어야 한다.

첫째, 암수 중에서 어느 한쪽은 성 염색체가 동형접합체(XX)로 배우자를 1종만 만들고, 다른 쪽은 이형접합체 상태로 2종의 배우자를 만드는데, 이 때 수컷결정배우자(male-determining gamete)와 암컷결정배우자(female-determining gamete)를 동수로 생산한다. 둘째, 2종류의 배우자는 어떠한 조건에서도 같은 생존력을 나타낸다. 셋째, 각 배우자의 수정능력이 같고, 수정될 기회가 같다. 넷째, 수정된 암컷 접합자와 수컷 접합자의 생존율이 같다. 다섯째, 집단의 크기가 우연성에 의한 변이를 나타내지 않을 정도로 클 경우이다.

동물에서 성 염색체가 이형상태인 개체가 2종의 배우자를 같은 비율로 생산하는지, 또 생존율은 같은지 알 수 없으나, 어느 한쪽의 배우자가 다른 쪽보다 생존율 또는 수정능력이 높을 수 있으며, 수정 후 접합자 두 종류간에 생존능력의 차가 있을 수 있으므로 출생시 실제의 이론비인 1 : 1을 벗어난 약간의 오차를 갖게 된다.

동물에 있어서 성비는 일반적으로 3종류로 나누어 생각할 수 있는데, 수정 때의 성비를 제1차 성비(primary sex ratio), 출생 또는 부화시의 성비를 제2차 성비(secondary sex ratio), 이유시와 같이 특정한 연령에서의 성비를 제3차 성비(tertiary sex ratio)라 한다.

제1차 성비는 포유동물에서보다는 가금류에서 이용되고, 제2차 성비는 가축에서 가장 널리 적용되는 성비이며, 특정시기의 제3차 성비도 많이 이용되고 있다.

성비는 총개체 중에 수컷이 차지하는 비율($\frac{♂}{♂+♀} \times 100$)로써 나타내기도 하고, 암컷에 대한 수컷의 비(♂/♀ × 100) 또는 암컷 100마리에 대한 수컷마리 수로 나타낼 수도 있다. 동물에서 조사된 제 2차 성비를 요약하면 표 3-5와 같다.

이 표에서 수컷의 출생비율이 50%를 약간 넘고 있어 암수의 성비가 1 : 1을 조금 벗어남을 알 수 있다. 특히 개의 경우 성비는 수컷이 상당히 높게 나타나는데, 그 이유는 알려져 있지 않다.

성비는 여러 가지 원인에 의하여 변동을 일으킨다. 치사유전자가 성 염색체 위에 있을 경우 이 유전자를 반성치사유전자(sex-linked lethal gene)라고 하는데, 성 염색체가 XX와 같이 동형으로 되어 있는 개체는 치사유전자를 양친으로부터 받아야만 죽게 되고, XY와 같이 이형으로 되어 있는 개체는 양친 중 한쪽에서만 치사유전자를 받더라도 치사작용이 일어나서 성비에 변동을 일으킨다.

개에 있어서는 수태 계절에 따라서 성비가 변동되는데, 추운 계절에 수태된 경우 성비는

표 3-5 사람 및 동물의 출생시 성비

사람 및 동물	성 비	사람 및 동물	성 비
사람, 백인종(미국)	51.4	돼지	52
유색인종(미국)	50.3	말	52
소, 단자	52	개, 독일 Shepherd종	55
쌍자	49	Terrier 종	56
품종별	44~52	품종별	51~54
제브(Zebu)종	51	밍크(mink)	50~51
면양, 단자	50	토끼	50~57
쌍자	49	닭	49~50
Merino 종	47	칠면조	50

암컷 100에 대하여 수컷은 122~143이었다고 한다.

이 외에도 젖소, 산양 및 닭과 같이 사양목적에 따라 수컷을 인위적으로 도태시키는 경우도 있고, 꿀벌의 경우는 생식력을 가지는 것은 왕벌뿐이며, 수펄은 수백 마리이고 생식력이 없는 일벌은 수 천마리나 되는데 왕벌과 일벌은 수정란에서 부화된 것이지만 수정란은 왕벌 마음대로 생산하기 때문에 성비에 이상을 가져오는 경우도 있다.

4. 성에 따른 유전

(1) 반성유전

포유류의 X염색체나 조류의 Z염색체에 성 이외의 형질을 지배하는 유전자가 성과 연관하여 유전하는 현상을 반성유전(sex-linked inheritance)이라 하고, 그 유전자를 반성유전자(sex-linked gene)라 한다. 반성유전자는 대개 표현형에 있어서 열성이 많고 교배조합에 따라 형질의 발현비율이 암수에 따라 달라지는 것이 특징이다. 이것은 수컷 이형 반성유전과 암컷 이형 반성유전의 2종으로 구분한다.

1) 수컷 이형 반성유전

성 염색체가 수컷에 있어서는 이형(hetero, XY)이고, 암컷에 있어서는 동형(homo, XX)인 경우에 생기는 반성유전인데 반성유전자를 기준으로 할 때 암컷에는 동형접합체와 이형접합체의 2종이 있으나, 수컷에는 반접합체(hemizygote)만 있다.

포유동물에 있어서는 이 반성유전의 실례가 많지 않으나 사람에 있어서는 색맹, 혈우병, 안구건조증, 시신경 소모증, 거대각막증 등 매우 많은 유전자들이 밝혀져 있다.

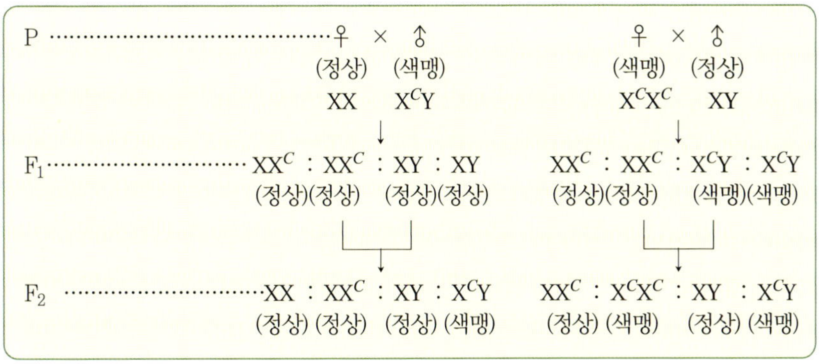

그림 3-13 사람에 있어 색맹 유전양식

사람의 색맹 유전자는 정상에 대해서 열성이므로 성 염색체형이 이형인 남자에 있어서는 색맹 유전자가 1개만 있어도 표현형으로 나타나지만, X염색체를 동형으로 가지고 있는 여자에 있어서는 색맹 유전자를 동형으로 가지고 있을 때에만 표현형으로 나타나고 이형인 때는 나타나지 않고 잠복한다.

색맹 유전자를 가진 성 염색체를 X^c로 표시할 때 정상 여자(XX)와 색맹 남자(X^cY)에 있어서 F_1의 아들은 전부 정상이고, 딸도 모두 정상이나 이들 모두 색맹 유전자를 이형상태로 지니고 있다. 색맹 유전의 예는 그림 3-13과 같다.

가축에 있어서는 개의 혈우병(hemophilia), 개의 크리스마스병(christmas disease) 및 귀갑고양이(tortoise-shell-cat) 등이 있다. 개의 혈우병 유전자는 사람에 있어서와 마찬가지로 정상(H)에 대해 열성(h)이므로 성 염색체형이 이형인 수컷에 있어서는 혈우병 유전자가 1개만 있어도 상처가 났을 때 혈액이 응고되지 않는 혈우병 증세를 나타내지만 X염색체를 동형으로 가지고 있는 암컷의 경우는 혈우병 유전자를 동형으로 가지고 있을 때에만 표현형으로 증세를 나타내고 이형인 때는 나타나지 않고 잠복한다. 표현형적으로 혈우병을 나타낼 강아지는 성성숙에 도달하기 전에 사망하므로 이형의 암컷과 정상의 수컷을 교배하면 반성유전을 관찰할 수 있는데, 이와 같은 혈우병을 A형 혈우병(hemophilia A)이라 한다. 즉 잠복암컷(X^HX^h)과 정상수컷(X^HY)을 교잡한 F_1에서 수컷의 반은 혈우병 개체이고, 나머지 반은 정상인데 암컷에서는 표현형적으로 모두 정상이지만 반은 잠복상태이다.

검은색과 오렌지색 무늬의 모색을 가진 고양이를 귀갑고양이(tortoise-shell-cat)라 하고 이러한 모색에 흰 반점이 섞인 모색을 가진 고양이를 삼색 얼룩 고양이(calico cat)라고 하는데, 이 고양이의 검은색(o)과 오렌지색(O)은 반성대립유전자이다. 귀갑고양이는 암컷에만 나타나고 수컷에는 나타나지 않는다. 왜냐하면 수컷의 유전자형은 반접합체(hemizygote)로 귀갑을 지배하는 *Oo*유전자를 동시에 가질 수 없기 때문이다. 그러나 귀갑고양이 가운데서 희귀하게 수컷이 존재하는 것에 대하여는 유전적 간성에서 설명한 바와 같이 염색체 불분리 현상에 따라 XXY핵형을 가진 개체가 나타난 것이다.

2) 암컷 이형 반성유전

성 염색체가 암컷에 있어서는 이형(XY, ZW)이고, 수컷에 있어서는 동형(XX, ZZ)인 경우에 일어나는 반성유전인데 수컷 이형 반성유전과 달리 수컷에는 반성형질에 대한 동형접합체와 이형접합체의 2종이 있으나 암컷은 전부 반접합체이고 이형접합체는 없다.

닭에서 많이 나타나는 반성유전 형질로는 횡반(barring, *B*) : 백색(self color, *b*), 은색(*S*) : 금색(*s*), 만우성(*K*) : 조우성(*k*) 등을 들 수가 있다.

닭에 있어서 횡반 플리머스록종의 횡반은 반성우성의 횡반유전자(*B*)에 기인하는데, *B*는 흑색 · 적색에 대해서 부분적으로 색소 침착을 제한하여 백색의 횡반을 형성한다. 횡반 플리머스록종과 흑색 미노르카종을 교잡하면 그림 3-14와 같은 유전양식을 나타낸다. 즉 횡반 수컷과 흑색암컷을 교잡한 F_1은 암수 모두 횡반이다. 이것은 수컷의 *B*가 암 · 수평아리에 전달되고, 암컷의 *b*는 수평아리에 전달되므로 암평아리는 전부 *B*유전자의 반접합체로 되고 수평아리는 *B*와 *b*의 이형접합체로 되는데, 횡반이 흑색에 대해서 우성이기 때문에 생긴

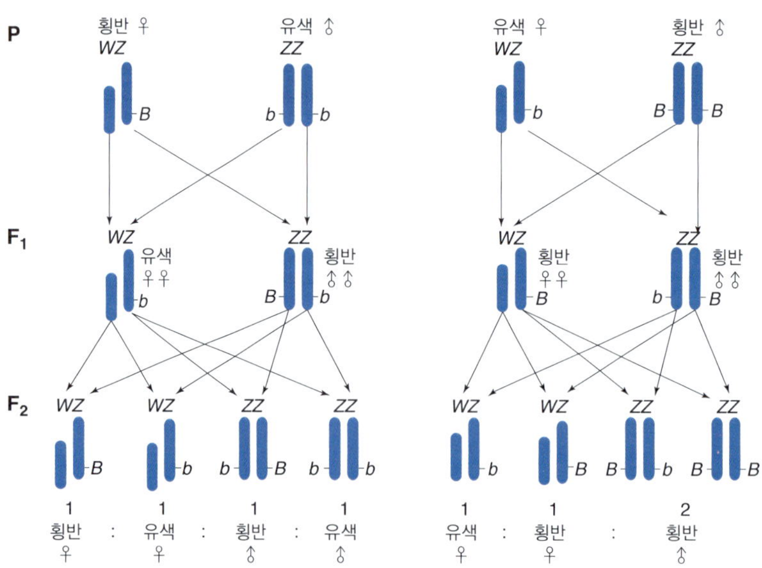

그림 3-14 닭의 횡반 반성유전

현상이다. 이들 자손들 간의 F_2에서는 암평아리의 절반은 흑색이고 나머지는 모두 횡반이며 수평아리는 전부 횡반이다.

위의 역교배, 즉 흑색 수컷에 횡반암컷을 교배하면 F_1은 암컷이 *b*유전자의 반접합체로서 전부 흑색이고, 수컷은 *b*와 *B*의 이형접합체로 *B*가 우성이므로 모두 횡반으로 된다. 즉 아비의 흑색은 F_1의 암컷에, 어미의 횡반은 F_1의 수컷에 유전되므로 이것을 십자유전(criss-cross inheritance)이라고 한다.

반성유전하는 형질로 닭의 만우성이 있다. 만우성(*K*)은 조우성(*k*)에 대해 우성이며, 이 형질의 표현은 병아리가 부화된 후 깃털 발생속도에 의하여 구별할 수 있다(그림 3-15).

유전자형이 *kk*(♂) 또는 *k*-(♀)인 병아리는 부화 후 8~10일령에 날개깃이 몸 전체를 덮을 정도로 자라고, 꼬리깃의 성장도 빠르다. 그러나 *KK*, *Kk*(♂) 또는 *K*-(♀)인 병아리는 같은 일령이 되어도 꼬리깃의 발생이 없고 날개깃도 짧다. 조우성 수탉과 만우성 암탉을 교잡하면 F_1의 수컷은 모두 만우성을, 암컷은 모두 조우성을 나타낸다(그림 3-16).

반성 우성형질을 암탉으로 할 때 암탉의 형질은 수평아리에, 수탉의 형질은 암평아리에 십자유전을 하므로 수평아리는 우성형질을, 암평아리는 열성형질을 표현하여 암 · 수평아리는 두 형으로 구분된다. 초생추에 이와 같이 나타나면 그 자웅을 감별할 수 있는데, 반성유전을 이용한 감별법을 반성유전 자웅감별법이라 한다. 특히 특정 반성유전자를 특정품

그림 3-15 조우성과 만우성 병아리의 깃털 발육상태

P ························	Z^kZ^k(♂) 조우성	×	Z^KW(♀) 만우성
		↓	
F_1 ························	Z^KZ^k(♂) 만우성		Z^kW(♀) 조우성

그림 3-16 깃털 조만성에 의한 자웅감별

종에 도입하여 동일 품종 내에서도 자웅감별을 할 수 있도록 한 것을 자가성별종(autosexing breeds)이라 한다.

(2) 종성유전

어떤 유전형질은 반성유전을 하는 것이 아니면서도 양쪽 성에 다르게 나타나는 경우가 있다. 즉 암컷과 수컷이 유전자형은 동일하지만 호르몬 등의 작용으로 표현형이 암수간에 다르게 나타나거나, 또는 한쪽 성에는 발현하나 다른 성에는 발현하지 못하는 일이 있다. 이와 같은 유전현상을 종성유전(sex-influenced inheritance 혹은 sex-controlled inheritance)이라 한다.

종성유전을 하는 좋은 예는 Dorset종 면양의 뿔에서 볼 수 있다. Dorset종 면양은 암수 모두 유각이나, 수양은 암양에 비하여 뿔이 더 크고 더 만곡되어 있다(그림 3-17).

수 컷

암 컷

그림 3-17 종성유전을 하는 면양의 뿔

면양은 품종에 따라 뿔에 관한 유전적 특징을 다음의 세 가지 형으로 나눌 수 있다.

암수 모두 무각인 Suffolk종 수컷과 암수 모두 유각인 Dorset Horn종 암컷을 교잡하면 F_1은 암컷이 무각, 수컷이 유각으로 되지만, 이들 간의 교잡으로 F_2에서는 암컷이 무각 3 : 유각 1의 비로, 수컷이 유각 3 : 무각 1의 비로 분리한다. 역교배인 Suffolk 종(♀)과 Dorset Horn 종(♂)의 F_1 및 F_2도 동일한 결과로 되는데, 이것은 뿔 유전자가 이형 개체(*Hh*)에서 수컷이면 유각으로, 암컷이면 무각으로 되어 성에 따라 대립유전자의 우열관계가 달라졌기 때문이다. 이들의 유전양식은 그림 3-18과 같다.

산양의 턱수염도 종성형질로 알려져 있고, 사람의 대머리도 종성유전을 하는데 남자에서는 우성, 여자에서는 열성으로 작용한다.

P ·························Dorset Horn (♀) × Suffolk (♂)
(유각) : *HH* (무각) : *hh*
↓
F_1 ································· *Hh* *Hh*
(무각 ♀) × (유각 ♂)
↓
F_2 ································*HH* *Hh* *Hh* *hh*

	HH	*Hh*	*Hh*	*hh*	
(♂)	유각	유각	유각	무각	(3 : 1)
(♀)	무각	무각	무각	유각	(3 : 1)

그림 3-18 면양 뿔의 종성유전 양식

3-4 연관과 교차

멘델 유전법칙의 예외는 서로 다른 비대립유전자들이 동일한 염색체상에 있기 때문에 발생되기도 하며, 또 염색체 자체가 변화됨으로써 일어나기도 한다. 이 장에서는 1개의 염색체상에 다수의 유전자가 점좌하고 있어 하나의 군을 형성한 채 다음 세대로 유전되어가는 현상과 이를 이용한 염색체 지도 작성을 다루어보기로 한다.

1. 유전자의 연관현상

닭에서 역우유전자(*F*)는 정상우모유전자(*f*)에 대해 우성이고, 우모에 멜라닌색소를 침착시키는 색유전자(*i*)는 색소형성을 억제하는 우성백색유전자(*I*)에 대해 열성임은 이미 설명한 바 있다. 따라서 멘델의 독립의 법칙에 의하면 유색역우개체(*iiFF*)와 백색정상우모개체(*IIff*)간에 생산된 F_1(*IiFf*)을 유색정상우개체(*iiff*)에 교배시킬 경우, 다음 세대의 형질분리비는 백색역우 : 백색정상우 : 유색역우 : 유색정상우가 각각 1 : 1 : 1 : 1이 될 것이다. 그러

표 3-6 닭의 우모색과 역우에 관한 연관유전 (I)

닭의 우모색	역우에 관한 연관유전
P	*iiFF* (유색 · 역우) ♀♀ × *IIff* (백색 · 정상우) ♂♂
F_1	*IiFf* (백색 · 역우) ♀♀, ♂♂
검정교배	*IiFf*, ♀♀ × *iiff*, ♂♂
	백색 · 역우 18, 유색 · 역우 63
TF_1	백색 · 정상우 63, 유색 · 정상우 13
	합계 157

나 표 3-6에 제시한 Hutt(1982)의 실험결과를 보면 전혀 다른 분리비를 나타내고 있다.

즉 단위형질별로 볼 때 백색 : 유색이나 역우 : 정상우 개체가 모두 81 : 76으로써 거의 1 : 1의 이론치와 근접하지만, 두 쌍의 대립유전자를 조합한 분리비는 백색 · 역우 : 백색 · 정상우 : 유색 · 역우 : 유색 · 정상우 개체가 18 : 63 : 63 : 13으로 되어 있어서 1 : 1 : 1 : 1과는 큰 차이가 난다. 이와 같은 차이의 직접적인 원인은 백색역우개체(*IiFf*)가 배우자를 생산할 때 양친의 배우자와 동일한 유전자형의 것(*iF*와 *If*)을 많이 만들고 새로운 유전자 조합(*IF*와 *if*)의 교배자는 대단히 적게 만든 결과이다.

이와 같이 새로운 유전자 조합의 배우자가 적게 생산되고, 양친과 동일한 유전자 조합의 배우자가 많이 만들어지는 유전현상은 이들 유전자가 동일 염색체상에 점좌하여 연관(linkage)되어 유전하기 때문이다. 즉 상이한 두 유전자가 동일 염색체상에 있어서 공동행동을 취하게 되면 이들에 의해 지배되는 형질들도 항상 동반되어 마치 단일유전자의 지배하에 있는 것처럼 발현되므로 양성잡종의 분리비가 독립의 법칙을 따르지 않았던 것이다. 실제로 각 염색체상에는 수 많은 유전자들이 점좌하고 있다. 한 예로 초파리는 4쌍의 염색체를 가지고 있지만 유전자 좌위의 수는 10,000개 내외로 알려져 있으므로 각 염색체상에는 얼마나 많은 유전자가 점좌하고 있는지 쉽게 추측할 수 있다. 이와 같은 각 염색체상의 유전자군을 연관군(linkage group)이라 하며, 따라서 생물은 그 종이 갖고 있는 염색체 쌍의 수만큼 연관군을 가지게 되는데, 초파리의 경우 4개의 연관군을 갖는 셈이 된다. 연관의 유전자형 표시는 사선 또는 횡선을 그어서 염색체로 표시하고, 이들 선상에 연관된 유전자들을 순서에 따라 기입해 표시한다. 따라서 상동 염색체상의 연관유전자들은 분수식으로 표시가 되는데, 분자 위치에 있는 연관군은 어미로부터 유래된 것을, 그리고 분모 위치의 연관군은 아비로부터 온 것을 기입하기로 규약되어 있다. 가령, 분수식 $\underline{ABC}//\underline{abc}$에서 $\underline{ABC}$는 어미로부터 온 것이고, *abc*는 아비에서 연유된 연관군인 것이다. 하나의 분수식은 하나의 연관군을 표시한다. 따라서 각각 다른 연관군을 연이어 표시할 경우 각 분수식은 세미콜론(;)으로써 간격을 두기로 되어 있다. 그리고 분수식을 좀 더 간단히 하기 위해 상동 염색체를 표시하는 2중선을 단일선으로 표시하여도 무방하다.

유전자의 연관상태를 표시하는데 상인(coupling phase)과 상반(repulsion phase)이라는 술어가 가끔 사용된다. 이는 동일 염색체상에 우성과 열성유전자들의 혼재 여부를 표시한 말로 $\underline{FI}$ 또는 $\underline{fi}$와 같이 같은 우성 또는 열성끼리만 연관된 상태를 상인이라 하고, $\underline{Fi}$ 또는 $\underline{fI}$와 같은 염색체상의 연관유전자 조합을 상반이라 편의상 부른 것이다.

특정 두 형질간에 유전상관이 존재할 경우 그 원인은 유전자의 다면작용 결과가 아니면 각각의 형질을 지배하는 두 유전자가 긴밀히 연관된 결과일 것이다. 여기에서 전자의 경우라면 두 형질간의 유전상관은 일정하지만, 후자의 경우라면 유전상관이 달라질 수도 있다. 이는 다음에 설명할 교차 등의 이유 때문이다.

2. 유전자의 교차

표 3-6의 예에서 우성백색유전자(I) 좌위와 역우유전자(F) 좌위는 동일 염색체상에 있으며, 이들 유전자의 연관상태는 모계에서 iF/iF이고, 부계에서는 If/If이므로 F_1의 유전자형은 iF/If가 되며, 이 F_1을 검정교배시킬 경우 다음 세대에서는 백색정상우개체(If/if)와 유색역우개체(iF/if)만이 나와야 정상적일 것이다. 그런데 앞에서 말한 Hutt의 실험결과에서는 적은 비율이긴 하지만 백색역우개체(IF/if)와 유색정상우개체(if/if)들이 생산된다. 이는 F_1

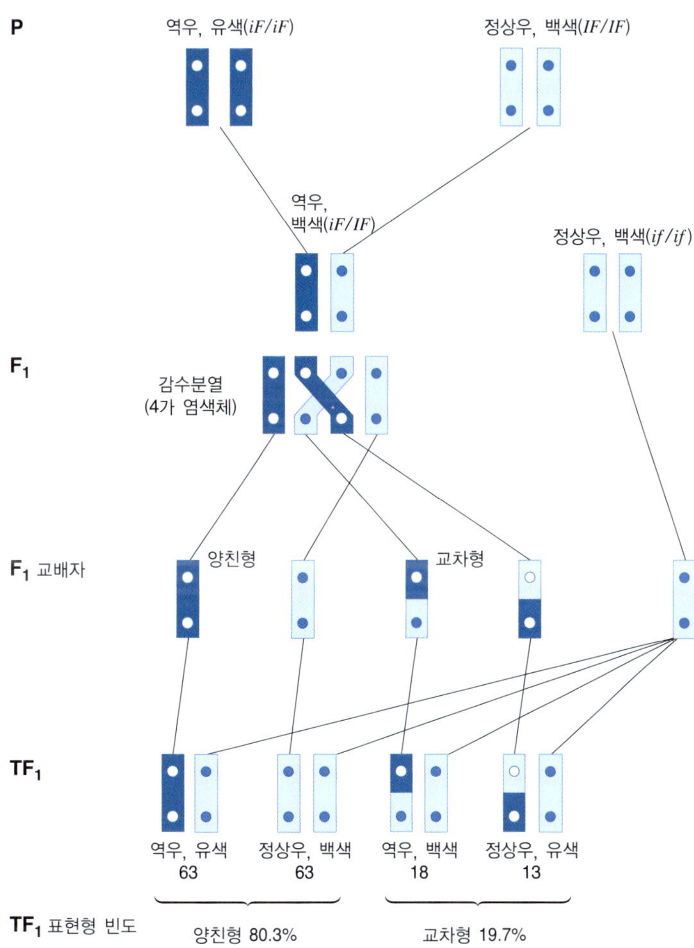

그림 3-19 닭의 우모색과 역우형질의 연관유전 현상 모식도

에서 생식세포가 형성될 때 상동 염색체상의 대립유전자가 서로 자리를 맞바꾸었음을 뜻하며, 이와 같은 현상은 감수분열시 상동 염색체의 부분적 교환이 이루어짐으로써 가능하다.

이와 같이 서로 대립하는 상동 염색체의 염색분체간에 부분적으로 교환이 일어나는 과정을 교차(crossing over)라 하고, 교차의 결과로써 생성된 유전자 조합을 조합형(recombination type) 또는 교차형(crossing over type)이라고 한데 대해 변화되지 않은 본래의 유전자 조합을 양친형(parental type) 또는 비교차형(non-crossing over type)이라 한다. 다음 그림 3-19는 표 3-6을 모식도로 표시한 것이다.

3. 연관의 강도

감수분열시 연관된 두 유전자 사이의 교차 발생빈도는 유전자들이 상인으로 연관되었거나 또는 상반으로 되었거나 거의 일정한 것으로 알려져 있다. 이를 좀 더 자세히 살펴보기 위해 닭의 우성백색유전자 좌위와 역우유전자 좌위간의 교차빈도를 조사한 Hutt의 시험결과를 하나 더 보기로 한다. 다음 표 3-7은 양친의 유전자형이 *IF*/*IF*(♀♀)와 *if*/*if*(♂♂)인 F_1의 검정교배 결과이다.

F_1의 유전자형은 *IF*/*if* 이므로 TF_1에서의 교차형은 표 3-6의 시험결과와는 달리 교차형은 백색정상우개체(*If*/*if*)와 유색역우개체(*iF*/*if*)가 되며, 따라서 교차형의 개체는 전체의 18.2%(6/33)가 된다. 이 교차형의 발생빈도는 TF_1의 전체 개체수가 많지 않는데도 그림 3-19와 같은 시험의 교차형의 발생빈도(19.7%)와 대단히 근접되어 있음을 보여준다. 이는 유전자들이 염색체상에 상인으로 연관되었거나, 아니면 상반으로 연관되었거나 두 유전자 사이에서 일어나는 교차의 빈도는 일정함을 의미한다. 따라서 교차의 결과 발생된 교차형의 빈도도 일정하다. T. H. Morgan은 이 교차형의 빈도를 조환가(recombination rate) 또는 교차가(crossing over rate)라 하여 다음과 같은 식으로 표시하였다.

$$\text{교차가} = \frac{\text{교차형개체수}}{\text{교차형개채수} + \text{양친형개체수}} \times 100$$

표 3-6의 예에서 교차가를 계산해 보면, 양친(*P*)의 유전자형은 *iF*/*iF* 와 *If*/*If* 이었으므로 F_1의 유전자형은 *iF*/*If* 가 되고, 이 F_1은 4종의 교배자(*iF*, *If*, *if*, *IF*)를 만드는데, 이 중 *if* 와 *IF*는 양친에서는 없었던 새로운 유전자 조합이다. 따라서 TF_1개체 중 교차형은 유색 · 정상우(*if*/*if*) 13수와 백색 · 역우(*IF*/*if*) 18수가 되며, 양친형 개체는 유색 · 역우(*iF*/*if*) 63수와 백색 · 정상우(*If*/*if*) 63수가 된다.

따라서 두 인자간 교차가는 다음과 같다.

$$교차가 = \frac{(18+13)}{(18+3)+(63+63)} \times 100 = 19.7\%$$

연관된 두 유전자 사이에 교차가 일어나지 않는다는 것은 곧 두 유전자가 아주 강하게 연관되어 있음을 뜻하며, 반대로 교차빈도가 높다는 것은 그만큼 연관상태가 약하다는 것을 의미한다. 따라서 교차결과로 발생한 교차형의 상대적인 빈도, 즉 교차가는 곧 유전자간 연관의 강도를 표시하는 값이 되는 것이다. 만일 양성잡종의 검정교배에서 교차형 개체가 하나도 발생하지 않는다면 교차가는 영(0)이 되며, 이처럼 강한 연관을 완전연관(complete linkage)이라 하는데 이 경우 두 형질이 마치 하나의 유전자에 의해 지배되는 것처럼 보이게 된다.

표 3-7 닭의 우모색과 역우에 관한 연관유전 (II)

닭의 우모색	역우에 관한 연관유전		
P	*IF*/*IF*(백색 · 역우)♀♀×*if*/*if*(유색 · 정상우)♂♂		
F_1	*IF*/*if*(백색 · 역우)♀♀♂♂		
검정교배	*IF*/*if*♀♀×*if*/*if*(유색 · 정상우)♂♂		
TF_1	정자 : *if*		
	난자	*IF*	*IF*/*if*(백색 · 역우)	15
		If	*If*/*if*(백색 · 정상우)	4
		iF	*iF*/*if*(유색 · 역우)	2
		if	*if*/*if*(유색 · 정상우)	12
			계	33

교차가의 크기는 50%를 넘을 수 없다. 이는 두 유전자가 연관되어 있지 않고 독립유전을 하는 경우를 생각하면 쉽게 이해할 수 있다. 즉 두 유전자간의 가장 약한 연관이란 곧 연관되어 있지 않아 독립유전을 하는 경우와 다를 바 없으므로, 이 때 양성잡종의 검정교배 결과는 4개의 표현형이 각각 1 : 1 : 1 : 1로 분리되어서 교차가는 다음과 같이 되는 것이다.

$$교차가 = \frac{(1+1)}{(1+1)+(1+1)} \times 100 = 50\%$$

즉 교차가의 범위는 0~50%인데 0에 가까울수록 두 유전자간의 연관도는 강하고 반대로 50%에 가까울수록 약하다.

교차가는 지금까지 설명한 검정교배 방법 외에도 양성잡종을 동복 교배시켜 2중열성 개체의 빈도를 조사해 예측할 수도 있고, 또 양성교잡의 F_2 분리비를 기초로 예측할 수도 있다.

4. 교차의 세포학적 관찰

지금까지 언급한 연관과 교차의 유전현상으로 미루어 보아 유전자는 첫째로 염색체상에 염주모양으로 배열되어 있고, 둘째는 감수분열과정에서 상동 염색체가 접합할 때 대립유전자들은 서로 정확히 대응 · 접합하며, 셋째는 연관된 두 유전자쌍이 교차를 하려면 접합된 상동 염색체상의 두 유전자 좌위 사이에 교차가 일어나야 하고, 넷째는 교차의 시기는 제1감수분열 전기 중 2가 염색체가 4중 구조를 나타낸 뒤, 그림 3-20에서와 같이 직접 맞대고 있던 2개의 염색분체가 완전 분리되기 이전임에 틀림없다.

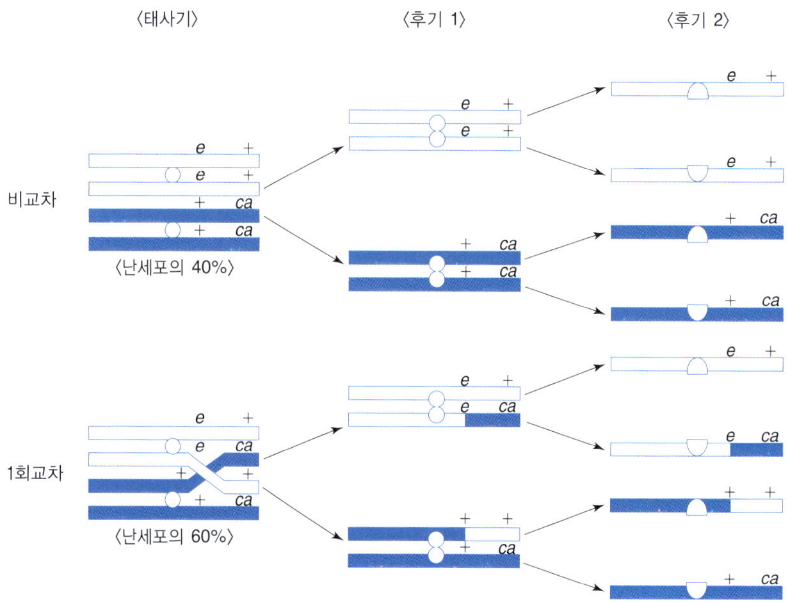

그림 3-20 초파리의 교차에 의한 배우자 형성과정

이와 같은 추정은 모두 세포학적으로 확인된 바 있는데 실제로 교차결과를 현미경으로 관찰한 예를 보자. 보통 상태에서 한 쌍의 상동 염색체를 구별하기란 대단히 어렵다. 따라서 염색체의 부분적 상호교환, 즉 교차여부를 현미경으로 확인하는 일은 거의 불가능하다. 따라서 염색체 끝에 특정 표식이 있는 경우를 찾아 조사할 수밖에 없는데, Stern은 노랑초파리에서 그림 3-21과 같이 Y염색체의 일부가 X염색체의 한쪽 끝에 붙는 부착 X염색체와 X염색체의 한쪽 끝이 결실된 파열 X염색체를 이용해 반성형질의 분리비는 물론 교차의 실제를 현미경으로 조사한 것이다.

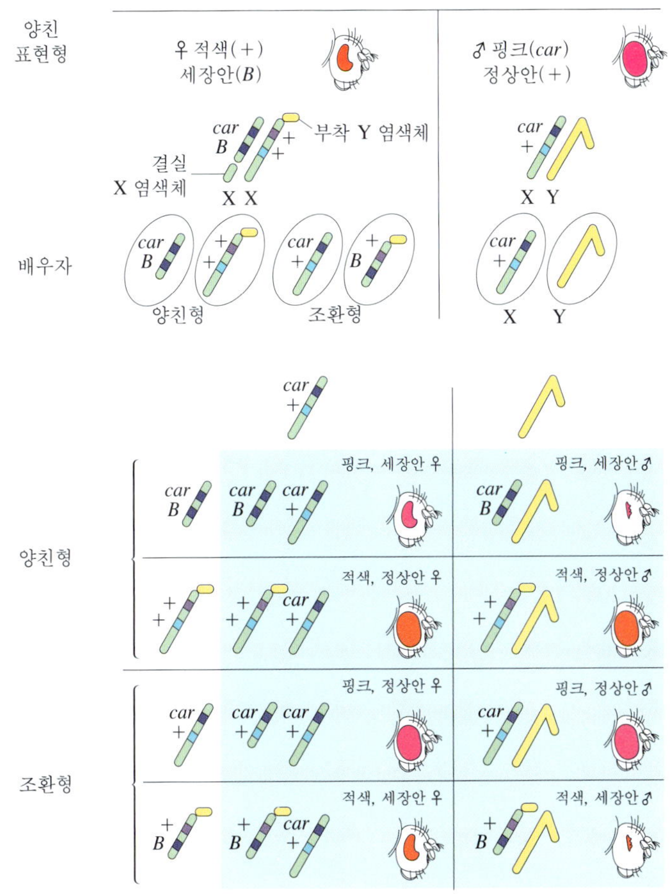

그림 3-21 노랑초파리에서 부착 X염색체와 결실염색체를 이용한 교차현상의 추적

초파리에서 수컷의 X염색체는 어미로부터만 전래된다. 따라서 그림 3-21의 경우 어미의 X염색체가 한쪽이 파열이고, 다른 쪽은 부착염색체이기 때문에 그의 자식(♂)에는 정상 X 염색체나 또는 결실과 부착이 동시에 이루어진 X 염색체를 갖는 개체는 없어야 함에도 실제 현미경하에서 관찰하면 이와 같은 염색체를 갖는 수컷들이 발견되는 것이다. 이는 곧 어미의 염색체들이 감수분열하는 과정에서 교차를 하였다는 증거가 된다.

5. 염색체 지도

각 염색체상에는 무수히 많은 유전자들이 있고, 또 그 유전자들이 일정한 순서로 선상배열하고 있나는 것을 지직한 바 있는데, 염색체 지도(chromosome map)란 바로 각 염색체상에 어떤 유전자들이 어떤 순서로 그리고 어떤 간격으로 좌위하고 있는지를 표시한 그림인 것이다. 이러한 지도의 작성방법으로는 크게 연관지도의 작성과 물리적 지도의 작성법이 있는데, 본 절에서 소개할 연관지도는 기본적으로 염색체의 재조합에 의한 교차율을 이용함으로써 유전자 또는 DNA 표지들의 상대적인 위치를 나타내는 것이다. 반면 물리적 지도라 함은 재조합률에 근거하지 않고 특정 유전자나 DNA가 어떤 염색체의 어떤 좌위에 위치하는가를 직접적으로 확인하는 방법으로 체세포융합기술이나 형광보인법(Fluorescence in situ hybridization, FISH)과 같은 기술들을 이용하고 있다. 따라서 장차 이러한 물리적 지도와 연관지도가 통합함으로써 실제 유전자의 위치와 그 실체를 파악할 수 있게 된다. 이와 같은 지도가 완성되면 일일이 유전실험을 거치지 않고서도 선택된 특정 유전자조합의 분리비를 예측하는 등 유전 · 육종의 실험계획을 세우는데 편리하며, 이와 같은 지도는 염색체 자체의 기능적 구조분석은 물론 전체의 유전자를 개관함으로써 그 종의 특성을 추측하는 데도 도움이 된다.

(1) 염색체 지도상의 유전자 좌위간 거리

염색체상의 유전자들은 선상배열(liner order)을 하고 있을 뿐 아니라 각자 고유의 위치에 점좌하고 있기 때문에 특정 두 유전자간 거리는 언제나 일정하며 이들 사이에서 일어나는 교차빈도도 일정하다. 그러므로 특정 두 유전자 좌위간의 교차가는 바로 두 유전자 좌위 사이의 거리를 표시하는 것이며, 실제로 유전학적 염색체 지도에서는 이 교차가를 유전자간의 거리 단위로 쓰고 있다. 따라서 지도상의 1 단위(unit)의 거리는 교차가 일어날 수 있는 확률단위인 것이며, 이를 1morgan으로 표시하기도 한다. 교차가를 이용해 염색체 지도를 만든 최초의 사람은 T. M. Morgan이다. 그래서 이를 기념하기 위해 유전자간 거리의 단위를 morgan이라 부르고 있는 것이다. 물론 최근의 기술 발달로 유전자간 거리를 실측할 수도 있다. 그러나 염색체 지도를 작성하는 근본 목적이 교차에 의한 조환 등 연관유전자들의 상호관계를 살펴보는 데 있기 때문에 거리를 실측하여 Å 등의 단위로 꼭 표시할 필요는 없는 것이다.

(2) 지도상의 유전자 배열순서

염색체상의 유전자 좌위를 결정하려면 이미 알고 있는 두 유전자와 제 3의 유전자간 교차가들을 알아야 한다. 가령 유전자 *A*, *B*, *C*가 있고 이들 유전자간 교차가가 *AB*간에는 5단위, *AC*간에는 7단위였다고 가정하면 이들 세 유전자의 배열순서는 다음 두 가지 중 하나일 것이다. 이것을 결정하기 위해서는 *BC*간의 교차가를 조사하여야 한다.

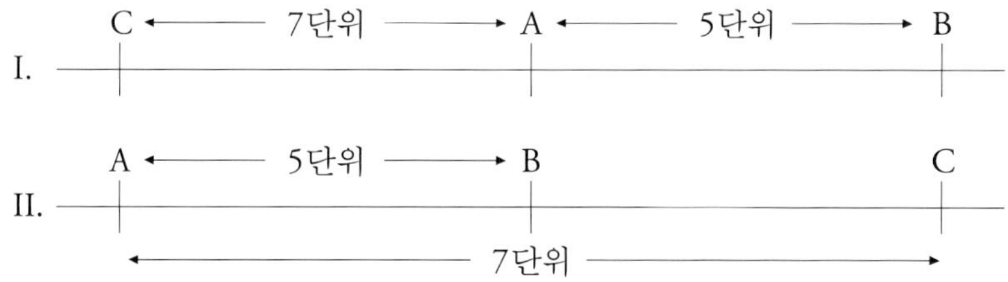

만일 BC간 거리(교차가)가 12단위라면 유전자 배열순서는 *C–A–B*일 것이고, *BC*간 거리가 2단위이었다면 순서는 *A–B–C*가 되는 것이다. 이와 같이 3유전자간의 교차가를 각각 조사하여 유전자간 거리와 순서를 결정하는 방법을 3점검정교배법(three point test cross 또는 trihybrid test cross)이라 한다.

(3) 이중교차와 교차가

실례를 들어 3점검정교배법을 좀더 살펴보자. Hutt가 조사한 닭의 역우유전자(*F*)와 우성백유전자(*I*)간 교차가는 사용된 부계에 따라 7.5%부터 26%까지 그 범위가 상당히 넓은데, 부계를 무시한 전체 1,105개의 교배자로 계산된 교차가는 17.1%로 되어 있다. 그리고 역우 유전자와 모관유전자(*Cr*)간에는 27.0%, 우성백 유전자와 모관 유전자간의 교차가는 12.5%로 알려져 있다. 따라서 이들 세 유전자의 배열순서는 *F–I–Cr*임에 틀림없다. 하나의 예를 닭에서 더 들어보면, 이중관유전자(duplex comb, *D*)와 Black sumatra game종의 특징인 다거증(多距症)유전자(multiple spurs, *M*), 도킹종이나 하우단종에서 흔히 볼 수 있는 다지증(多指症)유전자(polydactyly, *Po*)는 서로 연관되어 있고, 이들 사이의 교차가는 *D*와 *M*간에 28%, *M*와 *Po*간은 33%, 그리고 *D*와 *Po*간은 42%로 알려져 있다. 따라서 이들 유전자의 배열순서는 *D–M–Po*가 될 것이다.

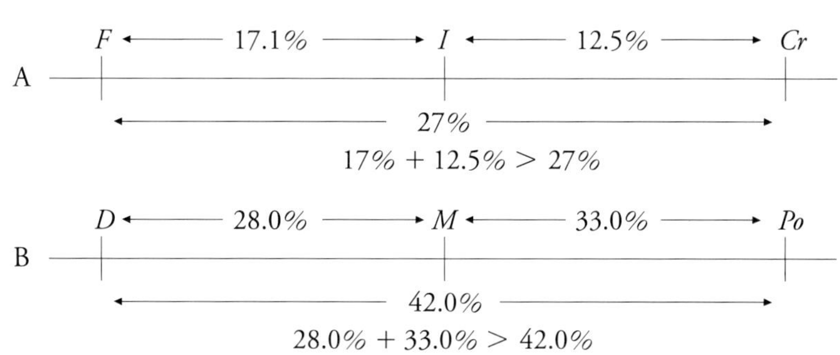

그림 3-22 일치되지 않은 유전자 좌위간 교차가의 실례

그런데 여기에서 한 가지 의문점이 제기된다. 다음 그림 3-22에서 볼 수 있는 바와 같이 양단에 있는 유전자간의 교차가는 두 유전자 사이에서 직접 조사할 때와 두 유전자사이에 제 3의 유전자를 두고 이 유전자의 양측에서 조사한 교차가를 합해 계산한 경우가 일치하지 않는 점이다. 즉 두 예에서 모두 양단 유전자 사이를 한 구간으로 하여 측정한 교차가가 양단간을 2 구간으로 나누어 각각 조사해 합한 값에 비해 모두 적게 나타나 있다. 이와 같은 경향이 다른 유전자간에도 발생할 수 있다면 그 원인은 무엇일까?

교차는 염색체상의 특정 위치에서만 일어나는 것이 아니고 전장에 걸쳐 임의로 발생된다고 한다. 그렇다면 상동 염색체의 2개체 이상에서 교차가 동시에 일어날 수도 있는 것이다. 실제로 연관된 두 유전자 사이의 거리가 멀면 동시에 여러 곳에서 교차가 일어나는데, 일어나는 수에 따라 이중교차(double crossing over), 삼중교차(triple crossing over) 등으로 부른다.

앞에서 *D*유전자와 *Po*유전자 사이에 만일 2중교차가 있었다면 그림 3-23에서 보는 바와 같이 2중교차를 한 염색분체들은 *D*와 *Po*유전자사이에 교차가 이루어지지 않는다. 따라서 교차가 계산시 두 유전자간을 2구간으로 나누어 계산할 경우 2중교차 결과가 모두 계산에 포함되지만, 두 유전자간을 한 구간으로 해서 계산할 경우 2중교차의 결과는 포함되지 않으므로 교차가는 항시 낮게된다. 즉 두 유전자간 거리가 멀 경우 유전자의 교차율은 염색체의 교차율(교차가)과 일치하지 않고 항상 적게 된다. 따라서 염색체지도상에 정확한 거리 표시를 하기 위해서는 교차가 계산시 실제로 일어나는 교차를 빠짐없이 추적 고려해야 한다. 이를 위해서는 교차가가 실제로 일어나는 교차값을 그대로 나타낼 수 있는 극히 근접된 유전자들, 즉 두 유전자 사이에 2중교차가 일어날 수 없는 아주 가까운 거리의 유전자들을 택해 조사하여야 한다는 결론이다. 지금까지 알려진 바로는 자연상태에서 유전자간 거리가 5단위 이하일 경우 2중 교차는 결코 일어나지 않으며 염색체의 부위에 따라서는 15~20 단위 내에서도 일어나지 않는다고 한다. 앞 예에서 *F*와 *Cr*유전자간, 또는 *D*와 *Po* 유전자간을 각각 한 구간으로 해서 측정한 교차가가 2구간으로 나누어 측정합계한 교차가보다 작은 이유는 바로 이중교차의 결과임을 쉽게 알 수 있다.

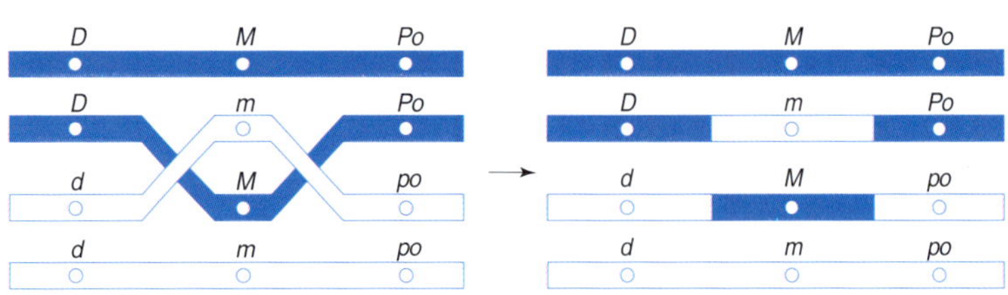

그림 3-23 2중 교차에 의한 배우자의 유전적 조성

(4) 각 염색체의 전장에 걸친 지도작성

현재 괄목할만한 분자유전학적 기술개발과 더불어 여러 종에 대한 연관유전 연구가 매우 활발히 진행되고 있으며 이를 이용한 연관 지도뿐 아니라 염색체의 물리적 지도가 작성 중에 있다. 잘 알려진 인간 유전체연구(Human genome project)도 궁극적으로 인간의 모든 유전자에 대한 연관 지도 및 물리적 지도를 작성하고자 하는 것이다.

전장에 걸친 염색체지도 작성의 첫 과정은 각 염색체상의 유전자군, 즉 연관군을 찾는 일이다. 이는 이미 지적하였던 바와 같이 각 유전자들 간에 독립유전을 하는지 그 여부를 확인함으로써 식별할 수 있다. 다음 단계는 교차현상을 나타내는 근거리의 연관유전자를 찾아 이 유전자를 이용해 3점 검정교배를 실시하고, 그 결과로서 지도의 일부를 작성한다. 이렇게 작성된 지도상에 유전자를 기초로 하여 또 다른 인자들과 3점 검정교배를 시키고 그 결과들로 유전자들의 염색체상에 위치를 확정해 지도를 점차 확장해 간다. 이렇게 완성된 염색체지도는 그의 좌우성이 임의로 결정된 것이기 때문에 사실과 다를 수도 있다. 그러나 이것은 지도를 이용하는데 큰 문제가 되지 않기 때문에 굳이 확정할 필요는 없다. 하지만 꼭 좌우성을 결정하여야할 경우는 결실, 전좌, 절단, 부착 등 이상 염색체를 찾아 연관군의 변화를 확인하거나 물리적 지도 작성 기술을 이용하여 확인이 가능하다.

염색체 이상은 생식세포에 X선 등을 조사하여 인위적으로 얻을 수 있다. Muller와 Painter(1929)는 초파리에 X선을 조사하여 염색체에 전좌 부위의 길이를 현미경으로 측정하는 한편, 달라진 연관군을 조사해 전좌 부위에 포함된 유전자들의 좌위를 실험적으로 결정함으로써 물리적 염색체지도(physical chromosome map)를 최초로 작성하였다. 이와 같은 물리적 지도는 교차율에 의해 작성된 연관 염색체지도상의 유전자 배열순서 및 염색체의 좌우성을 확인하는 데 사용된다. 그러나 지도상에 유전자간 거리는 일치하지 않는다. 물리적 지도는 유전자간 거리가 Å 또는 μm 등으로 표시한 실측치인데 비해, 연관 지도는 교차율로 표시하기 때문이다. 교차율은 염색체의 부위 또는 종류에 따라 상이하다.

요 약

1. 멘델의 유전현상에 있어 F_1에서 우성 유전인자가 열성인자를 표현하지 못하도록 하는 유전현상을 우열의 법칙이라고 하고, 이러한 이형접합체간 교잡으로부터 다음 세대에서 우성과 열성형질이 3 : 1로 분리되어 나타나는 현상을 분리의 법칙이라 한다. 또한 양성교잡의 경우 2개의 대립인자간에 어떠한 간섭이 없이 각 대립인자의 유전자들은 독립적으로 유전되는 현상을 독립의 법칙이라 한다. 이형접합체인 F_1이 양친 중 어느 한쪽과 교배하는 경우를 퇴교배라 하며, 이들 중 알려지지 않은 개체의 유전자형을 알기 위해서 열성동형접합체와 교배하는 것을 검정교배라 한다.

2. 우성이 열성을 완전히 지배하는 경우가 있는가 하면 대립유전자간에 상호작용으로 인하여 형질의 발현을 달리하는 불완전 우성, 공동우성, 복대립 유전현상이 있다. 비대립유전자 사이의 상호작용으로 인한 보족유전자 작용이나 상위성 유전자 작용이 있으며, 수 많은 유전자에 의해 하나의 형질을 나타내기도 하고, 유전자와 환경 사이의 상호작용에 의하여 형질의 발현을 결정짓는 경우도 있다.

3. 생물체의 성을 결정하는 염색체를 성 염색체라 하며 사람을 비롯한 포유동물, 초파리 등은 수컷 이형체들이고, 조류, 파충류, 나방, 누에 등은 암컷 이형접합체를 가지고 있다. 사람을 비롯한 포유동물의 경우 성의 결정은 Y염색체의 존재 유무에 따르는 것으로 알려져 있으나, 성 염색체와 상 염색체에 있는 유전자들의 양적 평형관계에 의하여 성이 결정되거나 외부환경에 따라서 성이 결정되는 동물들도 있다.

4. 포유류의 X염색체나 조류의 Z염색체에 성 이외의 형질을 지배하는 유전자가 성과 연관하여 유전하는 현상을 반성유전이라 하고, 암컷과 수컷의 유전자형은 동일하지만 호르몬 등의 작용으로 표현형이 암수간에 다르게 나타나거나, 또는 한쪽 성에는 발현하나 다른 성에는 발현하지 못하는 유전현상을 종성유전이라 한다.

5. 1개의 염색체 상에 다수의 유전자가 점좌하고 있어 하나의 군을 형성한 채, 다음 세대로 유전되어가는 현상을 연관유전 현상이라 하고, 서로 대립하는 상동 염색체간에 부분적으로 교환이 일어나는 과정을 교차라 한다.

6. 염색체 지도란 각 염색체상에 어떤 유전자들이 어떤 순서로, 그리고 어떤 간격으로 좌위하고 있는지를 표시한 그림인 것으로 이러한 지도의 작성방법으로는 크게 연관지도의 작성과 물리적 지도의 작성법이 있다.

참고문헌

- ARS. 2010. Animal genome maps. http://sol.marc.usda.gov/genome/Barr.
- Bateson, W. 1909. Mendel' s principles of heredity. Cambridge. Cambridge University Press.
- Dominguez, M.M., R.M. Liptrap, B.A. Croy and P.K. Basrur. 1990. Hormonal correlates of ovarian alterations in bovine freemartin foetuses. Animal Reproduction Sci. 22 : 181~220.
- Haqq, C.M., C.Y. King, E. Ukiyama, S. Falsafi, T.N. Haqq, P.K. Donahoe and M. A. Weiss. 1994. Molecular basis of mammalian sexual determination:activation of Mullerian inhibiting substance gene expression by SRY. Sci. 266 : 1494~1500.
- Hutt, F.B. 1949. Genetics of the Fowl. New York, McGraw-Hill Book Co.
- Hutt, F.B. and B.A. Rasmusen. 1982. Animal Genetics(2nd Ed). New York, John Wiley and Sons.
- Lyon, M. 1962. Sex chromatin and gene action in the mammalian X-chromosome. Amer. J. Human Genet. 14 : 135~148.
- Mendel, G. 1866. Experiments in plant hybridization (translation). In Classic papers in genetics, J.A. Peters, ed. 1959. Enlewood Cliffs, NJ, Prentice-Hall.
- Morgan, T.H. 1910. Sex-limited inheritance in Drosophila. Science 32 : 120~122.
- Pierce, B.A. 2008. Genetics: A Conceptual Approach(3rd Ed). New York, W. H. Freeman and Company.
- Sohn, S.H., E.J. Cho, W.J. Son and C.Y. Lee. 2007. Diagnosis of bovine freemartinism by fluorescence in situ hybridization on interphase nuclei using a bovine Y chromosome-specific DNA probe. Theriogenology 68(7) : 1003~1011.
- 손시환, 신영수, 양영훈, 여정수, 이정구, 이학교, 조병욱, 최연호, 한재용, 홍영호, 2002. 동물유전의 이해. 선진문화사. 서울.
- 전상학 외. 2009. 유전학의 이해-개념과 원리. 라이프사이언스. 서울.
- 전혜정, 손시환. 2001. Freemartin 이성 쌍자들에 대한 세포유전학적 연구. 동물자원과학회지 43(2) : 157~164.

4 동물의 분자유전

개 요

본 장에서는 분자수준에서의 동물의 유전현상을 체계적으로 이해하고자 유전물질인 DNA의 특성과 이의 세포 내에서의 발현 및 조절양상에 대해 알아본다. 유전물질의 기본인 DNA의 구조와 기능 및 성질에 대해 알아 볼 것이며, DNA의 복제 과정에 대해 이해하고 유전체의 구조와 보존원리에 대해 살펴볼 것이다. 또한 DNA의 기본구조에 의해 이루어진 게놈의 총괄적인 구조와 이의 거시화된 존재로서 염색체의 구조에 대해 기술한다. 또한 유전자 정보가 mRNA와 단백질로 전환되는 과정을 알아볼 것이며, 단계별로 이들 과정의 조절기작을 살펴본다. 그리고 이러한 유전정보의 변환에 의해 유발되는 돌연변이 및 DNA 수선 과정에 대해 이해하며, 이들을 이용하여 이루어지는 적용범위를 알아본다.

4-1 유전자의 구조 및 기능

1. 유전물질의 본질-DNA(Deoxyribonucleic Acid)

일반적으로 DNA가 유전물질로 인정되기 이전부터 유전물질이 가져야 할 조건은 다음과 같았다. 첫째, 유전물질은 다양한 세포들의 각각 독특한 체제와 대사 활성화에 필요한 모든 정보를 함유해야 하는 복잡성을 가져야 하며, 동시에 화학적으로 안정해야 한다. 둘째, 유전물질에 함유된 유전정보는 세포분열시 딸세포를 통해 정확히 유전되어야 하므로 유전물질은 정확한 복제 체계를 갖추어야 한다. 셋째, 유전물질이 가지고 있는 유전정보는 개체가 환경변화에 적응하기 위해서 때때로 변화 발전이 필요하므로 돌연변이 가능 기작을 가지고 있어야 한다.

DNA가 유전물질이라는 사실은 많은 과학자들의 연구에 의해 발견되었는데, 이러한 사실은 멘델에 의해 밝혀진 유전현상의 기작을 이해하는데 기반이 되었다. 핵산은 1989년 스위스의 생물학자 F. 미셔에 의해 처음으로 발견되었는데, 버려진 고름 내의 백혈구의 핵에 약산성 인(phosphorus, 燐)이 다량 함유되어 핵산(nucleic acid)이라 불리었으며, 연어의 정자나 다른 동물세포의 핵에서도 확인되었다. 그 후 핵산에는 두 종류, 즉 DNA와 RNA가 존재함을 알게 되었는데, DNA는 여러 세포들에서 그 양이 일정하였으나 RNA의 함유량은 세포형태에 따라 차이를 보였다. 또한 염색체에는 DNA와 단백질로 구성되어 있다는 사실이 밝혀졌는데, 감수분열을 한 세포의 핵에는 체세포에 비해 절반정도의 DNA만이 존재하였다. 따라서 단백질이나 RNA보다는 DNA가 유전물질일 것으로 짐작되었다.

그러나 DNA는 화학적으로 다양하지 못하다는 미완성의 실험결과가 제시되었을 뿐 아니라, 단백질의 경우는 DNA와 항상 관련성을 가지며 다양한 아미노산조합이 가능하다는 점이 인정되어 단백질이 DNA보다 유전자가 가질 다양한 기능수행에 적합할 것으로 이해되었다. 따라서 DNA와 단백질 중에서 유전물질이 어느 것인지에 대한 논란은 1928년 폐렴쌍구균(*Streptococcus pneumoniae*)을 연구하던 Fred Griffith에 의해 직접적인 증거가 제시되었으며, 그 후 1944년 Avery 등에 의해 보다 세밀하게 재 증명되었고, 1952년에 Hershey와 Chase에 의해 분자수준에서 증명되었다.

Griffith의 실험에서 이용된 폐렴균은 *Streptococcus pneumoniae*라는 박테리아로서 이것은 쥐에 감염시 쥐가 죽어버리는 병원성을 나타낸다(그림 4-1). 이러한 병원성 폐렴균은 비병원성 폐렴균에 비해 아가배지에 배양시 형성되는 콜로니의 형태에 따라 구분이 되는데, 병원성인 폐렴균은 콜로니의 끝이 매끄러운(smooth)것은 S형으로 세 가지로 구분되고(I, II, III형), 다당류(polysaccaride)로 코팅되어 있으므로 기주(host)인 쥐의 면역방어기작으로부터 보호되어 기주를 죽이는 병원성을 가진다. 이들로부터 변이된 비병원성 박테리아는 다당류막이 없어 외막이 꺼칠하여(rough) R형이라고 하는데, 이는 보호막이 없으므로 기주의 방어기작에 의해 공격을 받아 기주 내에서 증식할 수 없기 때문이다. Griffith는 열에 의해 불활성화된 S세포(III형)와 비병원성의 살아있는 R세포(II형)를 섞어서 쥐에 감염시킨 결과 이들은 병원성을 나타내어 쥐가 죽게 되는데 이 죽은 쥐로부터 활성을 가진 S세포(III형)를 추출하였다. 이 때 추출된 S박테리아의 병원성은 다음 세대로도 유전이 되었는데 이는 R세포에 존재하지 않던 어떤 인자가 열에 의해 불활성화된 S세포(III형)로부터 전달 받아 다시 활성화함으로 형질을 전환시킨(transformation) 것이라고 해석하였다.

이후의 연구에서도 R형과 S형을 직접 주사하지 않더라도 R형 균주를 고열 불활성화한 S형 균주가 다량 포함된 배지에서 배양하면 살아있는 S형 균주가 생성됨을 알게 되었으며,

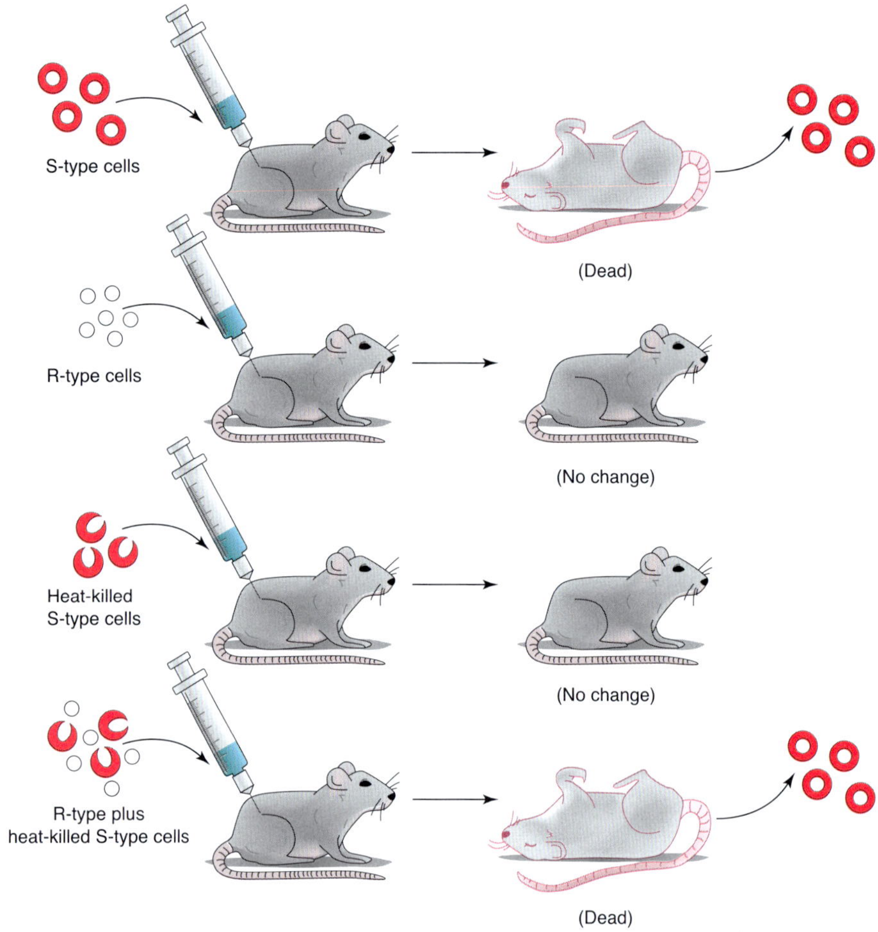

그림 4-1 Griffith의 형질전환 실험

열처리로 죽인 S형 박테리아 또는 R형 박테리아는 마우스를 죽이지 못한다. 그러나 이들 혼합물은 마우스를 죽인다. 그리고 살아있는 S형 박테리아가 마우스로부터 회복된다. S형 박테리아에서 추출한 DNA를 *in vitro*에서 첨가하여 불활성인 거칠은 박테리아에서 병원성인 S형 박테리아로의 형질전환을 일으킬 수 있다.

살아남은 S형 세포나 큰 세포조각을 여과 제거한 경우에도 동일한 S형 균주가 자라남을 확인하였다. 이러한 형질전환 추출물을 이용한 연구에 이어 Avery, Macleod, McCarty 등(1944)은 Griffith의 실험을 *in vitro*에서 재현하였다. 이들은 살아있는 R세포에 S세포를 구성하는 여러 가지 성분, 단백질, 다당류, DNA, RNA 등과 각각 따로따로 섞은 후 배양한 결과 오직 DNA만이 R형의 균주를 S형 균주로 형질을 전환시킬 수가 있었다. 이 실험은 정제된 DNA에 미량의 단백질이 함유되어 있다는 비판이 있었지만 트립신(trypsin)을 처리한 경우에도 동일한 결과가 나왔을 뿐 아니라 RNA 분해효소(RNase)를 처리한 경우에도 형질전환이 가능하였고, DNA 분해효소(DNase)에 의해서만 형질전환이 저해되었으므로 DNA가 형질전환을 일으키는 물질이라는 사실을 입증하였다.

그러나 이러한 실험결과에도 불구하고 당시에는 DNA가 유전물질이라는 것이 사실로 받아들여지지 않았는데 그 이유는 핵산은 단백질에 비해 그 구조가 너무 간단하여 생명의 복잡한 현상을 관장하는 생명물질은 핵산보다는 단백질일 것이라는 추측이 워낙 강했기 때문이었다. 따라서 분자수준에서의 보다 직접적인 증거가 필요하였는데, 1952년도에 Hershy와 Chase의 T2 박테리오파지 실험에 의해 DNA가 유전물질로 받아들여지게 되었다(그림 4-2).

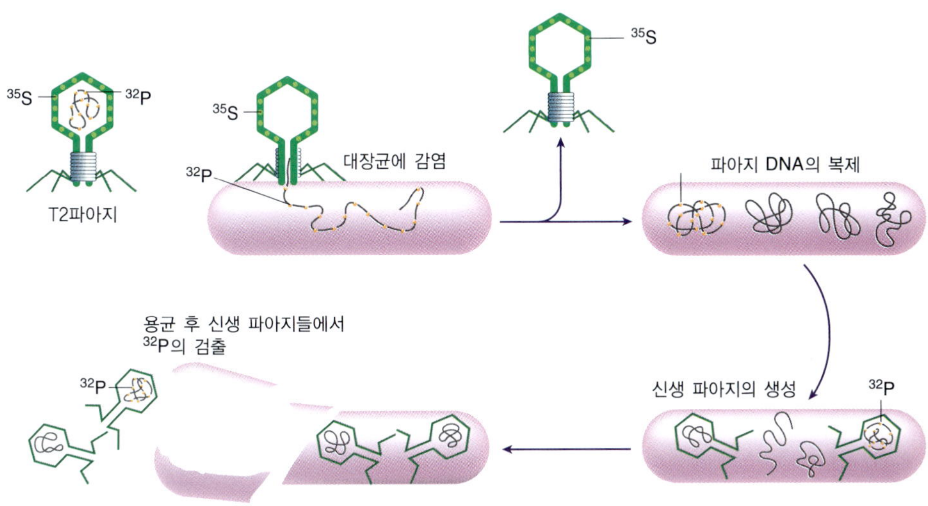

그림 4-2 박테리오파지 T2의 유전물질은 DNA이다.

DNA를 ^{32}P로 표지하거나 단백질을 ^{35}S로 표지한 파지를 대장균에 감염시키면 ^{32}P의 방사능이 표지된 자손 파지가 회수되나 ^{35}S로 표지된 자손파지는 나타나지 않는다.

박테리오파지(bacteriophage) T2를 ^{35}S 또는 ^{32}P가 있는 배지에서 각각 배양하게 되면, ^{35}S의 배지에 있는 파지는 단백질이 ^{35}S로 표식이 되며, ^{32}P가 있는 배지에서는 DNA가 ^{32}P로 표지가 된다. 이러한 방사성 표식인자로 표지된 파지를 기주인 대장균(*Escherichia coli*)에 접종을 하면 ^{32}P로 표지된 핵산만이 대장균의 세포 속으로 침투한 후 기주의 세포 내에서 복제되었고, ^{35}S로 표지된 단백질은 대장균의 세포 내로 침투하지 못하고 외곽에만 존재하였다. 게다가 새로 형성된 자손 파지도 ^{32}P방사능을 함유함이 밝혀졌다. 이 결과는 DNA가 박테리오파지 T2에서의 유전물질이라는 것을 증명하였다.

Hershey와 Chase의 실험에 이어 Chargaff와 그의 동료들이 DNA의 구성에 대한 발견을 할 때까지 DNA는 동량의 4개 염기로 구성된다는 4 염기가설(tetranucleotide hypothesis)에 대한 믿음이 있었다. Chargaff는 여러 가지의 중요한 발견을 하였는데 이들을 열거하면 다음과 같다(표 4-1).

표 4-1 일부 DNA의 염기 구성비율

Species	Adenine	Thymine	Guanine	Cytosine
Human being(liver)	30.3	30.3	19.5	19.9
Mycobacterium tuberculosis	15.1	14.6	34.9	35.4
Sea urchin	32.8	32.1	17.7	18.4

Source: From E. Chargaff and J. Davidson, *The Nucleic Acids*, Academic Press, 1955.
Sea urchin: 성게, mycobacterium tuberculosis: 결핵균

① 화학적 가수분해 결과 방출된 뉴클레오타이드(nucleotide)는 종에 따라 양이 다르기는 하지만 퓨린(purine)의 양은 피리미딘(pyrimidine) 양과 동일한 염기조성을 가진다.
② 서로 다른 종에서는 염기조성이 다르지만, 한 생물체의 DNA 염기조성은 나이나 영양상태에 따라 달라지지 않는다.
③ 아데닌은 티민과 항상 동일하며, 구아닌은 사이토신과 동일하다.

이러한 사실을 바탕으로 1950년대 초에 Wilkins와 Franklin 등이 DNA구조를 X-선 회절법으로 연구하기 시작하였으며, 1953년 Watson과 Crick이 이중나선 구조를 이루는 DNA의 입체구조를 밝히는 데 Chargaff의 이론이 큰 영감을 주었다.

2. DNA의 일반적인 성질

(1) DNA의 구조

DNA는 뉴클레오타이드의 중합체이다. 각각의 뉴클레오타이드는 데옥시리보오스(deoxyribose), 인산(phosphate) 그리고 염기(아데닌, 구아닌, 사이토신, 티민)로 구성되어 있다(그림 4-3). 또한 인산이 빠진 구조를 뉴클레오사이드(nucleoside)로 명명한다. 이들 뉴클레오타이드들은 각각 당의 5번 탄소에 연결된 인과 인접한 뉴클레오타이드의 당의 3번 위치에 연결된 수산기(−OH)가 서로 에스터결합을 하므로 중합체를 이룬다(그림 4-4).

이렇게 중합체를 이룬 폴리뉴클레오타이드(polynucleotide)는 서로 상보적인 서열의 가닥과 염기와 염기간의 수소결합(hydrogen bond)을 통해 이중나선 구조를 이룬다.

이중나선 구조를 올바르게 이루려면 DNA의 두 가닥은 서로 방향이 반대의 상보적으로

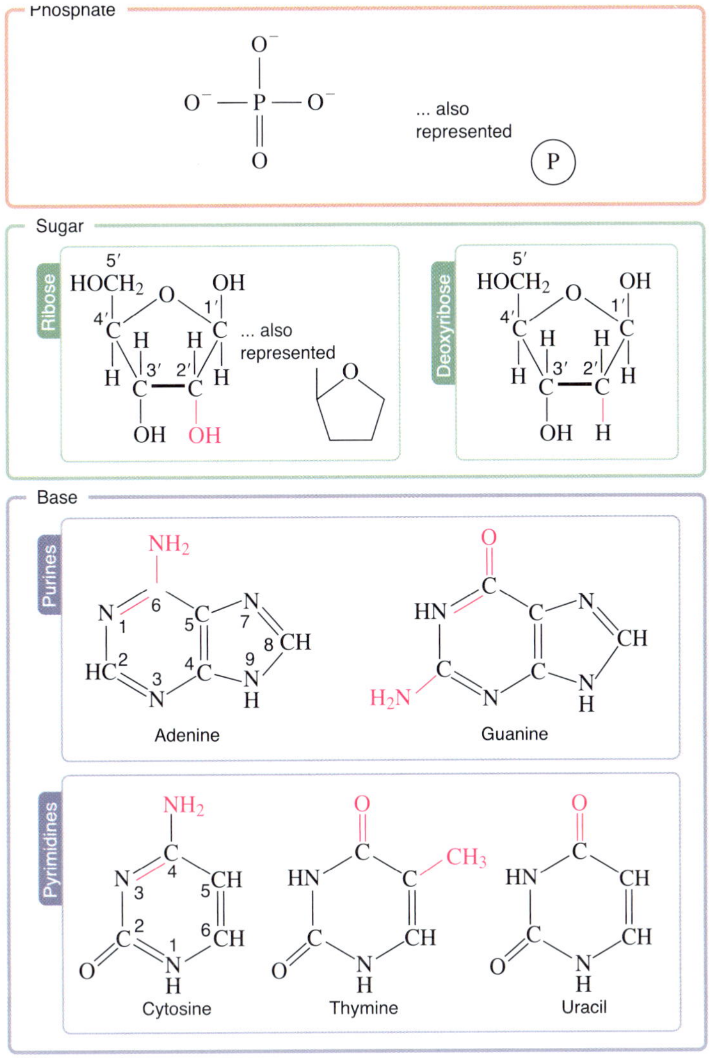

그림 4-3 핵산의 구성

핵산은 인산(phosphate), 당(sugar) 그리고 염기(base)로 구성된다. 당을 구성하는 탄소 번호에는 작은 따옴표(′)를 붙여 염기를 구성하는 원자번호와 구별한다.

놓여야 하며, 인-당의 등뼈 구조는 밖으로 나오고 염기들은 안쪽으로 두게 됨으로 양쪽 가닥의 퓨린염기는 반대쪽의 피리미딘 염기와 수소결합을 하게 되는 것이다. 이 때 아데닌은 항상 티민과 결합을 하고, 구아닌은 항상 사이토신과 결합을 하게 된다(그림 4-4).

이중나선구조는 일반적으로 오른손나사의 이중나선 구조이며 이것은 나선형의 계단모양이 된다(그림 4-5). 2개의 DNA 가닥은 풀어짐(unwinding)이 없이는 떨어지지 않아서 안정

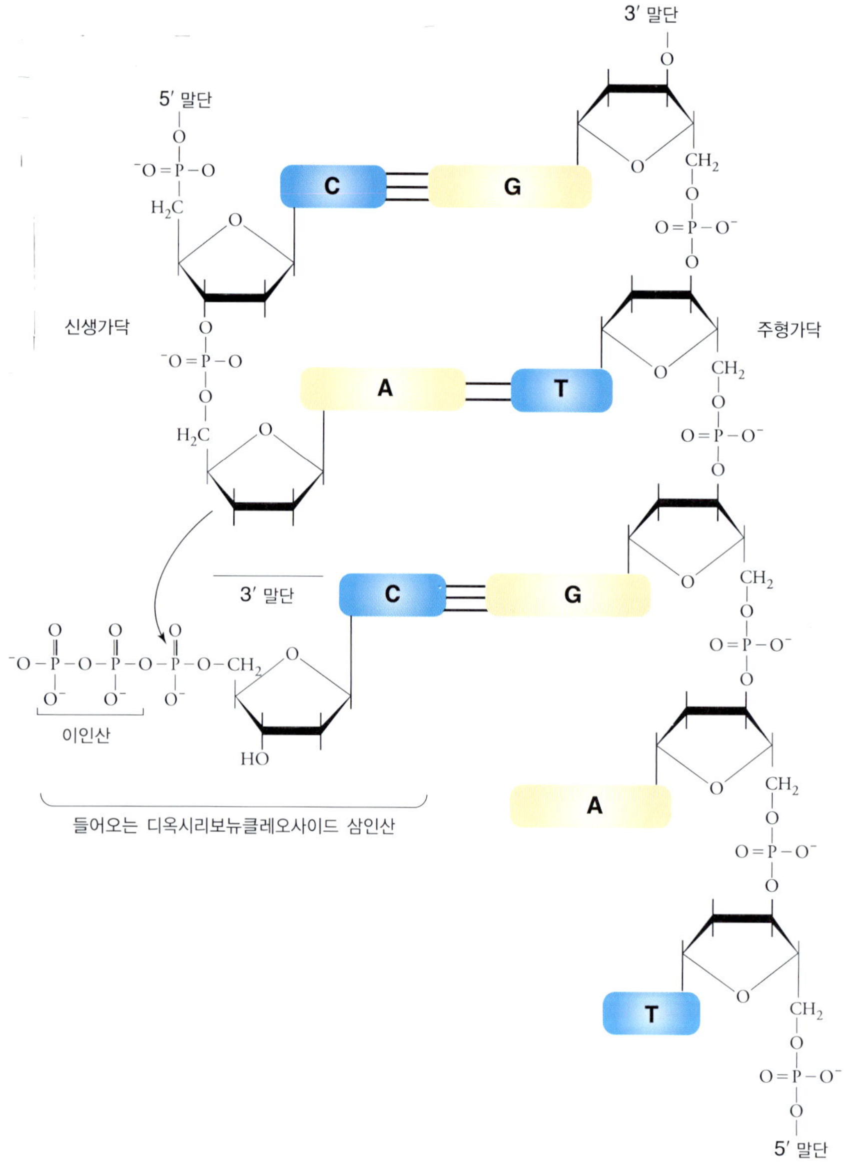

그림 4-4 4가지 뉴클레오타이드의 구조 및 이들의 중합체 및 이중결합구조

이들은 DNA를 구성하는 기본 단위가 되며, 퓨린 또는 피리미딘 염기를 가진다. 당은 데옥시리보오스로써 리보오스 구조에서 산소가 빠진(deoxy) 구조이다. 이중나선은 상보적인 A–T 및 G–C 짝에서 퓨린이 항상 피리미딘과 짝을 짓기 때문에 일정한 폭을 유지한다.

된 구조를 이룬다. 각 염기와 다음 염기간은 3.4Å이며, 나선이 1회전 하는 데에는 일반적인 B형 나선구조에서는 10개의 염기가 필요하여 34Å의 길이가 된다. 또한 나선 전체의 지름은 20Å 정도가 된다. 다른 형태의 DNA도 존재하는데, B형 DNA의 변형된 형태인 A형

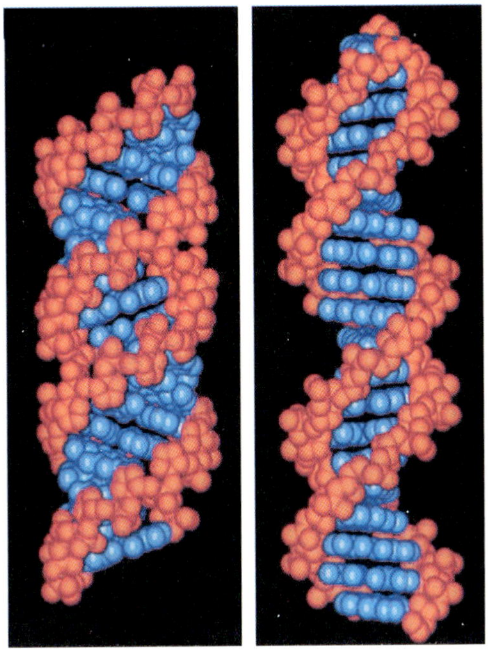

그림 4-5 DNA의 주요 helical 구조 모형

B형이 가장 일반적인 형태의 DNA구조이며, 결정구조의 수분 함량이 75% 정도로 증가되면 A형 DNA 구조도 나타난다.

DNA와 1979년 MIT의 Rich 연구진이 발견한 왼쪽 방향 나선구조인 Z형 DNA도 있다.

(2) DNA의 특성

이중가닥의 DNA는 열을 가하면 염기간의 수소결합이 파괴되어 두 가닥이 서로 분리되는데, 이러한 과정을 변성(denaturation) 혹은 융해(melting)라 한다. 이러한 과정은 일정한 온도범위에서 점진적으로 두 가닥이 분리되는데, 보통 75°C 정도의 온도범위에서 진행된다. 이러한 과정은 광학흡광도를 측정함으로써 변성여부를 알아볼 수 있는데, 그림 4-6에서 보는 바와 같이 온도를 일정하게 증가시키면 DNA가닥은 서로 분리되어 단일가닥을 이루게 되는데, 이 때 단일가닥이 될수록 염기의 배열이 일정하지 않고 흐트러져 자외선(260nm의 파장)을 흡수하는 양이 증가하게 되는 특징적인 융해곡선을 나타낸다. 점차적으로 증가한 광학흡광도는 모든 염기간의 결합이 깨어져 단일가닥으로 분리되면 더 이상 상승하지 않는다. 이렇게 흡광도가 변화하는 온도범위 중 중앙 온도를 융해온도(melting temperature, Tm)라고 하는데, 보통 생리조건인 0.1M NaCl에서는 95°C 정도가 된다. 하지만 각 DNA가닥의 염기구성 비율에 따라 Tm값은 변화된다. 이는 G-C 염기쌍이 3개의 수소결합인데 비

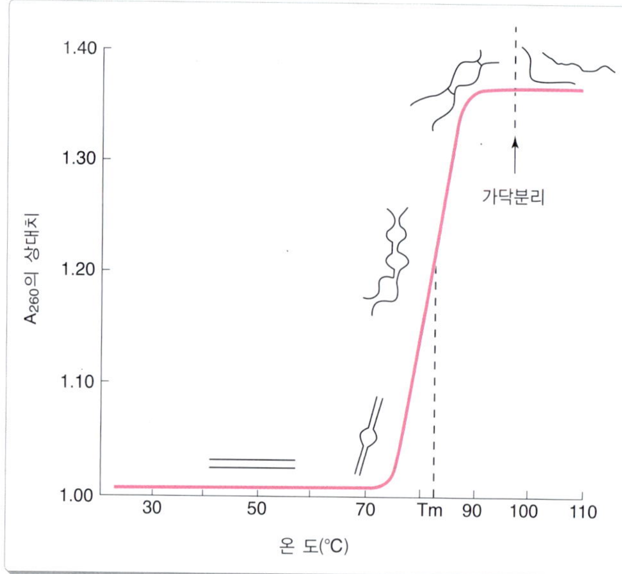

그림 4-6 열 변성에 의한 DNA의 광학흡광도 변이 추이와 융해온도

온도가 증가함에 따라 이중가닥이 단일가닥으로 변성되며, 광학흡광도도 증가한다. 광학흡광도 변화범위의 중간지점의 온도를 융해온도라 한다.

해, A-T 염기쌍은 2개의 수소결합으로 형성되기 때문이다. 즉 G-C 결합의 비율이 높은 DNA일수록 Tm값이 높게 된다. 이 외에도 DNA 가닥에 포함된 염기 숫자가 많을수록 Tm값은 높아지며, NaCl 등의 1가 음이온이 많으면 이중가닥의 구조상에서 두 가닥의 인산기의 음전하간의 척력을 억제하는 효과가 있어 단일가닥으로 분리하는 힘을 상쇄하게 되므로 Tm값을 높이게 된다.

열 변성된 DNA는 온도를 낮추게 되면 다시 점진적으로 분리된 두 단일가닥이 결합하여 이중가닥을 형성하는 융해곡선과 정반대 양상의 결합(reassociation)곡선을 얻을 수 있다. 이러한 과정을 재생(renaturation) 또는 결합(annealing)이라 한다. 재생과정은 변성과정의 기작과 반대로 일정한 부분의 단일가닥이 서로 상보적인 부분에서 임의적으로 충돌, 결합한 후에 점차적으로 지퍼가 닫히는 것과 유사하게 전체 가닥이 결합되어 이중가닥을 형성한다. 재생으로 형성된 이중가닥의 DNA는 변성시 잃었던 원래의 성질을 회복한다. 기본적으로 재생이란 변성에 의해 분리된 서로 상보적인 가닥간의 재결합을 의미한다. 그러나 동물세포의 전체 DNA를 대상으로 한다면 서로 유사성이 있는 서열간에도 어느 정도 상보성을 갖게 되어 이중가닥을 형성할 수 있다. 이러한 경우는 서로 다른 부위에서 유래된 가닥간의 결합이므로 이를 혼성화(hybridization)라고 한다. 혼성화는 완벽한 이중가닥이 이루어지지 않고 부분적인 결합만이 가능하므로 전형적인 결합곡선이 아닌 변형된 형태가 된다. 혼성화는 DNA-DNA 혹은 DNA-RNA간에도 결합 가능할 뿐 아니라 동일 가닥 내부에서도 상보적인 서열간의 결합에 의해 특이한 나뭇가지 모양(stem and loop)을 이루기도 한다. 이러한 혼성화 반응은 변성과정에서 고려되었던 온도나 1가 음이온, 혼성화에 이용되는 단편의 크기 등이 중요하게 고려되어야 한다.

또한 혼성화 반응은 유전자 연구에 매우 중요하게 이용되는데, 방사능으로 표지한 단편을 이용하여 염기서열의 유사성을 갖는 DNA를 찾아내는 원리인데 표지방법이나 표지단편의 크기나 형태에 따라 다양한 방법이 존재한다. 써던 블로팅(Southern blotting)이나, 노던 블로팅(Northern blotting)을 비롯한 필터막(filter membrane)에 DNA 가닥을 결합시키는 방법과 용액 내에서 결합시켜 이를 분리 정제하여 분석하는 방법 등도 존재한다. 최근 PCR(polymerase chain reaction), DNA chip을 통한 진단이나 염기서열 결정 방법도 모두 DNA 혼성화 원리에 기반한다.

3. DNA의 복제와 재조합

(1) DNA의 복제의 특성

염색체의 복제는 진핵생물이건 원핵생물이건 아주 정교하게 조절되어지는 일련의 과정으로 전체 핵 내의 게놈의 DNA가 세포 분열시마다 정확히 복제되어야만 한다. 이러한 과정은 앞에서 살펴본 DNA의 이중나선 구조에서 예상할 수 있었다. DNA의 복제시 두 가닥 중 하나는 원래의 DNA의 가닥으로서 이를 주형으로 하여 새로운 DNA를 합성하여 새로운 이중가닥을 형성한다는 것은 DNA에 담겨있는 유전정보를 정확하게 후대에 전달할 수 있다는 점에서 중요하다. 이러한 반보전적(semiconservative) 복제기작과 더불어 복제의 시작점에서 출발한 복제과정은 이중가닥의 방향성이 서로 역 방향이므로 두 가닥 중 하나의 가닥은 불연속적으로 복제(discontinuous)가 진행된다는 점이다.

1) 반보전적(semiconservative) 복제방식

DNA의 이중나선 구조에 대한 발표가 있은 후 1958년 Meselson과 Stahl은 이중나선의 각각의 DNA 가닥들은 DNA 복제시 주형으로 작용함을 입증하였다. 이들은 대장균을 모든 질소원을 ^{15}N으로 표지한 배지에서 배양한 후 다시 ^{14}N의 정상 배지에서 배양하고 난 후 이들 배양 세포로부터 DNA를 추출하고, CsCl를 이용한 농도구배 원심분리를 실시하여 DNA의 무게차이에 따른 밴드 양상을 비교하였다. 즉 ^{15}N를 함유한 DNA는 ^{14}N를 가

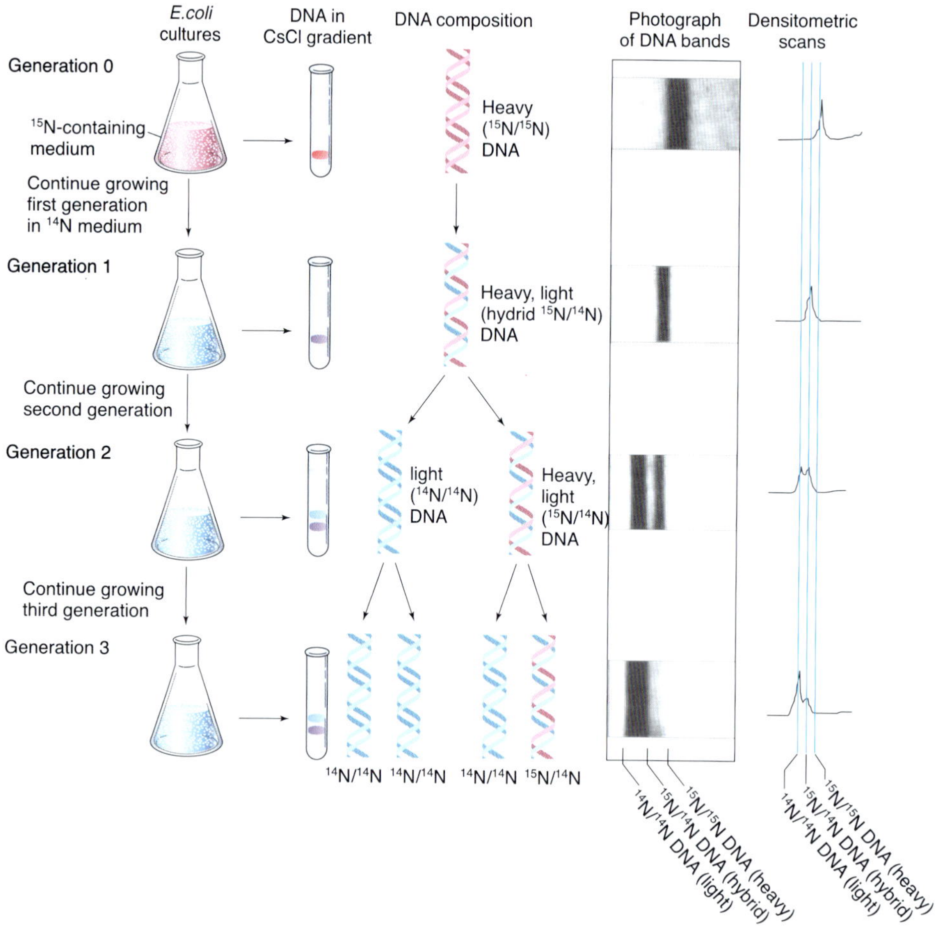

그림 4-7 대장균을 이용한 DNA 반보전적 복제의 증거

원래의 높은 비중의 ^{15}N만을 함유한 밴드와 ^{14}N만을 가진 2세대 후의 세포로부터 얻어진 밴드, 그리고 이들의 중간 단계인 1세대 후의 혼합 이중가닥의 밴드가 원심분리에 의해 얻어진 것이다.

진 DNA에 비해 무겁기 때문에 원심분리시 아래쪽에 위치하게 되고, 이들의 중간 단계의 세포에서는 두 가지 질소를 동시에 가지므로 이들의 중간에 위치하게 된다(그림 4-7). 만약 복제방식이 반보전적인 방법이 아닌 전체 DNA가 새로 만들어지는 보전적인 방법에 의해 이루어진다면 이러한 혼합형태의 밴드는 나타나지 않게 된다. 이후에도 전자현미경 사진이나 염색체 사진을 통해서 반보전적 복제의 증거는 다수 보고 되었다.

2) 불연속적(discontinuous) DNA복제

이중가닥의 DNA는 항상 한쪽 방향으로만 복제가 진행되는 것이 복제 분지점(replication fork)의 이동을 통해 관찰되었는데, 이러한 현상 때문에 DNA 복제에 있어 복잡한 과정이 필요하게 한다. 즉 DNA의 이중가닥은 서로 역 방향성을 가지므로 두 가닥 중 한 가닥의 복제에는 복제 분지점의 이동방향과 반대의 방향으로 신생 DNA의 신장이 일어나야 하는 문제점이 생기는 것이다. 이러한 의문점은 1968년 Okazaki 등에 의해서 해결되었다. 대장균의 배지에 단기간 동안 방사능표지 DNA 전구체를 첨가하고, 새로운 배지에 옮긴 후, 시간에 따라 표지된 DNA 단편의 구성비를 관찰하였다. 그림 4-8에서 보는 바와 같이 작은 단편은 1,000~2,000bp 정도의 짧은 단편이 복제 분지점의 진행방향과 역방향으로 생성되어 나타나는 것으로 오카자키 단편(Okazaki fragment)이라 부르며, 추후 연결효소(DNA ligase)에 의해 연결되어 긴 가닥의 DNA로 합성된다.

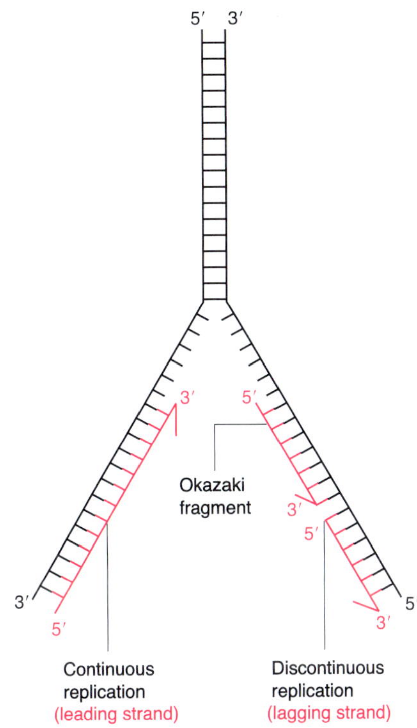

그림 4-8 불연속 DNA 복제

선도가닥(leading strand)은 연속적인 합성이 진행되지만 지연가닥(lagging strand)이 복제될 때는 Y접합부에서 멀어지는 방향으로 오카자키 절편이 합성된다.

(2) DNA 복제의 분자적 기작

1) 원핵생물의 DNA복제

대장균에는 세 종류의 DNA 중합효소(poylmerase)가 발견되었다. 각각 I, II, III로 명명되고, 중합효소 I은 DNA의 복제와 손상 회복의 기능을 가지며, 중합효소 II는 손상회복을 담당하고, 중합효소 III은 DNA 복제만을 담당한다(표 4-2).

표 4-2 대장균 DNA 중합효소의 특성

기 능	중합효소 복합체		
	I	II	III
분자량(Kd)	109	120	175(145+25+10)
구성단백질 수	1	1	3
3′→5′exonuclease*	+	+	+
5′→3′exonuclease	+	−	+
세포당 분자 수	400	50~100	10~20
1회 연속 복제(nt)	45~55		5000 이상
기 능	손상회복, DNA간격복구	손상회복	DNA 복제

* 3′→5′exonuclease (핵산말단가수분해효소) : 핵산분해효소 중 분자사슬의 말단에서 인산디에스테르 결합을 순차적으로 가수분해하여 모노뉴클레오타이드를 생성하는 작용양식을 갖는 효소군. 핵산내부가수분해효소(endonuclease)와 대응한다.

이 효소들은 DNA 합성을 5′→3′방향으로 dNTP의 결합을 촉매하며, 중합효소 III의 활성이 가장 높다. 이들 효소들은 말단가수분해효소(exonuclease) 기능을 이용하여 촉매 반응 시에 상보성이 맞지 않는 염기가 합성되었을 때 제거할 수 있는 편집(proof-reading) 기능을 수행한다.

또한 이들 효소는 단독으로 DNA의 합성을 개시할 수 없는데, 말단에 하이드록실기(−OH)가 제공되어야 새로운 dNTP를 연결하는 촉매반응이 가능하기 때문이다. 따라서 프라이머 중합효소(primerase)라는 효소가 RNA 단편을 10 nucleotide 내외의 길이로 먼저 합성한 후에 DNA 중합효소 III이 결합하여 복제를 시작하게 된다. 그러나 이보다 먼저 이중가닥의 DNA는 특이한 염기서열로 구성된 복제 개시점(origin of replication)에 나선효소(helicase)를 포함한 여러 단백질 복합체(preprimosome)가 결합되어 단일가닥으로 분리시킨 후, 여기에 프라이머 중합효소 등이 추가로 결합되어 RNA 프라이머가 합성된다. 이러한 복제 기점을 기준으로 양방향으로 복제가 진행되며, 복제가 진행되는 부위를 복제 분지점(replication fork)라고 한다. 그림 4-9는 대장균의 DNA 복제분지점에서 일어나는 과정을 요약한 것이다.

복제 분지점을 유지하기 위해서는 나선효소가 ATP를 소비하며 이중가닥을 단일가닥으로 만들고, 여기에 단일가닥 결합단백질(single strand binding protein, SSBP)이 결합하여 단일가닥을 유지한다. DNA중합효소 III에 의해 DNA합성이 진행됨에 따라 복제분지가 이동하게 되고, 이에 따라 풀려진 단일가닥만큼 꼬임이 증가하여 물리적으로 점점 진행하기 어렵게 되는데, 이를 해결하는 것이 초나선이완효소(gyrase 또는 topoisomerase I)이다. 이 효소는 꼬인 이중가닥 중 한 가닥을 절단하여 꼬임이 풀어지게 한 후, 다시 연결하는 작용을 한다. 이러한 효소들의 도움으로 풀어진 두 가닥의 DNA에는 각각 새로운 가닥이 생성되는데, 복제분지와 동일한 방향으로 합성이 진행되는 가닥을 선도가닥(leading strand)이라고 하고, 이와는 반대방향으로 Okazaki단편이 생성되는 가닥을 지연가닥(lagging strand)라 한다.

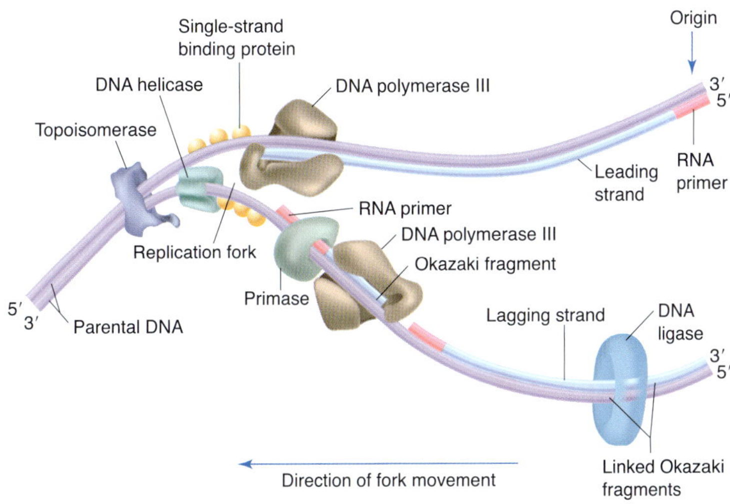

그림 4-9 대장균 DNA 복제기작의 모식도

지연가닥의 신생 DNA는 RNA 프라이머를 만나게 되면 중합효소 III이 떨어져 나오고, 중합효소 I에 의해 RNA 프라이머가 제거되면서 DNA중합이 실시된다. 결과적으로 여러 개의 Okazaki 단편들 간에 단절된 단편들은 연결효소(ligase)의 작용에 의해 인산이중에스터(phosphodiester) 결합이 완성된다. 복제된 이중가닥은 2개의 고리 모양으로 서로 연결되게 되는데, 초나선이완효소(topoisomerase II)에 의해서 분리되어 세포분열시 서로 다른 세포로 이동된다.

2) 진핵생물의 DNA복제

대장균과 마찬가지로 동물세포에서도 5종류의 DNA 중합효소들이 존재한다. 이들 5 종류의 DNA 중합효소들을 α, β, γ, δ, ϵ라고 한다(표 4-3). 중합효소들은 모두 여러 개의 소단위들로 구성된 복합체 형태이다. α의 양은 세포의 상태에 따라 달라지는데 세포가 휴지기 상태면 매우 낮은 농도로 존재하고, 세포가 분열하기 전 DNA 복제시기에 있으면 매우 높은 농도로 존재한다.

그러나 중합효소 β는 세포의 상태와는 관계없이 일정량이 존재하는 것으로 보아, α효소는 주로 DNA복제기작에 관여하고, β효소는 수리기작(repair system)에 관여하는 것으로 여겨진다. 한편 γ효소는 미토콘드리아에서도 발견되기 때문에 작은 유전자단위를 갖고 있는 미토콘드리아 유전자복제에 관여하는 것으로 생각된다. δ와 ϵ의 기능은 최근에 밝혀졌는데, 각각 핵 DNA의 복제시 신장반응에 관여하고, DNA의 손상 회복에 관여하는 것으로 밝혀졌다.

대장균 등의 원핵생물과는 달리 진핵생물의 세포들은 세포의 성장, 휴지, 세포분열 등의 세포의 생리적 단계에 따라 세포주기가 존재하는데, G1(제1 휴지기), S(합성기), G2(제2휴지기)기 및 M(유사분열)의 단계로 나눠진다. 그 중 DNA가 복제되는 시기는 S기로 8시간 내외가 된다. 대장균에서와 마찬가지로 복제원점이 필요한데 대장균의 경우와는 달리 하나의 복제원점만 있다면 수십억 개의 뉴클레오타이드를 복제하는 데에는 2개월 이상이 소요된다. 그러므로 다수의 복제원점이 존재하게 되는데 세포당 300개 내외가 관찰되었다. 대장균에서와 유사하게 이들 복제원점에는 특이하게 결합하는 단백질이 존재한다.

표 4-3 진핵세포의 DNA 중합효소의 기능

기 능	중합효소 복합체				
	α	β	γ	δ	ϵ
분자량(Kd)	300	40	180~300	170~230	250
5′→3′ 중합작용	+	+	+	+	+
3′→5′ exonuclease	−	−	−	+	+
RNA시발체	+	−	−		
DNA시발체	−	−	+		
상대적 활성	≃80%	10~15%	2~15%		
세포내 위치	핵	핵	미토콘드리아	핵	핵
기 능	복제시작	손상회복	미토콘드리아 DNA 복제	핵 DNA 합성	손상회복

현재까지 알려진 것은 효모의 복제원점에 결합하는 단백질과 동물바이러스인 SV40의 복제원점에 결합하는 대형 T항원(large T antigen) 및 몇몇 바이러스 단백질 등이며, 이들에 의해 이중가닥이 융해되어 단일가닥 부위를 노출시키고 복제에 필요한 효소들이 결합하게 된다. 원핵생물과 진핵생물의 DNA 복제의 기작은 큰 차이를 보이지 않으며, 진핵생물에서의 Okazaki 단편의 크기는 200뉴클레오타이드 정도로 대장균의 1,000~2,000에 비해

작은 편이다. 또한 대장균의 염색체 DNA가 원형인데 비해, 동물을 비롯한 진핵생물의 것은 선형이므로 염색체 각 말단의 DNA 복제과정에서 RNA 프라이머에 해당하는 부위가 복제회수가 증가함에 따라 손실될 가능성이 존재한다. 이를 해결하기 위해서는 말단효소(telomerase)가 존재하여 특이하게 반복되는 말단서열(telomere)을 주기적으로 추가하여 말단 손실을 방지한다.

4-2 진핵생물 게놈의 구조

진핵생물의 DNA는 대부분 이들의 핵속에 존재하며, 이들은 염색체의 형태로 핵속의 히스톤 단백질 등과 결합되어 존재한다. 그러나 일부 DNA는 세포내 소기관(organella)인 미토콘드리아나 식물의 경우 엽록체에도 존재하는데, 이 경우의 DNA는 노출된 형태로 원형의 DNA로 존재한다. 이러한 생물체의 유전자 정보를 이루는 통합구조 전체에 대해 게놈(genome)이라 한다.

1. 진핵생물 게놈의 특성

DNA의 단편들은 게놈 내에서 그들이 얼마나 많이 존재하는가에 따라 세 가지로 나눌 수 있다.

① **저급 반복 또는 단일 반복 DNA** : 이들은 대부분의 효소단백질의 유전정보를 가지고 있으며, 일반적으로 이들은 전체 핵내 DNA의 절반 이상을 차지한다. 이 중 실제 단백질을 암호화 하는 서열은 전체 DNA의 10% 내외이다.

② **중급 반복 DNA** : 이들 DNA 단편들은 세포 내의 대부분의 구조체(히스톤, rRNA, tRNAs)들을 지정하며, 또한 레트로포존(retrotransposon) 또는 역전사-바이러스의 염기서열과 유사한 DNA들로 이루어져 있다. 이러한 DNA들의 대표적인 것으로는 사람의 Alu 반복 DNA 등이며, 게놈의 30~40% 정도의 양을 이러한 DNA들이 차지하고 있다.

③ **고도 반복 DNA** : 이들은 아주 간단한 염기들로 구성되어 있으며, 대부분은 단백질의 정보를 가지고 있지 않다. 포유동물의 경우는 전체 게놈의 20~50% 정도를 차지한다. 이러한 형태의 DNA들은 통상 여타의 DNA들과는 다른 염기조성을 보이므로, 밀도구배(density gradient) 원심분리시 염색체 대부분의 DNA와 다른 밴드를 형성하기 때문에 위성(satellite) DNA 라고도 불리운다. 이들은 대부분 염색체의 이질염색질(heterochromatin)로서 염색체상 염색이 짙게 되는 부위에 존재한다.

일반적으로, 게놈상의 DNA는 저급 또는 단일 반복 DNA들이 반복서열 DNA들과 함께 산재하는 형태로 존재한다. 게놈의 복잡성(complexity)은 이러한 여러 가지 DNA들 중 반복되지 않는 유전정보의 총합인데, DNA의 양과 조성은 이들 DNA를 함유한 종들의 복잡성을 나타낸다고 보편적으로는 말할 수 있으나, 예외적인 경우도 많이 있다. 어느 종이 삶을 영위하는 데 필요로 하는 DNA의 양보다 훨씬 많은 양의 DNA를 여러 종의 진핵생물들은 가지고 있는 것으로 보인다. 예를 들어 양서류 중 몇 개의 종은 사람이나 다른 포유류에 비해 많을 뿐 아니라 동일한 속의 다른 종에 비해 10배 정도의 많은 게놈을 가지고 있다. 이것에 대한 이유는 자세히 모르며, 이러한 현상을 게놈의 양이 생물의 고등성과의 일반적인 법칙과 위배된다 하여 C값(contents value)의 역설이라고 한다.

2. 진핵세포 염색체의 단계적 구조

진핵생물의 염색체가 단순히 긴 가닥의 DNA로만 구성되어 있다면, 염색체가 복제되고 세포분열을 할 때 심하게 엉클어지고 부러질 가능성이 매우 높다. 따라서 모든 DNA는 특정 단백질의 결합으로 치밀한 구조를 가진다. 이 때 단백질과 DNA의 비율은 대체로 2 : 1이다. 단백질들의 구성은 5개의 주요한 히스톤 단백질들과 30여 가지의 비-히스톤성 단백질 및 약간의 RNA 들로 이루어져 있는데, 이러한 결합구조를 염색질(chromatin)이라고 한

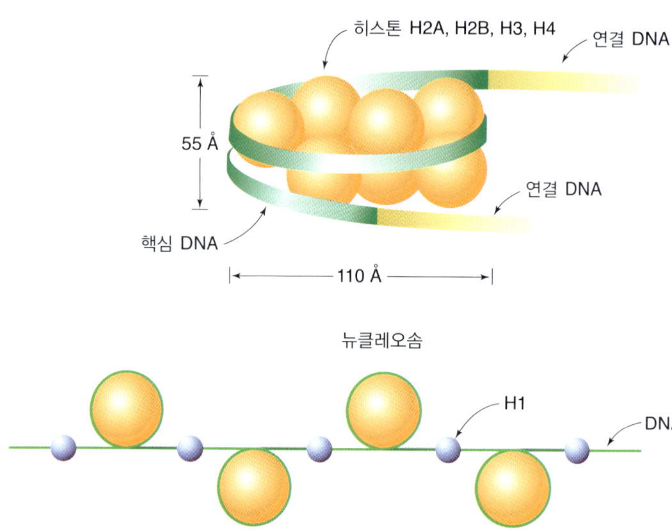

그림 4-10 뉴클레오솜 구조

이중가닥의 DNA가 각 2개씩의 히스톤 H2A, H2B, H3, H4의 8개 분자로 구성된 단백질 중심에 2회 감겨진 구조를 이루며, 히스톤 H1이 뉴클레오솜과 다른 뉴클레오솜간의 결합을 위한 연결점으로 작용한다.

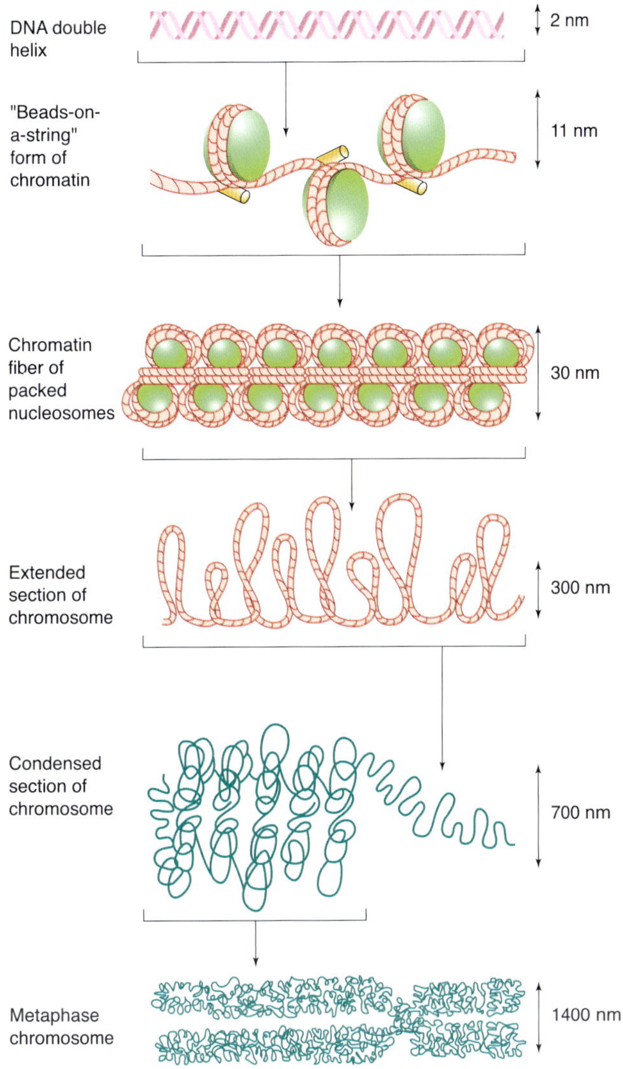

그림 4-11 염색질응축과정의 요약

DNA 분자가 유사분열 염색체로 응축되면 신장된 상태의 길이보다 50,000배 짧아진다.

다. 인간의 염색체들의 평균 길이는 40cm 정도인데, 이들은 수 마이크로미터의 중기 염색체로 1 : 10,000 정도로 응축(condensation)되며, 이러한 응축은 염색질 단백질들의 상호작용에 의해 이루어진다.

DNA를 삼투압의 쇼크를 가하면 DNA는 지름이 10nm인 구슬이 꿰인 것 같은 구조로 풀린다. 이러한 구조를 뉴클레오솜(nucleosome)이라고 하며, DNA와 히스톤 단백질들이 거의 균일하게 결합하고 있다. 히스톤 단백질은 세포당 600만 개 정도로 비히스톤 단백질이

1만 개 존재하는데 비해 매우 많은 양이다. 히스톤은 비교적 작은 크기의 단백질이며, 양전하를 띤 라이신과 알지닌의 비율이 매우 높다. 따라서 음전하를 띠고 있는 DNA에 강하게 결합된다. 히스톤은 5가지 종류가 있는데, 뉴클레오솜을 형성하는 히스톤 단백질과 H1 히스톤으로 나눌 수 있다. 뉴클레오솜 히스톤은 102~135개의 아미노산으로 구성된 작은 단백질로서, DNA가 뉴클레오솜 형태로 구성되는 데 필요하다. H2A, H2B, H3, H4 등은 이중복합체(dimer) 형태의 8개 분자로 뉴클레오솜의 단백질 중심을 이루고, DNA 이중나선이 휘감는 구조를 이룬다. 이들은 하나의 H1과 결합하여 한 개의 뉴클레오솜 단위를 이룬다. 이들 히스톤 단백질들은 아세틸화(acetylation), 메틸화(methylation), 인산화(phosphorylation) 등에 의해 변형되기도 한다. H4의 아세텔레이션은 뉴클레오솜 단위의 개방화를 가능케 하며, 염색질의 전사적(transcriptional) 활성화와 관련이 있으며, 이와 상반되게 H1의 인산화(phosphorylation)는 염색체의 응축에 관련이 있다(그림 4-10).

히스톤 중심을 DNA는 1.7번 감으며, 따라서 DNA는 길이가 6~7배정도 응축되는 결과를 초래한다. H1은 DNA가 히스톤체를 1.7번 감고 나오는 끝 부분에 결합을 하여 DNA가 히스톤 중심을 완전히 두 번 정도 감을 수 있도록 한다. 각 뉴클레오솜에는 200bp 단위의 DNA가 포함되는데, 핵산가수분해효소(nuclease) 처리에 의해 알 수 있다. 0°C에서 처리하면 200bp의 단편이 생성되나 37°C에서는 효소활성이 증가하여 145bp와 168bp의 보다 작은 단편들이 생성된다. 이들에 다시 단백질 분해효소로 처리하여 보면 145bp 단편은 H2A, H2B, H3 그리고 H4을 포함하고, 168bp의 단편은 H1까지 포함됨을 알 수 있었다. 결론적으로 145bp는 히스톤체와 연결되어 있고, 23bp의 여분은 히스톤 H1과 결합되어 있으며, 나머지 약 60bp 정도는 인접한 뉴클레오솜을 연결하는 구조를 형성한다. 그러나 세포의 종류나 상태 또는 DNA의 부위에 따라 뉴클레오솜의 밀도에는 변이가 있다. 대표적으로 핵산가수분해효소 I(deoxyribonuclease I)에 의해 쉽게 절단되는 부위인데 뉴클레오솜 구조가 비교적 느슨하여 유전자발현이 활발한 것으로 확인되었다.

세포내 히스톤들은 N1, N2, nucleoplasmin 등의 여러 단백질들과 연결되어 있는데, 이들은 뉴클레오솜 구조를 생성하는 데 중요하다. 이들 단백질들은 산성의 음전하 성질을 이용하여 히스톤간의 정전기적인 반발력을 중립화하여 히스톤–히스톤 상호작용을 촉진한다.

뉴클레오솜 구조는 겹겹이 쌓여서 나선형의 2차적인 압축 구조를 이루는데, 이를 솔레노이드(solenoid)라 한다. 이 때 한 회전당 뉴클레오솜은 6~7개 정도이다. 그림 4-11은 이러한 구조가 응축되어 염색체를 형성하는 단계의 구조를 나타낸다. 이러한 구조는 히스톤 H1의 고도로 변이적인 부위의 결합이 관여하며 또한 여러 종류의 결합 단백질도 관여한다. 이러한 나선 2차구조형성의 결과 대략 지름이 30nm인 선형구조를 이룬다. 이러한 솔

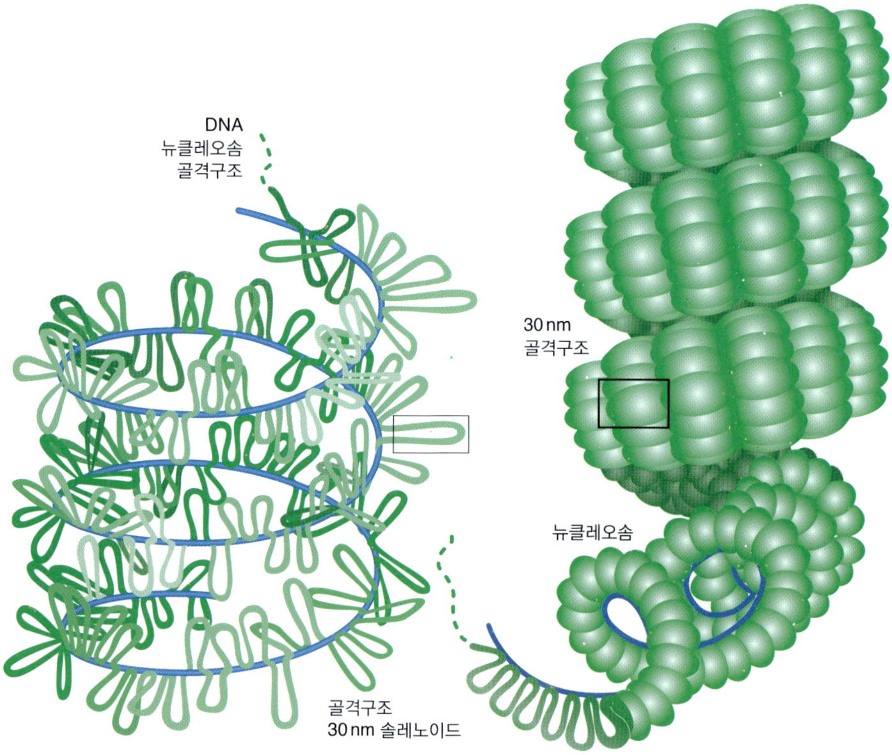

그림 4-12 솔레노이드로부터 염색체 구조의 형성

좌측의 것은 간기의 보다 느슨한 구조의 염색분체의 일부 구조이며 우측은 중기의 구조를 나타낸다. 골격구조(scaffold)를 중심으로 솔레노이드가 나선으로 포개어져 700nm 지름의 염색분체를 형성한다.

레노이드 선형구조는 다시 보다 고차적인 입체구조를 형성하여 염색체를 이룬다.

그러나 염색체의 구조가 2개의 700nm의 염색분체로 구성되어 있으므로, 솔레노이드가 염색분체의 구조를 만들기 위해서는 다시 한 번 나선형의 응축구조가 필요하다. 그림 4-12는 이러한 구조의 중심이 되는 골격구조(scaffold)를 나타내었다. 이러한 골격구조를 이루는 데에는 새로운 단백질들에 의한 솔레노이드의 포갬구조가 이루어지는데 대부분 위상이성질화효소 II(topoisomerase)의 활성을 가진 것으로 나타났다. 즉 이들 단백질들은 입체적으로 다양하게 포개어진 DNA를 효율적으로 조절하기 위해 이러한 효소활성을 가지는 것이다. 게다가 게놈상의 특정 DNA 구조가 60kb 내외의 간격으로 존재하는데, 이들 단백질과 특이적으로 결합하여 염색분체를 구성하게 된다. 그러나 아직까지 골격구조나 염색분체 구조 등 기본적인 뉴클레오솜 구조를 형성하는 단백질 이외의 여러 단백질에 대한 정확한 기작은 알려지지 않았다. 유전자의 발현이나 DNA의 복제 및 세포분열시의 염색체의 응축과 융해 등에 대한 연구가 보다 진행되고 있다.

4-3 유전형질의 발현 및 조절

1. 유전자 발현의 개요

DNA의 염기배열에 포함된 유전정보가 세포 내의 기능을 갖는 단백질을 생산하는 데 이용되는 과정에는 중간단계로 RNA가 관여한다. 이를 중심명제(central dogma)로 받아들이게 된 데에는 1950년대에 다음과 같은 사실이 알려졌기 때문이다. 첫째, 단백질은 DNA가 전혀 없는 경우에도 합성되는 반면, 대부분의 DNA를 함유하고 있는 세포의 핵에서는 별로 단백질합성이 이루어지지 않는 경우도 있다. 둘째, 단백질합성은 RNA의 양과 비례한다. 셋째, 방사능 표지를 통해 RNA가 핵에서 합성되어 세포질로 운반되는 것을 알았다. 게다가 DNA와 RNA는 그 구조가 유사할 뿐 아니라 서로 혼성화 반응이 가능한 상보성이 존재하기 때문이다. 즉 단일가닥의 DNA 사슬은 복제시 양쪽 상보적인 DNA사슬의 주형 역할을 하고, 전사(transcription)시에는 단일가닥의 DNA 사슬은 상보적 RNA분자의 주형역할을 한다. 전사란 특수한 유전자에 상응하는 부분이 선택되고, 또 RNA 분자가 만들어지는 과정으로 정의된다. 즉 RNA분자의 생성과정을 말한다. RNA분자는 전이(translation)시 단백질의 아미노산 서열을 결정하는 주형역할을 한다. 전이(translation)란 용어는 핵산의 염기언어가 단백질의 아미노산언어로 번역된다는 의미에서 비롯된 것이다.

1960년대에 DNA와 RNA가 시험관에서 인공적으로 합성이 재현되었는데, 이 때 이용되는 것이 3인산 뉴클레오사이드(nucleoside triphosphate, NTP)와 이들을 연결하는 중합효소이다. 원핵생물에는 단일의 RNA중합효소와 여러 보조인자가 공동으로 작용하여 RNA 전사작용에 관여하나, 진핵생물에는 세 종류의 중합효소가 작용한다. 합성된 전령 RNA(messenger RNA, mRNA)는 라이보솜에서 아미노산서열로 바뀌어 단백질합성에 이용된다.

2. 유전정보의 발현

(1) 전 사(transcription)

RNA합성과정도 DNA의 합성과정과 매우 유사하다. DNA 이중나선은 전사과정이 진행되기 위하여 전사가 시작되는 부분에서부터 외가닥으로 풀린다. RNA 전사체의 전구물질들은 ATP, GTP, CTP 및 UTP 들이며, 이 전구체들에 의하여 DNA 외가닥을 주형으로 하여 RNA 분자들은 5′→3′ 방향으로 합성된다. 따라서 RNA 전사체들은 DNA주형과 같은 상보적 염기서열을 갖게 된다. 새로 합성된 RNA가 주형인 DNA와 염기조성이 일치하

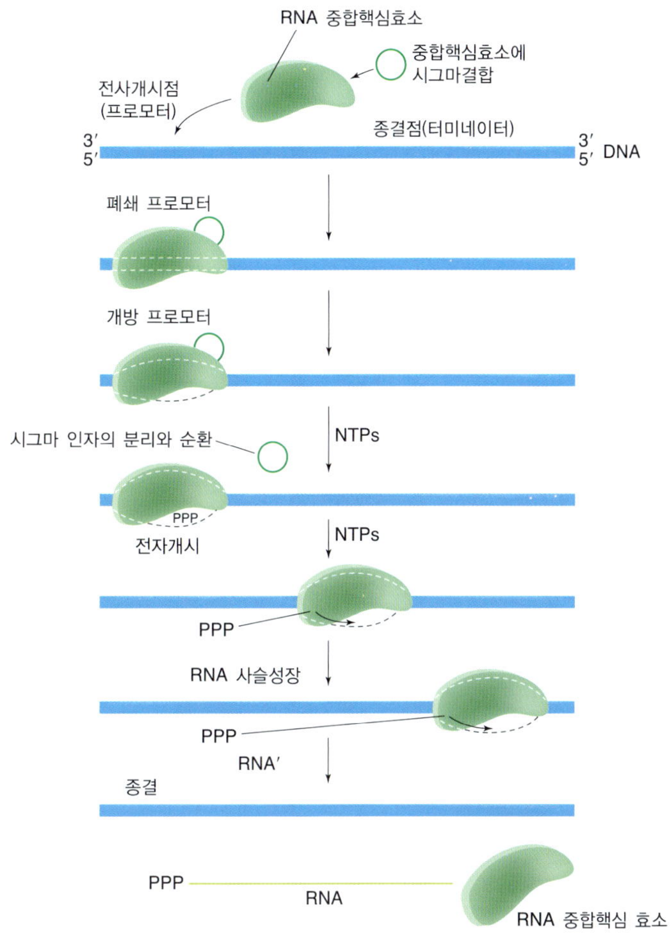

그림 4-13 대장균의 RNA합성 과정

RNA 중합효소가 촉진유전자(promoter) 서열을 포함한 DNA 가닥에 결합한다. 이 때 시그마 인자의 역할이 중요하다. 시그마인자가 결합된 전사복합체는 DNA이중가닥을 융해하여 단일 가닥으로 노출시키고 나면 RNA 합성이 시작되지만 계속해서 신장반응이 일어나기 위해서는 시그마 인자가 분리되고 신장인자(elongation factor)가 결합된다.

는 것은 T2 파지의 실험에 의해서 증명된다. T2 파지를 대장균에 감염시켰을 때 T2 RNA는 항상 T2 DNA의 염기조성과 일치하며, 주형의 GC비율은 합성된 RNA의 GC비율과 일치하였다. 또한 RNA 합성에 있어서 DNA 이중가닥의 두 가닥 중 어떤 가닥이 주형으로 작용할 수 있는지는 DNA-RNA 혼성체(hybrid) 분자를 통해서 증명되었다. 이중가닥의 DNA를 가열 변성한 후, 농도구배 원심분리를 통해 각 가닥을 분리하고, 이를 외가닥의 방사능 표지된 RNA와 결합시키면 한쪽 가닥에 대해서만 DNA-RNA혼성체를 형성한다.

전사되는 RNA의 종류에는 크게 세 가지가 있는데 mRNA(messenger RNA), tRNA(transfer RNA), 그리고 rRNA(ribosomal RNA)이다. mRNA는 단백질합성의 주형으로 아미노산서열의 정보를 함유한다. tRNA는 각각의 특정한 아미노산과 결합하여 단백질 전이과정에서 아미노산을 수송해 주는 역할을 한다. rRNA는 단백질전이가 이루어지는 리보솜 구조의 골격이 되며, 28S, 18S, 5.8S, 5S의 4종류가 존재한다.

1) 원핵세포의 전사

원핵세포의 RNA 중합효소는 대장균의 경우 500 KDa 정도이며, 이는 주효소(core enzyme)와 시그마인자(σ, sigma factor)로 분리된다. 그리고 주 효소는 다시 4개의 소단위로 구성되는데, 2개의 α소단위와 β 및 β'이다. β'소단위체는 DNA 사슬에 결합하여 주 효소가 보다 안정하게 RNA를 합성할 수 있도록 하고, α나 β소단위들은 DNA 사슬과 결합하는 기작은 없고, β소단위가 NTP를 이용한 신장반응에 관여한다. 시그마인자는 전사 촉진서열(promoter)에 결합하여 주 효소가 전사반응을 개시할 수 있도록 도우며, 전사가 시작된 후에는 DNA로부터 분리되어 새로운 효소의 전사반응 개시를 매개한다(그림 4-13). 이러한 시그마인자는 생리적으로 다양한 환경에 따라 특이한 유전자를 발현시키는 역할을 하는데, 그 종류가 다양하다. 시그마인자가 촉진 유전자부위의 −35염기부위를 인지하고, 주효소의 α는 브리브노우(pribnow) 상자라고 불리우는 −10염기부위와 결합하면서 복합체가 형성되고, 전사개시부위의 서열이 이중가닥에서 단일가닥으로 융해되면서 RNA합성이 개시된다(그림 4-14).

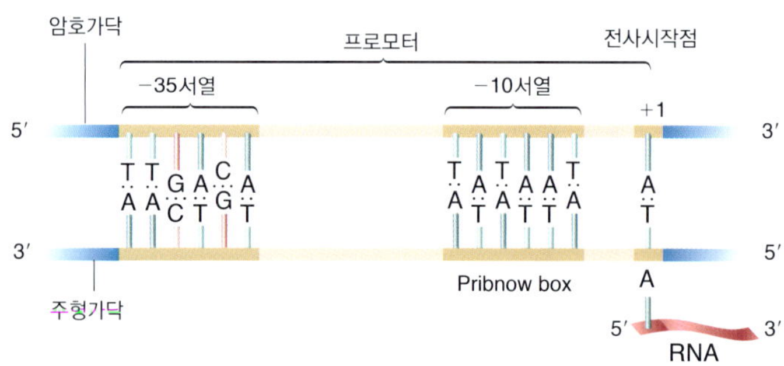

그림 4-14 프로모터의 일반적인 번호기입 체계

첫 번째 전사되는 염기를 +1로 표시하며, 이를 기준으로 왼쪽은 음(−)으로 오른쪽, 즉 전사되는 방향은 양(+)으로 표기한다. 많은 대장균 프로모터에서 −10에서 −35에 존재하는 서열 요소(sequence elements)는 전사과정에 매우 중요한 역학을 한다.

이 때에는 DNA합성과는 달리 프라이머가 따로 필요하지 않은데, RNA 중합효소는 −OH

가 필요하지 않기 때문이다. 게다가 편집기능을 가지고 있지 않기 때문에 상보성에 위배되는 염기가 신장반응에 이용될 확률 10,000~100,000염기 중에 1정도로 DNA중합효소에 비해 그 비율이 10^5정도 높다. 분당 신장률도 DNA의 1,000염기정도보다 적은 40염기 내외이며, 신장반응 중 생리조건이 불리해져 신장이 어려워지면 신장반응이 중지되고, 말단 염기가 몇 개정도 제거된 후 조건이 양호해질 때가 되면 다시 신장반응이 개시된다. 전사의 종결에는 특이한 역반복서열(inverted repeat)이 중요한 역할을 한다. 전사되는 RNA 내에 특이하게 존재하는 이러한 서열에 의해 RNA중합효소가 RNA합성을 중지하게 되며, 그림 4-15에서 보이는 바와 같이 3′말단의 여러 개의 U서열은 DNA와의 결합이 매우 약하게 되어 전사가 중지된다.

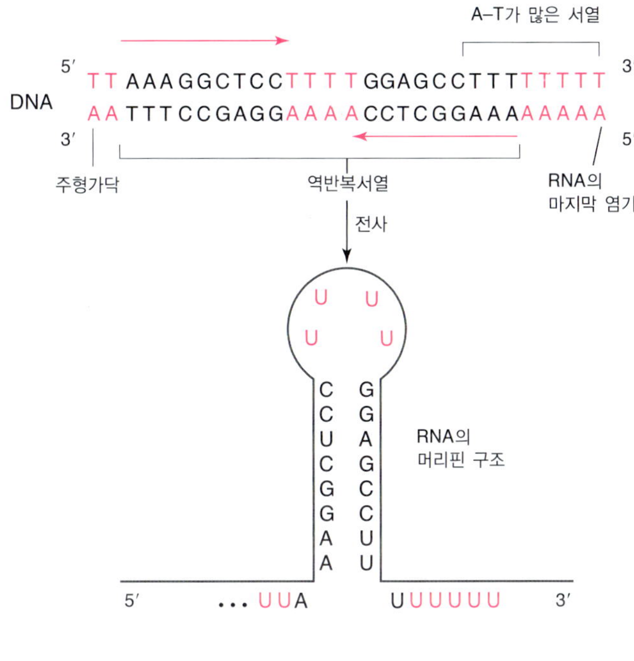

그림 4-15 대장균의 기본적인 전사종결서열의 회문구조

RNA서열 내에 역반복서열이 존재하여 분자 내의 염기간 상보적인 결합이 가능하여 머리핀(hairpin) 구조를 갖는다. 아래쪽은 G-C가 많은 부위에 의해 머리핀구조 결합이 활성화 되며 3′말단의 여러 개의 U서열에 의해 RNA와 DNA간의 결합이 약해져 전사종결이 용이해 진다.

그러나 이러한 머리핀구조가 RNA서열에 존재한다 하더라도 모든 경우에 전사종결이 일어나는 것은 아니며, 단지 전사종결의 전제조건으로 작용한다는 것이다. 대장균의 경우에 전사종결에는 또 다른 인자가 필요한 것으로 이해되고 있으나, 파아지의 유전자발현의 경우에는 로인자(ρ, rho factor)라고 하는 단백질 나선효소(helicase) 기능을 갖는 단백질이 RNA의 특이한 서열을 인지하여 결합하고, 종결서열에 의해 전사가 중지된 RNA중합효소에 작용하여 전사를 종결짓게 된다. 진핵생물의 경우에도 전사종결에 대한 기작은 명확하지 않으나, 대장균에서 나타나는 기본적인 기작은 유사할 것으로 추측되고 있다.

2) 진핵세포의 전사

진핵세포 전사에 관련된 RNA 중합효소(RNA polymerase)는 3종류가 존재하며, I은 28S rRNA와 18S rRNA, 그리고 5.8S rRNA의 전사에 관여하고, II는 mRNA의 전구체인 hnRNA(heterogeneous nuclear mRNA)를 합성하며, 그리고 III는 tRNA와 5S rRNA합성에 관여한다. 중합효소 I은 핵의 인에 존재하며 나머지는 핵의 부분에 존재한다. 게다가 미토콘드리아에는 이들과 다르지만 대장균의 것과 유사한 특성을 가지는 중합효소가 단독으로 존재하여 미토콘드리아 내의 유전자 발현에 관여한다. 핵 내의 RNA 중합효소들은 8~14개의 단백질이 중합체로 이루어진 것이며, 여러 가지 전사촉진인자들과의 상호작용이 존재한다.

중합효소 I의 경우, −45에서 +20의 염기부위에 핵심촉진서열(core promoter)이 존재하며, 이들에 의해서 전사개시가 가능하지만, −180에서 −107부위에 추가적인 촉진서열이 존재하여 전사개시효율을 증진시킨다. 이들 촉진서열에는 먼저 결합하는 UBF1(upstream binding factor 1)이 있고, UBF1과 결합하는 SL1(4개 단백질의 복합체)이 존재하여 이들이 단계적으로 결합한 후 중합효소가 결합하여 전사개시가 이루어진다. 중합효소 III의 촉진인자를 보면, 5S rRNA나 tRNA의 전사와 몇몇 snRNA(small nuclear RNA)의 경우 각각 전사개시부(+1염기)보다 아래쪽에, 그리고 이보다 위쪽에 촉진서열(promoter)이 존재한다(그림 4-16). 즉 여러 가지 촉진서열 결합인자(promoter binding factor 또는 전사인자)라 불리우는 단백질들이

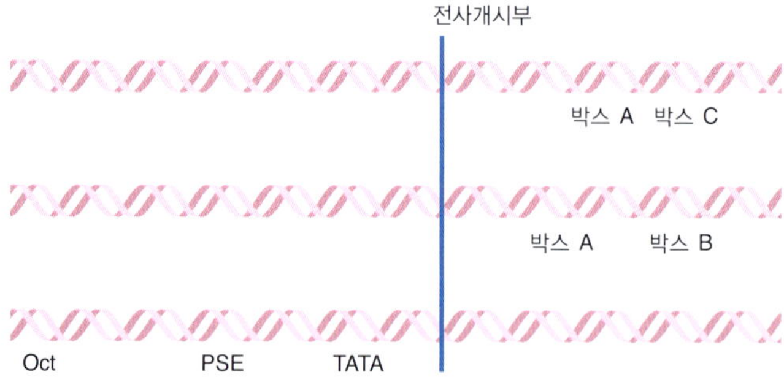

그림 4-16 진핵생물 RNA 중합효소 III의 촉진서열의 구성

각각 박스 A와 B 또는 C로 나뉘어 전사개시부 보다 아래쪽에 존재하거나, 또 다른 형태의 Oct, PSE, TATA 등이 전사개시부 상위에 존재한다.

순차적으로 결합하여 중합효소 III의 결합을 매개하여 중합효소의 전사개시가 이루어진다.

mRNA의 전구체를 전사, 즉 대부분의 세포의 특징적인 기능을 부여하는 단백질을 암호화하는 mRNA의 전구체인 hnRNA(heterogeneous nuclear mRNA)를 전사하는 중합효소 II는 세포의 생리적 상태에 따른 시간과 공간에 맞는 적절한 유전자 발현을 조절할 필요가 있다. 따라서 세포 내에서는 보다 다양한 전사촉진개시 과정이 존재하게 된다. 기본적인 전사촉진서열(promoter)은 전사개시부의 PyCAPy(피리미딘-Cytosine-Adenine-피리미딘)의 특이적인 공통서열과 −25근처에 존재하는 TATA 박스이다. 전사개시부의 특이서열에는 시험관에서 중합효소가 결합하는 것이 가능하나 세포 내에서는 여러 전사촉진서열의 작용에 의해 전사가 개시된다. TATA 박스는 대장균의 −10 염기서열(프리브나우박스)과 서열구조가 매우 유사하나 단지 위치의 차이가 특이하다. 진핵생물의 대부분의 유전자에서는 TATA박스가

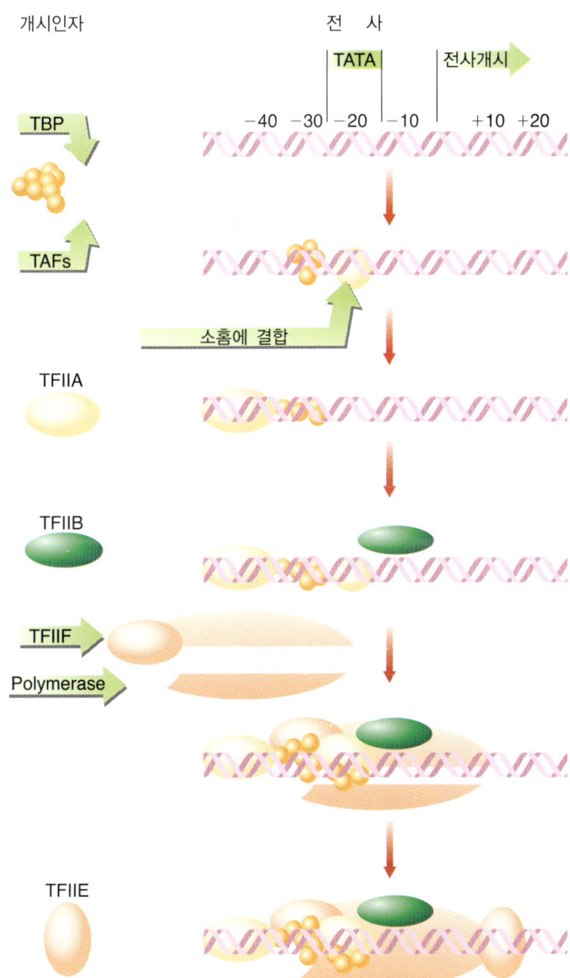

그림 4-17 진핵생물의 RNA중합효소 II의 전사개시 기작

여러 가지 전사개시인자 단백질들이 순차적으로 결합한다.

존재하는데, 여기에는 특이하게 결합하는 TBP(TATA binding protein)가 존재하여 전사개시 위치를 결정하는 역할을 할 수 있다. TBP는 여러 인자들과 TFIID를 구성하는데, 전사개시에는 이들의 결합이 가장 우선적으로 이루어진다(그림 4-17). 특히 TBP는 대부분의 DNA결합 단백질이 이중나선 구조의 대홈(major groove)에 결합하는 것과 달리, 소홈(minor groove)에 결합하는 특징이 있다. 이러한 결합에 의해 DNA 이중나선의 굽힘이 일어나는데, 결합부위의 앞과 뒤에 순차적으로 결합하는 여러 단백질 인자들 간의 상호작용이 가능하도록 앞과 뒤의 거리를 좁히는 역할을 한다. TFIID가 결합한 후에는 IIA와 B가 결합하고 F가 결합하는데, TFIIF는 나선효소(helicase) 기능을 갖는다. 이 후 중합효소가 결합하고 전사개시반응이 시작된다. 그 후 TFIIE와 J, 그리고 H가 결합하는데, 신장반응이 시작됨에 따라 H를 제외한 다른 인자는 중합효소와 분리되고 중합효소복합체만이 이동하면서 신장반응을 지속한다. 특히 TFIIH는 나선효소(helicase)기능을 가지며, 중합효소 II의 C말단부위에 특이하게 존재하는 아미노산 반복부위를 인산화 한다.

그런데 중합효소 C말단의 인산화 여부는 새로 합성되는 전사체의 5′ 말단에 특이적인 캡구조(cap)형성과 전사종결된 전사체의 3′ 말단에 첨가되는 여러 개의 아데닌꼬리(poly A tail)형성에 관련된 효소복합체의 기능에 중요한 스위치로 작용한다. 전사개시 1~2분 후에는 RNA의 5′ 말단에 특이한 캡 구조가 형성되는데, Gppp이 RNA의 5′ 말단에 결합하여 GpppNpNp의 형태를 하게 된다. 전사개시가 이루어진 후에는 나선효소 등의 전사 복합체의 작용으로 이중가닥이 풀리면서 전사가 진행되고, 대장균에서와 마찬가지로 1초당 40~60bp정도의 속도로 진행된다. 그러나 전사종결에 있어서 중합효소 I과 III에 대해서는 기작이 알려져 있지만, 중합효소 II의 전사종결에 대해서는 정확하지 않다.

중합효소 I의 경우는 18bp의 염기서열이 존재하면 인지 단백질이 존재하여 전사종료가 된다. 이에 비해 중합효소 III의 경우는 머리핀구조형성을 제외하고 대장균의 경우와 제일 유사한데, 4개의 연속된 U서열과 G와 C가 많은 구조에서 이들에 대한 결합단백질이 존재하여 전사종료가 일어난다. 그러나 중합효소 II의 경우는 종료자체가 특이서열에 의해 매개되는 것이 아니라 AAUAAA의 공통성을 가지는 서열이 나타나면 11~30bp 뒤에서 RNA 가닥을 특이하게 잘라낸 후 그 말단에 200여개의 A를 첨가하여 아데닌 꼬리를 만든다. 이 과정에는 여러 가지 단백질이 기능하는데, AAUAAA 서열을 인지하는 단백질이 먼저 결합하고 나서 순차적으로 절단효소와 아데닌중합효소(poly A polymerase)가 작용한다. 그러나 히스톤 유전자를 포함한 몇몇의 경우는 특이한 아데닌꼬리가 형성되지 않는다.

진핵생물에서 일어나는 전사과정은 대장균의 것과 달리, 핵막 내부에서 일어나므로 전이작용(translation)이 동시에 일어나지 않는다는 것이다. 대장균의 경우 세포질에 바로 노출되어 있으므로 유전정보의 전이작용이 빠를 수 있지만, 동시에 RNA의 제거도 수 분 내에 이루어진다. 그러나 핵에서 다시 세포질로 RNA를 이동시켜야 하는 진핵생물에서는 mRNA를 보다 안정화시켜야 한다. 따라서 대부분의 진핵세포의 mRNA에는 수 시간에서 수 일 정도의 수명을 갖게 된다. 양쪽의 캡구조와 A꼬리는 각각 특이하게 결합하는 단백질이 존재하는데, 이들에 의해 RNA가수분해효소(RNase)의 공격을 완화시킨다. 그러나 세포의 조건에 따라 RNA를 제거하기 위해서는 A꼬리를 제거하고 나서 캡구조가 제거되어 쉽게 RNA가 파괴된다.

진핵생물의 전사과정의 또 다른 특징은 생성되는 RNA에 아미노산 서열정보와 관련 없는 서열이 포함된다는 것이다. 이러한 서열은 인트론(intervening sequence, intron)이라고 하는데, 전사가 개시되어 캡이 형성된 후 전사가 진행되는 동안 여러 가지 단백과 snRNP(small nuclear ribonuclear protein)가 결합하여 스플라이솜(spliceosome)을 형성하여 인트론 구조만 특이하게 제거된다. 이러한 인트론 제거는 인트론/엑손 경계부위에 특이하게 존재하는 서열을 인지하여 이루어진다. 대부분의 인트론은 앞쪽의 엑손과의 경계에 GU의 서열을 가지며, 뒤쪽의 엑손과의 경계부위에 AG의 서열을 갖는다. 그러나 이러한 종류 이외에도 다른 단백질인자나 snRNP의 결합없이 RNA자체의 효소활성에 의해 인트론이 제거되는 유전자들도 존재한다. 중합효소 I에 의해 전사된 rRNA전구체는 핵인에서 절단과정을 거쳐서 28S, 18S, 5.8S의 세종류의 rRNA가 되고, 세포질로부터 이동되어온 단백질과 결합하여 리보솜(ribosome)을 형성한다.

이 외에도 전사촉진에 영향을 주는 DNA 상의 서열은 매우 다양하게 존재하는데, 이들 서열은 전사개시부와 거리가 수 kb정도까지 바뀌거나 방향성에 영향을 받지 않고 전사개시를 극적으로 촉진하거나 약화시키는 조절기능을 갖는다. 이러한 서열을 전사강화서열(enhancer) 또는 전사약화서열(silencer)이라고 부르며, 각각의 유전자에 따라 전사촉진서열의 구성과 이들 강화서열 또는 약화서열의 구성이 매우 다양하다. 이외에도 호르몬 수용체와의 결합이라든가 조직 특이적인 단백질과의 결합에 필요한 서열, 열에 대한 반응서열 등 세포의 생리적 조건에 따라 다양하게 유전자 발현에 영향을 미친다.

(2) 유전정보의 전이(translation)

전사과정과는 달리, mRNA의 전이과정은 원핵생물과 진핵생물 모두 세포질에서 이루어진다고 말할 수 있다. 따라서 각 과정에 필요한 인자들의 구성이나 특성에 있어서 차이를 나타내기는 하지만, 대체적인 전이과정의 기작은 유사하다. 먼저 원핵생물의 전이과정을 살펴보고 진핵생물과 비교해 보겠다.

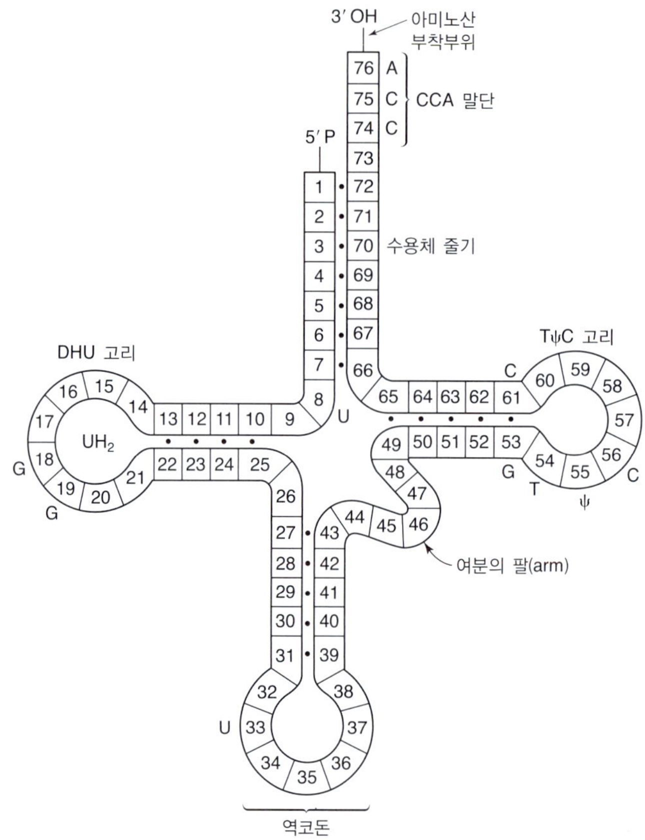

그림 4-18 tRNA의 구조

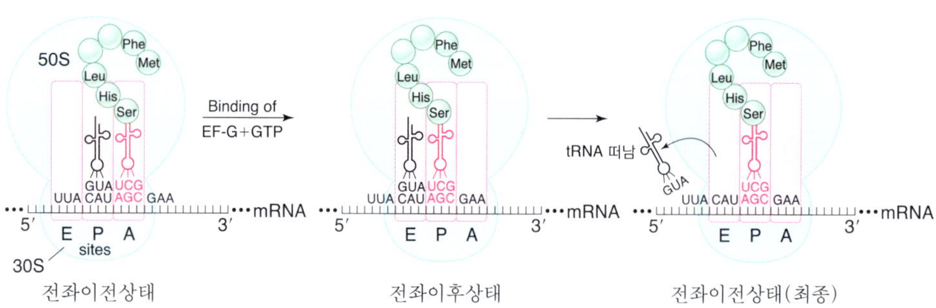

그림 4-19 대장균의 번역과정의 모식도

1) 원핵생물의 전이(Translation)

전사에 필요한 여러 가지 인자들 중에 우선 라이보솜이 필요하다. 라이보솜은 원핵생물의 경우 70S의 크기이며, 50S와 30S로 구성되어 있고, 20개 아미노산에 대하여 특이한 tRNA가 존재한다. tRNA의 일반적인 구조는 그림 4-18과 같다. 3개의 줄기고리구조(stem과 loop)를 가지며, 아래쪽에 mRNA의 코돈과 상보적인 역코돈(anticodon)이 존재하고, 3' 말단에 각각의 아미노산이 결합된다.

원핵생물인 대장균의 경우는 전사가 진행됨과 동시에 라이보솜이 결합하여 번역이 이루어진다. 먼저 생성된 mRNA는 Shine-Dalgarno 서열(SD서열, AGGA)이라고 하는 특이한 서열이 존재하여 라이보솜의 30S의 작은 소단위에 특이적으로 인식되면 라이보솜의 P좌위와 A좌위 중 P좌위에 AUG에 해당하는 첫 코돈이 위치하게 된다. 즉 대부분의 대장균의 유전자는 SD서열 다음의 4~6bp 아래쪽에 첫 코돈으로 AUG가 나타난다. 따라서 P좌위에 AUG의 메티오닌(methionine) tRNA가 와서 위치한 후 다음 A좌위에 다음 코돈의 tRNA가 오게 되고, 이들 간에 펩타이드 공유결합이 형성된다. 특이하게 AUG의 메티오닌 tRNA는 메티오닌의 N말단의 아미노기(NH_2)에 포밀기(−CHO)기가 결합된 형태(fMet)이다. 두 아미노산 사이에 펩타이드 결합이 형성된 다음에는 mRNA와 tRNA 모두 자리가 이동되어 P좌위에 있던 메티오닌 tRNA는 빠져나가고 두 번째 코돈의 아미노산과 개시 아미노산인 메티오닌이 결합된 형태의 A좌위에 있던 tRNA가 P좌위로 이동하게 된다(그림 4-19). 이러한 방식으로 아미노산 추가가 계속되다가 종결코돈인 UAA, UGA, UAG가 A좌위에 위치하게 되면, 해당 tRNA가 존재하지 않기 때문에 아미노산 공급이 불가능하게 된다. 이 때 종결인자(release factor, RF)가 A좌위에 결합한 후 라이보솜과 mRNA 등을 해체하고 생성된 단백질은 입체구조를 형성한 후 해당 세포소기관으로 이동하게 된다. 이러한 과정들에는 여러 종류의 시작인자(initiation factor, IF)나 신장인자(elongation factor, EF) 등이 복합적으로 작용한다. 특이한 점은 이 때 사용되는 에너지원은 모두 GTP라는 것이다.

2) 진핵생물의 전이

진핵세포의 번역은 기본 기작이 원핵세포와 유사하다. 이용되는 라이보솜이 80S로 원핵생물의 70S보다 크며, 60S와 40S의 2개의 단위로 구성되어 있다. 40S의 소단위에 mRNA가 결합하고, 조면소포체(rough endoplasmic reticulum)에 결합된 형태로 번역이 시작된다. P좌위와 A좌위를 비롯한 구조는 유사하며, 사용되는 인자들도 유사하다. 다만 코돈에 있어서는 각각 코돈에 대한 tRNA의 선호도가 달라서, 고등생물과 단세포 진핵생물 등과 사용되는 tRNA의 비율에 차이가 난다. 번역개시에는 mRNA의 캡구조가 인식되이 라이보솜과 결합되고, P좌위에 AUG의 코돈이 위치하면 펩타이드 결합이 시작된다. 따라서 한 분자의 mRNA에서는 오직 번역개시가 한 지점에서만 가능하다. 그러나 원핵생물의 경우는 앞에서 언급한 바대로 SD서열에 의해 개시지점이 인식되므로 한 분자의 mRNA에 여러 지점에 SD서열이 존재하면 번역개시가 여러 지점에서 이루어 질 수 있다. 따라서 원핵생물에서는 여러 단백질이 하나의 mRNA에서 번역되는 다유전자발현(polycistronic expression)이 이루어지는 경우가 많다.

번역과정은 보통 1분 정도가 소요되는데, 원핵세포의 경우는 세포질에 노출되어 있고, mRNA의 반감기가 짧으므로 빠른 시간 내에 번역이 이루어져야 할 필요가 생긴다. 그러나 진핵세포에서는 세포질로 이동된 이후에 여러 RNP와 단백질에 의해 결합되어 저장되는 기작이 존재한다. 인공적인 세포배양 시에는 영양조건이 급격히 나빠지면 번역작업이 현격하게 감소하는데, 번역작업의 개시인자에 의해 조절되는 것으로 밝혀졌다.

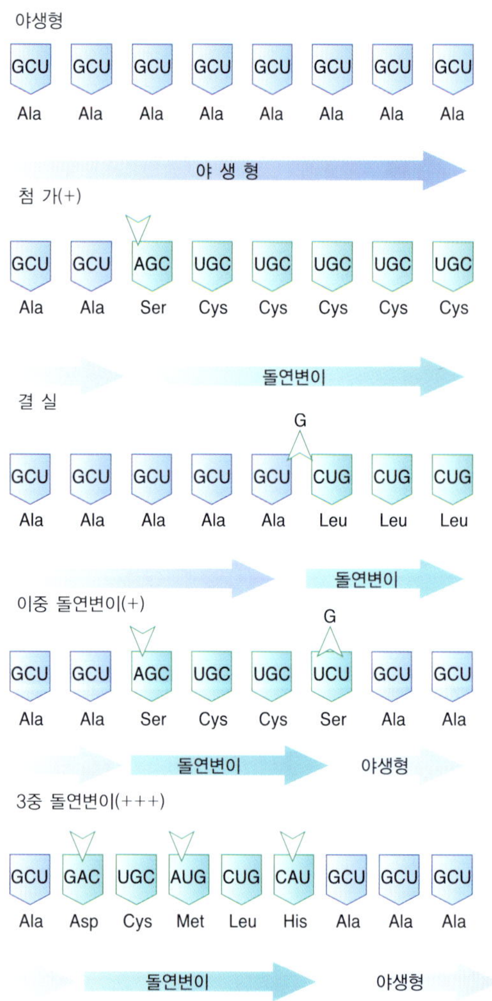

그림 4-20 유전자 코돈에 대한 조합 돌연변이(frameshift mutation)의 형태

(3) 유전암호

1) 유전암호의 원리

전사에 의해 얻어진 mRNA의 염기배열은 궁극적으로 단백질 합성의 청사진으로 작용한다. 따라서 mRNA상의 염기서열은 아미노산 정보를 함유하고 있어야 한다. 아미노산의 종류가 20가지이므로 염기서열에 의해 각각의 아미노산 정보를 제공하기 위해서는 최소한 연속되는 3개의 염기가 하나의 아미노산을 지정하여야 한다. 그 이유는 4종류의 염기에 의해서 연속 3좌위에서 얻어질 염기배열의 총 수가 $4^3=64$이며, 2좌위로 가정하면 $4^2=16$이 되기 때문이다. 즉 최소한 연속 3개의 염기순열에 의해서만 20개 이상의 암호가 만들어지는 것이다.

이러한 근거에 의해 3개의 염기가 아미노산 암호로 작용한다는 사실을 입증하기 위해 여러 가지 실험이 진행되었다. 먼저 염기배열의 암호를 중첩되게 인식하여 아미노산이 만들어지지 않는다는 사실은 한 유전자의 돌연변이를 분석하면 항상 3개의 아미노산의 변화를 유발하는 것이 아니라 하나의 아미노산이 바뀌어 일어난다는 것이었다. 즉 염기배열을 중첩하여 인식하고, 이런 정보가 아미노산 서열에 이용된다면 한 지점의 염기변화는 세 가지 아미노산의 변화를 일으킬 것이라는 것이다.

유전 코돈이 중첩되어 이용되는 것이 아니라 독립적인 3개의 염기가 하나의 아미노산을 암호화한다는 사실은 박테리아 파아지의 돌연변이를 통해 밝혀졌다. 아크리딘(acridine)이라는 물질은 DNA의 복제 과정에 문제를 일으켜 하나의 염기쌍이 결실되거나 추가되어 돌연변이를 일으키는 물질이다. 그런데 아크리딘을 이용하여 돌연변이 파아지를 얻은 후 이를 다시 아크리딘을 처리하여 추가로 돌연변이를 유발하면 원래 형태의 표현형을 얻을 수 있었는데, 이는 염기의 결실 혹은 삽입에 의해 암호의 조합에 문제를 일으켰기 때문이다. 또한 이들 결실 및 삽입 돌연변이 개체들 간의 재조합에 의해 이중 또는 3중의 돌연변이를 갖는 파아지가 생성될 수 있는데, 이들의 특성을 보면 유전코돈의 특성을 파악할 수 있다 (그림 4-20).

이러한 2차 돌연변이의 경우에는 A가 삽입되어 돌연변이가 유발된 후 G가 결실되어 결실된 부위 이후부터 정상적인 코돈으로 작용한다. 즉 코돈의 시작부위 위치가 결정되어 있다는 것이다. 그러나 두 차례 모두 염기가 결실되거나 삽입되는 경우에는 코돈의 회복이 불가능하였다. 그런데 연속해서 세 차례 돌연변이가 일어나는 경우, 즉 연속 3회 결실이나 삽입되는 경우에는 코돈이 회복되어 표현형이 정상에 가깝게 나타났다. 따라서 코돈이 3중의 염기에 의해서 조합되어 기능한다는 사실을 알게 되었다.

2) 유전암호와 아미노산 구성

3중 염기에 의해 코돈이 구성된다는 사실이 밝혀진 후, 1961년 각각의 염기서열 조합에 대한 코돈의 아미노산 지정여부를 결정하는 실험이 진행되었다. 여러 개의 단일 뉴클레오타이드가 연속적으로 합성된 (5′-UUUUUUUUU-3′의 형태) 폴리 뉴클레오타이드를 대장균에서 추출된 번역인자들과 방사능 표지된 아미노산을 혼합하여 번역반응을 실시하였다. 이 때 생성된 아미노산은 페닐알라닌이었으므로 UUU 코돈은 페닐알라닌에 할당되었다. 이러한 방식으로 여러 가지 아미노산에 대한 코돈이 결정되었는데, 64개 코돈 중에 61개에 대한 코돈이 밝혀졌고, 이를 표 4-4에 제시하였다. UGA, UAA, UAG는 결합할 수 있는 tRNA가 존재하지 않아 아미노산 합성이 진행되지 않는 종결코돈이 된다.

3) 유전암호의 특징

유전암호는 몇 가지 특징을 가지고 있다. 먼저 유전암호는 연속된 3개의 염기배열을 하나의 단위로 하여 아미노산을 암호화 한다. 또한 동물세포의 mRNA와 대장균의 mRNA에 대해 모두 동일한 종류의 아미노산을 암호화하는 보편성을 가진다. 그러나 미토콘드리아의 경우에는 UGA는 정지암호가 아니고 트립토판(tryptophan)을 결정하는 암호이며, AUU는 이소류신(isoleucine)이 아니고 메티오닌(methionine)이다.

또한 20개의 아미노산에 대해 61개의 코돈이 존재하므로 61개의 tRNA가 존재할 것으로 예상되었으나, 각각의 tRNA는 역코돈(anticodon)의 맨 앞쪽의 것이 코돈의 맨 마지막 염기와 상보성을 갖는데, 이 부위에 이노신(inosine)을 역암호의 염기로 가지고 있는 경우가 있다. 이노신은 A 또는 U나 C와 결합할 수 있어서 여러 가지 코돈과 결합할 수 있다. 또한 파동(wobble) 염기로 불리우는 코돈의 세 번째 위치의 염기는 역코돈의 첫 번째 위치의 염기와 정확한 염기쌍을 이루지 못하므로, 5′-AUU-3′, 5′-AUC-3′, 5′-AUA-3′ 경우처럼 몇몇 개의 코돈과 동시에 하나의 tRNA 역코돈이 결합하게 된다.

3. 유전자 발현의 조절

세포 내의 여러 단백질의 종류와 양에 따라 원핵세포의 경우는 주위 환경에 따른 적응을 위하여 진핵세포의 경우는 환경변화뿐만 아니라 각 세포가 구성하는 조직이나 발생단계에 따라 다양한 유전자 발현이 개시되거나 중지되는 조절이 필요하다.

따라서 유전자 조절이란 mRNA수준에서의 전사개시 조절과 각각의 mRNA 안정성, 단백질로의 번역의 빈도, 번역된 단백질의 안정성 등에 의해 영향을 받으며, 각 과정에 여러 가지 기작이 존재하여 유전자 발현조절이 이루어진다. 특히 mRNA의 양의 조절에서는 각 세포에서의 특이한 유전자의 전사개시가 가장 큰 영향을 미치며, 따라서 전사개시의 효율성 조절 자체가 전체 유전자 발현조절의 가장 중요한 조절 단계가 된다.

(1) 전사개시 단계의 조절

1) 원핵생물의 조절

대장균의 유전자 발현은 대부분 생장조건의 변화에 대한 적응을 위한 유전자 발현 조절이 이루어진다. 따라서 영양소 변화나 온도변화 등에 따라 유전자 발현이 유도되는 양상이 대부분이다. 앞에서 살펴본 바와 같이, 원핵생물의 전사개시 과정에는 σ인자의 작용이 중요한데, 열에 대한 저항이나 운동성 또는 화학주기성 및 성장정체기(stationary phase) 등의 특

표 4-4 유전암호(코돈 table)

첫번째 염기	두번째 염기: U		C		A		C		세번째 염기
U	UUU	Phe	UCU	Ser	UAU	Tyr	UGU	Cys	U
	UUC		UCC		UAC		UGC		C
	UUA	Leu	UCA		UAA	(종결코돈)	UGA	(종결코돈)	A
	UUG		UCG		UAG	(종결코돈)	UGG	Trp	G
C	CUU	Leu	CCU	Pro	CAU	His	CGU	Arg	U
	CUC		CCC		CAC		CGC		C
	CUA		CCA		CAA	Gln	CGA		A
	CUG		CCG		CAG		CGG		G
A	AUU	Ile	ACU	Thr	AAU	Asn	AGU	Ser	U
	AUC		ACC		AAC		AGC		C
	AUA		ACA		AAA	Lys	AGA	Arg	A
	AUG	Met (개시코돈)	ACG		AAG		AGG		G
G	GUU	Val	GCU	Ala	GAU	Asp	GGU	Gly	U
	GUC		GCC		GAC		GGC		C
	GUA		GCA		GAA	Glu	GGA		A
	GUG		GCG		GAG		GGG		G

수한 생장조건에 따라 발현이 필요한 유전자를 특이적으로 전사개시시키는 역할을 한다.

특히 성장조건의 영양상태가 바뀌는 등의 생장조건의 변화에 빠른 시간 내에 적응하기 위해서는 새로운 영양소를 이용하기 위한 여러 가지 대사효소를 빠른 시간 내에 다량으로 필요하게 된다. 이들 대사효소를 암호화하는 유전자들이 연속적으로 존재하여 동시에 조절되어 전사되고, 단백질이 합성되는 여러 유전자 무리를 오페론(operon)이라고 하며, 여러 오페론 유전자가 동일한 조절인자에 의해 동일하게 조절받는다는 의미에서 여러 오페론 집단을 조절단위(regulon)이라고도 한다. 이러한 레귤론에는 고열저해방지 레귤론, 인산대사 레귤론, SOS 수선기작에 관련된 레귤론 등이 알려져 있다.

유당 오페론(lactose operon)은 대장균의 대표적인 오페론으로 유전자 전사조절의 대표적인 기작을 제시한다. 대장균에 있어서, 유당은 포도당과 갈락토오스로 분해되기 전에 에너지원으로 이용될 수 없다. 이 분해과정은 β-유당분해효소(galactosidase)라는 효소가 촉매한다. 유당이 없는 배지에서는 아주 미량의 β-유당분해효소가 존재하나, 에너지원으로 유당만 존재할 때는 다량 존재한다. 즉 이 효소의 합성은 유당 존재에 따라 조절되는 것이다.

그런데 유당이 존재하면 β-유당분해효소 발현이 증가하는 것은 이 효소에 의해 유당이 알로유당(allolactose)라는 형태로 변환되는데, 이 물질이 유전자발현을 증가시키는 것이다. 또한 유당 투과효소(permease) 및 트랜스아세틸화효소(transacetylase)의 발현도 알로유당에 의해 증가된다. 그림 4-21에서 보는 바와 같이, 이들 유전자는 연속적으로 *lac z*, *lac y*, *lac a*의 순서로 존재하며, 이들의 앞쪽에 작동유전자(*o*)와 프로모터(*p*), 억제유전자(*i*)가 위치한다. 배지에 유당이 없는 경우에는 억제유전자에 의해 발현된 억제인자가 작동 유전자 부위에 결합한다. 따라서 프로모터 부위에 결합되어 전사개시 준비 중인 RNA중합효소는 작동 유전

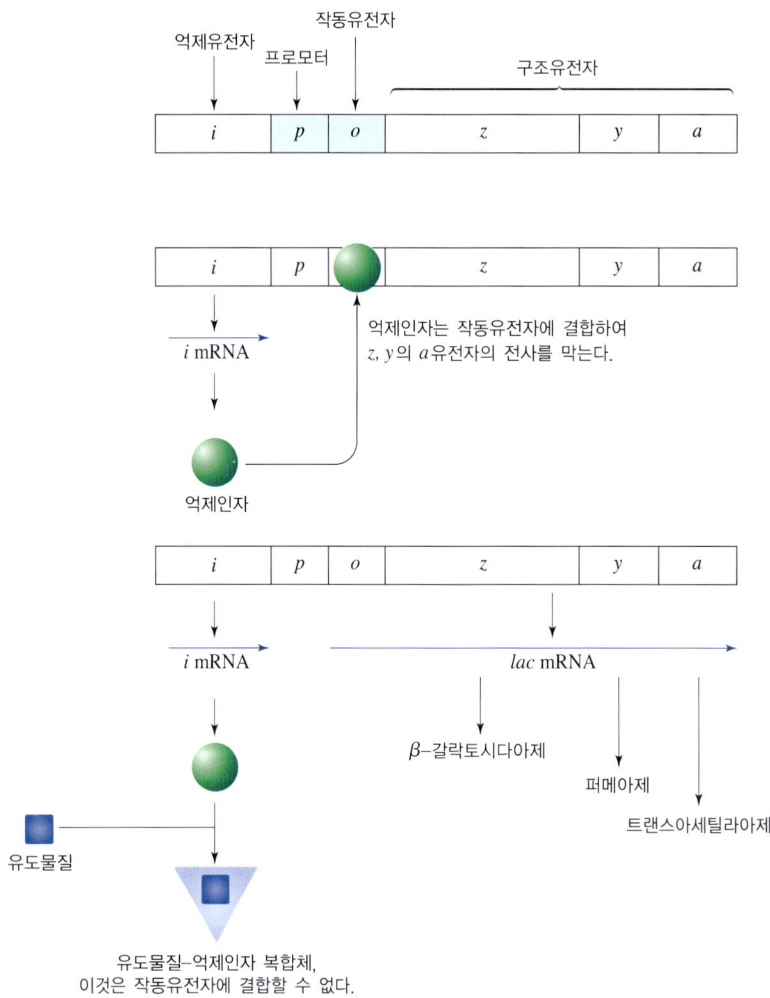

그림 4-21 유당 오페론 유전자의 구조 및 조절 모형

유당이 배지에 존재할 때, 알로유당이 억제유전자에 의해 발현된 억제인자와 결합하여 작동유전자 부위에 결합할 수 없게 된다. 따라서 RNA중합효소가 전사되는데 저해받지 않고 유전자발현이 유도된다.

자 부위에서 정지되어 유당 오페론 유전자의 전사가 진행되지 못한다. 그러나 세포 내에 유당이 존재하는 경우에는 유당분해효소에 의해 알로유당이 생성되므로 억제인자가 알로유당과 결합하여 작동유전자에 결합하지 못한다. 따라서 RNA중합효소가 유당 오페론의 전사를 할 수 있게 된다. 전사와 동시에 이루어지는 번역은 오페론의 5′ 말단부위에 라이보솜이 결합하게 되므로 *lac z*가 먼저 발현되고, *lac y*, *lac a*가 순차적으로 번역된다. 그러나 *lac z*의 번역이 끝난 라이보솜이 결합이 분리되는 경우가 생기므로 이들 오페론 내의 유전자들 사이의 번역되는 효율에 차이를 나타낸다. 즉 *lac z*가 10의 효율이면 *lac y*와 *lac a*는 각각 5와 2의 효율을 나타낸다.

억제인자에 의한 음성적 유전자 발현조절이 존재하는 것을 알아보았는데, 이와는 반대로 양성적 유전자 발현조절 기작이 유당 오페론에 존재하는 것이 알려져 있다. 배지에 유당뿐 아니라 포도당이 존재하면 포도당이 탄소원으로 분해되어 먼저 이용된다.

그런데 이 때에는 유당 오페론 유전자들의 발현이 유도되지 않고, 포도당이 모두 사용된 후에야 유당 오페론 유전자들의 전사가 시작된다. 이러한 포도당 존재하의 유전자발현의 유도효과가 감쇄되는 것은 아라비노스(arabinose)나 갈락토오스(galactose) 오페론의 경우도 마

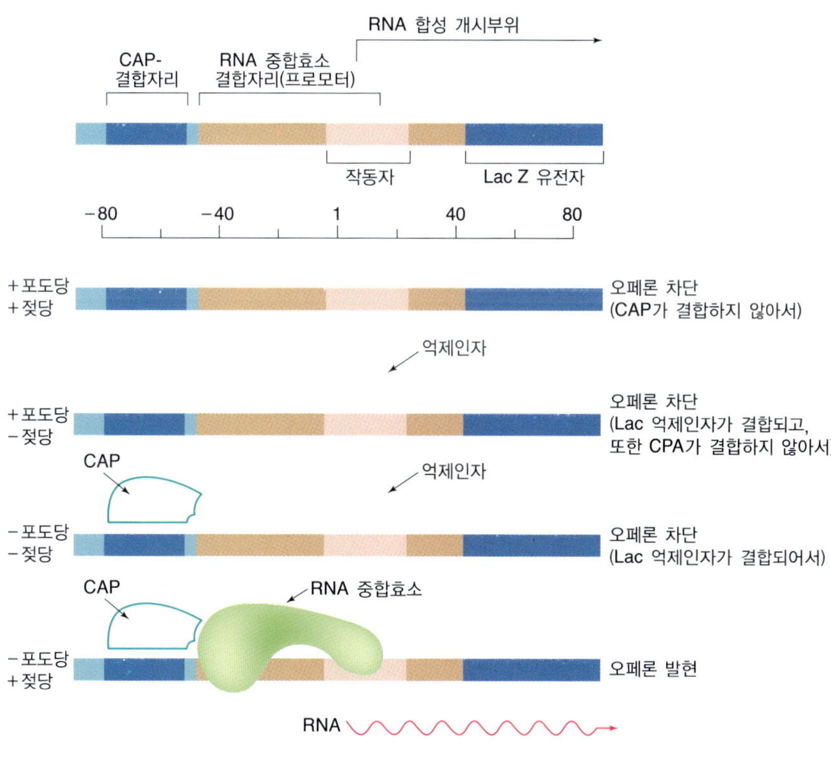

그림 4-22 포도당 감수성 유낭 오페론에서 cAMP의 역할

찬가지이다.

포도당에 의해 탄수화물 이용 유전자 오페론의 발현이 줄어드는 것은 포도당 분해에 의해 생성되는 환상 AMP(cAMP, cyclic AMP, 3′,5′-cyclic adenosine monophosphate)가 존재하는데, 이 분자는 포도당분해에 의해 가용 에너지가 많아지면 그 수가 감소하고, 에너지가 감소하면 세포 내에 축적되는 양상이다. 따라서 에너지가 고갈되어 cAMP가 높으면 유당 오페론의 전사가 활발해지는 기작이 존재한다. cAMP에 특이적으로 결합하는 CAP(catabolite activator protein) 이라는 단백질이 존재하는데, cAMP-CAP 복합체를 이룬 상태로 유당 오페론의 프로모터(*p*) 부위에 결합되어 전사개시를 촉진한다(그림 4-22). 그런데 이러한 양성적 조절은 필수적인 것으로 저해인자와 각각 독립적으로 작용하여 세포 내의 에너지원의 상태에 따라 유전자 발현이 조절되는 기작을 가진다.

2) 진핵생물의 조절

앞에서 살펴본 바와 같이 진핵생물의 전사는 세 가지의 RNA중합효소에 의해 이루어지며, 다양한 전자촉진 서열이 존재하고, 여기에 특이적인 결합단백질이 존재하여 세포의 특정 시기와 공간에 합당한 적절한 유전자 발현이 조절된다.

진핵생물의 전사조절은 세 가지 단계에서 이루어지는데, 첫째는 전사활성인자와 억제인자의 조절에 의한 기작인데, 원핵생물의 경우와 유사하며, 둘째는 염색체 구조변경에 의한 조절과, 셋째는 활성인자와 억제인자의 결합에 영향을 미치는 단계이다. 이러한 인자들의 구조에 대해서는 다음에서 살펴본다.

일반적인 전사활성인자와 억제인자는 앞에서 살펴본 바와 같이 주로 전사 개시체 형성에 중요한 역할을 한다. 염색체 구조변경에 의한 전사조절은 크게 염색질 전체구조에 의한 영향과 뉴클레오솜구조에 의한 조절기작으로 구분될 수 있다. 일반적으로 염색질 중 이질염색질(heterochromatin)은 염색질 구조가 치밀하여 유전자 발현율이 매우 낮은 부위인데, 특이한 단백질 인자들이 히스톤 단백질 H3과 H4가 N말단에 탈아세틸화된 구조에 결합하여 보다 치밀하게 유도되는 것으로 이해되고 있다. 이러한 이질염색질 구조는 동물의 발생시 중요한 체구조형성(body plan) 유전자인 호메오박스(homeobox) 유전자 발현의 다단계 조절에도 이용된다. 이러한 염색질의 응축수준에는 히스톤의 아세틸화 정도가 중요한 작용을 하는데, 히스톤이 아세틸화 하면 히스톤과 DNA의 결합이 약해져서 다른 전사개시 유도 단백질들의 결합이 용이해지는 반면, 아세틸화 정도가 낮으면 DNA와 히스톤의 결합이 강력해져 구조의 치밀도가 높아진다. 몇몇의 염색질의 구성에 영향을 미치는 단백질들은 ATP를 사용하여 DNA의 프로모터 부위를 히스톤 결합으로부터 자유롭게 하여 전사개시에 필요한 여러 단백질들의 결합을 촉진하기도 한다.

(2) 전사후 단계의 조절

1) 원핵생물의 조절

대장균을 비롯한 원핵생물들은 생장조건에 따라 신속하게 대사 조절이 이루어져야 하므로 다수의 mRNA들이 전사되어 다양한 단백질들로 번역되고, 수 분 내외에 파괴되는 빠른 생리적 조절이 존재한다. 그러나 배지의 생리적 환경이 열악해져 영양소의 전반적인 기아상태에 도달하여 개별 유전자의 전사작용 조절보다는 전체적인 번역단계에서의 조절기작이 존재한다. 즉 rRNA의 전사 효율을 감소시키며, 라이보솜 단백질의 생산을 억제한다. 이는 라이보솜 단백질이 번역되어 과량으로 존재하면 이 단백질은 라이보솜 단백질을 만드는 mRNA와 결합하여 추가적인 번역을 억제하며, rRNA와도 결합하여 rRNA가 라이보솜으로 결합되는 것을 억제하여 라이보솜의 수를 감소시킨다.

이러한 조절 이외에도 직접 mRNA의 라이보솜 결합을 저해하는 단백질을 통해 번역을 억제하는 경우도 존재한다. 대장균의 파아지 T4의 경우에는 자신의 유전자들을 보다 효율적으로 번역시키기 위해 숙주인 대장균의 몇몇 유전자에 특이적으로 라이보솜 결합부위에 결합하는 RegA 단백질이 존재한다.

단백질 생산 자체의 기작에 의해 번역작업이 조절되기도 한다. 즉 영양소 결핍이나 과도한 대사작용으로 아미노산이 부족하여 tRNA의 공급이 원할하지 않을 경우에는 구아노신에 여러 개의 인산기를 비정상적으로 결합하여 ppGpp를 형성한다. ppGpp는 여러 가지 프로모터 부위의 전사인자 단백질과 결합하여 특정 유전자에 대해 전사개시를 억제한다. 따라서 단백질 번역이 용이하지 않을 때 전사개시가 조절되는 결과를 얻게 되는 것이다.

단백질 인자를 통한 조절 이외에도 직접 mRNA에 대해 상보적인 RNA를 이용한 유전자 조절도 이루어진다. 상보적인 RNA에 의해 이중가닥의 RNA가 형성되면 번역작용이 저해되어 유전자발현의 조절이 가능해진다.

2) 진핵생물의 조절

진핵생물의 전사 후 조절로는 특이한 캡형성과 폴리아데닌 꼬리 등의 형성에 의해 mRNA의 안정성이 확보된다. 또한 스플라이싱 과정을 통한 선택적인 엑손의 결합에 의해 다양한 mRNA가 얻어지기도 한다. 대표적으로 초파리의 성 분화는 이러한 스플라이싱 방법의 차이에 의해 이루어진다. 초파리는 X염색체와 상염색체의 비율이 성 결정에 있어서 중요한다. Sxl 유전자의 3번 엑손에는 정지코돈이 존재한다(그림 4-23). X 염색체가 많아지

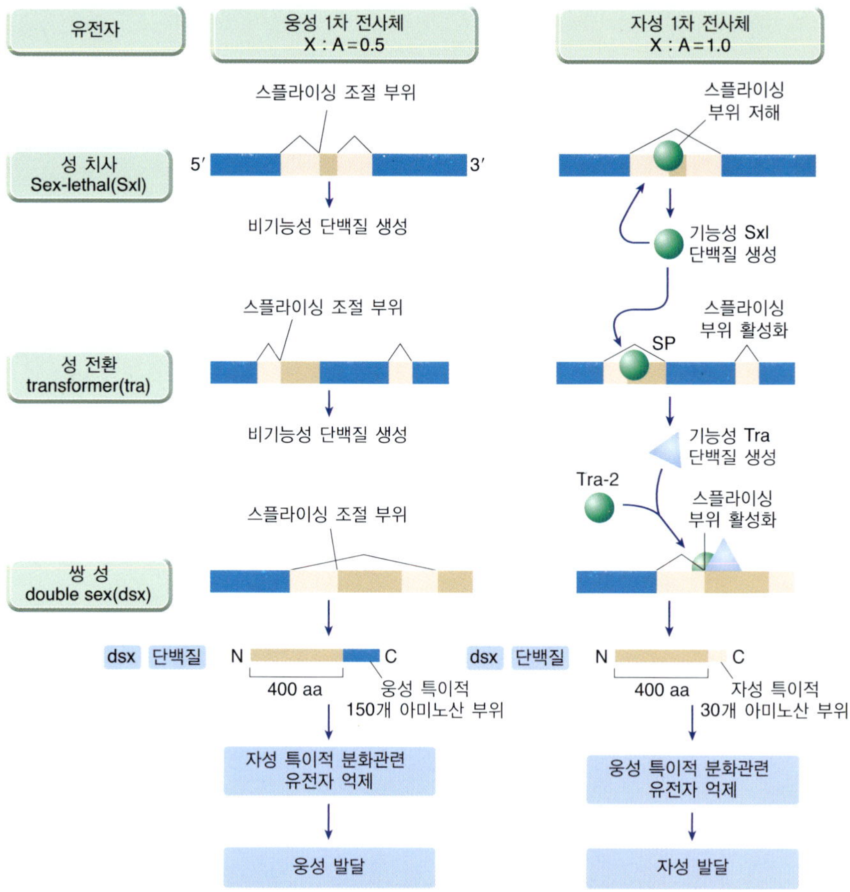

그림 4-23 초파리에서 RNA의 선택적 스플라이싱에 의한 성결정 기작

면 Sxl 유전자 발현이 가능해지고, 이 발현된 Sxl 단백질은 자신의 mRNA의 3번 엑손에 결합하여 스플라이싱 과정에서 3번 엑손이 포함되는 것을 억제한다. 스플라이싱 과정에서 3번을 제외한 엑손들이 결합되면 정상 Sxl 단백질이 합성되지만, 3번을 포함하게 되면 정지코돈에 의해 기능을 갖지 못한다. 따라서 정상의 Sxl 단백질을 갖는 개체는 tra 유전자와 dsx유전가 발현되어 결국 암컷으로 발달할 수 있게 된다.

진핵생물의 전사과정에서는 mRNA가 핵막을 통과하여 이동하는데, mRNA의 절반정도만이 핵에서 세포질로 수동되는 것으로 알려져 있다. 이동시에는 캡구조와 폴리아데닌 꼬리 구조가 중요한 역할을 한다.

이 외에도 아포단백질B(apoprotein B)의 경우는 mRNA가 대장의 특이 효소에 의해 염기서열이 변화되어 정지코돈으로 바뀌는 경우가 발견되었고, 식물이나 프로토조아의 미토콘드리아 mRNA 경우, RNA수준에서의 염기변화에 의한 유전자 조절이 이루어진다. 근육세포의 성장면에는 특이하게 β액틴의 mRNA가 높게 분포하는데, 이는 3′ 비전사부위(untranslated region, UTR)의 염기서열에 의해 특이한 단백질이 결합하고, β액틴의 mRNA가 수송되기 때문이다. 또 다른 형태의 mRNA의 안정성 조절기작은 GM-CSF(granulocyte macrophage-colony stimulating factor)의 경우인데, 3′말단 부위에 AUUUA의 서열이 존재하는데, 이 서열에 의해 특이한 가수분해 효소작용이 촉진되어 1~2시간 내에 mRNA가 파괴된다.

4-4 유전자 돌연변이 및 DNA 수선

DNA상에 존재하는 여러 가지 유전정보는 정확하게 후대에 전달되어야 함에도 불구하고, 열역학적으로 항상 변화요인에 의해 불안정성을 함유하여 변화가 일어난다. 이러한 변화에 의해 염기쌍의 서열이 변화되어 유전정보가 바뀌고, 표현형에 이상을 나타내는 생물 개체 또는 이러한 과정을 돌연변이(mutation)라고 한다. 대개의 경우는 여러 가지 화학물질이나 자외선 등의 고 에너지 등에 의한 유도된 염기변환이 일어날 수도 있고, 세포 내 DNA의 복제나 유지과정에서 자연발생적으로 일어날 수도 있다. 그러나 일단 염기가 변환되어 유전정보가 바뀌고, 표현형이 바뀌고 나면 그 원인이 무엇인지 알아낼 수 없다. 모

표 4-5 암호가닥내 점 돌연변이에 의한 결과

Type of Change	Mutation in the DNA	Example*	Amino Acids Altered	Likely Effect on Protein function
None	None	5′-A-T-G-A-C-C-G-A-C-C-C-G-A-A-A-G-G-G-A-C-C-3′ Met - Thr - Asp - Pro - Lys - Gly - Thr -	None	None
Silent	Base substitution	↓ 5′-A-T-G-A-C-C-G-A-C-C-C-C-A-A-A-G-G-G-A-C-C-3′ Met - Thr - Asp - Pro - Lys - Gly - Thr -	None	None
Missense	Base substitution	↓ 5′-A-T-G-C-C-C-G-A-C-C-C-G-A-A-A-G-G-G-A-C-C-3′ Met - Pro - Asp - Pro - Lys - Gly - Thr -	one	Neutral or inhibitory
Nonsense	Base substitution	↓ 5′-A-T-G-A-C-C-G-A-C-C-C-G-T-A-A-G-G-G-A-C-C-3′ Met - Thr - Asp - Pro - STOP!	Many	inhibitory
Frameshift	Addition deletion	↓ 5′-A-T-G-A-C-C-G-A-G-C-C-G-A-A-A-G-G-G-A-C-C-3′ Met - Thr - Asp - Ala - Glu - Arg - Asp -	Many	inhibitory

* 암호가닥의 DNA서열. 이 염기서열은 RNA가 thymine(T) 대신에 uracil(U)을 포함하는 것을 제외하고는 mRNA 서열과 같다.

든 변환된 염기가 표현형 변화를 유발하지는 않지만, DNA 염기서열 변화를 기준으로 하여 돌연변이로 부른다. 표 4-5에서와 같이 어떤 아미노산 변화를 나타내지 못하는 돌연변이를 잠재성 돌연변이(silent mutation)라고 하고, 아미노산 변화가 일어나는 경우는 미스센스 돌연변이(missense mutation), 정지코돈으로 바뀌어 단백질 번역을 종료시키는 경우는 종결 돌연변이(nonsenese mutation)이다. 또한 염기변화의 수준에 따라 시토신이 티민으로 상호 변화되는 것과 같이 동일한 피리미딘간의 변화이므로 염기전이(transition)라 하고, 시토신이 구아닌으로 바뀌는 것처럼 피리미딘과 퓨린염기가 상호 전환되는 것을 염기전환(transversion)이라 한다. 또한 코돈이 연속되는 3 염기의 조합에 의해 이루어지므로 염기서열 중 새로운 염기가 삽입되거나 결실되어 코돈의 조합이 바뀌는 경우의 돌연변이를 구조이동 돌연변이(frameshift mutation)라 한다.

1. 돌연변이의 원인

(1) 자연발생적 돌연변이

자연발생 돌연변이(spontaneous mutaiton)의 유발에는 돌연변이 유발물질이 수반되지 않고 자연적으로 일어나는 변이이다. 염기쌍 변화와 염색체 이상들은 자연적으로 일어날 수 있다. 예를 들면, 아데닌 분자는 상호변이성 작용으로 두 가지 형태로 존재할 수 있다. 아데닌은 보다 안정된 DNA 배치에서 티민과 2개의 수소결합을 하지만, 시토신과는 수소결합을 하지 않는다(그림 4-24). 그러나 만약 수소원자가 6-아미노기에서 1-N 위치로 이동하게 되는 상호 변이성 전환(tautomeric shift)이 일어나면 시토신과의 수소결합은 두 위치에서 일어날 수 있다. DNA가 복제할 때, 아데닌-시토신 수소 쌍결합이 일어나게 되면 이후의 복제과정에서 2개의 딸 DNA가닥의 하나는 그 위치에 AT 대신에 CT를 가지게 된다. 이것은 염기전이 돌연변이(transition mutation)의 예가 된다.

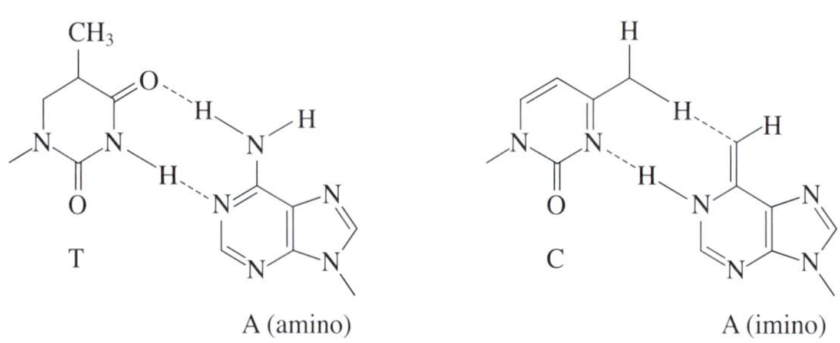

그림 4-24 아데닌의 형태적 변화로 드물게 아데닌-시토신 염기쌍이 형성됨

(2) 인위적 돌연변이

1) X선과 γ선

인위적 돌연변이는 물리적, 화학적 수단에 의해서 유도될 수 있다. 그러한 돌연변이를 유도 돌연변이(induced mutation)라고 한다. X선, γ선과 자외선 등은 가장 흔히 사용되는 물리적 돌연변이 유발 물질이다. 자외선은 원핵 및 진핵세포 내의 DNA 상에 티민 이합체(thymine dimer)를 형성하여 DNA 복제시 돌연변이 유발 및 세포에 치명적인 손상을 입히며, 피부암을 유발하기도 한다. X선이나 γ선의 작용기작은 염색체를 절단하여 염색체 재조정이나 세포에 치명적인 결과를 초래한다.

2) 화학적 돌연변이 유발원

5-브로모우라실(5-bromouracil)은 피리미딘 염기 유사체이다. 이것의 구조는 DNA에서 정상적으로 발견되는 염기 중의 하나와 아주 유사하다(그림 4-25). 두 가지 상태(keto, =O 또는 enol, -OH)에서 아데닌과 구아닌에 특이한 결합을 할 수 있는데, DNA의 복제과정에

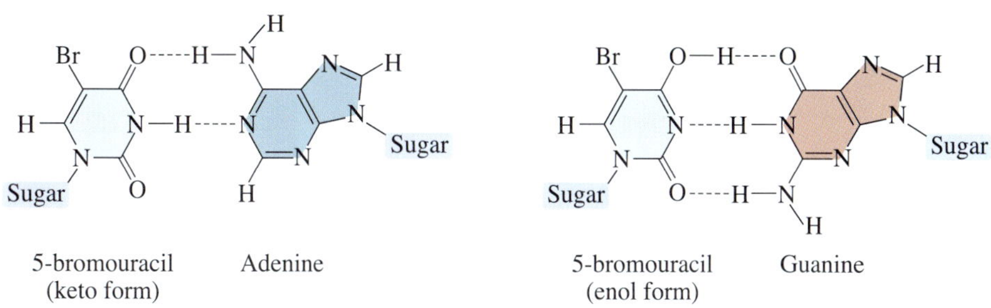

그림 4-25 5-브로모우라실의 짝지음 특성

일반적인 keto 상태에서는 Adenine과 쌍을 이루고, 드문 enol 상태에서는 Guanine과 쌍을 이룸

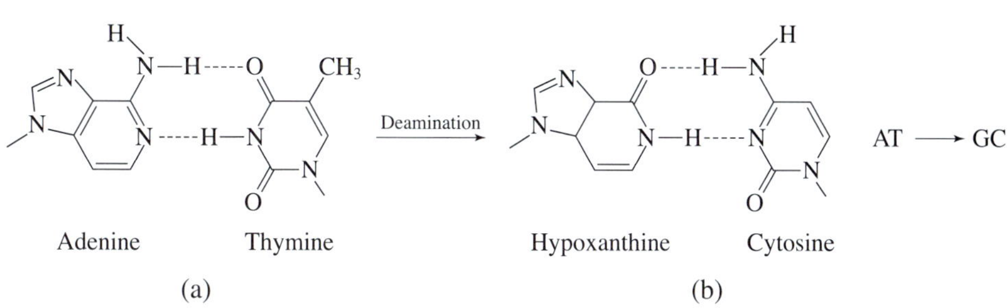

그림 4-26 아미노퓨린의 구조

(a) 정상상태, 티민과 수소결합, (b) 드문 이미노상태, 시토신과 수소결합

삽입되어 enol 상태로 바뀌면 AT결합이 GC결합으로 염기쌍이 바뀌게 된다.

2-아미노퓨린(2-aminopurine) 역시 퓨린 염기 유사물이며, 5-브로모우라실과 같이 두 가지 형태로 존재하는데 정상적으로는 티민과 결합하지만, 드물게 이미노(immino)상태에서는 시토신과 결합한다(그림 4-26).

아질산(nitrous acid)은 탈아미노화하는 물질이다. 즉 염기에서 아미노기를 제거하는 작용을 한다(−NH_2를 =O로). 몇 가지 경우에 이것은 염기쌍 능력을 변화시켜서 돌연변이를 유발한다. 아데닌, 구아닌, 시토신은 아미노기를 포함하고 있는데, 아데닌에 아질산을 처리하면 히포크산틴(hypoxanthine)으로 변화되어 시토신과 결합하게 된다. 또한 시토신은 아질산에 의해 우라실로 변화되고 그 결과, GC결합이 AT결합으로 돌연변이를 초래한다. 히드록실아민(hydxoylamine, NH_2OH)은 시토신과 작용하여 시토신염기에 히드록실기가 추가되어 아데닌과 결합하게 된다. 아크리딘(acridine)처리는 DNA에서 염기의 첨부나 결실을 초래한다. 따라서 구조이상 돌연변이(frameshift mutation)을 일으키므로 유전자 변이가 심한 표현형을 나타낸다.

(3) 전이인자

전이인자(transposable element)들도 게놈 내에서 돌연변이를 일으킬 수 있으나, 전이인자에 의한 돌연변이들은 지금까지 설명한 돌연변이들과는 상당히 다르다. 전이인자는 40여년 전 옥수수 종자의 불안정한 색소돌연변이들을 연구한 Babara McClintock에 의해 발견되었다. 이 때 그녀가 발견한 전이인자들은 Ac/Ds 시스템이며, 이후로 많은 생물체에서 전이인자들이 발견되었다.

전이인자들은 게놈 내에서 여러 곳으로 자신을 침입시킬 수 있는 이동인자(mobile elements)로서, 이 때 새로 침입하는 곳과 자신의 DNA 서열간에 상동성을 요구하지 않는다. 이들은 어떤 유전자의 코딩부위 내로 삽입되거나 또는 이 유전자들의 조절부위나 프로모터 등에 삽입이 되어 그 유전자의 발현을 못하게 하므로 돌연변이의 표현형을 보이게 되는 것이다. 이들의 특징적인 점은 전이인자에 의해 나타난 돌연변이가 정상으로 돌아가는 비율이 다른 염기변이 돌연변이들에 비해 월등히 높다는 것이다. 이는 전이인자들 자신이 유전자의 중복(duplication), 제거(excision), 삽입(insertion) 등을 일으키는 효소들의 유전자들을 가지고 있기 때문이다. 이러한 효소들은 그 인자들의 성질이나 전이의 모드 등에 따라 다르다. 전이는 핵 내에만 일어나며, 세포질 내의 소기관으로는 전이가 되지 않는다.

전이인자들은 세포 내에 이미 존재하는 염기들로부터 유래되었거나, 바이러스의 침입 등에 의해 외부로부터 획득된 것들도 있다. 이들의 분포는 모든 종류의 생물에 공통적으로 존재하는 듯하며, 이들의 이동성에 관해 이들은 두 가지 형태로 나뉜다.

우선 DNA 중간체를 통하여 복제를 하는 전이인자들을 트랜스포손(transposon)이라 하며, RNA로 전사된 후 다시 DNA로 역전사되어 이동하는 전이인자를 레트로트랜스포손(retro-transposon)이라고 한다. 우선 트랜스포손의 경우, 전이에 필요한 전이효소(transposase)라는 효소와 이 효소에 의해 인지되는 짧은 염기서열이 트랜스포손의 양 끝에 역방향으로 반복(inverted repeat sequence, IRS)되어 있는 구성을 하고 있다. 전이효소는 양끝의 IRS를 인지하여 임의의 염색체 부위에 대하여 IRS의 끝부분을 엇갈린 방향으로 한쪽 가닥을 절단한 후 트랜스포손을 적출되도록 한다. 이러한 적출과 삽입과정은 게놈 내에서 자르고 붙이는 과정으로서, 트랜스포손 자체가 복제되어 원래의 위치에 남는 형태가 아니다. 그러나 대장균의 몇몇 경우의 트랜스포손에서는 재조합형태로 엇갈린 가닥간의 조합에 의해서 트랜스포손이 복제되는 경우가 존재한다. 그런데 원래 위치로부터 제거되는 과정에서 조그만 결실이나 중복, 역위 등이 트랜스포손의 양 끝에 남게 된다.

RNA 중간체를 통하여 전이되는 레트로트랜스포손의 경우는 게놈의 임의적인 장소로 삽입된다. 게다가 RNA를 전사하여 전이되므로 원래의 부위는 그대로 게놈에 존재하므로 일종의 복제형 전이가 된다. 레트로트랜스포손은 다음과 같은 두 가지 종류로 분류된다.

① **바이러스형** : 이들은 레트로바이러스와 관련이 있으며, 원래는 자신의 역전사효소를 코딩하고 있으며, RNA결합 능력을 가지고 기주의 게놈 내로 삽입된다. 이들은 5′TG-CA3′를 가진 LTRs(long terminal repeats)를 가지고 있다.

② **비 바이러스형** : 이들은 세포 내의 RNA 유전자들로부터 유래한 것들이다. 예를 들면 인간의 Alu sequences들이 있으며, 이들 종류를 SINEs(short interspersed repeat family) 이라 부른다. 이들은 RNA 중합효소 III과 tRNA 유전자들로부터 유래한 것들이다. 이외에 포유동물의 LINEs(long interspersed repeat family)들은 레트로바이러스의 역전사 유전자들과 상동성을 갖는 ORF(open reading frame) 구조이다.

지금까지 많은 트랜스포손들이 발견되었으나, 이들 중 활성적인 것은 몇 안 되고 대부분은 결실이나 돌연변이 등에 의해 불활성화되어 있다.

이러한 전이인자들은 대장균 등의 미생물에 있어서의 미생물의 약제저항성, try-panosome의 antigenic 계통들, 초파리의 잡종불임(hybrid dysgenesis), 인간의 항체의 다양성 등에도 관련이 있다고 한다. 그리고 트랜스포손은 게놈 내에 반복서열 DNA들의 수를 풍부하게 하므로 진화에도 영향을 미치며, 이들은 게놈 내의 분산반복 DNA들의 대부분을 차지하고 있다는 것이 최근에 알려지고 있다. 이러한 분산반복서열 DNA 들의 형태와 분포 등은 이들을 가지고 있는 생물의 게놈 형성과 그 중에 중요한 역할을 하고 있다고 믿어진다. 또한 이들 트랜스포손성 분산반복서열 DNA들은 비정상적인 환경에 적응하기 위한 게놈의 유연성을 제공한다고 믿어진다.

2. DNA 수선 (DNA repair)

앞에서 살펴본 바와 같이, 생물체는 생존기간 동안 여러 종류의 돌연변이원을 접하게 되므로 필수적으로 이들 돌연변이를 제거하여 온전한 유전정보를 유지하여야 할 필요가 있다. 따라서 다양한 회복 기작이 세포 내에 존재하는데, 대표적인 DNA 수선방법은 손상역전(damage reversal), 절제수선(excision repair), 이중가닥 절단수선(double strand break repair), 복제 후 수선(post-replicative repair) 등이 포함된다(표 4-6).

손상역전(damage reversal)의 한 방법인 광회복은 자외선에 의해 형성된 티민이합체(thymine dimer)가 가시광선을 쪼임으로써 회복되는 것으로, 광분해효(photolyase)라는 효소에 의해서 티민이합체의 공유결합이 해체되어 원래의 염기구조로 바뀐다. 이 유전자는 여러 종류의 생물체에 모두 존재한다.

절제수선(excision repair)은 DNA 분자에서 손상된 부분을 제거해서 수선하는 일반적인 DNA 수선수단을 말하며, 염기절제수선(base excision repair)과 뉴클레오타이드 절제수선(nucleotide excision repair)과 부정합 수선(mismatch repair) 등이 있다. 수선기작은 티민이합체나

표 4-6 DNA수선의 일반적인 형태

수선 형태	수 선 작 용
직접수선(direct repair)	DNA구조상의 문제가 효소에 의해 인식되면 올바른 구조로 다시 전환시킨다.
염기절제 및 뉴클레오타이드 절제수선(base excision and nucleotide excision repair)	비정상적인 염기나 뉴클레오타이드가 인식되면 DNA로부터 절제되고 정상의 상보적인 DNA가닥을 주형으로 하여 정상의 DNA가닥을 합성한다.
부정합 수선 (mismatch repair)	모든 DNA수선의 99%이상을 차지하며, 절제수선과는 DNA상의 염기 부정합을 제외하면 유사하다. DNA합성 중 부정합된 곳이 발견되면 제거하고 주형가닥을 이용하여 자손가닥을 합성하여 수선한다.
상동재조합 수선 (homologous recombination repair)	이중가닥의 절단 및 DNA 복제시 DNA 손상이 틈을 유발할 경우, 정상적인 자매염색분체의 DNA의 상동 염기서열을 이용하여 손상된 DNA를 수선한다.
비상동 말단연결 (nonhomologous end joining)	이중가닥이 절단되면 효소에 의해 인식되고 단순히 말단부위를 서로 연결하여 수선한다.

손상된 염기 등에 대해 인식하는 효소가 존재하여, 손상부위를 제거한 후 제거된 부위에 원래의 염기를 채워 넣고, DNA 가닥을 원래대로 연결하는 과정을 거친다. DNA의 복제 후에 새로 만들어지는 가닥에 잘못된 염기가 들어갈 수 있는데, 이 때에는 새로 만들어지는 가닥이 메칠화되지 않았기 때문에 선택적으로 제거된 후 올바른 염기의 합성이 진행된다.

다음으로 이중가닥 절단수선(double-strand break repair)으로 방사선에 의해 생긴 손상과 같은 몇몇 DNA 손상에 의해 DNA 이중가닥 모두가 절단될 수 있다. DNA 복제과정시 주형가닥에 염기변환이 존재하는 경우에는 특히 티민이합체의 경우, 신생 딸 가닥 합성이 중지되고, 반대편의 주형 가닥을 재조합하여 옮겨온 후 계속해서 복제를 진행하는 재조합수선(recombination repair)기작도 존재한다. 즉 단순히 말단부위를 서로 연결하는 비상동말단연결(homologous recombination repair) 또는 DNA의 상동염기서열을 이용하여 수선하는 상동재조합 수선(homologous recombination repair) 등의 방법이 있다.

마지막으로 여러 가지 화학적 돌연변이원이나 자외선 등에 의해 염기의 대량 손상이 유발될 경우나 DNA의 복제가 저해될 경우, RecA 단백질을 이용한 SOS 반응(SOS response)의 복제 후 수선(post-replicative repair) 방법이 존재한다. 즉 손상된 부위를 복제하는 중합효소를 이용하거나, 상동 DNA를 이용해 수선할 수 있다. 다수의 수선관련 유전자들이 동시에 발현되어 DNA수선의 기능을 극대화 하는 것이다. 그러나 염기손상에 대한 응급의 의미를 갖는 수선기작으로서 염기의 손상을 복구하는 것이 생략되어 다수의 염기변이가 남게 된다.

3. 돌연변이체의 검색

자연발생 돌연변이를 비롯하여 여러 가지 표현형을 가지는 돌연변이는 각 유전자의 기능을 연구하는 데 중요한 재료가 되어 왔다. 따라서 이들 돌연변이를 이용하여 각 유전자의 기능을 알아낼 수 있는 검색방법이 다양하게 이용되어 왔다.

자연발생 돌연변이는 생물체의 집단에 따라 매우 드물게 일어난다. 따라서 학자들은 돌연변이의 발생빈도를 증가시키기 위하여 인공적으로 돌연변이를 유발하여 이용하기도 한다. 그러나 일반적인 돌연변이원들이 염기변이를 일으킬 뿐, 우리가 원하는 유전자에 특이적으로 돌연변이를 일으키는 것이 아니므로 특정 기능에 관련된 유전자의 돌연변이를 얻기 위해서는 각각의 표현형에 대한 돌연변이를 선별할 수 있는 방법이 필요하게 된다.

우선, 가시돌연변이체(visible mutant)는 현미경 수준에서 정상 개체와는 다른 표현형을 가지고 있는 경우이다. 배수체 생물에서 가시돌연변이체 표현형을 나타내는 돌연변이는 가끔 열성이어서 돌연변이체의 표현형은 변이체기 동형일 때만 나타난다. 따라서 배수체의 생물체에서 가시돌연변이체는 돌연변이유발 개체 집단을 계속 배양한 후에 확실하게 나타난다. 반대로 반수체 생물체의 경우는 즉시 돌연변이의 표현형을 볼 수 있다. 초파리의 안구색 돌연변이체, 몸 색깔 돌연변이, 날개형의 돌연변이 등과 여러 동물종의 표피색의 변이체, 그리고 식물의 경우 꽃잎색깔의 돌연변이 등이 있으며, 효모의 집락의 크기가 작아지는 경우나 빵 곰팡이의 생장이 망상조직에서 집락형으로 변화되는 경우 등이 가시 돌연변이의 형태로 쉽게 구분될 수 있다.

또한 생물체의 성장능력의 차이에 의한 돌연변이 구분이 가능한 경우가 있는데, 이러한 종류는 대개 대장균, 효모, 빵 곰팡이 같은 반수체에서 분리되어 연구되어 왔다. 이러한 개체들은 탄소원, 염, 미량원소 등이 들어있는 단순 최소배지상에서 자랄 수 있으며, 이 물질들을 이용하여 아미노산, 퓨린, 피리미딘, 비타민 등과 같은 모든 세포분자들을 만들 수 있기 때문이다. 최소배지상에서 자랄 수 있는 표준 실험실 균주를 야생형 또는 자가 영양주(autotroph)라 한다. 야생형 균주를 돌연변이시킴으로써 최소배지에서 자랄 수 없지만, 필요한 영양물질이 첨가된 최소배지에서 자랄 수 있는 균주를 분리할 수 있다. 이러한 영양 요구성 돌연변이체(auxotroph)들은 세포성장에 필수적인 성분을 합성할 수 없어서 최소배지에 첨가물로 존재해야 한다. 영양 요구성 돌연변이체들을 골라낼 수 있는 방법은 복사 평판법(replica plating)으로, 완전한 영양소들이 모두 포함된 배지에 돌연변이개체를 포함한 여러 균주를 배양한 후 무명 벨벳천(velvet cloth)에 이들 집락을 복사하여 최소배지나 또는 최소배지에 여러 가지 영양소 중 한 가지씩만을 첨가한 배지에 옮기어 성장형태를 비교하여 돌연변이를 골라내게 된다.

또한 영양요구성 변화 이외에도 항생물질을 처리함으로써 어떤 세포의 성장여부를 판별할 수 있으며, 온도에 따라 성장여부가 달라지는 온도민감성 돌연변이도 선별할 수 있다.

4. 돌연변이의 응용

대장균 등의 원핵세포를 비롯하여 많은 미생물 균의 산업적 이용을 위하여 돌연변이 검색을 통한 새로운 특성의 생물체를 얻고자 하는 방법들이 이용되어 왔다. 자외선을 비롯한 여러 가지 화학적 돌연변이원들이 사용되어 돌연변이를 유발한 후 원하는 기능을 갖는 돌연변이를 선별하여 이용하였다.

이러한 미생물 뿐만 아니라 여러 가지 화초나 작물 등의 특성을 변화시키기 위해 돌연변이를 유발하기도 하였다. EMS(ethyl methanesulfonate)나 X선 등을 종자에 처리한 후 변형개체들을 관찰하고, 새로운 특성을 갖는 유전변이 작물이나 화초를 개발하기도 한다. 그 이외의 동물에 대한 돌연변이 육종으로는 초파리에 대한 γ선 조사가 많이 이용되었으며, 트랜스포손을 이용하여 새로운 유전자를 발현하는 초파리를 얻기도 한다. 최근에는 다양한 유전자의 이상에 의한 기능적 특이성과 연관시키기 위해 여러 가지 돌연변이원을 이용하여 대량으로 줄무늬 열대어(zebra fish)나 마우스를 처리하여 다수의 돌연변이체를 얻기도 한다. 또한 최근의 특정유전자를 제어하여 유전자의 기능을 억제하거나, 증가시키는 유전자 적중 방법 등도 일종의 돌연변이를 이용한 방법이다. 그림 4-27은 텍셀 면양(Texel sheep)의 마이오스타틴(myostatin, MSTN) 유전자의 3′-UTR에 점돌연변이(point mulation)에 의한 근육비대증(muscular hypertrophy 또는 double-muscle) 현상을 보여주고 있는데, 소, 생쥐, 그리고 사람에게서 나타나는 ORF에서의 돌연변이가 아닌 3′-UTR에서의 특이한 돌연변이에 의한 경우의 예로써 고기 생산량 증대를 위한 형질로서 활용될 수 있는 예라고 볼 수 있다.

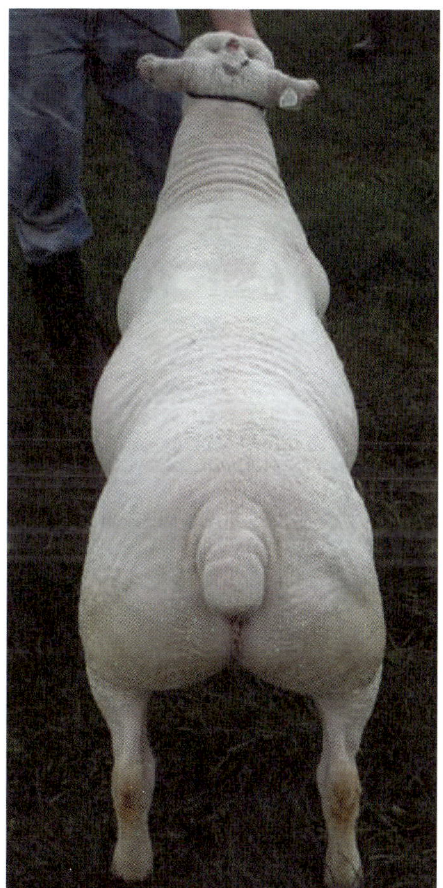

그림 4-27 근육관련 유전자(MSN)의 돌연변이를 이용한 면양의 육종

요 약

1. 동물의 형질은 유전자에 의해 지배되고 유전자는 염색체상에 존재하며, 유전자의 실체는 DNA이다. 진핵생물의 DNA는 대부분 이들의 핵 속에 존재하며, 이들은 염색체의 형태로 히스톤 단백질 등과 결합되어 존재한다. 그러나 일부 DNA는 세포내 소기관(organella)인 미토콘드리아나 식물의 경우 엽록체에도 존재하는데, 이 경우의 DNA는 노출된 형태로 원형의 DNA로 존재한다. 이러한 생물체의 유전자정보를 이루는 통합구조 전체에 대해 게놈(genome)이라 한다.

2. 염색체의 복제는 진핵생물이건 원핵생물이건 아주 정교하게 조절되어지는 일련의 과정으로서 전체의 핵 내의 게놈의 DNA가 세포분열할 때마다 정확히 복제되어야만 한다. DNA의 복제시 두 가닥 중 하나는 원래의 DNA의 가닥으로서 이를 주형으로 하여 새로운 DNA를 합성하여 새로운 이중가닥을 형성한다는 것은 DNA에 담겨있는 유전정보를 정확하게 후대에 전달할 수 있다는 점에서 중요하다. DNA에는 형질에 대한 유전정보가 암호로 수록되어 있다. DNA는 스스로 복제하여 자신의 유전정보를 보존하고, 후대로 전달하며 또한 그 유전정보를 RNA로 전사시켜 리보솜에서 단백질로 번역되도록 함으로써 형질이 발현된다. 전사(transcription)란 특수한 유전자에 상응하는 부분이 선택되고, 또 RNA 분자가 만들어지는 과정으로 정의된다. 즉 RNA분자의 생성과정을 말한다. 전사에 의해 얻어진 mRNA의 염기배열은 궁극적으로 단백질 합성의 청사진으로 작용한다. 따라서 mRNA상의 염기서열은 아미노산 정보를 함유하고 있어야 한다. 전이(translation)란 용어는 핵산의 염기언어가 단백질의 아미노산 언어로 번역된다는 의미에서 비롯된 것이다. 전사과정과는 달리 mRNA의 전이과정은 원핵생물과 진핵생물 모두 세포질에서 이루어진다고 말할 수 있다. 따라서 각 과정에 필요한 인자들의 구성이나 특성에 있어서 차이를 나타내기는 하지만 대체적인 전이과정의 기작은 유사하다.

3. 유전자 발현의 조절은 세포 내의 여러 단백질의 종류와 양에 따라 원핵세포의 경우는 주위 환경에 따른 적응을, 진핵세포의 경우는 환경변화 뿐만 아니라 각 세포가 구성하는 조직이나 발생단계에 따라 다양한 유전자 발현이 개시되거나 중지되는 조절이 필요하다. 따라서 유전자 조절이란 mRNA 수준에서의 전사개시 조정과 각각의 mRNA 안정성, 단백질로의 번역의 빈도, 번역된 단백질의 안정성 등에 의해 영향을 받으며, 각 과정에 여러 가지 기작이 존재하여 유전자 발현조절이 이루어진다.

4. DNA상에 존재하는 여러 가지 유전정보는 정확하게 후대에 전달되어야 함에도 불구하고, 열역학적으로 항상 변화요인에 의해 불안정성을 함유하여 변화가 일어난다. 이러한 변화에 의해 염기쌍의 서열이 변화되어 유전정보가 바뀌고, 표현형에 이상을 나타내는 생물개체 또는 이러한 과정을 돌연변이(mutation)라 하며, 대개의 경우는 여러 가지 화학물질이나 자외선 등의 고에너지 등에 의한 유도된 염기변환이 일어날 수도 있고, 세포내 DNA의

복제나 유지과정에서 자연발생적으로 일어날 수도 있다. 대장균 등의 원핵세포를 비롯하여 많은 미생물 균의 산업적 이용을 위하여 돌연변이 검색을 통한 새로운 특성의 생물체를 얻고자 하는 방법들이 이용되고 있다.

참고문헌

- Alberts, B., D. Bray, J. Lewis, M. Raff, K. Roberts and J.D. Watson. 1994. Molecular Biology of the Cell, 3rd ed. Garland Publishing, Inc., New York.
- Brooker, R.J. 2009. Genetics-analysis & principles, 3rd ed. McGRAW-Hill, New York.
- Griffiths, A.J.F., J.H. Miller, D.T. Suzuki, R.C. Lewontin, W. M. Gelbart. 1993. An Introduction to Genetic Analysis, 5th ed. Freemand and Company, New York.
- Kornberg, A. and T.A. Kaker. 1992. DNA Replication, 2nd ed. Freemand and Company, New York.
- Lewin, B. 2000. Genes VII. Oxford University Press. Oxford.
- Lodish, H., A. Berk, S.L. Zipursky, P. Matsudaira, D. Baltimore and J. Darnell. 1999. Molecular Cell Biology, 4th ed. Freemand and Company, New York.
- Clop, A. et al. 2006. A mutation revealing a potential illegitimate miRNA target site in the myostatin gene is a quantitative trait nucleotide with major effect on muscularity in sheep. Nature Genet. 38(7) : 813~818.
- Russell, P.J. 1998. Genetics, 5th ed. The Benjamin/Cummings Publishing Company, Inc. CA.
- Stryer, L. 1988. Biochemistry, 3rd ed. Freemand and Company, New York.
- Tamarin, R.H. 2004. Principles of Genetics, 7th ed. McGRAW-Hill, New York.
- 이형환, 추송길, 이실자, 심성준. 1993. 분사유전학, 개정판. 문운당.

5 동물의 형질유전

개 요

본 장은 소, 돼지, 말, 면·산양, 닭, 마우스에 있어서 비교적 자세히 밝혀진 형질들의 유전적 특성과 그 유전양식을 요약하였다. 이들 형질들 중 동물들의 모색, 체형상 특징, 치사 및 기형 형질들을 중심으로 자세히 소개하고 자 한다.

5-1 소의 형질유전

1. 모색의 유전

포유동물의 모색은 두 가지의 색소, 즉 pheomelanin(적색/황색)과 eumelanin(갈색/흑색)의 분포에 따라 결정되는데, 이들의 상대적 양은 주로 2개의 좌위, 즉 Extention(*E*)과 Agouti(*A*)좌위에 의해 조절된다. 소의 모색은 MSH(Melanocyte-stimulating hormone receptor) 수용체 유전자 연구에서 우성흑색은 E^D좌위에 의하고, 적색계통은 열성동형접합(*ee*)에서 발현되며, 이와 함께 추가인자인 E^+(wild type)에 의하여 다양한 모색을 나타내게 되는 것으로 알려졌다.

(1) 흑색모

흑색모(*B*)는 적색모(*b*)에 대하여 우성으로 Holstein과 Angus 품종에서 볼 수 있다.

(2) 갈 색

흑색에 대해서는 하위적 표현을 담당하고, 적색에 대해서는 상위적 표현을 담당한다.

(3) 적 색

적색모(R)는 흑색에 대하여 열성적 표현을 하게 되는데, 적색 Shorthorn 또는 적백 Holstein(red and white)에서 찾아볼 수 있다.

(4) 조모색

Shorthorn 품종에서 적색 쇼트혼(RR)과 백색 쇼트혼(rr) 사이에 태어나는 송아지는 조모색(Rr)을 띠게 되는데, 조모색은 백색(r) 인자와 적색인자(R)의 공우성으로 이형접합체들의 피모색은 백색털과 적색털이 산재한 형태로 발현된다. 이러한 조모색의 송아지는 MGF(mast cell growth factor) 유전자에 2종류의 다른 대립인자가 존재하여 이들 대립유전자가 homozygote일 때 하나는 백색, 다른 하나는 적색일 때에 나타나는 현상이다. 쇼트혼 품종에 있어서 흑색(B)인자는 없는 것으로 알려져 있다.

그림 5-1 조모색(roan color)의 쇼트혼 종

(5) 얼룩색

길고 매끈한 무늬를 형성하는 2종류의 모색이 혼합된 얼룩무늬의 털색(brindle)은 흑색과 적색 또는 황색이 섞여있는 형태이다. 이것은 흰색과 흑색 또는 적색의 혼합으로 나타나는 조모색과는 구별되는 혼합모색이다. 이러한 얼룩무늬의 유전적 양상은 정확히 밝혀지지 않았지만 노르웨이 품종에서 모색유전자인 MC1R 유전자에 흑색확장인자(E^+)의 작용에 기인되는 것으로 밝혀졌고, 수로 고지대에서 사육되는 품종에서 나타나며 출생시에는 일

룩이 나타나지 않지만 2~3세가 지나면서 얼룩무늬가 나타나고 있다.

우리나라의 호반우(또는 칡소)도 얼룩무늬 모색으로 한우의 품종으로 인정되고 있다.

그림 5-2 얼룩무늬(brindle)의 호반우

(6) 우성백반

1) 두부백반

Hereford 품종에서 머리의 백색은 유색에 대하여 우성백색이므로 여타 유색품종과의 교배에서 자손의 두부는 백색인 모색이 표현된다. 따라서 Hereford 품종과 흑색 Aberdeen-Angus 품종과의 교배에서 생산된 자손의 두부는 백색이 되고, 몸통은 흑색인 개체가 된다.

그림 5-3 Hereford 품종의 두부백반

2) 서혜부 백반

Holstein종의 서혜부(inguinal white) 하복부의 백색 피모는 우성백반으로 작용한다.

그림 5-4 Holstein 품종의 서혜부 백반

3) 백 대(白帶)

몸통을 둘러 백색 띠가 발현된 상태로 Hampshire종의 돼지처럼 Dutch Belted 품종과 Belted Galloway 품종의 소에서 앞다리를 포함하지 않는 백색 띠를 두른 것을 볼 수 있는데, 이 백대의 형질은 백대의 크기가 일정한 표현형으로 나타나지 않는 variable expressivi-

그림 5-5 백대의 모색을 가진 Dutch Belted종

ty이지만 우성으로 발현된다. 소에서 백대의 유전자위치는 밝혀지지 않았지만 Hampshire 돼지는 KIT유전자에 의해, 그리고 마우스의 백대는 Adamts20이라는 유전자의 지배를 받는 것으로 밝혀졌다. Mouse와 비교유전자지도(comparative gene mapping)를 통해 소에서는 염색체 3번에 이러한 유전자가 존재하고 있음이 규명되었다.

(6) 열성백반

Holstein의 백반으로 단순색에 대하여 열성이다. Holstein 백반에는 색소확장인자가 관여해서 백색 부위를 축소 또는 확대하는 것으로 알려져 있다.

2. 체형상의 특징

(1) 유무각 형질

소의 무각인자(*P*)는 유각인자(*p*)에 대하여 단순 우성형질로 무각인 개체(*PP*)와 유각인 개체(*pp*)를 교배하면 무각(*Pp*)인 개체의 자손을 얻는다. 우성인 무각과 연관되는 작은 뿔조직(scurs)이 무각 개체에 나타나는 유전현상이 보고되어 이는 염색체 19번에 있는 single scur allele에 영향을 받지만 종성유전(sex influenced inheritance)으로 수컷에서만 나타나고 있다.

그림 5-6 무각인 수컷개체의 scurs

(2) 견봉(肩峰)과 흉수(胸垂)

인도소의 계통에 잘 발달된 신체적 특징으로 견봉(hump)과 흉수(dewlap)를 갖고 있는데, 이 특징을 소유한 것이 없는 것에 대하여 우성적 발현을 보인다.

그림 5-7 견봉과 흉수가 발달된 브라만종

(3) 권축모(卷縮毛)

Ayrshires 품종의 피부에 달라붙는 곱슬곱슬한 털(curliness)은 직모에 대하여 우성적 표현을 한다.

(4) 유구의 균등성

유방 발육에 있어서 전후, 좌우의 유구 또는 유두의 균형성은 정상적인 균형이 비정상적 균형에 대하여 우성이다. 즉 우측 또는 좌측에 전후 유두의 접합이나 좌측 유두의 결손은 정상적인 유구와 유두발육에 대하여 열성이다.

(5) 치사형질

소에 있어서 유전적 치사형질의 대부분은 열성형질로서 이들 치사형질을 소유한 개체들은 출생 전 또는 출생 직후 곧 사망에 이른다.

1) 연골발육부전

연골발육부전증(*Achondroplasia*)은 I형, II형, III형으로 구분되어 설명되는데, I형의 경우는 다리가 짧고 머리에 종종 뇌기실과 입천장이 열려있다. 임신 4개월령에서 8개월령 사이에 태아 흡수가 진행되기도 하고, 임신말까지 유지되면 뇌가 지나치게 발육되어 분만장애를 유발하기도 한다. II형은 I형보다 증상이 가벼우며 임신은 말기까지 유지되나 태어난 직후 사망하게 된다. III형은 II형보다 증상이 더 가벼우나 태어나서 수 시간 이내에 사망하게 된다. 유전양식에서 I형은 불완전 우성치사 형질로 유전되나 II형과 III형은 열성 치사형질로 유전된다.

2) 장기재태

장기재태(prolonged pregnancy)는 I형과 II형이 있는데, I형은 임신기간이 311일에서 403일로 송아지는 정상으로 분만하나, 종종 태아가 지나치게 발육되어 난산 또는 모체의 분만장애를 유발하게 된다. II형은 임신기간이 500일에 달하며, 태아의 골격 발육부진, 상피 발육부진, 뇌하수체 결손 및 갑상선 발육부진 등을 초래한다. 유전양식은 정상에 대하여 열성 치사 형질이다.

3) 태아 미이라증

태아 미이라증(Mummification)은 열성치사 형질로서 송아지 태아는 목이 짧고, 다리가 굳어 있으며, 관절부위가 돌출된 형태를 보여준다. 태아는 약 8 개월령에 사망을 하지만 미이라가 되어서 임신말기까지 유지되기도 한다.

4) 선천적 빈모(貧毛)

선천적 빈모증(*Hypotrichosis congenita*)은 무모증이라고도 하며, 태어나면서부터 정상에 비하여 피모형성이 불량한 형태로 태어난다. 주로 비경주위, 눈주위, 귀주위, 꼬리 끝에는 피모가 형성되어 있다. 열성치사 형질로서 대부분 출생 후 곧 사망하게 되며, 일부 송아지는 생존도 가능하나 늦은 성장률을 보이며, 결코 정상적인 송아지의 피모형태로 회복되지는 않는다.

5) 상피결함과 상피발육부전

상피결함증(Epitherial defects)은 무릎 아래로 피부형성이 결여되어 있고, 발굽의 각질이 결손되어 있거나 비경주위의 피부형성이 불완전하고, 코와 혀의 점막피부 형성불량 등의 특징을 들 수 있다. 유전양식은 열성치사 형질이다. 상피발육부전(*Epithellogenesis imperfacta*) 또한 상피결함증과 특징이 유사하지만, 송아지는 정상 분만이 되나 주로 박테리아의 피부오염에 의하여 사망하게 된다.

6) 선조무모증(線條無毛症)

Holstein 품종에서 보고된 바 있는 선조무모증(streaked hairlessness)은 암컷에서만 나타나는데, 고관절(股關節) 부위를 지나 몸통 측면에 수평적으로 피모가 없는 부위가 띠를 두른 듯이 나타나게 된다. 성염색체의 열성치사 형질로 밝혀졌으며, 정상인 수소와의 자손은 반성열성치사 유전양식을 따라 성비가 암컷 2 : 수컷 1의 분리의 비를 따른다.

(7) 반치사 형질

1) 선천적 백피증(白皮症)

백피증(Albinism) 또는 백색증으로 불리는 이 증상은 선천적으로 피부, 비경, 발굽 등에 색소침착이 결여된 형태이다. I형과 II형으로 구분될 수 있는데 I형의 경우는 피부, 비경, 발굽 등에 색소침착이 완전히 결여된 상태이고, 눈은 핑크색이 아닌 회색이 도는 색이 발현되는 것이 특징이다. II형의 경우는 색소 침착부위에 부분적으로 반점을 형성하며, 탈색이 된 상태로 눈의 색은 청색을 발하게 된다. I형은 열성으로 추정되고 있으나, II형은 우성형질로 밝혀졌다.

최근에는 알바이노 현상은 Tyrosinase 유전자에 기인하는 것으로 규명되었고, 이 유전자는 흑색색소에 연관되는 MC1R유전자의 E^D유전자형이나 agouti유전자형에도 상위성작용을 한다는 사실이 밝혀지기도 했다.

그림 5-8 알바이노 모색의 한우 송아지

2) 간 질(癎疾)

선천적으로 간질증(Epilepsy)을 지니고 태어난 경우인데, 간질증상은 간헐적으로 나타나며, 뇌의 발작을 일으켜 순간적으로 의식장애 혹은 의식상실과 경련 등 이상한 근육운동현상이 초래된다. 소에서는 우성형질로 분류되고 있다.

3) 만노시도시스(Mannosidosis)

만노스(mannose)가 풍부한 기질(氣質)의 라이소솜(lysosome) 축적을 일으키는 선천적 대사질병으로 α-mannosidase 효소결핍이 원인이다. 보통 송아지는 살아서 태어나며, 생시에는 정상적인 송아지와 다를 바가 없으나 생후 수 주 혹은 수 개월령 이내에 발병되며, 발병된 송아지는 성장이 중지되고 어미소를 따라다니지 못하며, 집단 내에서는 공격적 행동을 보이게 된다. 사실상 미쳐버린 송아지로 보이기 쉽다. 보통 발병된 송아지는 1년 이내에 사망하게 된다. 또 다른 형태로 β-mannosidosis로 송아지의 기립불능과 수유불능 그리고 이마가 둥근형태로 뇌의 회백질 척수의 결핍이 나타나는 유전적으로 열성형질로 분류되고 있다.

(8) 기형형질

1) 왜소증

왜소증(Dwarfism)의 유형에는 여러 가지가 있으나 머리와 다리가 짧은 형태의 왜소증이 가장 흔한 형태이다. 비록 왜소증인 송아지는 정상적인 송아지에 비해 체중이 1/2가까이

그림 5-9 짧은다리의 왜소인자 소

작게 태어나지만, 비교적 균형을 잘 갖춘 형태로 보이기도 한다. 출생시에 송아지는 눈이 다소 돌출되어 있고 보행자세가 불안하며, 허약하고 호흡소리를 거칠게 발산하는 특징이 일반적이다. 유전양상은 상염색체의 열성인자에 기인되는 것으로 Angus와 Hereford 품종에서 발견된 후 여기에 몇 개의 변경인자가 동시에 관여하는 것으로도 보고 있다.

Dexter 축우에서 왜소인자가 heterozygote인 경우 체형은 정상이나 짧은 다리를 가지고 있고 homozygote인 경우는 태아시에 사망한다.

2) 근 이상비대증

단순열성 Myostatin(GDF-8)유전자에 기인하는데, 근조직의 이상비대증(Muscular hypertrophy, Double muscle)은 견갑부위, 넓적다리, 엉덩이의 부위에 이상근육 형성으로 비대하게 되고, 근육사이의 경계가 뚜렷하게 나타난다. 많은 양의 고기를 생산한다는 면에서 과거 한때 이 형질에 대한 선발도 진행되었을 것으로 생각된다. 그러나 육질과 육가공에 있어서 좋지 않은 점들이 거론되면서 이런 형질을 소유한 개체들의 번식은 회피하고 있는 실정이다.

그림 5-10 Double muscle의 Belgian Blue Bull

3) 다지증(多指症)

다지증(Polydactylism)은 발현형태에 따라서 I형과 II형으로 구분될 수 있는데, I형은 앞다리에만 추가의 발가락이 발생한 형태이고, 절름거리는 보행자세를 보인다. II형은 사지 모두 3쌍의 발가락으로 구성된 경우이다. I형과 II형 모두 상염색체의 우성형질로 유전된다.

4) Anhidrotic ectodermal dysplasia

Anhidrotic ectodermal dysplasia는 *X* 성염색체와 연관된 반성 열성유전(sex-linked recessive inheritance)으로 감염 소의 얼굴엔 털이 없고, 땀샘이 아주 작으며, 앞니가 없는 증세로 Holstein종 수컷에서 주로 나타나고 있다.

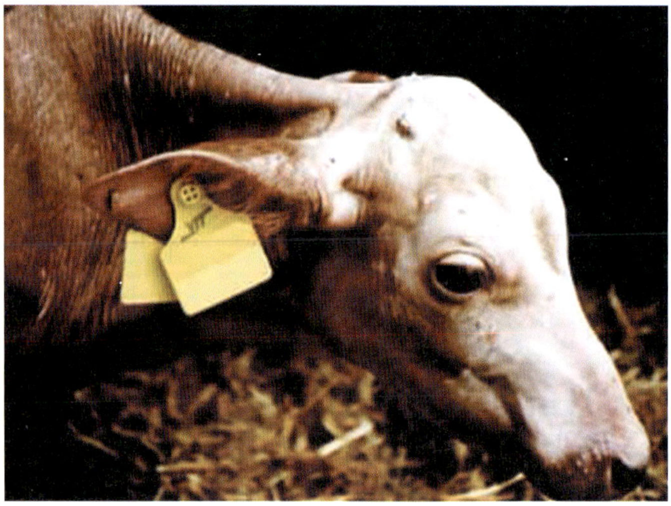

그림 5-11 Anhidrotic ectodermal dysplasia증세의 수컷 Holstein

5) 음 고(陰睾)

음고(Cryptochidism)는 선천적으로 하나 또는 2개의 고환 모두가 정상적인 위치인 음낭 내로 하강하지 못한 상태로, 복강내 또는 서혜관(鼠蹊管)에 머물러 있는 상태를 말한다. 음고의 개체는 대개는 불임이 되며, 유전양식은 상염색체의 단순열성 인자에 기인한다.

6) 열이(裂耳)와 복이(複耳)

열이(Notched ears)는 귀바퀴의 모양이 불완전하게 형성되는 것을 말하며, 복이(Double ear)는 가느다란 이각(耳殼)이 부수적으로 귀바퀴와 평행으로 성장하여 확장된 모양으로, 2개의 귀가 겹쳐 있는 형태를 취한다. 열이와 복이는 모두 우성으로 유전된다.

7) 무미(無尾), 편미(偏尾), 사미(蛇尾)

무미(Tailless)는 선천적으로 꼬리가 없는 상태로 태어나게 되며, 편미(Wrytail)는 미근부에 미추의 비정상적인 비틀림으로 인하여 미근부(尾根部)가 동체와 일직선상으로 놓이지 못하고 꼬리가 한쪽으로 틀어지는 것을 말한다. 사미(Screw tail)는 부분적으로 미추골들의 융합에 의해 꼬리가 도중에 굴곡된 모양을 하게 된다. 무미, 편미, 사미는 모두 열성형질로 유전된다.

기타 유전적 치사, 반치사 및 기형형질은 표 5-1과 같다.

표 5-1 소에 있어서 유전적 치사, 반치사 및 기형형질

형 질	특성 및 증상	유전양식
〈치사형질〉		
Acroteriasis congenita	상피발육 결함, 송아지는 사산 또는 출생 직후 사망	열 성
Agnathia	매우 짧은 하악(下顎) 소유	열 성
Ankylosis	관절이 굳고, 고정되어버림, 하악골이 융합되는 경우도 가끔 발생함(關節强直)	열 성
Arthrogryposis	앞다리, 뒷다리 또는 사지의 강직현상을 보이며, 구개열(口蓋裂)을 보임(關節痙縮)	상염색체 단순열성
Bulldog head	짧고 넓은 두개골, 큰 안와(眼窩) 소유, 짧은 상악(上顎), 시력장해(불독頭形)	열 성
Congenital dropsy	신체의 조직과 체강 내에 물이 차며, 송아지는 보통 1~2개월 일찍 조산함(선천적 水症)	열 성
Congenital ichthyosis	물고기의 비늘과 같은 각질피부(선천적 魚鱗癬)	열 성
Digital abnormality	지족(肢足) 발육불량 및 발육 불균형, 파행(跛行)유발	우 성
Doddler cattle	근경련(筋痙攣) 및 근경축(筋痙縮), 안진(眼震)이 유발됨.	열 성
Edema	부종 또는 수종으로 인하여 다리, 비경 및 복부 등의 팽대(水腫症)	열 성
Fetal resorption	태흡수는 여러 발육단계에서 발생될 수 있으며, 분해물, 뼈, 미이라(乾性胎兒)가 관찰됨(胎兒吸收)	열 성
Hernia cerebri	두개골의 봉합부위가 열려서 뇌의 성분이 돌출함. 송아지는 사산 또는 출생 직후 사망함(腦허니아)	열 성
Hydrocephalus	송아지의 전두부의 돌출, 두정부의 확대, 뇌실에 다량의 수액이 저류함(腦水腫)	상염색체 단순열성
Impacted molars	하악이 짧고 구치가 치조 내에 매복됨. 출생 후 1주일 내에 사망(臼齒埋伏)	열 성
Lameness in hind limbs	기립불능(後肢跛行)	열 성
Limber leg	다리의 근육과 관절의 발육불량으로 송아지는 기립이 불가능하며, 대부분은 사산되나 외관상 정상적으로 출생하여 얼마동안 생존하기도 함.	단순열성
Muscle contracture	머리와 다리가 길게 늘어지며, 굳은 관절 소유, 송아지는 만기 출산됨(筋肉拘縮)	열 성
Night blindness	주간에는 정상적인 시력을 보이나, 해가 질 무렵부터 야간에는 시력장애를 보임(夜盲症)	열 성
Osteopetrosis (marble-bone disease)	임신말기 1~4주 일찍 사산됨. 비정상적으로 치밀한 뼈를 형성, 골수강이 없음, 짧은 하악, 개장된 혀, 매복구치의 형태를 보임(骨化石症 또는 大理石症)	열 성

형 질	특성 및 증상	유전양식
Paralysis	근육부종을 동반한 후구마비, 근육부종, 실명, 출생 직후 사망(痲痺症)	열 성
Paralyzed hinderquaters	출생된 송아지는 후구기립불능 이외에는 모두 정상으로 보임(後軀痲痺)	열 성
Short limbs	짧은 사지, 발굽 발육불량	열 성
Short spine	늑골과 척추의 연접, 함몰된 등허리, 송아지는 사산되거나 출생 직후 사망(脊椎連接)	열 성
Spasms	출생한 송아지는 정상으로 보이나, 곧 산발적인 근육경련을 보이고, 수주일 이내 사망하게 됨(痙攣症)	열 성
Syndactyly (mulefoot)	우측 다리, 양쪽 앞다리 또는 세 다리에 발가락이 하나로 붙은 형태, 사지 모두 합지증(合趾症)은 드문 편이고, 송아지는 스트레스로 기립불능이 됨(合趾症)	열 성
Tendon contracture	건(腱)의 근섬유장애로 인하여, 강직성을 나타내면서 송아지는 사산 또는 출생 직후 사망함(腱拘縮)	열 성
〈반치사 또는 기형형질〉		
Impotentia coeundia	발기불능(陰莖萎縮症)	상염색체 열 성
Achondroplasia	다리와 머리가 짧고, 권축모, 빈약한 발육 특징을 나타냄(軟骨發育不全症)	열 성
Duck legged	다리의 길이가 정상보다 짧음(短肢症)	우 성
Protoporphyria	태양광선에 민감하게 되고, 송아지는 광선을 싫어하고, 그늘을 찾는다. 귀와 코 주위의 피부에는 병변이 발생하고, 가피(痂皮)가 형성됨(프로토포르피리아症)	열 성
Spread hoofs	발굽이 넓게 벌어져 통증을 동반하여, 무릎으로 보행하는 행동을 보임.	열 성
Strabismus	시축(視軸)이 서로 다른 위치를 취하여 사시형태를 보임, 출생시에는 정상으로 보이나, 12개월령 전후에 관찰됨(斜視眼)	열 성

5-2 돼지의 형질유전

1. 모색의 유전

돼지의 모색은 흑색, 적색, 백색, 백반 등 다양하고, 품종에 따라서도 이들 모색형질들이 우성과 열성이 서로 교차하는 복잡한 양상을 보이고 있다. 모색을 결정하는 주요 좌위에는 우성 백색의 *I*, 유색의 확장에 관여하는 *E*, 백색대(白色帶)에 관여하는 *Be* 등이 알려져 있다. 이외에도 야생돼지에서 나타나는 *A*(agouti) 좌위가 있으나 돼지 모색의 다양성은 이 좌위들에 의해서 완전하게 설명되지 않고 있으며, 대립유전자의 구성도 불분명하여 확실한 결론에 이르지 못하고 있다.

(1) 모색의 진화

아시아 지역에서 7,000년 가축화가 이루어진 쥐색(agouti)의 멧돼지는 모색의 돌연변이가 나타나 아시아의 품종에서 공통적으로 발현한 모색의 돌연변이로 유색확장 유전자 *E*와 백두(白頭) *He*가 나타났고, 아시아와 지중해지역의 돼지에서 발생된 돌연변이로는 검은색, 검은 반점, 적색, 백색대가 나타났다. 특히 중세에 북유럽에서 백색 돌연변이 *I*가 발생하였다.

그림 5-12 북유럽에 발생한 돌연변이 Yorkshire의 모색 유전자(*I*)

(2) 흑색, 흑반, 적색

유색 유전의 확장을 관여하는 *E* 좌위는 단일흑색(單一黑色) 유전자인 *E*, 검은 반점인자 E^p, 단일적색(單一赤色)을 나타내는 *e* 인자가 있다. Berkshire, Poland China와 Pietrian은 검은 반점 인자 E^p를 호모상태로 가지고 있다. Pietrain 모색의 근원은 Berkshire와 같으며, Berkshire의 모색은 검은 반점이 확장되어진 형태이다. Hampshire에서 네 번째 대립유전자 우성흑색인 E^d가 발견되었으며, 대립 유전자들의 우성순위는 $E^d/E/E^p/e$ 이다. 따라서 Hampshire 품종에서 나타나는 흑백반(E^d)은 적색(e)에 대하여 우성으로 나타난다. 한편 Poland China 품종과 Berkshire 품종의 육백은 Tamworth 품종이나 Duroc품종의 단일적색에 대하여 우성보다는 달마시안(dalmatian) 형태로 나타남으로써 E^p인자가 e인자에 대한 완전우성은 아니다. *E* 좌위는 *I* 좌위와 상위성 관계를 갖고 있으며, 단일흑색품종인

Gascon, Jiaxing과 검은 반점 품종인 Meishan, Jinhua, Limusine 모두 같은 $iiEE$ 유전자형을 가지고 있고, Large White는 IIE^pE^p, Pietrain은 iiE^pE^p를 가지고 있다. 한편 유색 유전의 확장에 관여하는 E 좌위는 6번 염색체에서 발견되었는데, 쥐의 8번, 소의 18번 염색체에서 상동유전자가 발견되었다.

그림 5-13 E^p유전자의 영향을 받는 Berkshire의 모색

그림 5-14 열성 모색 유전자 e를 갖고 있는 Druoc

(3) 백 색

색 억제 대립유전자 I에 의해 결정되며, Yorkshire, Large White와 Landrace는 일반적으로 동형접합체이다. 이들 품종의 백색은 흑색이나 황색에 대하여 우성이다. 두 번째 색 억제 대립유전자로서 열성인 I^d 인자는 Chester White 품종의 백색과 Berkshire 품종 흑색인자인 E^p와 만났을 때 Berkshire 품종의 흑색과의 교잡에서는 백색바탕에 흑점이 나타나는

경우도 있다. 이는 E^p 형으로 기인된 것으로 보고 있다. 또한 Chester White는 모색이 적색인 Tamworth 품종과의 F_1은 백색바탕에 부분적으로 적색이 나타나는 경우도 보고되고 있다. Berkshire, Poland-China, Large Black, Duroc과 Pietrain은 세 번째 대립 유색 유전자 i를 호모형태로 가지고 있다. 네 번째 대립유전자 i^m은 털복숭이 백색 Mangalitza 품종의 유색 피부에 백색모의 원인으로 알려졌다.

(4) 백색대(白色帶)

Hampshire 품종에서 나타나는 백색대(Be^w)는 백색대가 없는 것(be)에 대하여 우성이고, 넓은 백색대(Be^wBe^w)와 좁은 백색대(Be^wbe), 흑색($bebe$)으로 유전자형이 구분되어진다. 같은 유전자 자위에 세 번째 대립유전자는 Bavarian Landschwein 품종의 be^b으로서 반색(半色)의 띠를 나타내며, 우성의 순위는 $Be^w/be/be^b$이다. 한편 백색대의 좌위는 유색의 확장에 관여하는 E좌위와 느슨한 연관이 존재하는 것으로 알려졌다.

(5) 멧돼지 색(野猪色)

멧돼지 색(쥐색)은 Agouti 좌위의 대립유전자들에 의해 결정된다. 복부 밝은 빛의 쥐색(A^w)은 백색이외의 유색(a)에 대하여 우성으로 작용한다. 오소리 얼굴의 쥐색(A^b)은 변종으로 존재한다.

2. 체형상의 특징

돼지의 형태적 형질은 하나의 유전자에 의해서 결정되기 보다는 많은 수의 유전자와 환경요소와 같은 비유전적 요인들과 상호작용에 의하여 복잡하게 나타나는 것이 일반적이다. 따라서 우성과 열성을 판정하기 어려운 형질들이 대부분이다. 또한 체형과 관련되어 있는 형질들은 대체로 돼지의 생산능력과 관련되어 있고, 양적형질의 유전양식을 따른다.

(1) 얼 굴

돼지의 얼굴모양은 길이가 짧은 것과 긴 것, 콧등선이 직선인 것과 만곡한 것, 얼굴 폭이 넓은 것과 좁은 것 등 이들의 조합에 다양한 변이가 있지만 F_1의 교잡종들은 대체적으로 양 부모 품종들의 중간형으로 표현된다. 그러나 돼지 눈의 색깔은 적색(r)이 정상인 흑색(R)에 대하여 열성인 것으로 알려졌다. 두부의 군살은 하악골로부터 늘어진 연골관절물질 덩어리인데 한 열성 유전자에 의해 발현되는 것으로 알려졌다.

표 5-2 돼지의 모색 유전자

좌 위	대립 유전자	특 징
A	A^w	복부 백반의 쥐색
	A^b	오소리얼굴의 쥐색 (대립성 비증명)
	a	비 쥐색
	a^s	암갈색 (대립성 비증명)
C	C	정상
	C^e	색이 극히 옅음 (=착색피부의 백색모) (대립성 비증명)
D	D	정상
	d^s	암갈색 (대립성 비증명)
	d^p	열성 백색 유전자 (대립성 비증명)
E	E^d	우성 흑색 (대립성 비증명)
	E	흑색 또는 원형 흑색 반점
	E^p	육백(六白)을 가진 흑색
	e	적색
	e^h	백안 (白顔) (대립성 비증명)
H	He	백안 (白顔)
	he	정상
I	I	유색 억제
	I^d	회색
	I^p	흑색 반점
	i	유색
	i^m	착색피부의 백색모 (대립성 비증명)
Be	Be^w	백색대 (白色帶)
	be	단색
	be^b	절반 유색 및 백안 (白顔) (대립성 비증명)
R	R	정상
	r	붉은 눈

출처 : Berge, 1961; Searl, 1968; Olivier, 1982.

(2) 귀모양

귀의 모양에는 직립이(直立耳), 약간 늘어진 사수이(斜垂耳), 완전히 아래로 늘어진 하수이(下垂耳) 등이 있다. 이들 귀모양의 명확한 유전양식은 밝혀진 바 없으나, 귀의 모양에는 여러 쌍의 유전자가 관여한다는 학설과 직립형이 사수형 또는 하수형에 대해서 불완전 우성이라는 학설이 보고된 바 있다.

표 5-3 돼지의 모색에 대한 품종의 표현형에 따른 유전자형

품 종	모색 표현형	유전자형 좌위				
		A	*I*	*E*	*He*	*Be*
Large White, Landrace	백색	*aa*	*II*	E^pE^p	*hehe*	*bebe*
Gascon, Jiaxing (Cornwall)	흑색	*aa*	*ii*	*EE*	*hehe*	*bebe*
Meishan, Jinhua	흑색반점 흑두 (黑頭)	*aa*	*ii*	*EE*	*hehe*	*bebe*
Limousin, Saddleback	흑색반점 흑두 (黑頭)	*aa*	*ii*	*EE*	*hehe*	Be^wbe
Dahua bei, Moncai	흑색반점 백두 (白頭)	*aa*	*ii*	*EE*	*HeHe*	*bebe*
Pietrain, Berkshire, Poland China	우성 흑색	*aa*	*ii*	E^pE^p	*HeHe*	*bebe*
Duroc, Tamworth, Minnesota No. 1	적색	*aa*	*ii*	*ee*	*hehe*	*bebe*
Hampshire, Hannover	흑색, 백색대	*aa*	*ii*	E^dE^d	*hehe*	Be^wBe^w

출처 : Rothschild and Ruvinsky, 1998. (일부 품종은 추정)

(3) 유 두(乳頭)

유두 수 역시 뚜렷이 밝혀진 유전양식은 없지만, 유전적인 형질임은 확실한 것으로 보고 있다. 한편 유두 수에 대한 유전력이 0.39로 보고된 바 도 있으며, 양적형질로 간주하고 선발을 수행하면 유두수를 증가시키거나 감소시킬 수 있는 것으로 보고 있다. 또한 유두 수의 좌우 비대칭과 함몰 유두 사이의 양의 상관관계가 있는 것으로 알려지고 있다.

3. 치사 및 기형형질

돼지의 형태적 형질(morphological trait)과 더불어 기형이나 치사형질에 대한 연구가 많이 수행되고 있다. 1978년에 광범위한 동물들의 유전형질과 동물의 질환에 대하여 정리하여 정보를 축적 보급하기 시작하였고, OMIA(Online Mendelian Inheritance in Animals)라는 이름의 인터넷을 개설하여 정보를 공유하였다. OMIA에는 돼지관련 유전정보가 포함되어 있다. 돼지의 형질 유전은 산업적인 관심뿐만 아니라 인간의 질환유전에 대한 모델동물로서 역할을 하고 있다.

(1) 근육체계

PSS 증후군을 갖은 돼지는 지나친 흥분, 운송, 이동 또는 무더운 날씨, 예방접종, 거세, 교배 등의 스트레스를 지나치게 받았을 때 체온이 올라가고, 심하면 사망에 이르게 된다. 다수의 비대립유전쌍이 관여하는 것으로 보는 시각이 있으며, 그 중 한 쌍의 유전자는 열

성돌연변이에 의한 것으로 밝혀졌다. RN(Rendement Napole) 우성 유전자를 보유한 개체는 배장근의 근육 내에 글리코겐 함량이 높아져 도축 후 육질에 좋지 않은 영향을 미친다. 유전자는 돼지의 16번 염색체에 존재한다. 근육비대증은 Belgian Pietrain에서 한 주요 유전자에 의해 나타나는데, 성장시 근육의 이상 발달을 가져오며, 악성고열증도 유발한다.

(2) 신경 및 근육 신경체계

관절 만곡증은 선천적인 증상인데, 한 좌위의 열성 유전자에 의해 유전되는 유전질환이다. 진행성 실조(失調, ataxia)증을 가진 돼지는 근육과 신경이 적절한 협조를 통한 움직임의 실패를 가져온다. 열성 상염색체에 의해 유전된다. 악성 고열증은 체온이 올라가고, 근육이 경직되는 증상인데, 열성 MH(Malignant Hyperthermia) 유전자에 의해 발현된다. 골격근의 육질에 영향하는 유전자이다. 운동신경질환(motor neuron disease)은 실조와 마비로 인한 운동 기형인데 우성 상염색체에 의해 유전된다.

(3) 다 리

선천성 허약 후지증은 정상적으로 서있지 못하는데, 중도의 유전을 갖으며 다수의 유전에 의해 발현되는 것으로 알려졌다. 무지증은 열성 상염색체에 의한 치사형질이다. 후지근육퇴행증은 열성 상염색체 유전이다. 합지(合指)는 우성 상염색체에 유전된다. 사지결손(Leglessness)은 사지가 없는 상태로 태어나게 되는데, 태어난 후 곧 사망하게 된다. 열성형질로 분류되고 있다.

(4) 음 고(陰睾)

음고(Cryptochidism)는 고환이 모두가 정상적인 위치인 음낭 내로 하강하지 못한 상태로 복강내 또는 서혜관(鼠蹊管)에 머물러 있는 상태를 말하는데, 음고인 개체는 불임이 되며, 유전양식은 열성 인자에 기인한다.

(5) 맹 목(盲目)

맹목(eyes absent)은 안구가 결여된 상태를 말하는데, 열성인자로 추정되고 있다.

(6) 제헤르니아(臍헤르니아)

제헤르니아(Hernia, umbilical)는 배꼽부위의 근육조직이 허약해서 내장의 일부가 밖으로 밀려나는 증상을 말하는데, 우성형질인 것으로 밝혀졌다.

기타 돼지의 치사 및 기형형질은 표 5-4와 같다.

표 5-4 돼지의 기형 및 치사형질

형 질	특성 및 증상	유전양식
Bent legs	보통 前肢가 밖으로 휘고, 치사성을 보이며, 後肢도 彎曲되는 경우도 있다(四肢彎曲).	열 성
Brain hernia	두개골의 정중선 봉합이 안되어, 뇌의 성분이 돌출됨(腦헤르니아).	열 성
Catlin mark	뇌발육 불량, 치사성	열 성
Cleft palate	口蓋裂증상에 치사성을 보임. 자돈은 포유불능	열 성
Epithelio genesis imperfecta	몸체 또는 다리에 상피발육 불량(上皮發育不全)	열 성
Excessive fatness	비정상적으로 과비가 진행되어, 70~150 파운드에 이르면, 사망하게 됨(過肥症).	열 성
Fetal mortality	사산 또는 태아흡수(태아사망)	열 성
Hairless	모근세포가 형성되지 못한 상태(無毛症).	열 성
Hemophilia	상처에 따른 지나친 출혈로 사망하게 됨(血友病).	우 성
Hernia, scrotal	서혜부륜의 확장으로 소장의 일부가 음낭내로 이동(음낭헤르니아)	열 성
Hydrocephalus	腦室에 다량의 수액이 저류함. 치사성(腦水腫)	열 성
Hyperthermia	스트레스 등으로 비정상적인 고열발생(高體溫症)	열 성
Kinky tail	꼬리가 비틀려 굳은 형태를 보임(斜尾)	열 성
Muscle contracture	앞다리의 근육이 경직현상 유발(前肢拘縮)	열 성
Paralysis	후지가 마비되는 증상을 보임, 치사성(後肢痲痺症)	열 성
Polydactyly	앞다리에 부수적인 발가락이 부착(多趾症)	우 성?
Porphyia	포르피린 대사장애(포르피린症)	우 성
Short jaw	한쪽 턱이 길거나 짧음(不等顎)	열 성
Short spine	척추수가 비정상적으로 모자람(脊椎連接)	열 성
Stringhalt	다리의 경련과 비정상적인 관절회전 유발(절름증)	열 성
Syndactyly	발가락이 하나로 붙은 상태(合趾症)	우 성
Thickened forelegs	앞다리가 근육대신에 비정상적인 젤라틴 조직으로 축적되어 비대하게 됨, 치사성(前肢肥大)	열 성
Urogenital defects	泌尿性器의 결함	열 성
Wattles	목 근처에 피부조직같은 肉垂느러미 형성	우 성
Whorls	螺旋毛	우 성

5-3 말의 형질유전

1. 모색의 유전

말의 모색은 포유동물의 모색유전과 마찬가지로 일차적으로 멜라닌색소의 종류와 농도가 피모색을 결정하게 된다. 모색발현에 관여하는 주요 인자는 3번 염색체(ECA3)에 자리하고 있는 익스텐션 좌위(Extension locus)에 MC1R(Melanocortin-1-Receptor) 인자로 밝혀졌다. 이 MC1R인자의 조합인 유전자형에 따라 흑색과 적색의 멜라닌 색소의 합성이 결정된다. 멜라닌 색소는 흑색 또는 갈색을 표현하는 유멜라닌(eumelanin)과 적색 또는 황색을 표현하는 페오멜라닌(pheomelanin)이 있는데, 이들의 조합과 피모색의 농담을 조절하는 다수의 인자의 영향과 함께 마필의 모발, 피부, 홍체 및 기타 조직에 다양한 색소의 발현을 지배하게 된다.

(1) 흑색모와 적색모

말의 모색에서 흑색과 적색의 차이는 MC1R인자(*E*, *e*)형에 따라서 흑색색소(*E*)인자와 적색색소(*e*)인자로 구분된다. 흑색과 적색 색소를 지배하는 우성인자(*E*)와 열성인자(*e*)의 대립에 따라 흑색모(*EE* 또는 *Ee*)와 적색모(*ee*)로 나타난다. 여기에 일부 품종에서는 우성흑색(E^D) 인자가 추가로 관여하는 것으로 보고된 바 있으며, 또한 표현형이 흑색모인 경우일지라도 모색관련 기타 인자들의 영향에 따라 흑갈색모, 흑모, 회갈색모 등으로 다양하게 발현될 수도 있고, 적색모인 경우에도 짙은 밤색에서 황갈색까지 다양하게 표현된다.

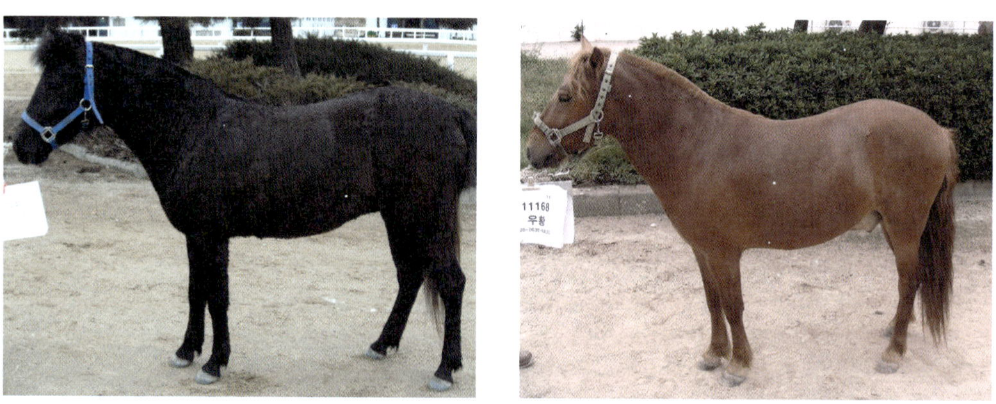

그림 5-15 제주마 MC1R 모색인자의 *EE*형(흑모색)과 *ee*형(적모색) 개체

(2) 아구티 인자

흑색색소의 발현조절에 관여하는 아구티(Agouti) 인자(*A*)는 흑색 색소인자(*E*)와 공존할 때 피모에 색소이행을 조절하게 된다. 아구티 인자(*A*)는 사지의 아래쪽, 갈기와 꼬리, 신체의 말단인 주둥이, 귀의 끝부분에 흑색을 발현시키려는 경향이 강하다. 따라서 아구티 인자의 종류(*A*, *a*)에 따라서 갈색 또는 회갈색(*EEAA*, *EeAa*, *EEAa*, *EeAa*)과 단순 흑색(*EEaa*, *Eeaa*), 적색 또는 밤색(*eeAA*, *eeAa*, *eeaa*) 등으로 발현될 수 있다.

멜라닌 색소의 이행과 조절에 관여하는 아구티 유전자의 열성인자(*a*)는 ASIP(agouti-signaling-protein) 단백질을 암호화하는 DNA사슬의 엑손(exon 2) 부위에 11bp의 염기결실이 원인으로 구조이동 돌연변이(frameshift mutation)를 발생하게 된다. 결과적으로 아미노산 서열을 변경시킬 뿐만 아니라 정상적인 인자(*A*)에 비해 유전정보의 종료 코돈이 210bp에서 612bp로 확장시키는 것으로 밝혀졌다. 아구티 인자가 열성동형접합체(*aa*)로 소유한 말은 모든 품종에 있어서 단순 열성흑색의 피모색 발현과 관련된 것으로 보고되고 있다. 염기결실인 아구티 인자의 변이체는 유전자 증폭과 전기영동으로 쉽게 구별이 가능하다(Reider 등, 2001).

(3) 색소 희석 유전자

1) 크림색 인자

크림색 인자(C^{CR})의 유전양상은 불완전 우성 또는 공우성으로 해석되며, 모색의 표현에 양적인 효과(dosage effect)로 모색발현을 조절하게 된다. 이 희석 인자는 적색을 담황색으로 희석시키게 된다. 팔로미노(Palominos) 말의 모색과 회갈모색(Buckskins)의 경우는 유전자형이 CC^{CR} 으로 구성되며, 크리멜로(Cremellos) 품종은 모색이 크림색으로 $C^{CR}C^{CR}$의 호모접합체로 구성되어 있다. 크림색 인자가 관여된 모든 색소(흑, 적)는 극담 크림색(Light cream color)까지 희석되어 나타날 수 있다.

2) 던색 인자

던색(Dun color) 인자는 우성적 표현으로 유색인 모색의 발현을 희석하게 되는데, 단순적색 피모와는 달리 담적색 바탕의 피모색에 신체말단은 농적색을 발현시키면서 등(背)에서 엉덩이에 이르는 짙은 줄무늬를 발현시킨다. 가끔은 다리에도 다수의 옅은 가로줄무늬를 남기기도 한다. 유전자형에 따른 개체는 열성호모인 *dd*를 제외하면 모두 던색이 발현된다.

3) 은회색 인자

은회색 인자(Silver dapple)는 흑색인자의 발현을 초콜릿 또는 짙은 초콜릿 피모색으로 희

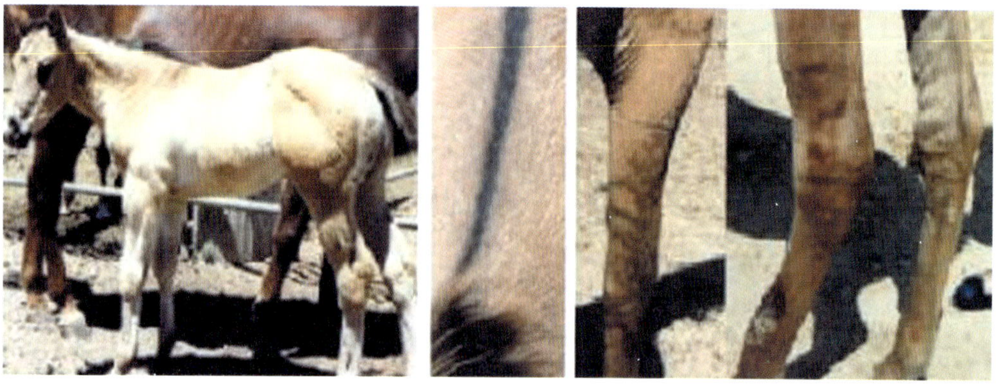

그림 5-16 던색(Dun color) 망아지

엉덩이 정점에 짙은 줄무늬가 출현되는 특징을 보이고, 종종 다리에도 가로 줄무늬가 출현됨

석시키는데, 갈기와 꼬리의 모색은 종종 은색으로 발현된다. 또한 은회색 인자는 갈색인자의 발현을 희석하여 갈기는 흰 모색을 나타내며, 몸통은 적색 또는 밤색의 피모로 표현되고, 다리의 모색은 어둡고 짙은 색을 발현시킨다.

(4) 백색 피모색

말에 있어서 백색인 피모색(*W*)은 모든 유색(*w*)인 피모색에 대해 우성이다. 그러나 백색 피모색 개체의 유전자형은 모두 이형접합(*Ww*) 상태의 개체이며, 우성 동형접합체(*WW*)인 개체는 치사하는 것으로 추정되고 있다. 따라서 백색이 아닌 모든 유색의 개체는 열성동형접합체(*ww*)인 개체가 되겠다. 백색인 마필사이에서 배우자 조합의 25%는 백색동형접합체로 치사하게 되어, 결국 태어난 망아지는 유색과 백색이 2 : 1의 비율로 나타나게 된다.

(5) 회 색

회색인자(*G*)는 이모색에 대하여 우성형질로 열성동형접합자(*gg*)가 아니면 모두 다양한 농도의 회색을 띠게 된다. 유전적으로 회색(*GG*, *Gg*)인자를 소유한 망아지는 적갈색 및 적색 등 다양한 짙은 색으로 태어나고, 6개월령 이후부터 백색모와 흑색모가 다양한 농도로 산재한 회색으로 모색이 변화하게 된다. 이 회색인자는 또한 아구티 인자(*A*)와 MC1R의 흑색 색소인자(*E*)의 상호작용에 의하여 출생시 모색은 보다 다양하게 발현될 수 있다.

회색(*G*)인자의 좌위는 MC1R 좌위에 대해 상위성이다. 따라서 이들의 조합은 *GGEE*(회색), *GGEe*(회색), *GgEE*(회색), *GgEe*(회색), *GGee*(회색), *Ggee*(회색), *ggEE*(흑색), *ggEe*(흑색), *ggee*(적색)로 나타난다.

(6) 조모색

말에 있어서 조모색(Roan)은 조모색인자(*RN*)의 작용으로 유색모와 백색모가 산재한 모색을 말한다. 조모색은 우성으로 작용하여 열성호모(rnrn)가 아니면 모두 조모색을 나타내게 된다.

(7) 토비아노와 오베로 모색

토비아노(Tobiano)와 오베로(Overo)의 모색은 유색바탕에 다양한 크기의 백색 무늬가 있는 모색인데, 제주마에서는 모두 월라모색이라고 불리고 있다.

토비아노 모색은 우성형질로 대체적으로 머리, 가슴, 옆구리에는 바탕색인 유색이고, 나머지 부위에서 백색무늬가 발현된다. 개체의 유전자형이 열성동형접합체(*toto*)가 아니면 모두 토비아노(*TOTO*, *TOto*)의 모색이 된다.

오베로 모색은 유색바탕에 불규칙하면서도 다소 날카로운 경계선을 지닌 소규모 백색부위가 출현되는 모색인 형태다. 오베로는 우성형질로 알려져 있으며, 치사형질과도 연관된 것으로 보고되고 있다. 태어나는 개체의 우성동형접합체(*OO*)는 백색 망아지로 출생되지만, 성장과정에서 다양한 양상의 발육부진으로 인하여 이내 사망하게 된다. 결국 생존하는 오베로의 개체는 이형접합체(*Oo*)인 것으로 분석되고 있다. 이 치사성은 망아지의 OLWFS(Overo Lethal White Foal Syndrome)증이라는 유전적 질병으로도 설명되고 있다.

토비아노는 등허리를 넘어 백색이 발현되기도 하나, 오베로의 백색무늬는 주로 복부에 출현되며 백색무늬가 등허리를 넘는 경우는 없다.

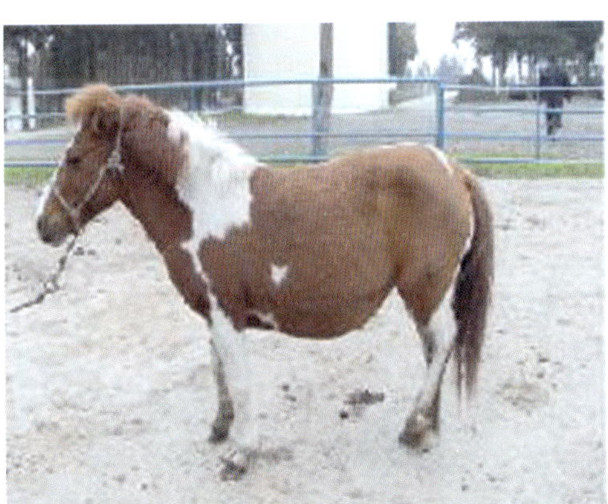

그림 5-17 제주마의 월라마(토비아노) 모색

(8) 호반무늬

호반무늬(虎班, Leopard, *appaloosa* spotting)는 엉덩이를 중심으로 앞쪽 또는 아래쪽으로 얼룩반점들이 퍼져있는 상태며, 눈 주위에 흰색반점이나 발굽주위에 흰 줄무늬가 있다. 우성인자(LP)의 작용으로 열성동형접합(lplp)이 아니면 모두 호반무늬를 발현시킨다. 이 얼룩무늬의 모색에는 유색인자와 토비아노 또는 오베로 인자도 관여하는 것으로 보고 있다.

그림 5-18 호반무늬

(9) 백 징

백징(白徵, White markings)은 머리나 다리에 백색대가 위치해 있는 것을 말하는데, 무늬 또는 반점이 비대칭이며, 크기와 모양이 다양해서 말의 개체식별에도 자주 이용된다. 멜라닌 색소를 생산하는 세포는 수정란의 발육과정에서 외부 피모로 이동되는데, 색소의 결핍은 이 세포에서 멜라닌 합성이 억제되거나 차단된 경우에 나타나게 된다. 배아세포의 발육과정에서 멜라닌 색소생산을 담당하게 될 일부의 세포가 외부로 이행이 되지 않는 경우에는 백색반문과 연분홍색 피부를 지니게 된다. 머리와 다리의 백징은 여러 개의 모색관련 인자들이 복합적으로 작용하는 것으로 알려지고 있는데, 다리 백색대의 유전력은 0.68, 머리와 다리에 백색대를 포함한 유전력은 0.77로 보고된 바도 있다(Woolf, 1990). 한 실험에서는 한 개의 수정란을 2개로 분할하여 두 마리의 암말에 이식한 결과 태어난 망아지의 성별과 모색은 동일하였으나, 다리와 머리에 나타난 백징은 서로 다르게 표현됨을 관찰된 바도 있다(Allen과 Pashen, 1984).

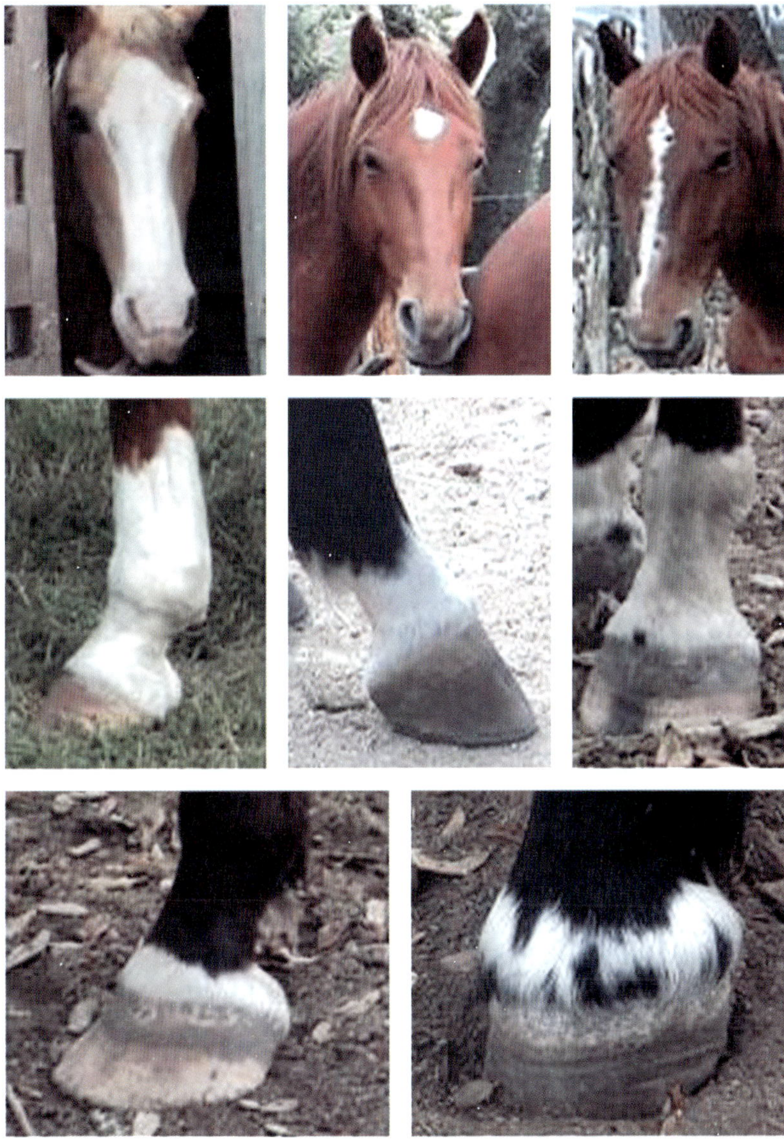

그림 5-19 머리와 다리에 발현된 다양한 백징

2. 체형상의 특징

(1) 체형 특징

체형, 외모, 체중과 관련된 대부분의 양적형질들은 다수의 유전자들이 하나의 형질발현에 관여하는 형태인 폴리진(Polygene)의 유전체계로 설명된다. 이런 폴리진 형질들의 유전현상에서 자손의 형질은 부모 형질의 중간정도로 발현된다. 따라서 체형에 있어서도 자손의 체형은 부모체형의 중간정도인 형태로 발현될 것으로 기대될 수 있으나, 극단적으로는 부 또는 모 어느 한쪽을 많이 닮는 개체들도 관찰될 수 있다.

(2) 제관모

제관모(蹄冠毛)는 발굽 상단부위의 피모를 말하는데, 제관모가 많은 품종이 제관모가 없는 품종에 비해 우성적 표현을 보인다. 즉 제관모가 많은 벨지안(Belgian), 샤이어(Shire), 클라이즈데일(Clydesdale) 등의 품종과 제관모가 없는 품종의 교배에서 자손은 이들 교배 품종의 중간적 형태로 표현된다.

그림 5-20 클라이즈데일(Clydesdale) 하지의 제관모

(3) 요추수

요추수(腰椎數)가 5개인 품종과 요추수가 6개인 품종 사이의 교배에서 자손은 요추수가 6개로 된다. 즉 요추수는 많은 것이 우성이다. 아랍(Arab)종의 요추수는 5개인 반면, 기타 대부분 품종들은 6개로 알려졌다.

3. 유전적 결함

(1) 골격근 결함

1) 주기적 고칼륨성 마비증(HYPP)

말에 있어서 고칼륨성 마비증(Hyperkalemic Periodic Paralysis)은 선천적으로 근육과 관련된 유전적 질병으로 취급되고 있다. 쿼터호스 품종에서 최초로 보고된 바 있는데, 이 유전적 질병은 근섬유에 존재하는 나트륨통로단백질(muscle sodium channel protein)을 조절하는 유전자의 이상에서 기인된다. 이 유전자의 염기서열에서 한 개의 염기돌연변이(TTC → TTG)로 인하여 페닐알라닌(phenylalanin) 아미노산이 루신(leucine)으로 치환된 것이 원인이 되어 주기적마비증(HYPP)이 발생하게 된다. HYPP증을 지닌 마필은 때로는 근육형으로 보이지만, 스트레스에 의해 쉽게 근육 이상증세를 보이게 된다. 마필의 운동과는 관계없이 혈장에 높은 칼륨농도를 시작으로 산발적인 근육경련, 강직, 마비 등을 동반하는 증상을 보이게 된다. 우성형질로 이형접합인 개체도 이 증상이 발현되며, 동형접합체인 개체는 그 증세가 더욱 심하게 발현된다.

2) 유전적 외골증(HME)

유전적 외골증(外骨症, Hereditary Multiple Exostosis)은 외골종증(外骨腫症)이라고도 하는데, 더러브레드 품종에서 보고된 바 있다. 상염색체의 우성인자의 작용으로 골격형성에 장애가 유발된다. 주로 골격성장이 활발한 장골, 늑골, 견갑골, 치골, 척추 등의 말단에 골종양으로 비롯된다.

3) 사지결함

사지결함(四肢缺陷, Flexural limb deformity)은 선천적으로 사지의 길이가 짧으며, 체구 또한 왜소증이 동반되기도 한다. 또한 완전한 척골과 요골이 출현하기도 하고, 정상적인 경우에는 다소 구부러져 있고, 무릎과 발목관절이 불균형한 형태로 위치해 있기도 한다. 영국의 셔틀렌드포니(Shetland pony) 품종에서 관찰되었으며, 상염색체 열성 유전자로 알려지고 있다.

4) 외측 종자골 탈구증

외측 종자골 탈구증(外側 種子骨 脫臼症, Lateral patellar luxation)은 단순열성 형질이다. 셔틀렌드 포니 품종에서 출현보고가 있었는데, 무릎관절에 결함을 초래하게 된다.

5) 후두환추축 이상

후두환추축 이상(後頭換椎軸異常, Occipital-atlanto-axial malformation)은 상염체 열성치사형질이다. 이 형질은 신경장애가 동반되어 운동장애와 사지마비를 유발되는데, 이는 척수압착 또는 손상이 주요 원인이다. 아라비안(Arabian) 품종에서 보고된 바 있다.

(2) 신경결함

1) 간대성 근경련

간대성(間代性) 근경련증(筋痙攣, Myoclonus)은 촉각, 시각, 청각의 자극으로 갑작스럽게 불수의근의 경련이 일어나는 증상이다. 이 증상은 척수에 글라이신(glycine) 수용체의 결핍과 관련되어 있으며, 상염색체의 열성형질로 알려지고 있다. 페루비안 패소스(Peruvian Pasos) 품종에서 보고된 바 있다.

2) 회장 및 결장 신경절세포 결손증(LWFS)

회장(回腸) 및 결장(結腸)의 신경절 세포 결손증(神經節 細胞 缺損症, Lethal white foal syndrome)은 오베로(Overo) 모색인 백색모색과 관련되어 있다. 푸른 눈에 흰모색 또는 일부 백색 바탕에 유색반점으로 태어나며, 장 내에 신경세포의 결손으로 음식물 하강이 어렵거나 장의 연동운동이 불가능하게 되며, 장내 태변이 누적되어 있는 상태로 지속되면서 치사성을 보인다. 경우에 따라서는 장의 일부분이 없는 형태를 보이기도 한다. 치사하는 백색 망아지는 오베로 모색에 대하여 동형접합체 이다.

(3) 혈액 및 면역학적 결함

1) 혈우병 A형

혈우병 A형(血友病, Hemophilia A)은 성염색체의 유전자에 의하여 반성 열성유전을 하는 유전질환이다. 더러브레드, 쿼터호스, 스텐다드브레드 품종에서 보고된 바 있는데, 빈혈을 동반한 용혈, 혈액응고 장애를 유발하여 사망에 이르게 된다. 이 병은 혈액 응고에 관련된 기능성 단백질(Factor VIII)을 생산하는 유전자에 이상이 초래되어 발생되는 질병이다.

2) 복합면역 결핍증(SCID)

복합면역 결핍증(Severe combined immunodeficiency disease)은 상염색체의 열성유전자가 원인이다. 발생빈도는 낮지만 열성동형접합의 유전자형을 소유한 개체는 완전한 면역 결핍증을 보이게 된다. SCID는 열성형질로서 이형접합체인 개체는 운반체(carrier)역할은 하지만 정상적이다. 한 때 미국에 있는 아랍품종의 8%가 이 열성형질 인자를 지닌 운반체인 개체로 보고된 바 있다.

이 면역결핍증은 혈액으로부터 진단이 가능한데, 개체의 확인은 백혈구의 수가 1,000/mm^3 이하와 IgM(immunoglobulin M)의 결핍이 면역결핍증을 소유한 개체로 판정된다. 증상은 병원성 박테리아, 바이러스, 곰팡이의 감염으로부터 시작되는데, 망아지는 일차적으로 호흡기 계통부터 감염되고, 전신에 증세가 심하게 경과되면 5개월령 이내에 사망하게 된다.

(4) 피모결함

1) 상피결손증

선천적 상피결손증(上皮缺損症)은 발생기회가 희박하지만 치사형질로 상염색체의 열성형질로 분류되고 있는데, 결체조직과 관련된 유전자 결함이 원인이다. 열성동형접합체로 태어난 개체는 태어난 후 수 시간 이내에 사망하게 된다. 이형접합의 개체는 상피결손을 보이는 부위와 크기는 일정치 않지만 머리, 어깨, 등, 엉덩이, 다리 등 일부에 상피와 모발이 결핍되어 있게 된다. 아메리칸 세들브레드(American Saddlebred) 품종에서 보고된 바 있다.

2) 연접부 수포성 표피박리증(JEB)

연접부 수포성 표피박리증(連接部 水疱性 表皮剝離症, Junctional epidermolysis bullosa)은 치사 또는 결함을 초래하는 선천적 피부질환이다. 피부의 괴사와 발굽 제관부위의 박리증세가 나타난다. 신생 망아지의 피부에 수포성 표피의 박리현상의 발현은 박테리아의 심한 감염으로 시작되며 사망에 이르게 된다. 상염색체의 열성인자에 기인되며, 결체조직 유전자와도 관련이 되어있는 것으로 보고 있다.

3) 국부 피부무력증(HERDA)

국부 피부무력증(局部皮膚無力症, Heriditary Equine Regional Dermal Asthenia)은 유전적 결함으로, 발생빈도는 드물지만 쿼터호스에서 보고된 바 있다. 유전적 원인으로 발생하는 일종의 퇴행성 피부질병이다. 이 유전적 질병은 열성이어서 질병이 발현되려면 열성동형접합인 유전자형을 지니고 있어야 하겠다. 망아지는 정상적으로 태어나지만, 18개월령 전후에는 피부의 사소한 마찰로도 쉽게 피부손상이 오는 증상이 나타난다.

(5) 시각장애

1) 홍채결여

홍채결여(紅彩缺如, Aniridia)는 벨기에의 역용마 품종에서 보고된 바 있다. 이 증상은 상염색체 우성유전자에 기인한다. 태어난 망아지는 홍채가 양안 모두 없으며, 종종 2 개월령부터 이차적 백내장 증세가 진행되면서 야맹증과 시력상실을 유발한다.

2) 야맹증(ENB)

야맹증(夜盲症, Equine night blindness)은 아팔루자(Appaloosas) 품종에서 보고된 바 있다. 야맹증인 개체는 야간시력이 상실되어 야간에 넘어지거나 다치는 일이 빈발하게 된다. 유전양상은 상염색체의 열성형질로 분류되고 있다.

(6) 대사장애(GBED)

글리코겐 분해효소 결핍증(Glycogen-branching Enzyme Disorder)은 26번 상염색체에 위치하고 있는 단순열성 치사유전자에 기인한다. 효소결핍증은 글리코겐 대사이상을 초래하여 사망에 이르는 유전적 질병으로, 열성동형접합의 유전자형을 지닌 태아는 유산 또는 사산되는 비율이 3%에 이른다. 살아서 태어나는 개체는 근허약이 유발되어 18개월령 이전에 대부분 사망하게 된다. 쿼터호스와 핀트호스 품종에서 보고된 바 있다.

5-4 면 · 산양의 형질유전

1. 모 색

면양의 백색모색은 유색에 대하여 일반적으로 우성이다. 그러나 카라클(Karakul), 자켈(Zackel), 터카나(Turcana), 블렉웰즈 마운틴(Black Welsh Mountain), 파이알도(Pialdo)의 품종에서 흑색은 우성흑색으로 표현되며, 갈색 또한 백색에 대하여 우성갈색으로 표현된다. 뮤플롱(Mouflon) 품종과 야생종에서 나타나는 야생색은 어린양의 피모와 성숙한 양의 털끝부위에 발현되는데, 단순열성 유전자에 의한 것으로 알려져 있다. 면양에서 회색모와 조모색은 유전자형이 동형접합인 경우에는 치사작용이 있고, 우성흑색과 갈색에 대하여 상위성으로 알려져 있다.

산양의 백색은 유색에 대하여 우성이고, 유색계의 우열은 갈색, 회색, 흑색계통(흑색, 초콜릿색, 회색, 크림색), 적색계통(적색, 황색)의 순이며, 흑색계통 중에서는 크림색이 가장 우성이고 단순흑색이 가장 열성이다. 유색에 대한 백반은 유색단색에 대한 우성이고, 등(背)에서 엉덩이로 이행되는 정점부위의 흑색 피모선은 만선(鰻線)이라고도 하는데 이 만선은 열성 형질이다.

2. 체형상의 특징

(1) 뿔(角)의 유전

면양은 품종에 따라 뿔에 관한 유전적 특징을 3가지로 분류해 볼 수 있다. 암수 모두 유각인 품종은 유각도르셋(Dorset Horn), 흑면하이렌드(Black-faced Highland) 품종 등의 부류이며, 수컷의 뿔이 암컷의 뿔보다 훨씬 발달하여 있다. 수컷유각과 암컷무각인 품종은 메리노(Merino), 로마노프(Romanov), 카라클, 몽고종 등이다. 암수 모두 무각인 품종은 코리데일(Corriedale), 햄프셔(Hampshire), 린컨(Lincoln), 셔포크(Suffolk), 사우스다운(Southdown), 스롭샤이어(Shropshire) 품종 등이다. 암수 모두 무각인 서포크 품종(hh)의 수컷과 암수 모두 유각인 유각도르셋 품종(HH)의 암컷을 교배에서 태어난 F_1의 암컷은 무각이고, 수컷은 유각으로 되며, F_2에서는 암컷은 무각 3 : 유각 1의 비율로, 수컷은 무각 1 : 유각 3의 비로 분리된다. 즉 유전양식은 종성유전(sex-influenced inheritance)으로 성(性)에 따라서 우열관계가 다른 현상을 관찰하게 된다.

산양의 뿔은 무각이 단순 우성이지만, 산양에서도 종성유전을 하여 무각품종과 유각품종의 교배에서 태어난 F_1은 암컷은 무각이고, 수컷은 유각이 된다.

(2) 귀의 길이

면양에 있어서 귀의 길이에는 정상적인 장이(長耳), 귀의 길이가 짧은 단이(短耳), 귀바퀴가 없는 무이(無耳)의 3가지로 구별되는데, 여기에는 한 쌍의 유전자가 지배하는 것으로 알려져 있다. 따라서 우성동형접합 개체는 무이, 이형접합일 경우는 단이, 열성동형접합일 경우는 정상적 길이의 귀가 된다.

산양의 귀의 길이도 면양의 귀의 길이를 지배하는 것처럼 우성 동형접합에서는 무이, 이형접합에서는 단이, 열성동형접합이면 장이가 된다.

(3) 산양의 육염과 수염

산양의 육염(肉髯, wattle)은 자넨(Saanen) 품종 등 주로 스위스를 원산으로 하고 있는 산양에만 있는 것으로 육염이 있는 것이 육염이 없는 것에 대하여 우성이며 성(性)과는 관계가 없다.

산양의 수염(beard)은 종성유전 형질로 수컷에서는 우성으로 나타나며, 암컷에서는 열성으로 나타난다.

(4) 모 장

산양의 모장(毛長)은 단모(短毛)가 장모(長毛)에 대하여 우성이다.

(5) 피부의 주름

면양에 있어서 피부(皮膚)의 주름은 주름이 없는 것이 주름이 있는 것에 대해 우성으로 발현된다. 피부주름에 관여하는 유전양식은 동의유전자(polymeric genes)에 의한 것으로 설명되고 있다.

(6) 안콘 면양의 짧은 다리

1791년 안콘(Ancon) 면양의 집단에 짧은 다리(short-legged)를 소유한 개체가 출현된 것을 농장주인이 관찰을 하여 번식에 이용한 결과 우성돌연변이 형질로 유전됨을 확인하였다. 다리가 짧은 면양은 낮은 울타리도 넘어가지 못하므로 관리에 여러 가지 유리한 점을 보이는 특성이 되어 농장주는 집중적으로 이런 형질의 소유개체를 증식하여 독특한 새로운 형질의 집단을 갖출 수 있었다.

3. 유전적 결함(기형)

(1) 눈꺼풀속말림증

일명 엔트로피온증(Entropion)이라고 하는데 눈꺼풀의 가장자리가 안쪽으로 말리는 현상(Inverted eyelids)을 말한다. 이 증상은 대부분의 품종에서 보고되고 있는데, 유전력이 높은 것으로 알려지고 있다. 눈꺼풀이 속으로 말림으로 인하여 속눈썹은 각막에 직접 닿게 되어 각막을 자극하게 되고, 면양은 지속적으로 눈을 깜박이게 된다. 눈을 깜박임에 따라 눈썹은 보다 심각하게 각막을 자극하게 되면서 증상을 더욱 악화시키게 되고, 수술 등 적절한 조치가 없을 경우에는 과다하게 눈물을 흘리고 이로 인해 안질환이 야기되며, 각막에 궤양을 발생시키면서 결국에는 실명에 이르게 된다.

(2) 연골형성장애

연골형성장애(Chondrodysplasia)는 SLS증(Spider Lamb Syndrome)이라고도 는데, 유전적 결함으로 어린 양에 있어서 골격발육불량을 초래한다. 유전적 결함의 개체는 비정상적으로 길고 휘어진 사지, 뒤틀린 척추, 발육불량의 골격, 납작한 흉곽, 긴 목의 신체적 특징을 보이게 된다. 유전양상은 열성돌연변이 형질로 보인자(carrier)인 부모로부터 전달된 SLS인자가 동형접합체를 형성했을 때 발생하게 된다. 오늘날 보인자인 개체들은 DNA 검사에 의해 가려낼 수 있다.

(3) 하악결함

하악결함(下顎缺陷, Jaw defects)은 대부분의 모든 면양품종에서 보고되고 있다. 이 형질은 기형형질로 앞니가 지나치게 외향으로 뻗어있어서 아래턱이 길어 보이거나 또는 후방으로 물러서서 아래턱이 짧아 보이는 앵무입(parrot mouth)을 형성하기가 쉽다. 이런 면양은 앞니의 치열과 위턱의 잇몸배열과 맞지 않게 된다. 유전적 형질이므로 집단에서 도태되어야 하겠다.

(4) 부정형턱

부정형턱(Overbite, Underbite)은 갓 태어난 어린 양에 있어서 위턱과 아래턱의 길이에 차이를 보이게 되는 구조를 지니는 형질이다. 수개월령 이내에 일부는 저절로 교정되기도 하지만 성성숙 이후에는 전혀 개선되지 않는다. 어린 양은 충분하게 먹이를 섭취할 수 없어 정상적인 수준으로 성장하기가 어렵게 된다.

(5) 직장탈출증

장탈출증(直腸脫出症, Rectal prolapse)은 주로 육용면양집단에서 출현하는 주요 결함형질이다. 특히 고농도의 농후사료로 사육하는 면양들에게 빈발하는데, 이러한 소인은 유전적 형질로 알려지고 있다. 장탈출증은 외과적인 수술로 일부 조치될 수 있지만 일부는 수술 후에도 장탈출현상이 지속적으로 나타나기도 한다. 이 증상을 보이는 개체는 집단에서 도태하는 것이 바람직하다.

(6) 잠복고환

잠복고환(潛伏睾丸, Cryptorchidism)은 고환이 음낭에 위치하지 않고, 하나 또는 두 개의 고환 모두가 복강에 머물러 있는 형태를 말한다. 한 개의 고환만 음낭에 위치한 경우라면 대부분 번식력은 있으나, 두 개의 고환 모두가 복강에 머물러 있는 경우에는 불임이 된다. 유전양식은 단순열성형질로 분류되고 있다. 또한 이 형질은 일부 세모종(fine-wool breed)의 수컷에서 무각형질과 관련된 것으로 추측되고 있다. 잠복고환현상을 보이는 개체들은 번식력의 유무에 관계없이 모두 거세를 하거나 도태하는 것이 바람직하다.

(7) 면양의 단안증

면양의 단안증(單眼症, Cyclopia)은 안면형태형성이 불완전하고, 안면 중앙에 눈이 하나로 외눈증이라고도 한다. 단안증은 장기재태(Prolonged gestation) 인자와도 연관된 것으로 보고되고 있는데, 상염색체 열성형질로 추정되고 있다.

5-5 닭의 형질유전

1. 우모색(羽毛色)의 유전

조류의 우모색은 멜라닌(melanins)색소와 카로티노이드(carotinoid)색소의 분배에 의하여 결정되지만, 닭의 경우 우모색을 결정하는 것은 주로 멜라닌색소로 결정되며, 카로티노이드에 의한 황색색소(xanthophyll)는 주로 난황, 체지방, 피부, 정강이, 부리의 발색에 영향을 준다.

(1) 흑색계통

닭에 있어서 흑색 멜라닌색소의 분배를 담당하는 유전자 좌위는 복 대립좌위(polyallelic *E* locus-한 유전자 좌위에 여러 개의 대립 유전자가 존재하는 경우)로 적어도 8개 이상의 복 대립인자가 관여하는 것으로 보고 있다. 즉 이들 유전자들의 발현 정도에 의해 닭의 우모색이 결정되어지는데, 이들 간에 밝혀진 우열관계는 (흑단색)E > (자작나무색)E^R > (우성적황색) e^{Wh} > (야생색)e^+ > (갈색)e^b > (유색반점)e^s > (담황색)e^{bc} > (열성적황색)e^y순이다.

1) 흑단색 인자

흑단색(solid black, *E*)인자는 모든 유색에 대하여 우성이고, 성별과 관계없이 흑단색을 발현시킨다. 1번 염색체상의 흑색(*E*) 유전자 좌위는 닭에서의 깃털의 색소를 조절하는 멜라닌세포에 작용한다. 닭에서 검은색 깃털을 발생시키는 우성대립형질(*E*)에서의 MC1R(melanocortin-1-receptor) 유전자는 쥐에서 활성을 나타내어 피부를 검게 만드는 MC1R 돌연변이 형태와 동일한 유전자 서열을 가진다(Kerje 등, 2003).

적색야계(Red Jungle Fowl) 종과 화이트 레그혼(White Leghorn) 종의 잡종 교배 실험을 통해 MC1R유전자의 E92K 돌연변이가 화이트 레그혼 종이 가진 E 대립형질의 원인이 되는 것을 알아내었다. MC1R 서열은 열성인 buttercup(e^{bc}) 대립형질과 관련이 있으며, 이 대립형질이 *E* 대립형질들에서 E92K와 M71T 돌연변이를 공유하고 있음을 보아 우성 Extended black 대립형질로부터 진화한 것임을 알 수 있다.

2) 자작나무색 인자

자작나무색 인자(Birchen, E^R)는 암컷의 경우 머리와 목털에 흑색이 아닌 유색을 발현시키며, 몸체는 단순흑색 또는 미세한 흑점들의 무늬가 발현되게 한다. 일부의 품종에는 변경인자의 작용으로 앞가슴 주위에 흑색이 아닌 유색이 발현되게 된다. 수컷은 흑색 또는 미세한 흑점의 무늬를 소유한 야생색을 띠며, 날개는 어두운 야생색을 띠게 된다.

3) 우성적황색

우성적황색(Dominant wheaten, e^{Wh})인자는 암컷에서 적황색부터 어두운 갈색까지 다양하게 발현되며 목털, 날개 및 꼬리부위에 소량의 흑색색소가 산재하기도 한다. 수컷은 야생색을 나타낸다. 적황색 깃털을 발생시키는 대부분의 열성 대립형질(e^{y})에서는 MC1R의 기능적 손실을 야기할 수 있는 아미노산 물질을 포함하는 것으로 밝혀졌다.

4) 야생색

야생색(Wild-type, e^{+})인자를 소유한 개체는 암컷에서는 우모색이 갈색과 흑색이 혼재한 형태이지만, 가슴에는 적갈색의 우모색을 띠게 된다. 수컷은 야생색으로 앞가슴과 복부는 흑색을 띠고 목 부위, 등, 날개, 꼬리 부위에는 흑색이 아닌 유색을 띠게 된다.

5) 갈 색

갈색(Brown, e^{b})인자는 암컷에서는 야생색 인자의 작용과 유사하지만, 앞가슴의 우모색이 적황색이 아닌 다른 유색으로 발현된다. 수컷의 경우는 야생색인자의 작용과 비슷하다.

6) 유색반점

반점(speckled, e^{s})인자의 작용은 암컷에서는 갈색인자의 작용과 비슷하지만 보다 옅은 색의 유색반점이 날개에 발현되고, 수컷의 경우는 야생색과 같다.

7) 담황색 인자

담황색(Buttercup, e^{bc})인자는 암컷의 경우는 갈색인자의 발현양상과 비슷하며, 수컷의 경우는 야생색을 띠게 된다.

8) 열성적황색

열성적황색(e^{y})인자는 암컷에서는 우성적황색과 비슷하나, 등허리와 가슴에 거친 흑색우모가 산재하게 된다. 수컷은 야생색을 띤다.

9) 푸른색

bl 유전자에 변이가 생긴 개체 중(*Bl*) 변이가 *Bl*/+의 서로 다른 유전자형을 가지는 이형접합 수탉은 푸른 우모색의 표현형질을 나타내고, *Bl*/*Bl*의 같은 유전자형을 가지는 동형접합 수탉은 흰 우모색의 표현형을 나타낸다(그림 5-21).

그림 5-21 Bl 유전자 돌연변이 닭

왼쪽(*Bl*/+), 오른쪽(*Bl*/*Bl*) (Minvielle 등, 2010)

(2) 멜라닌색소 제한인자

멜라닌색소의 발현을 억제하거나, 목 부위, 날개, 다리, 꼬리의 깃털색의 발현을 제한하는 돌연변이 인자들이 많이 보고되고 있다. 그 중에 널리 알려진 멜라닌색소 억제인자들은 콜롬비안(Columbian, *Co*), 농갈색(*Db*), 마호가니(Mahogany, *Mh*), 색소희석(Dilute, *Di*) 인자 등이 있으며 이들은 앞에서 설명한 *E* 유전자 좌위의 복 대립인자들과 상호작용에 의하여 다양한 정도의 모색을 발현시키게 된다.

(3) 금색 및 은색

닭에 있어서 은색(*S*) 인자는 금색(*s*)인자에 대해 우성이며, 인자의 좌위는 성염색체에 존재하여 반성유전의 양상을 지닌다. 은색 암컷과 금색 수컷을 교배조합 하면 자손 세대에서 금색과 은색이 1 : 1로 분리된다. 은색인자는 멜라닌색소 가운데 페오멜라닌(pheomelanin, 적색과 황색) 색소를 제거하여 흑색과 백색의 혼합된 매력적인 은색을 발하게 된다. 닭의 *Z* 염색체 위에 존재하는 *S* 유전자 좌위에 관련된 형질로는 *S*/*S*(은색), *S*/*N*(야생형/금색), *S*/*AL*(성연관 불완전 백색증, sex-linked imperfect albinism)이 있다 (그림 5-22). 닭의 *S*/*AL* 형질에서의 106번째 *T*의 돌연변이는 틀 이동(frame shift) 돌연변이를 일으켜 종결코돈을 생성하게 하고, 이로 인한 미성숙 mRNA생산을 유도하여 돌연변이를 일으킨다.

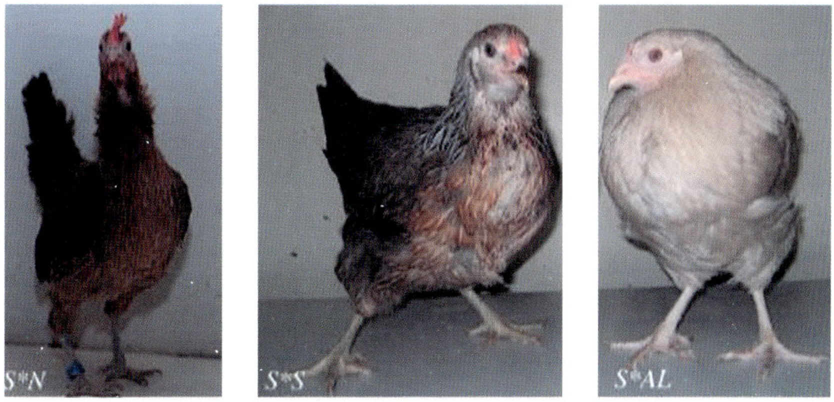

그림 5-22 *S/N*(야생형/금색), *S/S*(은색), *S/AL*(성연관 불완전 백색증)

(Gunnarsson 등, 2007)

(4) 백 색

1) 우성백색과 회백색

우성백색(dominant white)의 돌연변이 인자(*I*)는 유색인자(*C*)에 대해 상위성인자인 색소억제인자로 작용한다. 색소억제정도는 불완전 우성으로 백색레그혼 품종의 백색이 대표적인데 우모색은 백색이고, 눈은 적갈색이다. 회백색인자(I^D) 또한 불완전 우성으로 우모색은 암 갈색(Dun)을 발현하고, 눈의 색은 유색으로 발현된다. 이 인자(*I*)의 색소억제정도는 억제대상인 유멜라닌(eumelanin, 흑색계통)과 페오멜라닌(pheomelanin, 적색 및 황색계통)에 따라 색소발현을 억제하는 정도가 서로 다르다. 우성백색, 암갈색(Dun)과 회백색(Smoky) 형질은 깃털의 색에 영향을 미치는 주요한 유전자 좌위 중 하나인 우성백색 유전자 좌위에 존재하는 대립형질들이다(그림 5-23). 우성백색 형질과 암갈색 형질 모두 흑색 깃털의 발현을 방해하고, 회백색 형질은 화이트 레그혼종에서 우성백색 형질에 대한 동형 접합에서 발생하며, 부분적으로 색소 침착을 일으킨다. PMEL17 유전자는 멜라닌세포 특이적 단백질을 전사하며, 진정 멜라닌소체(eumelanosome)의 발생에 중요 역할을 하는 유전자이다. 유전서열 분석을 통해 우성백색 형질은 PMEL17 유전자의 10번째 엑손(exon)에 9-bp 길이의 뉴클레오타이드 삽입이 일어나기 때문에 PMEL17 단백질 중 세포막 부위를 구성하는 영역에 3개의 아미노산 삽입이 일어난다는 것이 밝혀졌다(Kerje 등, 2004). 또한 Dun형질에서 전사된 단백질은 PMEL17 단백질 중 세포막 부위를 구성하는 영역에 5개의 아미노산 결실이 나타난다. Smoky 형질에서는 우성백색 형질과 동일하게 PMEL17유전자의 10번째 exon에 9-bp길이의 뉴클레오타이드 삽입이 일어나며, 거기에 추가로 6번째 엑손에서의 12-bp길

그림 5-23 야생형(왼쪽), 우성백색(가운데), 회백색(오른쪽) 대립형질의 닭

(Kerje 등, 2004)

이의 뉴클레오타이드 결실이 일어남으로써, 성숙 단백질에서부터 4개의 아미노산이 제거된 단백질이 생산된다.

2) 열성백색과 적안(赤眼)백색

열성백색(c)은 유색인자(C^+)에 대하여 열성으로 우모색은 백색이고, 눈의 색은 적갈색 또는 갈색으로 발현된다. 적안 백색(c^{re})은 열성백색에 대한 돌연변이체로 우모색은 백색이나 눈의 색은 짙은 적색을 띤다. 이들 간의 우열관계는 유색인자(C^+) > 열성백색(c) > 적안백색(c^{re})의 순이다.

3) 라벤더 색

라벤더 꽃의 빛깔로 우모가 푸른 빛을 띤 연보라색으로 발현된다. 라벤더는(LAV*L) 멜라닌 세포에서 기원한 상염색체 열성 돌연변이의 결과로 나타나는 표현형질이다. 닭의 7번 염색체에 존재하는 MLPH 유전자가 돌연변이가 일어나면, 흑색색소인 유멜라닌과 붉은색/갈색색소인 페오멜라닌의 희석을 야기시키고 그 결과 라벤더색이 발현한다.

표 5-5는 MLPH 의 두 가지 단일염기변이(single nucleotide polymorphism, SNP)를 나타낸다. 유일하게 103번 위치에 있는 염기만이 아미노산 대체를 유발함으로써 유멜라닌과 페오멜라닌의 희석을 야기시키고 그 결과 라벤더색이 발현한다.

4) 알비노(Albino)

열성알비노(c^a)인자의 작용은 우모색이 백색이 되게 하고, 핑크색의 눈을 발현시킨다. 유색인자(C^+) > 열성백색(c) > 적안백색(c^{re})> 열성알비노(c^a)의 순으로 우열관계가 작용한다. 불완전알비노(s^{al}) 인자는 은색(S)과 금색(s)에 대하여 열성형질로 우모색은 부분적으로 회갈색 및 담적색인 유색색소가 발현되고, 눈의 색은 담적색으로 발현된다.

표 5-5 다양한 닭 깃털 색 표현형의 단일 염기 다형성

표 현 형	103번째 뉴클레오타이드			1356번째 뉴클레오타이드		
	C/C	C/T	T/T	A/A	A/G	G/G
흰 색	27	0	0	18	5	4
은 색	7	0	0	7	0	0
검정/갈색	13	14	0	24	0	3
얼룩색	18	0	0	18	0	0
라벤더 색	0	0	15	0	0	15

(Bertrand 등, 2008)

그림 5-24 라벤더 형질의 닭

(Bertrand 등, 2008)

(5) 횡반색 인자

횡반색인자(*B*)는 횡반폴리머스록 품종(Barred Plymouth Rock, BPR.) 등에 있는 반성유전 인자로 무횡반(無橫斑, *b*)에 대하여 우성이며, 양적인 효과가 있어서 수평아리보다 암평아리에서 두부백반의 크기가 더 커서 병아리 자웅감별에도 종종 이용될 수 있는 형질이다. 횡반인자는 병아리의 후두부(後頭部)의 색소발현을 억제하여 유색의 어린 병아리의 머리에 크림백색을 발현시킨다. 또한 성계에 있어서는 전신에 멜라닌색소 발현을 횡반띠 모양으로 억압하여 유색과 백색띠가 규칙적으로 나열된 횡반색 우모를 발현시킨다.

(6) 피부색

닭의 피부색은 백색(*W*) 또는 황색(*w*)으로 백색피부는 황색피부에 대하여 상염색체 단순우성 인자의 관계에 있다. 황색은 부위별 또는 연령별 상당한 정도의 변이가 있는데, 이는 황색색소인 크산토필의 피부침작 정도에 따른 것이다.

2. 우모발육성의 유전

(1) 조우성(早羽性) 및 만우성(晩羽性) 인자

일반적으로 아시아, 영국 및 미국을 원산으로 하는 품종들은 만우성 품종들이고, 지중해를 중심으로 퍼져있는 품종들은 조우성 품종들이다. 반성유전을 하면서 우모발육 속도에 영향을 주는 K 유전자 좌위에 대한 많은 보고가 있었는데, 이 유전자 좌위에는 K^n, K^s, K 및 k^+의 인자들이 있는 것으로 요약되고 있다. K^n 인자는 병아리의 우모발육을 극단적으로 지연시키는 돌연변이 인자이고, K^s 인자는 우모를 만우성보다도 늦게 발육시키는 돌연변이 인자이며, K 인자는 만우성 인자로 조우성(k^+)에 대한 대조적 개념이다. 이들 인자들의 우열관계는 $K^n > K^s > K > k^+$의 순이다. 부화 후 12주령에서 비록 일부의 K^s/K^s 개체의 수컷은 꼬리깃털 발육이 되어있지 못하나, K^s, K 및 k^+ 인자에 대하여 동형접합이나 반접합체인 경우 모두 우모가 충분히 발육되게 된다. 이와는 대조적으로 K^n의 인자를 지닌 개체들은 우모발육이 매우 불완전하여 부분적으로 우모가 없는 상태로 성장기를 보내게 된다. 또한 K^n인자는 하나의 유전자가 여러 가지 효과를 나타내는 유전자 다면작용을 지니고 있어서 우모발육 뿐만 아니라 볏의 성장도 눈에 띠게 더디게 하고, 결코 정상적인 크기가 되지 못하고 성 성숙일령에 달하여도 볏의 발색이 충분하지 못하게 되며, 생리적으로도 불리한 영향을 주는 것으로 알려져 있다.

(2) 지체인자

종종 우모의 발육속도가 빠를 것으로 기대되는 개체들(k^+/k^+, k^+)이 기대한 속도만큼 우모가 빨리 발육되지 않는 경우가 있다. 여기에는 상염색체의 복대립유전자, 즉 T^+, t^s, t의 3개의 인자가 관련된 것으로 요약되고 있다. T^+인자는 우모 발육성을 정상적으로 표현되게 하는 인자이며, t^s는 우모발육성의 표현을 지연시키고, t인자는 우모발육성의 표현을 지체시키는 역할이 있어서 우모발육속도를 지배하는 반성유전인자인 조우성(k^+)인자의 발현을 변경시키는 변경인자로 작용한다.

3. 닭볏의 유전

닭볏의 유전에는 장미관 인자(R)와 완두관 인자(P)의 2종류의 비대립유전자가 관여하며 이들 간의 상호작용에 의하여 호두관(RP)이라는 형질이 나타나게 된다(그림 3-6 참조).

(1) 장미관

장미관 인자(*R*)는 단관(*r*)에 대해 우성으로 와이안도트 품종에서 전형적인 볏모양으로 이 품종의 인자형은 *RRpp*이다. 햄버그종 및 장미관밴탐종의 볏도 모양에 다소의 차이는 있지만 장미관에 속한다.

(2) 완두관

완두관 인자(*P*)는 단관(*r*)에 대해 우성이며, 브라마, 코니쉬, 아라우카나 품종의 볏모양이 이러한 형태에 속하며, 이들 품종의 유전자형은 *rrPP*이다.

(3) 단 관

장미관 인자(*R*)와 완두관 인자(*P*)에 대하여 열성으로 레그혼 품종의 볏모양이 대표적이며, 이 품종의 유전자형은 장미관과 완두관에 대하여 모두 열성동형접합체인 상태로 *rrpp*이다.

(4) 호두관

장미관인 와이안도트 품종과 완두관인 브라마 품종을 교배하면 잡종 제1대(F_1)에서는 모든 자손이 양친에 없는 형질인 호두관으로 태어나고, 이들 F_1끼리 서로 교배하면 F_2에서는 전형적인 양성교잡종의 분리의 비인 9 : 3 : 3 : 1로 호두관(*R_P_*), 장미관(*R_pp*), 완두관(*rrP_*), 단관(*rrpp*)이 태어난다.

(5) 중복 볏(Duplex comb)

하우단종은 볏 모양이 나비의 날개가 접혀있는 것처럼 되어 정수리 앞쪽에 놓여있는데, 이는 중복볏 인자(D^V)에 기인된 것이다. 또한 시실리안 버터컵 품종에서의 볏은 원을 그리면서 보통정도 크기의 관첨을 소유한 볏이 머리 중앙에 놓여있는데, 이 또한 중복볏 인자(D^c)의 한 종류로 분류되고 있다. 이 외에도 다양한 변이형태로 중복볏을 소유한 품종들이 있는데 중복볏 인자들은 모두 상염색체의 우성형질로 보고되고 있다.

4. 기타 형질

(1) 포복형질

닭의 포복형질(Creepers)은 우성인자(*C*)의 작용으로 이상발육을 초래하게 되는데, 우성 동형접합(*CC*)인 경우에는 치사성을 보이게 된다. 포복계(*Cc*)는 다리가 짧고, 휘어지는 상태로 발육을 하게 되는데, 포복계사이의 자손은 포복계와 정상인 개체의 비율이 3:1을 따르지 않고 치사성이 관련된 형질유전의 전형적인 비율인 2 : 1의 비율로 출현하게 되며, 동형접합체(*CC*)는 치사되어 출현하지 않는다. 포복계(*Cc*)를 정상인 개체와 퇴교배하면 자손은 포복계와 정상인 개체가 1:1로 분리되어 출현한다.

(2) 역 우(逆羽)

역우(frizzled plumage)는 우성돌연변이에 의한 것으로 우축이 앞으로 꼬여 있고 깃털의 끝은 머리쪽으로 향하고 있으며 우지가 헝클어져 있는 상태를 말하는데, 정상우에 대하여 불완전 우성이어서 역우의 동형접합(*FF*) 개체는 이형접합(*Ff*)의 개체에 비하여 역우상태가 심하게 발현된다. 이 역우형질에는 변경유전자가 관여하여 역우의 정도를 변경하기도 한다.

(3) 난각색(卵殼色)

난각색은 품종에 따라 다양하게 표현되는데, 이에는 다수의 인자들이 관여하는 것으로 알려져 있다. 백색란을 생산하는 닭과 갈색란을 생산하는 닭을 교배했을 때 F_1은 짙은 색부터 옅은 색의 알을 낳는 닭까지 다양한 정도의 중간색을 나타낸다. 그러나 남색란은 백색란에 대하여 완전우성으로 알려져 있다.

(4) 나 경(裸頸)

나경(naked neck) 형질은 정상(*na*)에 대하여 우성돌연변이 인자(*Na*)로 사육기온이 높은 지역에서 한 때 많은 관심을 일으켰다. 즉 기온이 25°C 이상 상승할 때, 나경의 개체들은 정상에 비하여 빠른 성장률, 높은 도체량, 높은 정육률 및 스트레스에 대한 저항성 등에서 양호한 것으로 평가되었기 때문이다. 그러나 부화율에 있어서는 정상에 비하여 다소 낮은 경향이 있어서 경제적으로는 서로 상쇄할 수 있는 효과로 분석 보고된 바 있다.

5-6 마우스의 형질유전

1. 모색의 유전

포유동물의 피모색은 다수의 유전자에 의해 지배되는 것처럼 마우스 또한 적어도 63종의 유전자에서 148개의 대립인자들이 관여하는 것으로 알려졌다.

(1) 아구티 유전자

아구티(Agouti) 유전자는 갈색(*B*)에 대해서 우성형질로서 피모를 회색으로 발현시키는데, 아구티 개체(*A–B–*)의 모발 하나 하나에는 황색 띠가 있어서 외부적으로는 얼룩 진회색인 아구티색(야생색)이 발현된다.

(2) 갈 색

갈색(Brown) 인자는 아구티색에 대해서 열성으로 아구티 인자와 공동작용으로 아구티색(*A–B–*), 흑색(*aaB–*), 황갈색(*Aabb*), 갈색(*aabb*)으로 발현된다.

(3) 유색색소 형성인자

유색색소 형성인자(*C*)는 흑색(*B–C–*)과 갈색(*bbC–*) 등의 유색색소의 형성을 결정하는데, 유전자형이 열성동형접합체(*cc*)는 색소형성이 불가능하게 되어 Albino가 된다. Albino 개체는 무색인 백색에 핑크색인 눈을 소유하게 된다.

(4) 황 색

황색(*Y*)은 야생색 인자에 대해 우성이지만, 동형접합체가 된 경우 치사작용이 있다. 따라서 황색 개체는 이형접합체(*Yy*)가 되고, 열성동형접합체(*yy*)일 때는 아구티(Agouti)색이 된다. 황색 개체간의 교배는 황색과 아구티색이 2 : 1의 분리의 비가 된다.

(5) 거북무늬 피모

마우스의 모색이 거북등무늬처럼 착색되는 경우가 있는데, 이는 성염색체상의 착색효소인자의 활성과 관련되어 진행된다. 특정 유색유전자가 이형접합체일 때 이 유색인자에 대하여 중간정도의 착색을 보여주지 않고, 얼룩덜룩한 반점형태로 마치 두 종류의 모색이 모자이크 형태로 출현한 것처럼 보이게 된다. 정상적인 수컷(XY)과 비정상적인 암컷(XO) 사이에 이러한 형태의 마우스모색은 전혀 출현되지 않는다. 이 현상을 Lyon이라는 사람은 거북무늬의 성숙한 마우스(XX)의 세포분열 간기(interphase)에는 세포분열 중기에 비해 X 염색체 한 개가 모자란 형태를 관찰하였다. 또한 그는 나머지 하나의 X 염색체는 불활성화된다고 하면서, 유전자의 양적 보상성(Dosage compensation)으로 X염색체는 하나만 있으면 정상적인 모색발현 대사가 진행될 수 있다고 설명하였다. 사실상 마우스에서 성염색체의 불활성화는 초기 배아 발달시 진행되는 것으로 알려져 있으며, 한 개체의 피모세포에 이질적인 성염색체의 활성과 불활성화된 세포들이 각각의 세포군락으로 분열을 거듭하게 되고, 결과적으로 서로 다른 농담의 피모색을 출현시키게 되는 것으로 설명되고 있다.

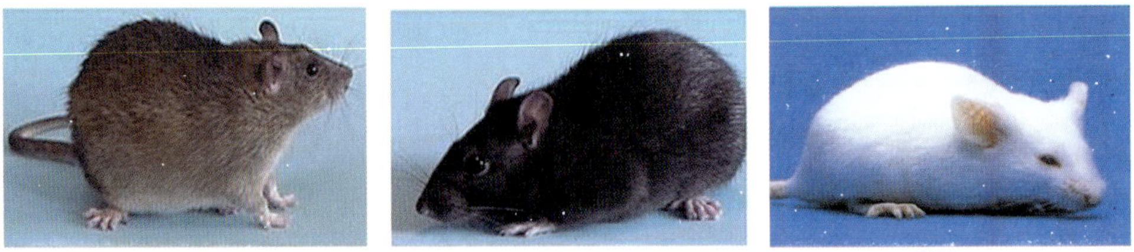

그림 5-25 마우스의 모색

요 약

1. 동물형질의 유전은 질적형질과 양적형질의 유전으로 구분되며, 본 장에서는 비교적 소수의 인자가 형질발현에 관여하고, 유전현상에 대한 이해가 용이한 질적형질들을 중심으로 언급하였다.
2. 모색유전에서 포유동물의 모색은 흑색, 갈색, 적색, 조모색, 백반, 유색반점 등 다양하지만, 기본적으로 색의 발현은 pheomelanin과 eumelanin의 농도에 의하여 결정된다. 색소결정의 주요인자 좌위는 Extention과 Agouti좌위로 설명된다. 조류의 우모색은 멜라닌과 카로티노이드색소로 결정되지만, 닭의 우모색은 멜라닌색소에 의하여 주로 결정되며, 부수적으로 카로티노이드에 의한 xanthophyll이 난황, 체지방, 피부, 정강이 및 부리 등의 발색에 영향을 준다. 체형 및 외모상 특징에 대한 관심은 가축에 있어서 순종선발의 척도로 활용되어온 바, 그 유전양식이 비교적 오래 전부터 밝혀져 왔으며, 이를 활용하여 다양한 형태의 선발과 도태가 가축집단에 수행되어 왔다. 유전자 변이로부터 발생된 기형 및 치사형질들은 대부분은 열성형질로 보고되고 있으나, 낮은 출현빈도의 우성돌연변이 또한 보고되고 있다.

참고문헌

- Allen, W.R. and Pashen, R.L., 1984. Production of monozygotic(identical) horse twins by embryo micromanipulation. Journal of Reproduction and Fertility 71 : 607~613.
- Berg, T., P. Healy, O. Tollersrud and O. Nilssen. 1997. Molecular heterogeneity for bovine a-mannosidosis: PCR based assays for detection of breed-specific mutations. Res. Vet. J. 63 : 279~282.
- Bowling A.T., 1996. Horse genetics, CAB International, Wallingford Oxon OX10 8DE, UK.
- Drogemuller, C, O. Distl, T. Leeb, 2001. Partial deletion of the bovine ED1 gene causes anhidrotic ectodermal dysplasia in cattle. Genome-Res. 11(10) : 1699~705.
- Gardner, E.J., Shupe, J.L., Leon, N.C. and Olsen, A.E., 1975. Hereditary multiple exostosis. Journal of Heredity 66 : 318~322.
- Gardner, E.J., Simmons M.J. and Snustad D.P., 1991. Pinciples of Genetics, 8th. ed., John Wiley & Sons, Inc.
- Grosz, M. and M. MacNeil. 1999. The "Spotted" locus maps to bovine chromosome 6 in a Hereford-Cross population. J. Heredity 30 : 233~236.
- Gunnarsson U, Hellstrom AR, Tixier-Boichard M, Minvielle F, Bed'hom B, Ito S, Jensen P, Rattink A, Vereijken A, Andersson L. 2007. Mutations in SLC45A2 cause plumage color variation in chicken and Japanese quail. Genetics 175 : 867~877.
- Hermans, W.A., Kersjes, A.W., van der Mey, G.J.W. and Dik, K.J., 1987. Investigation into the heredity of congenital lateral patellar (sub)luxation in the Shetland pony. Veterinary Quarterly 9 : 1~8.
- Hutt F.B. and Rasmusen B.A., 1982. Animal Genertics. 2nd ed. John Wiley & Sons, Inc.
- Hutt F.B. and Rasmusen B.A., 1982. Animal Genetics. 2nd ed. John Wiley & Sons, Inc.
- Kerje S, Lind J, Schutz K, Jensen P, Andersson L. 2003. Melanocortin 1-receptor (MC1R) mutations are associated with plumage colour in chicken. Anim Genet 34 : 241~248.
- Kerje S, Sharma P, Gunnarsson U, Kim H, Bagchi S, Fredriksson R, Schutz K, Jensen P, von Heijne G, Okimoto R, Andersson L. 2004. The Dominant white, Dun and Smoky color variants in chicken are associated with insertion/deletion polymorphisms in the PMEL17 gene. Genetics 168 : 1507~1518.
- Kris Sweiter, Erica Gacsala, Humberto Esquivel. (http://ag.ansc.purdue.edu/sheep /ansc442/semprojs/defects/genetic_defects.htm).

- Minvielle F, Bed'hom B, Coville JL, Ito S, Inoue-Murayama M, Gourichon D. 2010. The "silver" Japanese quail and the MITF gene: causal mutation, associated traits and homology with the "blue" chicken plumage. BMC Genet 11 : 15.
- Rieder S., Taurit S., Mariat D., Langlois B. and Guerin G., 2001. Mutation in the agouti (ASIP), the extension (MC1R), and the brown (TYRP1) loci and their association to coat color phenotypes in horses (Equus caballus). Mammalian Genome 12, 450~455.
- Rudolph, J.A., Spier, S.J., Byrns, G., Rojas, C.V., Bernoco, D. and Hoffman, E.P., 1992. Periodic paralysis in Quarter Horses: a sodium channel mutation disseminated by selective breeding. Nature Genetics 2 : 145~147.
- Schmutz, S.M., T.G. Berryere, J.S. Moker, DJ Bradley. Jan. 17, 2001. Inheritance of the belt pattern in Belted Galloway cattle. Plant and Animal Genome IX, San Diego, CA.
- Searle, A.G., 1968. Comparative genetics of coat colour in mammals. Logs Press, Lomdon.
- Seitz, J.J., S.M. Schmutz, T.D. Thue, F.C. Buchanan. 1999. A missense mutation in the bovine MGF gene is associated with the roan phenotype in Belgian Blue and Shorthorn cattle. Mamm. Genome 10 : 710~712.
- Sheila M. Schmutz, and Tom G. Berryere, Daniel C. Ciobanu, Alan J. Mileham, Barbara H. Schmidtz, Merete Fredholm. 2004. A form of albinism in cattle is caused by a tyrosinase frameshift mutation. Mammalian Genome, 15 : 62~67.
- Vaez M, Follett SA, Bed'hom B, Gourichon D, Tixier-Boichard M, Burke T. 2008. A single point-mutation within the melanophilin gene causes the lavender plumage colour dilution phenotype in the chicken. BMC Genet 9 : 7.
- Woolf, C.M. and Swafford, J.R., 1988. Evidence for eumelanin and pheomelanin producing genotypes in the Arabian horse. Journal of Heredity 79 : 100~106.
- Woolf, C.M., 1990. Multifactorial inheritance of common white markings in the Arabian horse. Journal of Heredity 81 : 250~256.
- 가축유전학, 1984. 선진문화사.
- 동물유전의 이해, 2002. 선진문화사.

6 집단유전과 양적형질 유전

개 요

집단유전학(population genetics)은 집단의 구성원인 개체는 소멸되더라도 집단 자체는 계속되는 세대의 반복을 통해 존속 유지되어 가는 과정에서 집단의 유전적 구성, 즉 각 유전자 좌위에서의 유전자형 비율이 일정한 법칙에 따라 변화되는 양상을 연구하는 분야이다. 최근에는 이러한 집단내 유전변이를 측정하기 위해 제한효소 단편 다형현상과 DNA 염기를 분석하는 분자유전학적 기법이 광범위하게 활용되고 있다. 이러한 분석기법을 통해 집단의 유전적 조성 및 분화에 대한 진화적 연구가 활발히 진행되고 있다.

양적유전학(quantitative genetics)은 표현형의 측정치가 일정한 범위를 가지는 연속형질(continuous trait) 또는 양적형질(quantitative trait)에 관해 연구하는 유전학이다. 연속형질은 일반적으로 다수의 유전자들과 환경요인들에 의해 발현되며, 이러한 연속형질들의 특성을 설명하기 위해 평균, 분산 및 표준편차 등과 같은 통계량들을 이용한다.

본장에서는 위에 언급한 집단유전학과 관련하여 집단의 유전구조, Hardy-Weinberg 법칙, 유전자 빈도의 변화 등에 대하여 다루며, 양적형질의 유전에서는 양적형질의 특성, 양적형질의 통계량 등에 대하여 살펴볼 것이다.

6-1 집단유전학

1. 집단의 유전구조

유전적 구성에 있어서 공통적인 특징을 갖고 있는 개체들이 교배에 의해 자신들이 지니고 있는 유전자를 지손에게 전달할 수 있는 개체들의 집합을 집단(population)이라 부른다.

집단 유전학(population genetics)은 동물 각 개체가 지니고 있는 유전적 특성, 유전자의 종류 및 작용, 유전자의 전달양식 등을 연구하는 일반 유전학과는 달리, 집단을 구성하는 개체는 소멸되더라도 번식을 통해 생산된 자손이 양친의 유전물질을 전달 받아 유전적 특성을 연속적으로 이어가는 과정에서 집단의 유전적 구성, 즉 각 유전자 좌위에서의 유전인자형 비율이 일정한 법칙에 따라 변화되는 양상을 연구하는 분야이다. 다시 말하면, 집단내 유전자형의 종류 및 분포, 유전자의 빈도, 유전자 빈도에 영향을 미치는 요인 등을 통계학적으로 분석하여 종의 진화를 설명할 뿐 아니라 이들 현상을 가축개량 방법과 연관시켜 연구하는 학문분야이다.

집단유전학의 기초가 되는 수학적 이론은 1930년대에 확립되었고, 그 후 실험적 증명을 통해 더욱 발전되었는데, 특히 Lush, Lerner 등은 집단유전학의 이론을 가축육종에 응용하여 가축육종 체계를 확립하였다. 가축의 선발육종은 번식에 이용할 암수를 선발할 때 매 세대마다 유리한 유전자형 빈도를 높이고, 반대로 불리한 유전자형 빈도를 낮추기 위한 전략을 실현함으로써 세대가 지나면서 가축집단의 평균능력이 향상되는 결과를 가져오는 과정을 가리킨다. 따라서 가축육종 이론을 이해하기 위해서는 먼저 집단의 유전적 특성들에 관해 살펴볼 필요가 있다. 이 장에서는 집단의 유전적 구조와 이의 변화요인들에 관해서 살펴보기로 한다.

(1) 유전자 빈도와 유전자형 빈도

집단을 구성하는 개체들의 유전자형 및 표현형 분포는 유전자형 종류별 교배확률에 의하여 결정되기 때문에, 멘델의 유전법칙을 이해하면 교배에 이용된 암수의 유전자형으로부터 자손의 유전자형과 표현형의 분포를 예측할 수 있다.

멘델 집단은 2배체 개체들로 구성되기 때문에 어느 한 유전자 좌위를 놓고 생각할 때, 그 집단의 유전적 구성은 각 유전자형의 비율로 표시할 수 있다. 예를 들어 어느 좌위에 A_1, A_2로 표시된 두 가지 대립인자가 존재할 경우, 이 집단 내에 A_1A_1, A_1A_2 및 A_2A_2 유전자형을 갖는 개체들이 각각 어떤 비율로 분포되어 있는지를 표시함으로써 이 집단의 유전적 특징을 규정지을 수 있다.

멘델 집단에서 만들어지는 모든 성세포를 다음 세대가 형성될 수 있는 유전단위의 한 가상적 혼합체로 생각할 때, 이 혼합체가 바로 유전자 급원(gene pool)이다. 따라서 유전자 급원은 멘델 집단 구성원들에 분포된 대립유전자 전체를 의미하는 것이며, 그 집단이 소유하고 있는 모든 유전적 정보 그 자체이다.

전체 집단에서 각종 교배에 의해 생산되는 자손의 표현형 및 유전자형 빈도를 추정하려면 각 유전자형 종류별 교배확률을 알아야 한다. 유전자형이 A_1A_1, A_1A_2 및 A_2A_2인 집단에서 A_1A_1의 수컷과 A_2A_2의 암컷간의 교배빈도를 알면 그들 자손의 유전자형 빈도를 추정할 수 있다.

집단유전학은 집단내 유전자 빈도 및 유전자형 빈도를 탐구하고 다음 세대에서 이들 빈도를 추정하는 분야로서, 이 장에서는 집단유전학을 질적형질에 적용하여 그 개념을 설명할 것이다.

1) 유전자형 빈도

어느 집단의 유전적 구성은 동일 좌위에 점좌한 대립유전자의 조합, 즉 유전자형별로 각 개체를 구분하고 이들의 비율로 나타낼 수 있다. 예를 들어 상염색체상에 있는 유전자좌에 2개의 대립유전자 A_1과 A_2가 존재한다고 가정하면, 가능한 유전자형은 A_1A_1, A_1A_2및 A_2A_2의 3종류가 된다. 전체 개체수에 대한 각각의 유전자형에 속하는 개체수의 비율을 유전자형 빈도(genotypic frequency)라고 하고, 일반적으로 빈도는 $f(\quad)$로 나타낸다. 즉 $f(A_1)$은 집단내 대립유전자 A_1의 빈도를, $f(A_1A_2)$는 이형접합체 A_1A_2의 빈도를 가리킨다.

2배체 동물은 특정 상염색체 좌위에 2개의 유전자를 운반하므로 마리로 구성된 집단은 해당 좌위에 총 $2n$의 유전자를 갖는다. 집단에서 각 유전자형별 개체수는 유전자형을 구분하는 첨자와 함께 n_{ij}로 표기한다면 유전자형 빈도는 아래와 같이 나타낼 수 있다.

$$f(A_1A_1) = \frac{n_{11}}{n..}$$

$$f(A_1A_2) = \frac{n_{12}}{n..}$$

$$f(A_2A_2) = \frac{n_{22}}{n..}$$

여기서 n_{11}은 A_1A_1의 개체수, n_{12}는 A_1A_2의 개체수, n_{22}는 A_2A_2의 개체수, 또 $n..$는 전체 개체수인 $n_{11}+n_{12}+n_{22}$를 나타낸다. 여기서도 알 수 있듯이 모든 유전자형 빈도를 합하면 1이 된다.

사람의 *MN*식 혈액형에는 *MM*형, *MN*형 및 *NN*형의 3종류가 있다.

그린랜드 및 아이슬랜드에 사는 에스키모의 *MN*식 혈액형을 조사한 결과는 표 6-1과 같았다. *MN*식 혈액형의 경우 표현형과 유전자형이 일치하고 있기 때문에 표현형이 *MM*형인 사람의 유전자형은 *MM*이다. 따라서 표 6-1의 결과에서 그린랜드에 있어서 *MM*의 유전자형 빈도 $f(MM)$은 *MM*혈액형인 사람의 숫자의 조사총수에 대한 비율로서 다음 식처럼 추정된다.

$$f(MM) = \frac{475}{569} = 0.835$$

표 6-1 에스키모인의 *MN*식 혈액형에 관한 조사결과

지 역	사람 수			조사 총인원
	*MM*형	*MN*형	*NN*형	
그린랜드	475	89	5	569
아이슬랜드	233	385	129	747

마찬가지로 *MN* 및 *NN*의 유전자형 빈도를 아이슬랜드에 대해서도 추정하면 표 6-2처럼 된다. 그린랜드에 있어서는 *MM*의 유전자형 빈도가 80%를 넘지만, *NN*은 불과 1%에도 못 미치고, 아이슬랜드에서는 유전자형 *NN*이 상당수 존재하는 사실 등에서 두 지역간에는 유전자형 빈도 면에서 명확한 차이가 있음을 알 수 있다.

표 6-2 에스키모인의 *MN*식 혈액형의 유전자형 빈도

지 역	유전자형 빈도		
	*MM*형	*MN*형	*NN*형
그린랜드	0.835	0.156	0.009
아이슬랜드	0.312	0.515	0.173

2) 유전자 빈도

앞에서 본 바와 같이, 유전적 의미에서의 집단은 상호 유성번식을 하는 개체군이다. 따라서 부모의 유전자형은 감수분열의 단계에서 성세포(gamete)로 나누어 전달되고, 자손의 유전자형은 수정시 만난 정자와 난자의 유전자 종류에 의해 결정된다. 즉 유전자는 세대에서 세대로 계속 이어지지만, 각 세대의 유전자형은 그 세대만의 것이다. 따라서 집단의 유전적 구성을 나타낼 때 유전자형 빈도보다 유전자 빈도(gene frequency) 쪽이 오히려 좋은 경우가 많다. 유전자 빈도는 해당 유전자 좌위에 대해서 각 대립유전자수의 전체 유전자수에 대한 비율로 정의된다. 여기서 전체 유전자수는 전 개체수의 2배인 $2n_{..}$인데, A_1유전자의 수 n_1은 유전자형이 A_1A_1인 개체(n_{11})는 2개 그리고 유전자형이 A_1A_2인 개체(n_{12})는 1개이므로 그 합계 $n_{1.}=2n_{11}+1n_{12}$이고, 또 A_2 유전자수의 합계는 $n_{2.}=n_{12}+2n_{22}$이다. 따라서 A_1 및 A_2 유전자의 각각 유전자 빈도는 다음 식에 의해 추정된다.

$$f(A_1) = \frac{n_{1.}}{2n_{..}} = \frac{2n_{11} + n_{12}}{2n_{..}}$$

$$f(A_2) = \frac{n_{2.}}{2n_{..}} = \frac{n_{12} + 2n_{22}}{2n_{..}}$$

위의 식에 의해 A_1 및 A_2 유전자 빈도의 합은 $f(A_1) + f(A_2) = 1$이 된다. 앞의 표 6-2의 에스키모인의 MN식 혈액형의 예에 대해서 유전자 빈도를 추정하여 정리하면 표 6-3과 같다.

표 6-3 에스키모인의 *MN*식 혈액형에 관한 유전자 빈도

지 역	유전자 빈도	
	M	*N*
그린랜드	0.913	0.087
아이슬랜드	0.570	0.430

그린랜드에 있어서 M유전자수 n_M과 전체 유전자수 각각 $2n_{..}$은

$$n_M = 2 \times 475 + 89 = 1{,}039$$
$$2n_{..} = 2 \times 569 = 1{,}138$$

이기 때문에 M유전자의 빈도는 1,039/1,138=0.913이 되고, N유전자의 유전자 빈도는 1−0.913=0.087이 된다. 아이슬랜드에서의 각 유전자 빈도를 구하면 표 6-3처럼 된다. 이 결과에서 알 수 있듯이 2개의 집단은 유전자형 빈도에서처럼 유전자 빈도에서도 상당한 차이가 있고, 그린랜드에서는 N유전자 빈도가 매우 적지만 아이슬랜드에서는 양 유전자 빈도가 거의 같은 값임을 알 수 있다.

또 위의 유전자 빈도와 유전자형 빈도와의 관계식을 다음과 같이 정리할 수 있다.

$$f(A_1) = \frac{n_{11}}{n_{..}} + \frac{n_{12}}{2n_{..}} = f(A_1A_1) + \frac{1}{2}f(A_1A_2)$$

$$f(A_2) = \frac{n_{12}}{2n_{..}} + \frac{n_{22}}{n_{..}} = \frac{1}{2}f(A_1A_2) + f(A_2A_2)$$

예를 들면 표 6-2에 나타난 유전자형 빈도의 결과에서 그린랜드에서의 M유전자의 유전자 빈도를 구하면 아래와 같다.

$$f(M) = 0.835 + \frac{1}{2} \times 0.156 = 0.913$$

3) 임의교배

임의교배(random mating)란 모든 개체가 반대 성의 임의의 개체와 교배할 기회가 똑 같게 주어지는 교배체계를 말하며 무작위교배라고도 한다. 선택교배가 유전자 빈도 및 유전자형 빈도에 미치는 영향을 설명할 때 무작위교배를 비교 대상으로 이용하는 경우가 흔하다.

4) 교배확률

표 6-4 교배확률

양친의 유전자형		교배조합 빈도
수컷	암컷	
RR	*RR*	$f(RR) \times f(RR)$
RR	*Rr*	$f(RR) \times f(Rr)$
RR	*rr*	$f(RR) \times f(rr)$
Rr	*RR*	$f(Rr) \times f(RR)$
Rr	*Rr*	$f(Rr) \times f(Rr)$
Rr	*rr*	$f(Rr) \times f(rr)$
rr	*RR*	$f(rr) \times f(RR)$
rr	*Rr*	$f(rr) \times f(Rr)$
rr	*rr*	$f(rr) \times f(rr)$

특정 유전자형의 2 개체간의 무작위교배 확률은 표 6-4에서 보는 것처럼 집단내 해당 두 유전자형 빈도간의 곱과 같다. 예를 들어 상염색체 특정 좌위에 2 종류의 유전자(*R*와 *r*)가 있다면, 3 종류의 유전자형(*RR*, *Rr*, *rr*)은 왼쪽과 같은 9 종류의 교배조합을 구성한다. 단, 이와 같은 교배빈도는 암컷과 수컷에서 유전자형 빈도가 같음을 전제로 한다. 반성유전자의 경우 이와 같은 전제가 확실하지 않을 수 있으므로 유전자형 빈도는 각 성별로 설정하여야 한다. 어느 경우에 해당하던 무작위교배를 할 경우 어떤 특정 교배확률은 암수의 유전자형 빈도의 곱과 같다.

2. Hardy-Weinberg 법칙

1900년에 멘델의 업적이 재발견되면서 유전학자들의 관심 중 하나는 진화론과 인자론을 어떻게 연결시킬 것인가 였다. 문제는 한 세대에서 그 다음 세대에 걸쳐, 무엇이 유전자 빈도와 유전자형 빈도에 관여하는가 였다. 1908년에 영국의 Hardy와 독일의 Weinberg가 각각 독립적으로 일정한 가정 아래 여러 세대에 걸친 유전자 빈도와 유전자형 빈도 사이의 기본적 관계를 정립했는데, 이 집단의 유전적 구성에 관한 기본적인 법칙을 Hardy-Weinberg법칙이라고 한다. Hardy-Weinberg법칙이란 교배가 무작위로 이루어지는 큰 집단에서 유전자 빈도에 영향을 미치는 돌연변이, 이주, 선발 등의 요인이 없으면 유전자 빈도와 유전자형 빈도는 매 세대 변하지 않고 일정하다는 것이다. 유전자 빈도 및 유전자형 빈도가 일정한 집단을 평형집단(population in equilibrium)이라 한다.

(1) Hardy-Weinberg 평형집단의 유전자 빈도 및 유전자형 빈도

2 종류의 대립유전자를 지닌 상염색체 좌위에서 Hardy-Weinberg 평형인 집단은 유전자 빈도와 유전자형 빈도 사이에 명확한 관계를 보인다. Hardy-Weinberg 평형집단에서 임의교배(random mating)가 이루어질 경우, 유전자 빈도를 $f(A_1) = p$, $f(A_2) = q$로 표기하면 유전자형 빈도는 아래와 같다.

$$f(A_1A_1) = p^2$$
$$f(A_1A_2) = 2pq$$
$$f(A_2A_2) = q^2$$

유전자 빈도와 유전자형 빈도는 왜 관련이 있을까? Hardy-Weinberg법칙의 조건에서 암수의 성세포가 지닌 유전자는 임의로 짝을 짓는다. 집단의 전체 유전자원 중에서 성세포가 임의로 A_1 유전자를 운반할 확률은 p이고, A_2 유전자를 운반할 확률은 q이다. 한 좌위에 2개의 유전자가 결합할 때 A_1A_1의 유전자형이 될 확률은 $p \times p$, 즉 p^2이 된다. 따라서 자손 세대의 유전자형 빈도는 아래와 같이 양친 세대의 유전자 빈도로부터 얻을 수 있다.

$$(pA_1 + qA_2)^2 = p^2A_1A_1 + 2pqA_1A_2 + q^2A_2A_2$$

유전자 빈도의 합 $p + q$는 1이고, 유전자형 빈도의 합 $p^2 + 2pq + q^2$ 또한 1이 된다. 이와 같은 평형집단에서 유전자 빈도 및 유전자형 빈도가 매 세대 변하지 않고 일정함을 알 수 있다.

Hardy-Weinberg 평형집단일 경우, 위와 같은 유전자 빈도와 유전자형 빈도간의 관계를 이용하여 유전자 빈도를 추정할 수 있다. 예를 들어, 유전자 B가 유전자 b에 대해 완전우성일 경우, 유전자 b의 빈도는 $\sqrt{f(bb)}$로부터 추정한다. 그리고 유전자 B의 빈도 추정치는 $1 - f(b)$가 된다. BB의 표현형은 Bb와 같으므로 이와 같은 접근은 우성 유전자를 갖고 있는 형질에 유용하다. 집단이 평형상태가 아니면 $f(bb)$로부터 q를 추정하는 것은 확실하지 않다. 추정 유전자 빈도를 실제 유전자 빈도와 구분하기 위하여 빈도 기호 위에 ^을 붙인다. 따라서 $\hat{q}$는 해당 대립유전자 빈도의 추정치를 나타낸다.

예를 들면 어떤 Angus종 집단에서 임의로 1,000두의 모색을 조사하였을 때, 흑색이 640두, 그리고 백색이 360두였고, 이 집단이 이들 모색에 대해 평형상태라면 백색 유전자의 빈도는 아래와 같은 방법으로 추정할 수 있다.

$$\hat{q} = \sqrt{f(bb)} = \sqrt{360/1{,}000} = 0.6$$
$$\hat{p} = 1 - \hat{q} = 0.4$$

따라서 우성 표현형의 유전자형 빈도 추정치는 $f(BB)=\hat{p}^2=0.16$과 $f(Bb)=2\hat{p}\hat{q}=0.48$이다.

한 집단의 유전자 빈도가 $f(A_1)=p$, $f(A_2)=q$ 일 때, 유전자형 빈도는 언제 평형에 도달되어 $f(A_1A_1)=p^2$, $f(A_1A_2)=2pq$, $f(A_2A_2)=q^2$으로 되는가? Wentworth Remick는 1918년에 2 종류의 대립유전자를 지닌 상염색체 좌위에서 평형이 아닌 집단은 암컷과 수컷에서 유전자 빈도가 같다면 무작위교배 후 1세대에서 평형에 도달됨을 밝혔다. 따라서 무작위교배에 의하여 생산된 자손에서 $f(A_2)=\sqrt{f(A_2A_2)}$가 된다. 즉 Hardy-Weinberg 법칙 가정 아래 $q=\sqrt{f(A_2A_2.)}$와 같아진다. 그러나 암컷과 수컷에서 유전자 빈도가 다르면 평형 도달에 2세대의 무작위교배가 요구된다. 첫 세대에서 유전자 빈도는 양친의 유전자 빈도의 평균으로 암수의 유전자 빈도가 같아진다. 두 번째 세대에서 유전자형 빈도가 평형에 도달된다.

예제 6-1은 한 세대의 무작위교배에 의해 평형에 도달되는 절차를 보여주고 있다.

예제 6-1 Shorthorn종 집단

표현형	유전자형	유전자형 빈도
적 색	RR	0.6
조모색	Rr	0.4
백 색	rr	0.0

- 유전자 빈도의 계산

$$f(R)=f(RR)+\frac{1}{2}f(Rr)$$
$$=0.6+0.2=0.8$$
$$f(r)=0.2$$

이 집단은 $f(r)=0.2$이지만 백색우가 전혀 관측되지 않으므로 분명 평형이 아니다.

이 집단을 무작위교배하면 특정 성세포들 간의 결합확률은 아래와 같아진다.

성 세 포		결합확률
수컷	암컷	
R	R	$(0.8)(0.8)=0.64$
R	r	$(0.8)(0.2)=0.16$
r	R	$(0.2)(0.8)=0.16$
r	r	$(0.2)(0.2)=0.04$

- 자손에서 기대되는 유전자형 빈도

$$f(RR)=0.64$$
$$f(Rr)=0.32$$
$$f(rr)=0.04$$

자손 집단은 평형에 도달되었다 : Hardy-Weinberg 법칙 가정 아래 이 집단은 계속 유전자 빈도 및 유전자형 빈도가 일정할 것이다.

(2) 연관평형과 연관불평형

상염색체에 점좌한 유전자가 평형이 아니지만 암컷과 수컷에서 유전자 빈도가 같을 경우 임의교배하면 다음 세대는 바로 평형에 도달된다. 2개의 좌위를 고려할 경우 각각 평형에 도달되면 연합적으로도 평형에 도달될 것으로 기대되지만 꼭 그렇지만은 않다.

각각 2종류의 대립유전자를 지닌 2개의 좌위를 고려할 때, 첫 번째 좌위에 $f(A) = p_1$과 $f(a) = q_1$ 그리고 두 번째 좌위에 $f(B) = p_2$와 $f(b) = q_2$로 가정하자. 연합적으로 평형이면 성세포 AB, Ab, aB, ab의 빈도는 해당 유전자 빈도의 곱셈으로 얻는 p_1p_2, p_1q_2, q_1p_2, q_1q_2와 같아야 한다. 성세포 빈도가 해당 유전자 빈도의 곱셈으로 얻은 값과 같다면 아래와 같이 나타낼 수 있을 것이다.

$$f(AB) \cdot f(ab) = f(Ab) \cdot f(aB) \text{ 또는 } f(AB) \cdot f(ab) - f(Ab) \cdot f(aB) = 0$$

2 좌위가 연합적으로 평형이 아니면 $f(AB) \cdot f(ab) - f(Ab) \cdot f(aB) \neq 0$이 되는데, 이들간 차이를 d라 한다면, d는 상인(coupling)과 상반(repulsion) 조합의 성세포 생산에 있어서 차이를 나타낸다. 불평형(disequilibrium)을 설명하려면 상반된 2종류의 조건에 대해 검토하여야 한다.

① 2개의 좌위가 서로 다른 염색체에 있거나 독립적으로 분리할 수 있을 정도로 서로 멀리 떨어져 있는 경우
② 2개의 좌위가 연관되어 있는 경우

2개의 유전자 M과 N을 예로 들어 무작위 결합의 의미를 설명해보자.

	M 유전자 좌위의 대립유전자	
N 유전자 좌위의 대립유전자	$M_1(p_M)$	$M_2(q_M)$
$N_1(p_N)$	$M_1N_1(p_Mp_N)$ (r)	$M_2N_1(q_Mp_N)$ (t)
$N_2(q_N)$	$M_1N_2(p_Mq_N)$ (s)	$M_2N_2(q_Mq_N)$ (u)

위의 표에서 보듯이, 4개의 배우체(gamete)의 빈도는 개별 대립유전자의 빈도를 곱하여 구할 수 있다. 무작위 결합을 하는 유전자들은 연관평형(linkage equilibrium)상태에 있다고 한다. 반대로 무작위 결합을 하지 못하는 유전자들은 연관불평형(linkage disequilibrium)상태에 있다고 하며, 이 경우에 각 배우체의 빈도는 대립유전자의 빈도를 곱해서 구할 수 없다. 4개의 배우체 형태별 빈도를 각각 r, s, t, u라고 표시하고, 연관평형상태의 배우체 빈도와 관측된 빈도의 차이인 연관불평형가 d는 다음과 같이 나타낼 수 있다.

$$d = ru - st$$

독립적 좌위에서 불평형가 d는 매 세대 절반으로 줄어든다. 보다 엄격한 의미로 볼 때 연합적으로 불평형인 집단은 일정 세대가 지나더라도 평형에 도달하지는 못한다. 그러나 실제적으로 d는 빠르게 작아지므로 수 세대 지나면 평형에 도달된다. d_0를 최초의 불평형가라 한다면 n번째 세대의 불평형가(disequilibrium value)는 $d_n = (\frac{1}{2})^n d_0$이 된다.

N 유전자 좌위의 대립유전자	M 유전자 좌위의 대립유전자 $M_1(p_M)$	$M_2(q_M)$
$N_1(p_N)$	$M_1N_1(p_Mp_N)$ $r = p_Mp_N + d$	$M_2N_1(q_Mp_N)$ $t = q_Mp_N - d$
$N_2(q_N)$	$M_1N_2(p_Mq_N)$ $s = p_Mq_N - d$	$M_2N_2(q_Mq_N)$ $u = q_Mq_N + d$

집단 내에 연관불평형 상태를 만드는 요인에는 선발(selection), 이주(migration), 유전적 부동(random drift) 및 돌연변이(mutation)가 있다. 반면에 재조합(recombination)이라고 하는 과정에 의해 연관불평형은 감소한다.

두 유전자가 연관된 좌위는 독립적으로 분리하는 좌위에 비하여 평형에 접근하는 속도가 더 늦고 연관의 강도가 강할수록 평형으로의 접근은 더욱 늦어진다. 2개의 좌위간의 연관은 유전자 조합별 성세포의 생성 비율에도 영향을 미쳐, 조환형 성세포보다 양친형 성세포의 비율을 높여준다. 조환형 성세포는 상동염색체간의 교차 결과이다.

3. 유전자 빈도의 변화

선발이 없을 경우 또한 임의교배를 하는 커다란 모집단에서의 유전자 빈도는 한 세대에서 다음 세대에 이르기까지 불변한다는 사실은 Hardy-Weinberg 법칙에서 이미 언급하였다. 그럼에도 불구하고 가축의 종이나 품종 내에서는 유전적 조성에 상당한 변화가 일어나는 것을 우리는 알고 있다. 그렇다면 유전자 빈도에 변화를 초래하는 요인들은 무엇일까? 여기에는 돌연변이, 이주, 선발 그리고 유전적 부동 등이 있다.

(1) 돌연변이

유전물질의 변화를 일으키는 현상을 돌연변이(mutation)라 하며, 돌연변이는 새로운 대립유전자를 생성하기도 하고 어떤 유전자를 기존의 유전자로 바꾸기도 한다. 유전자 돌연변이(gene mutation)는 어느 유전자 좌위(locus) 내에서 일어나는 DNA의 염기화를 의미한다. 돌연변이는 진화과정과 선발에 이용되는 새로운 유전적 중요 자원이다. 여기서는 한 번만 일어나는 돌연변이에 대한 설명은 생략하겠다. 돌연변이율은 일반적으로 10^{-4}~10^{-8}로 매우 낮다. 돌연변이가 몇 세대 반복되었다고 유전자 빈도에 크게 영향을 미치는 것은 아니지만, 오랜 세대 반복되면 유전자 빈도는 변한다.

특정한 유전자 A가 그 대립유전자 a로 돌연변이 되는 확률을 μ라 하면 $P(A \rightarrow a) = \mu$이다. 집단에서 돌연변이 빈도는 아래와 같이 돌연변이율(μ)과 유전자 빈도(p_0)의 곱으로서 이 집단에서 소실되는 유전자 A의 비율을 나타낸다.

$$f(A \rightarrow a) = \mu p_0$$

1) 불가역적 돌연변이

불가역적 돌연변이(nonrecurrent mutation)란 돌연변이가 한쪽 방향으로만 진행되고 반대 방향으로는 일어나지 않는 경우로, $P(A \rightarrow a) = \mu$, $P(a \rightarrow A) = v = 0$ 를 뜻한다. 기초년도의 유전자 빈도를 $f(A) = p_0$와 $f(a) = q_0$로 나타내면, 다음 세대에서의 유전자 A의 빈도(p_1)와 유전자 a의 빈도(q_1)은 아래와 같다.

$$p_1 = p_0 - \mu p_0 = p_0(1 - \mu),\ q_1 = q_0 + \mu p_0$$
$$p_2 = p_1 - \mu p_1 = p_1(1 - \mu) = p_0(1 - \mu)^2$$
$$p_n = p_0(1 - \mu)^n$$

반복적으로 돌연변이가 진행되면 유전자 A의 빈도는 감소하고 유전자 a의 빈도는 증가한다.

2) 가역적 돌연변이

가역적 돌연변이(recurrent mutation)는 양방향으로, 즉 A로부터 a, 그리고 a로부터 A로 일으킬 수 있다. μ를 $A \rightarrow a$의 돌연변이율, v를 $a \rightarrow A$의 돌연변이율, 그리고 기초집단의 $f(A)$를 p_0라 하면, $p_1 = p_0 - \mu p_0 + v q_0$이 된다. 여기서 μp_0는 $f(A \rightarrow a)$로서 유전자 A를 감소시키는 반면에 $v q_0$는 $f(a \rightarrow A)$로서 유전자 A를 증가시킨다. 이들 간의 관계는 다음과 같다.

① 만약 $\mu p_0 > v q_0$이면, $f(A)$는 감소하고,
② 만약 $\mu p_0 < v q_0$이면, $f(A)$는 증가하며,
③ 만약 $\mu p_0 = v q_0$이면, $f(A)$는 평형을 유지한다.

μ가 v보다 크냐 작으냐가 $f(A)$의 증감을 결정하지는 않는다. $f(A)$의 변화는 돌연변이 빈도 μp_0와 vq_0에 의하여 좌우된다. 세 번째 조건은 평형상태일 때를 가리킨다. 유전자 빈도에 영향을 미치는 다른 요인이 없다면, 집단이 평형에 도달되기까지 $f(A)$는 증가하거나 감소할 것이다. 평형일 때 $p_E = f(A)$, $q_E = f(a)$라 하자. μ와 v가 일정하고 $A \rightarrow a$로 바뀌는 유전자수와 $a \rightarrow A$로 바뀌는 유전자수가 같을 때 평형이라면, $\mu p = vq$의 관계를 이용하여 p_E와 q_E를 아래와 같이 계산할 수 있다.

$$vq_E = \mu p_E = \mu(1 - q_E)$$

$$\therefore\ q_E = \frac{\mu}{\mu + v} \qquad p_E = 1 - q_E = \frac{v}{\mu + v}$$

예제 6-2

유전자좌 1에서의 $f(B) = 0.8$이고 유전자좌 2에서의 $f(C) = 0.8$이다.

- $P(B \rightarrow b) = 10^{-4}$, $P(C \rightarrow c) = 10^{-8}$ 일 때의 유전자 빈도의 변화 :

세 대	$f(B)$	$f(C)$
0	0.8	0.8
10	0.7992	0.7999
100	0.7920	0.7999
1000	0.7239	0.7999
10000	0.2942	0.7999
100000	0.0000	0.7992

이 집단에서 돌연변이율이 높은 경우라 하더라도 매우 느리게 진행되면서 결국 유전자 B와 C는 소실될 것이다. $f(B)$가 일정한 수준 이하로 낮아지는 데 소요되는 세대수를 추정할 수 있다.

예를 들어 $p_0 = 0.8$이고 μ가 주어질 때 $p_t \leq 0.7$에 도달되는 세대수는?

$p_t = p_0(1 - \mu)^t$

$0.7 \leqq 0.8(1 - \mu)^t$

$(1 - \mu)^t \geqq 0.7/0.8$

$t\, log\,(1 - \mu) \geqq log\,(0.875)$

$t \geqq \frac{log\,(0.875)}{log\,(1-\mu)}$

$t_B \geqq log\,(0.875)\,/\,log\,(1-10^{-4}) \cong 1.3 \times 10^3 = 1{,}300$ 세대

$t_C \geqq log\,(0.875)\,/\,log\,(1-10^{-8}) \cong 1.3 \times 10^7 = 1{,}300{,}000$ 세대

예제 6-3

$p_0 = 0.8$, $P(B \rightarrow b) = \mu = 4.2 \times 10^{-5}$, $P(b \rightarrow B) = v = 2.1 \times 10^{-5}$일 때, p_1과 p_E는 얼마인가?

$$p_1 = p_0 - \mu p_0 + vq_0 = 0.8 - (3.36 \times 10^{-5}) + (0.42 \times 10^{-5}) = 0.8 - 2.94 \times 10^{-5}$$

$$q_E = \frac{4.2 \times 10^{-5}}{(4.2 \times 10^{-5}) + (2.1 \times 10^{-5})} = \frac{2}{3}$$

$$p_E = 1 - q_E = \frac{1}{3}$$

유전자 B의 빈도는 $\frac{1}{3}$이 될 때까지 계속 감소된 다음 안정될 것이다.

(2) 이 주

이주(migration)란 어느 유기체의 이동을 의미하는 것이나, 집단유전학에서는 어느 한 gene pool에서 다른 gene pool로의 이동에 관심을 갖는다. 실제로 이주에 의한 변화는 이주해 오는 모집단의 유전자 빈도에 의해서 좌우될 뿐만 아니라 이주해 온 개체들의 번식비율(b)에도 좌우된다. 만일 원래 모집단의 유전자 빈도를 q_0라 하고, 새로 이주해 온 유전자 빈도를 q_i라고 할 때, 유전자 빈도의 변화는 $\Delta q = bq_i + (1-b)q_0 - q_0 = b(q_i - q_0)$ 이다.

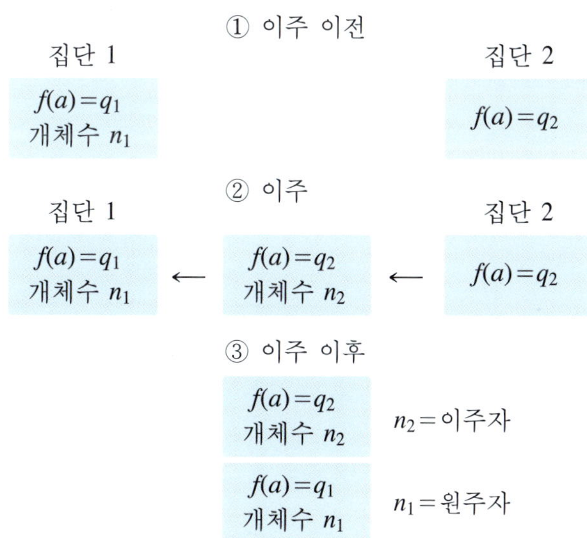

그림 6-1 집단 2로부터 집단 1로 이주 모형도

다시 말하면 이주란 한 집단에서 다른 집단으로의 개체 이동을 가리킨다. 2개의 집단에서 어떤 특정한 상염색체상의 대립유전자 빈도 $f(a)$가 집단 1에서 q_1이고, 집단 2에서 q_2라 하자. 그리고 그림 6-1에서 보여주듯이 집단 2의 개체를 집단 1로 이주하였다 하자. 단, 이주는 무작위이므로 이주된 개체에서의 유전자 빈도는 이주 전 집단의 유전자 빈도와 같다. 이주가 완료된 후 전체 규모 중 집단 2로부터 이주해 온 개체의 비율을 m이라 하면 아래의 관계가 성립된다.

$$\text{집단 1에서 이주율 : } m = \frac{n_2}{n_1 + n_2}$$

여기서 n_1은 집단 1의 원주 개체수, 그리고 n_2 는 집단 2로부터 이주해 온 개체수

집단 1의 원주 개체 비율은 $1-m$이 된다. 이주 완료 후 집단 1의 유전자 빈도(q'_1)는 얼마인가?

$$q'_1 = (1-m)q_1 + mq_2 = q_1 + m(q_2 - q_1)$$

이주에 의해 생기는 유전자 빈도 변화량 $m(q_2 - q_1)$은 두 집단간 최초의 유전자 빈도의 차이 $(q_2 - q_1)$과 이주 개체의 비율 m에 의해 결정된다. 두 집단의 유전자 빈도가 같으면 무작위 이주는 유전자 빈도에 전혀 영향을 미치지 않는다.

이주 후 두 집단간 유전자 빈도의 차이는 아래와 같이 작아진다.

$$(q'_1 - q_2) = q_1 + m(q_2 - q_1) - q_2 = (q_1 - q_2)(1-m)$$

여기에서 $(q_1 - q_2)$는 최초 두 집단간의 유전자 빈도의 차이에 해당하며, 이주에 따른 유전자 빈도의 변화량은 m에 의하여 좌우된다.

예제 6-4

- 집단 1의 $f(a)$: $q_1 = 0.2,\ n_1 = 8{,}000$
- 집단 2의 $f(a)$: $q_2 = 0.6,\ n_2 = 2{,}000$

  $m = 2{,}000 / (8{,}000 + 2{,}000) = 0.2$
- 이주 후 유전자 a의 빈도 : $q_1' = q_1 + m(q_2 - q_1) = 0.2 + 0.2(0.6 - 0.2) = 0.28$
- 두 집단간 유전자 빈도의 차이 : $q_1 - q_2 = 0.2 - 0.6 = -0.4$
- 이주 후 유전자 빈도의 변화량 : $(q'_1 - q_2) = (q_1 - q_2)(1-m) = -0.4(1-0.2) = -0.32$

(3) 선 발

임의교배에서는 각 유전자형의 번식능력이 같음을 전제하지만, 만일 유전자형에 따라서 번식년령까지의 생존율 또는 번식능력의 차이가 있다면 세대를 경과하면서 유전자 빈도는 바뀔 것이다. 예를 들면 열성동형 상태에서 치사를 일으키는 열성유전자의 경우 이 유전자형을 지닌 개체는 사망하므로 해당 유전자의 빈도는 감소하게 된다.

선발(selection)은 유전자 빈도를 변화시키는 중요 요인 중 하나이다. 자연선발(natural selection)은 자연환경에 따라 특정 표현형이 생존하고 번식할 수 있는 확률의 차이를 가리키며, 모든 표현형이 특정한 환경에서 경쟁할 때 똑같이 적응하지 못한다. 어떤 표현형 및 그 유전자형이 특정한 환경에 적응하며 번식할 수 있는 능력을 적응도(fitness)라 한다. 반면에 인위적 선발(artificial selection)이란 어떤 개체가 살아서 번식할 수 있는 확률을 인위적으로 조절하는 일련의 방법을 뜻한다.

적응도가 1이라 함은 해당 유전자형 모두가 살아남아 번식한다는 뜻이 아니다. 사고사, 포획, 질병 등에 의하여 해당 유전자형의 감소가 있을 수 있다. 생존율이 가장 높은 유전자형에 1의 적응도를 부여하고 다른 유전자형의 적응도는 이에 비례하여 정한다.

자연선발이 유전자 빈도에 미치는 영향을 2개의 대립유전자(A, a)를 지닌 단일 좌위를 이용하여 분석하자. 이형접합 유전자형의 상대적 적응도에 따라서 분류하면 다음과 같다. 첫째, 완전우성의 경우처럼 이형접합체가 동형접합체의 어느 한쪽과 표현형이 같을 수 있다. 이 경우 Aa와 AA의 적응도가 같다. 선발은 $A\_$ 유전자형을 선발할 수도 있고 도태할 수도 있다. 둘째, 불완전우성과 불우성처럼 이형접합체가 두 동형접합체에 대해 중간적 적응도를 갖는 경우다. 마지막으로 초우성처럼 이형접합체가 가장 유리한 적응도를 갖는 경우다.

1) 완전우성(유전자형 $A_$에 대한 선발)

어떤 집단에서 상염색체의 두 대립유전자 빈도가 $f(A) = p_0$, $f(a) = q_0$라 하고, 최초의 유전자형 빈도가 $f(AA) = p_0^2$, $f(Aa) = 2p_0q_0$, $f(aa) = q_0^2$이라 가정하자. 유전자 A를 최소한 하나라도 갖는 개체는 생존에 있어서 유리하다면 유전자형 AA와 Aa의 적응도는 같다. 유전자형 aa의 개체는 s의 비율만큼 상대적으로 적응도가 떨어진다.

유전자형	최초 빈도	상대적 적응도	자손세대 기여도
AA	p_0^2	1	$(1)p_0^2$
Aa	$2p_0q_0$	1	$(1)2p_0q_0$
aa	q_0^2	$1-s$	$(1-s)q_0^2$
합 계	1		$1-sq_0^2$

완전우성의 경우 AA와 Aa의 적응도는 모두 1이다. 그리고 유전자형 aa의 적응도는 $1-s$이다. 여기서 s는 0~1의 값을 갖는데, s가 0에 가까우면 aa에 대한 도태는 작아진다. 그러나 aa가 치사하는 경우 aa에 대한 도태는 완전하여 $s=1$이 된다.

성세포를 생산하는 기초집단의 비율은 각 유전자형 빈도에 적응도를 곱하여 얻은 값을 합계하면 얻을 수 있다.

$$\text{성세포 생산 비율} = (1)p_0^2 + (1)2p_0q_0 + (1-s)q_0^2 = 1 - sq_0^2$$

생존자들의 유전자형 빈도 :

$$f(\text{생존자의 유전자형 } AA) = p_0^2 / (1 - sq_0^2)$$

$$f(\text{생존자의 유전자형 } Aa) = 2p_0q_0 / (1 - sq_0^2)$$

$$f(\text{생존자의 유전자형 } aa) = (1-s)q_0^2 / (1 - sq_0^2)$$

생존자들의 유전자 빈도 :

$$p_1 = \frac{p_0^2}{1 - sp_0^2} + \frac{1}{2} \times \frac{2p_0q_0}{1 - sp_0^2} = \frac{p_0}{1 - sp_0^2}$$

$$q_1 = 1 - p_1 = 1 - \frac{p_0}{1 - sp_0^2}$$

$(1 - sp_0^2) < 1$이므로 $p_1 > p_0$. 즉 유전자형 aa의 개체들은 성세포 생산 기회가 제한되기 때문에 유전자 A의 빈도는 증가된다.

생존자끼리는 임의교배하여 다음 세대를 생산하므로 자손세대의 유전자형 빈도는 $f(AA) = p_1^2$, $f(Aa) = 2p_1q_1$, $f(aa) = q_1^2$이 될 것이다. 이런 과정이 반복되면 결국 유전자 A는 고정될 것이다. 고정(fixation)이란 어느 한쪽의 대립유전자 빈도가 1이 되는 경우를 말한다.

아래의 두 예제는 적응도와 유전자 빈도 및 유전자형 빈도의 관계를 설명해 준다. 예제 6-5에서는 3종류의 유전자형 적응도가 같을 때 유전자 빈도 및 유전자형 빈도에 미치는 영향이 전혀 없음을 보여주고 있다. 예제 6-6은 유전자형 aa에 대하여 도태가 있을 때 유전자 빈도의 기대 변화량을 보여주고 있다.

유전자형 aa에 대한 도태에서 $s=1$이라 함은 유전자형 aa의 모든 개체가 번식년령 전에 죽거나 모두 불임일 경우를 가리킨다. 유전자 a를 지닌 성세포는 이형접합체인 Aa로부터 생성된다. $s=1$일 때 선발군이 지닌 유전자 빈도는 아래와 같다.

$$f(\text{생존자의 유전자 } A) = p_1 = \frac{p_0}{1 - sp_0^2} = \frac{p_0}{1 - q_0^2} = \frac{1 - q_0}{(1 + q_0)(1 - q_0)} = \frac{1}{1 + q_0}$$

$$f(\text{생존자의 유전자 } a) = q_1 = 1 - \frac{1}{1 + q_0} = \frac{q_0}{1 + q_0}$$

이어지는 세대마다 *aa*의 자손을 도태하면 $f(a)$는 지속적으로 감소된다. $s=1$일 때, t세대 경과 후의 유전자 빈도는 아래와 같은 방법으로 추정할 수 있다.

$$p_t=\frac{1+(t-1)q_0}{1+tq_0}, \quad q_t=\frac{q_0}{1+tq_0}$$

예제 6-5 유전자형별 적응도가 같은 경우 (단, $p_0=0.6$, $q_0=0.4$)

유전자형	최초 빈도	희생율	자손세대 기여도
AA	0.36	0.036	0.324
Aa	0.48	0.048	0.432
aa	0.16	0.016	0.144
합 계	1.0	0.1	0.90

설치류는 육식동물에 대해 매우 약하다. 어떤 개체가 육식동물에게 희생될 확률은 Hardy-Weinberg 법칙 아래에서 그 유전자형과는 무관하므로 각 유전자형별 희생률은 똑같다. 모집단의 약 10%가 희생된다고 할 때 유전자 빈도의 변화는 다음과 같이 나타낼 수 있다.

- 희생 후 유전자형 빈도 및 유전자 빈도 :

$$f(AA)=\frac{0.324}{0.90}=0.36,\ f(A)=\frac{0.324+\frac{1}{2}(0.432)}{0.90}=0.6$$

각 유전자형의 상대적 적응도는 같기 때문에 이 좌위에 대한 유전자 빈도는 여전히 평형이다.

예제 6-6 A_에 대한 선발 (단, $p_0=0.6$, $q_0=0.4$, $s=0.5$)

유전자형	최초 빈도	희생률	자손세대 기여도
AA	0.36	1.0	0.36
Aa	0.48	1.0	0.48
aa	0.16	0.5	0.08
합 계	1.0	2.5	0.92

쥐의 모색에 대한 유전자형 *aa* 개체는 야생형 *A_*(*AA*형 또는 *Aa*)보다 육식동물에 쉽게 발각되므로 상대적 적응도가 낮다. 어떤 유전자형의 개체도 육식동물에게 희생되지만 야생형의 희생빈도가 낮다.

- 선발결과 :

$$p_1=\frac{p_0}{1-sq_0^2}=\frac{0.6}{1-(0.5)(0.16)}=0.652,\ q_1=1-p_1=0.348$$

- 임의교배시 기대되는 자손의 유전자형 빈도:

$$p_1^2=0.425,\ 2p_1q_1=0.454,\ q_1^2=0.121$$

$f(a)$가 q_0에서 q로 감소하는 데 소요되는 세대수 t를 추정할 수 있는 방정식은 다음과 같다.

$$t = \frac{1}{q} - \frac{1}{q_0}$$

선발이 유전자 빈도에 미치는 영향을 확인하는 방법은 유전자 작용이 다른 경우에도 같이 적용된다.

① 유전자 작용의 종류에 따라서 적절한 상대적 적응도를 결정한다.

② 적응도와 유전자형 빈도를 곱하여 합계하는 방법으로 번식용 선발축의 비율을 계산한다.

③ 생존집단의 새로운 유전자형 빈도를 계산한다. 이 값은 각 유전자형별 적응도에 해당 유전자형 빈도를 곱한 다음 생존집단의 비율로 나눈 값이다.

④ 생존집단의 유전자 빈도는 앞서 얻은 유전자형 빈도를 이용하여 계산한다.

2) 불우성(No dominance)

특정 좌위의 대립유전자간에 불우성일 경우, 이형접합자의 적응도는 정확히 두 동형접합자 적응도의 중간에 해당된다. AA의 상대적 적응도가 1이고, aa의 적응도가 $1-s$라면 이형접합자의 적응도는 이들 간의 평균인 $1-0.5s$이다.

유전자형	최초 빈도	상대적 적응도
AA	p_0^2	1
Aa	$2p_0q_0$	$1-0.5s$
aa	q_0^2	$1-s$
합계	1.0	

f(생존자의 유전자 A) :

$$p_1 = \frac{p_0(1-0.5sq_0)}{1-sq_0}$$

$(1-0.5sq_0) > (1-sq_0)$이므로 $p_1 > p_0$이다. 불우성도 완전우성인 경우와 같이 유전자 A로 고정된다.

3) 불완전우성(Incomplete dominance)

불완전우성에서 이형접합자의 상대적 적응도는 두 동형접합자의 평균보다는 크지만 유리한 동형접합자의 적응도 보다는 작다$(0<s_1<0.5s_2)$.

유전자형	최초 빈도	상대적 적응도
AA	p_0^2	1
Aa	$2p_0q_0$	$1-s_1$
aa	q_0^2	$1-s_2$
합계	1.0	

f(생존자의 유전자 A) :

$$p_1 = \frac{p_0(1-s_1q_0)}{1-2s_1p_0q_0-s_2q_0^2}$$

불완전우성에서 $p_1 > p_0$이므로, A의 빈도는 증가되어 결국에는 완전우성, 불우성과 마찬가지로 고정된다.

4) 완전우성(유전자형 *aa*에 대한 선발)

유전자형 *aa*에 대하여 유리하게 선발할 경우, 매세대 유전자 *a*의 빈도가 증가되어 최종적으로 고정된다. 완전우성인 경우 *AA*와 *Aa*의 적응도는 같지만 *aa*보다는 작다($0 < s < 1$).

유전자형	최초 빈도	상대적 적응도
AA	p_0^2	$1-s$
Aa	$2p_0q_0$	$1-s$
aa	q_0^2	1
합계	1.0	

f(생존자의 유전자 *A*) :

$$p_1 = \frac{p_0(1-s)}{1-s(1-q_0^2)}$$

$1-s(1-q_0^2) > (1-s)$이므로 $p_1 < p_0$이다.
따라서 유전자 *A*의 빈도는 감소되고 유전자 *a*의 빈도는 증가된다.

5) 초우성(Overdominance)

초우성을 나타내는 경우 이형접합자가 동형접합자보다 높은 적응도를 갖는다($0 < s_1 < 1$과 $0 < s_2 < 1$).

유전자형	최초 빈도	상대적 적응도
AA	p_0^2	$1-s_1$
Aa	$2p_0q_0$	1
aa	q_0^2	$1-s_2$
합계	1.0	

f(생존자의 유전자 *A*) :

$$p_1 = \frac{p_0(1-s_1p_0)}{1-s_1p_0^2-s_2q_0^2}$$

이형접합자가 선호되는 유전자형이므로 어떤 유전자로도 고정되지 않을 것이다.

$f(A)$의 증감은 $(1-s_1p_0)/(1-s_1p_0^2-s_2q_0^2)$의 비율에 의해 좌우된다. $(1-s_1p_0)/(1-s_1p_0^2-s_2q_0^2)=1$이면, $p_1=p_0$가 된다.

$p_0 > (s_2/s_1)q_0$이면, 유전자 *A*의 빈도는 감소될 것이고, 반대로 $p_0 < (s_2/s_1)q_0$이면 *A*의 빈도는 증가될 것이다. $p_0=(s_2/s_1)q_0$이면, $p_1=p_0$이므로 유전자 빈도의 변화는 없다. 따라서 평형에 도달되었을 때의 $f(A)$의 빈도는 $p_E = s_2/(s_1+s_2)$이다.

(4) 유전적 부동

지금까지 살펴보았듯이 Hardy-Weinberg 법칙은 큰 집단을 전제로 하지만 소규모 집단에서 유전자 빈도의 변동(fluctuation)은 세대에 따라 방향이나 크기에서 임의적이기 때문에, 경우에 따라서는 특정 대립인자가 우연한 기회에 고정되거나 소실되는 상황도 발생한다. 이러한 유전자 빈도의 변화를 임의 부동(random drift) 또는 임의 유전적 부동이라 한다.

큰 집단에서 최초의 유전자 빈도를 $f(A)=p_0$, $f(a)=q_0$라하고 임의로 *n*개의 유전자를 표본으로 취한다면, 이 표본 중에 특정한 숫자의 대립유전자가 포함될 확률은 $(pA+qa)^n$을 전개한 값과 같다. $p_0 = 3/4$, $q_0 = 1/4$인 유전자군(gene pool)에서 임의로 8개의 유전자를 선택할 때 *A* 유전자수별 확률은 다음과 같다.

유전자 *A*의 수	확률	표본 기대치 (n=1,000,000)	표본 중 $f(A)$
0	.000015	15	0
1	.000366	366	0.125
2	.003845	3,845	0.250
3	.023071	23,071	0.375
4	.086517	86,517	0.500
5	.207642	207,642	0.625
6	.311462	311,462	0.750
7	.266968	266,968	0.875
8	.100113	100,113	1.000

가장 높은 확률 사상은 8개의 유전자 중 6개가 *A*인 조합이며 그 확률은 0.31이다. 즉 어떤 표본이 유전자군과 같은 유전자 빈도($\frac{3}{4}$)를 갖게 될 확률은 31% 이다. 8개의 유전자가 모두 *A*를 포함할 확률은 10개의 표본 중 하나 기대된다.

그림 6-2는 유전자군에서 8개의 유전자를 1,000,000회 추출할 경우, 표본추출에 따라서 임의적인 유전자 빈도의 변화를 보여주고 있다.

표본에서 유전자 *A* 또는 *a*가 고정될 확률은 표본을 얻는 유전자군의 유전자 빈도와 표본의 유전자수에 의해 결정된다.

$$P(A \text{ 고정}) = P(n\text{개 유전자 모두 } A \text{ 유전자}) = p_0^n$$

$$P(a \text{ 고정}) = P(n\text{개 유전자 모두 } a \text{ 유전자}) = q_0^n$$

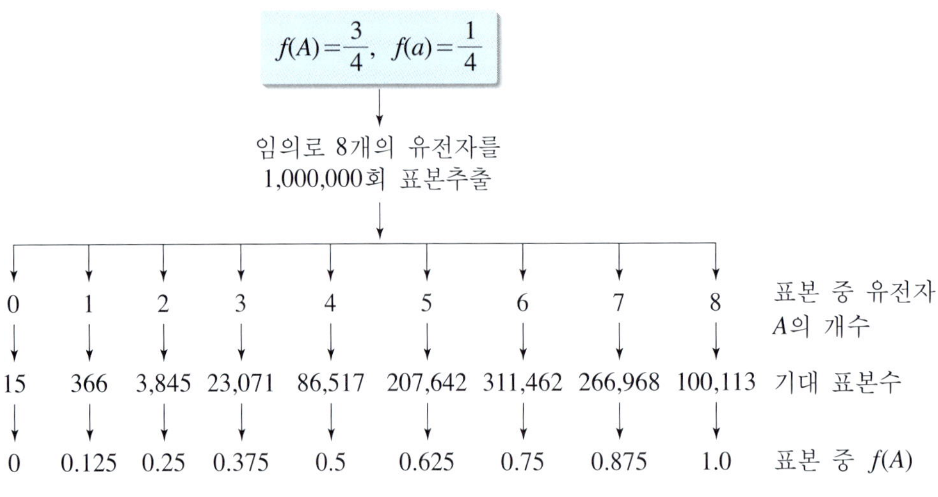

그림 6-2 $f(A) = \frac{3}{4}$인 유전자군에서 8개의 유전자를 1,000,000회 추출할 경우 기대치

위의 예제는 표본추출이 유전자 빈도에 미칠 수 있는 영향에 대하여 설명하고 있지만 유전자군이 어떻게 설정되었는가, 즉 양친의 유전자형 빈도에 대해서는 고려하지 않았다. 다

음의 소규모 집단을 이용하여 양친의 유전자형 빈도의 영향을 분석할 것이다(암수 동일 빈도).

암수 8개의 교배조합으로부터 각각 1마리의 자손을 얻을 경우 자손의 유전자수 16개 중 10개($AA_♂ \times AA_♀$ 조합 5개)는 A 유전자를, 2개는($aa_♂ \times aa_♀$ 조합 1개) a 유전자를 확실히 갖게 될 것이다. 이들 동형접합자의 자손이 받는 유전자수는 표본추출의 영향을 받지 않는다. 그러나 이형접합자로부터 받는 4개의 유전자는 $P(A)=0.5$와 $P(a)=0.5$의 표본 확률을 갖는다. 4두의 이형접합자 양친으로부터 자손이 A의 유전자를 전달받을 확률은 조합별(0~4개)로 다음과 같다.

유전자형	최초 빈도
AA	5
Aa	2
aa	1

유전자 A의 수	확 률	자손의 A 유전자수	자손의 $f(A)$
0	0.0625	10+0=10	0.6250
1	0.2500	10+1=11	0.6875
2	0.3750	10+2=12	0.7500
3	0.2500	10+3=13	0.8125
4	0.0625	10+4=14	0.8750

양친의 A 유전자 빈도는 0.75였지만 자손의 빈도는 0.625~0.875(평균 0.75)의 범위를 보인다. 동형접합자의 어버이가 있는 한 고정될 수는 없다. 표본추출은 동형접합체 중 어느 한쪽을 감소시킬 수 있다. 예를 들면 이형접합체 양친으로부터 자손이 우연히 A 유전자만을 전달받는다면 자손의 16개 유전자 중 14개가 A 유전자가 될 것이다. 이 경우 $aa \times aa$의 교배조합에서만 aa 자손이 가능하다. 만일 $aa \times aa$의 교배가 일어나지 않고 이형접합자의 자손이 모두 A 유전자를 전달받는다면, 자손 집단은 다음과 같이 될 것이다. 집단의 규모가 n일 때 관측수를 아래와 같이 나타낸다면

유전자형	빈 도
AA	6
Aa	2
aa	0

유전자형	관측수
AA	n_{AA}
Aa	n_{Aa}
aa	n_{aa}

자손의 A 빈도는 $n_{AA}/n \sim (n_{AA}+n_{Aq})/n$이고, 최고빈도는 $(n_{AA}+\frac{1}{2}n_{Aa})/n$이다. A의 빈도에 있어서 변화 확률은 이항분포로부터 계산할 수 있다.

작은 집단에서 육종, 선발실험, 유전자원의 보존 등을 실시하면 기회적인 유전적 부동에 의해 바람직한 유전자의 소실과 바람직하지 않은 유전자의 고정이 생길수도 있다. 또, 한

세대에서 다음 세대로의 집단평균의 변동에 대한 기회적인 유전적 부동의 영향은 집단이 작아지면 함께 커진다.

6-2 양적형질 유전(Quantitative Genetics)

생물에 있어서 외형상의 관측치로 표현되는 여러 형질들은 양적형질(quantitative trait)과 질적형질(qualitative trait)로 크게 구분한다. 예를 들면 소에 있어서 유각과 무각처럼 전혀 연속성이 없는 두 종류의 관측치 또는 닭의 볏모양에서 처럼 장미관, 단관, 호두관, 완두관 등과 같이 불연속적인 변이를 나타내는 형질을 질적형질이라 한다. 이에 반하여 젖소의 비유량과 같은 형질은 가장 많은 것과 가장 적은 것 사이에 수많은 정도의 비유량이 연속적으로 분포하기 때문에 비유량을 소수의 계급으로 명확히 구분하기가 어려우며, 이와 같이 연속적인 변이를 나타내는 형질을 양적형질이라 한다. 일반적으로 외모상의 특징이나 기형과 같은 형질들은 질적형질에 속하고 성장률, 유지율, 증체량, 산란수 등은 양적형질에 속한다. 또한 불연속 변이가 양적형질인 경우도 있는데, 예를 들어 한우의 근내지방도는 양적으로 표현되는 근육내의 지방함량의 정도를 여러 단계의 계급으로 구분하여 표현한 것이기 때문에 이와 같은 형질도 양적형질에 속한다. 이러한 현상을 유전학적으로 해석하면 일반적으로 특정 유전자 좌위의 유전자형은 불연속적인 변이를 보이지만 이러한 유전자형이 다수가 존재하고, 또한 환경적 요인이 영향할 때 표현형 값은 연속적인 변이를 보이기 때문에 양적형질로 정의한다.

가축에 있어서 경제적으로 중요한 형질은 대부분의 경우 양적형질에 속하므로 이들 양적형질의 유전양식을 이해하는 것은 중요한 문제이다. 젖소의 산유량 및 유지방률이나 육우의 이유시 체중과 육질(meat quality), 산란계의 산란능력, 돼지의 산자수(litter size) 등과 같이 경제적으로 중요한 형질은 대부분 양적형질에 속한다. 대부분의 양적형질의 값은 평균치를 중심으로 빈도가 가장 높고, 평균치에서 멀어짐에 따라 빈도가 점차 줄어드는 정규분포를 나타낸다. 또한 양적형질은 연속적으로 그 형질의 표현형값이 차이를 나타내고 있다. 이러한 양적형질의 유전현상에 관해 다루는 것이 바로 양적유전학(quantitative genetics)이다.

1. 양적형질의 분포 및 유전

(1) 양적형질의 분포

양적형질은 다수의 유전자 좌위상의 유전자에 의해 지배되고, 따라서 하나하나 유전자의 효과는 작으며 이들 유전자들은 누적적으로 작용하고, 또한 환경적 지배를 받는데, 이러한 유전자를 중다유전자(polygene)라고 한다. 따라서 양적형질의 유전을 생각할 때 질적형질의 경우에는 쓰이지 않는 이론과 방법이 필요하게 된다. 그 중에서 특히 중요한 것은 연속변이의 크기를 나타내는 척도로서의 분산(variance)이다.

집단 내의 개체들이 가지고 있는 유전적 소질을 파악하여 다음 세대에 전달되는 유전(heredity)정도를 예측하기 위해서는 먼저 집단의 정확한 기록을 통하여 개체간의 유전적 차이(집단의 개념에서 유전분산)가 있는지를 살펴본 후, 집단의 평균으로부터 개체들 간의 유전적 편차의 크기(육종가)를 예측함으로써 이들 예측치를 이용하여 선발 및 교배를 통한 후대생산으로 가축의 능력을 향상시킬 수 있다. 이러한 육종가의 예측을 위해서는 통계학적 접근이 필요한데, 이는 양적형질의 표현형(phenotype)이 연속적인 분포를 보이기 때문이며 여기서 필요한 기본적인 통계적 모수(parameter)를 추정하게 된다.

정규분포하는 관측치의 대표적인 두 가지 통계량은 평균(mean)과 분산(variance)을 들 수 있으며, 평균은 분포의 중심을 나타내고 X_1, X_2, X_3, ⋯, X_n을 측정치라고 할 때 표본의 평균($\bar{X}$)은 아래와 같이 정의된다.

$$\text{Mean} = \bar{X} = \sum_{i=1}^{n} X_i$$

분산과 표준편차는 아래와 같다.

$$\text{Variance} = S^2 = (X_i - \bar{X})^2/(n-1)$$

$$\text{Standard Deviation} = S = \sqrt{S^2}$$

동일한 평균값($\bar{X}$)을 보이며, 서로 다른 분포를 나타내는 집단을 살펴보자. 넓은 분포를 나타내는 집단(1)의 경우, 집단내 개체들의 편차가 크며 이는 분산이 크다는 의미이고, 이와 반하여 좁은 분포를 나타내는 집단(2)의 경우, 측정치의 범위가 매우 작아 분산이 적다

집단 (1)

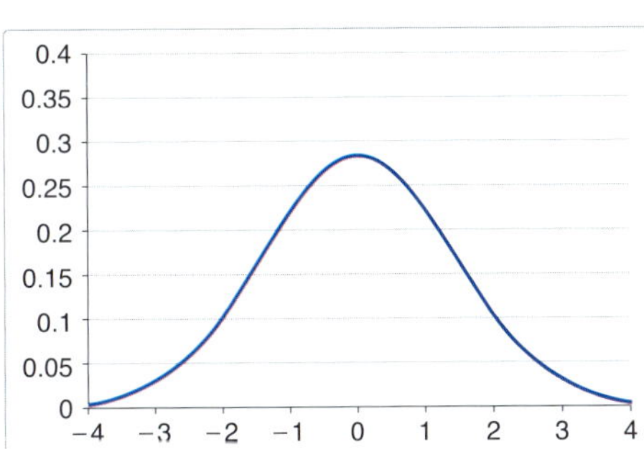

집단 (2)

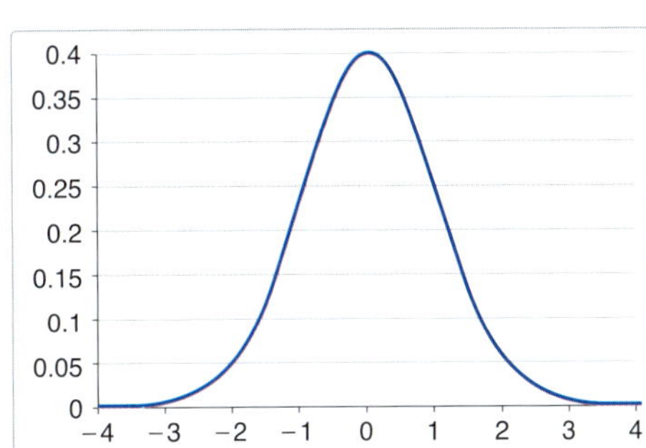

는 의미이다. 이는 평균값($\bar{X}$)이 같은 두 집단에서 서로 다른 분산을 가지는 것을 의미한다.

양적형질의 유전양상을 이해하기 위해, 한국 재래돼지와 Landrace 순종 2품종과 이들의 교배(F_1 : 1대 잡종, F_2 : 2대 잡종) 후 각각의 집단 내에서 발현되는 산자수의 분포를 살펴보자.

표 6-5 Landrace와 재래돼지의 교배집단간 양적형질(산자수)의 유전양식 비교

세 대		평균(두)	표준편차(두)
품 종	Landrace(p_1)	16.80	0.816
	재래돼지(p_2)	6.63	1.887
세 대	F_1	12.12	1.519
	F_2	12.89	2.252

위 표 6-5를 살펴보면 몇 가지 양적형질의 발현특성을 볼 수 있다. ① 순종(p_1, p_2)간의 변이를 보면 재래돼지 품종이 상대적으로 높은 변이를 나타내고 있으며, ② F_1 집단은 두 품종 간 교배를 통하여 이형접합 유전자형(heterozygote)을 많이 가지게 되므로 표 6-5에서 나타난 분산은 다소 감소한다. ③ F_1 집단의 평균은 2종류의 순종집단으로부터 교배되었기 때문에 두 품종 평균의 중간 값을 보이게 되며, ④ F_2 집단은 F_1 집단보다 개별 관측치의 변이가 크게 된다. ⑤ 끝으로 F_2 집단의 분포를 볼 때 양극단의 값은 순종 각각의 평균값과 유사한 경향을 보이게 되는데, 이는 극단의 표현형을 나타내는 개체들 각각 양친계통과 유사한 유전자형을 가지는 것으로 설명할 수 있다. 만일 2개의 유전자가 이 양적형질에 관여한다고 가정할 때, F_2 집단의 1/16은 양친 중 어느 한 종류(*aabb* 또는 *AABB*)의 순종이 가지는 표현형(관측값)과 같아지게 된다.

(2) 양적형질의 유전

유전자의 수	유전자형의 수
1	3
2	9
5	243
10	59,049

만일, 특정 유전자에 대한 대립유전자간의 상호작용이 알려져 있다면 유전자형(genotype)에 따른 표현형(phenotype)의 추정이 가능하다. 즉 한 개의 유전자가 특정 형질에 관여한다고 할 때, 개체들의 표현형은 유전자형에 따라 3종류로 발현된다(*AA*, *Aa*, *aa*). 또한 더 많은 유전자가 특정 형질에 관여된다고 가정하면, 다음과 같은 유전자형의 종류가 분리되어 표현형을 달리하게 된다(3^n : n은 지배되는 유전자수).

2개의 유전자가 특정 형질을 지배한다고 가정했을 때(*A*, *B*), 각각의 대립유전자에 대한

수량적 의미를 부여하게 된다. 즉 첫 번째 유전자 좌위의 대립유전자인 *A*의 경우 2단위 값을 가지게 되며, 다른 대립유전자 *a*는 1단위를 갖는다고 가정하고, 동등한 능력을 갖는 다른 유전자 좌위에서 2단위의 수량적 효과를 갖는 *B*대립유전자 및 1단위의 수량적 효과를 나타내는 *b* 대립유전자가 있다고 가정할 때, 9종류의 유전자형을 가지는 개체들이 집단 내에 존재하며, 각각 다음과 같은 수량적 표현형을 나타내게 된다.

유전자형	F_2집단의 빈도	표현형값(단위)
AABB	1	8
AABb	2	7
AAbb	1	6
AaBB	2	7
AaBb	4	6
Aabb	2	5
aaBB	1	6
aaBb	2	5
aabb	1	4

F_2집단 내에서의 개체들의 변이를 그래프로 나타내면 그림 6-3과 같은 종 모양의 정규분포를 보이게 된다.

그러나 위의 두 유전자 작용에 의한 유전자형가의 분포는 유전자간의 특정한 상호작용이 존재하지 않고 다만 유전자들의 효과가 상가적(additive)으로 작용하게 되는 경우에만 해당되는 것이고, 대립유전자간의 상호작용(dominance)와 비대립유전자간의 상호작용

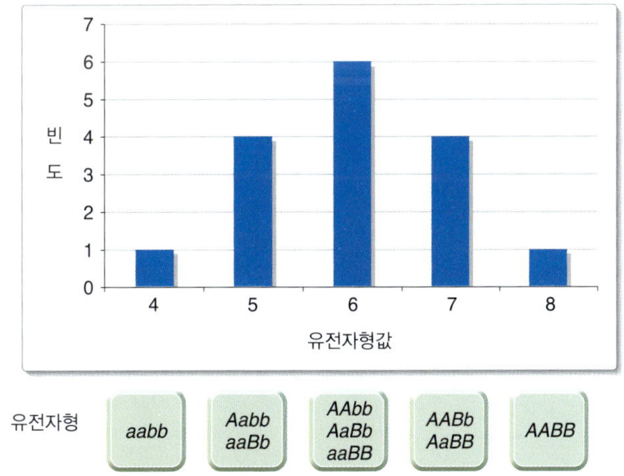

그림 6-3 유전자형과 유전자형가의 분포

(epistatic)효과에 따라 양적형질의 능력에 대한 분포는 달라진다.

위의 예처럼 2종류의 유전자가 관여할 때 나타나는 능력의 분포와 마찬가지로 다수의 유전자가 특정형질에 지배될 때 무수히 많은 불연속적 유전자형이 나타나게 되며, 이 때 집단의 관측치들은 연속적 분포와 유사한 분포특성을 나타내게 된다. 따라서 양적형질은 다수의 유전자가 관여한다는 이론(polygene theory)이 제기되고 있다. 특히 양적형질들은 이러한 유전자들의 효과에 환경적 요인의 영향을 더하여 연속적 분포를 나타내게 된다.

2. 양적형질의 유전자 작용

유전자의 작용은 상가적 효과와 비상가적 효과로 나뉜다. 상가적 효과는 대립유전자들의 유전자 누적효과를 의미하고, 우성 효과는 대립유전자간 상호작용이며, 상위성 효과는 비대립유전자간 상호작용이다.

(1) 상가적 유전자 효과

예를 들어 유전자형이 *AA*인 개체와 *AG*인 개체 및 *GG*형의 유전자형을 갖는 개체의 유전자 효과값이 각각 0, 10 및 20이었다면, 그림 6-4에 나타난 것처럼 *A*유전자로부터 *G*유전자로 *G*유전자가 하나 증가할 때 효과가 +10 증가하였고, *G*유전자가 2개인 *GG* 유전자형에서 +20으로 상가적으로 증가됨을 알 수 있다.

또 다른 예로써, 토끼 귀의 길이를 지배하는 유전자(+)의 경우에 플러스(+) 유전자가 한 개 늘면 귀의 길이가 20mm 길어지고, 2개 늘면 40mm 길어진다. 이처럼 어떤 유전자의 작용이 같은 형질에 관여하는 다른 유전자의 작용에 비해서 가산적인 경우, 그 작용을 상가적 유전자 효과라고 한다.

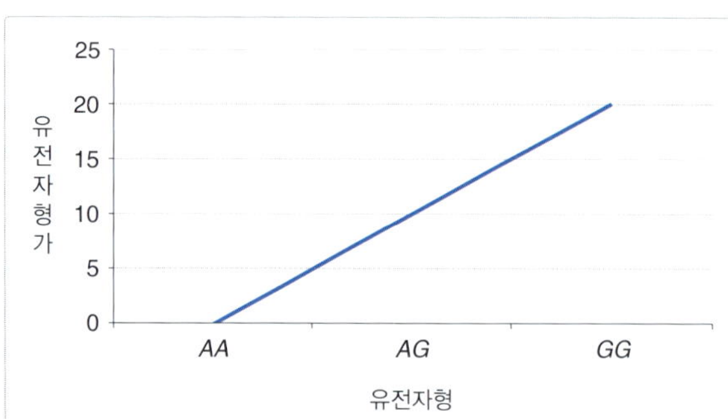

그림 6-4 유전자형에 따른 상가적 유전자 효과

(2) 비상가적 효과

어떤 유전자의 작용이 같은 형질에 관여하는 다른 유전자의 작용에 대해 가산적이지 않은 경우 그 작용을 비상가적 효과라고 한다. 소의 왜소개체(*dd*, 이유시 체중 90kg)와 정상개체(*DD*, 이유시 체중 180kg)를 교배한 경우 왜소유전자의 효과가 가산적이면 F_1의 이유시 체중은 최소개체와 정상개체의 중간값인 135kg이 될 것이다. 그러나 실제로 155kg이었다면 정상체중을 나타내는 유전자(*D*)의 상가적 효과는 35kg이 될 것이며, 나머지 20kg(155－135)은 비상가적 효과에 기인한 것으로 해석할 수 있다.

이처럼 동일 좌위를 점하는 유전자 상호간에 보이는 비상가적 효과를 우성효과라고 한다. 반면에 서로 다른 좌위에 있는 유전자간 및 유전자형간에서 나타나는 비상가적 효과를 상위성 효과 또는 비대립유전자간 상호작용 효과라 부른다.

1) 우성효과

동일 유전자 좌위에 있는 대립유전자 *A*와 *G*에 있어서 이형접합체 *AG*의 유전자형 값이 그림 6-5에서처럼 어긋나 있는 것은 우성효과(*d*)가 관여하고 있기 때문이다. *AG*의 유전자형 값이 아래의 ①, ② 또는 ③에 따라서

① 불완전우성(incomplate dominance) : $0 < d < a$

② 완전우성(complete dominance) : $d = a$

③ 초우성(over dominance) : $d > a$

으로 나누어진다.

다시 말하면 우성효과가 양쪽 동형접합체의 유전자형 값간의 차이의 1/2보다 작은 경우를 불완전우성 또는 부분우성, 같은 경우를 완전우성, 큰 경우를 초우성이라 한다. 소의 왜소유전자의 경우 우성효과(155－135＝20kg)의 경우는 불완전우성에 속한다.

초우성의 예로써는 아프리카 흑인에게서 보이는 겸상적혈구빈혈증이 그 좋은 예이다. 이것을 지배하는 유전자 *S*에 대해서 동형접합체인 사람은 빈혈 때문에 많은 경우 사망하는데 비해서, 그 대립유전자 *A*에 대해서 동형접합체인 사람의 적혈구는 대부분 정상이지만 말라리아에 잘 걸리는 경향이 있다. 이 유전자 좌위가 이형접합체인 *AS*인 사람은 적혈구도 대부분 정상이고, 말라리아에도 잘 걸리지 않는다. 이 때문에 아프리카 환경에 대한 적합도는 유전자형 *AS*인 사람을 1.0이라고 할 때, *AA*인 사람은 0.9, *SS*인 사람은 불과 0.2밖에 안되어 이형접합체가 가장 우세하다. 즉 유전자 *A*와 *S*와의 사이에는 적합도에 관해 초우성이 확인된다.

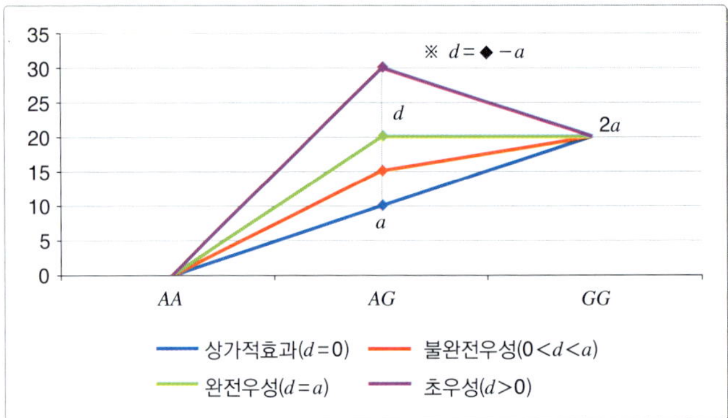

그림 6-5 우성효과를 나타내는 모식도

2) 상위성 효과

다른 유전자 좌위에 있는 유전자와 유전자형 사이에서의 비상가적 효과가 있으며, 유전자간과 유전자형간의 양쪽을 생각할 수 있다. 2개의 유전자 좌위 A와 B에서 대립유전자를 각각 A_1, A_2 및 B_1, B_2를 생각하면, 유전자간에는 A_1B_1, A_1B_2, A_2B_1 및 A_2B_2의 조합이 존재하고, 유전자형간에는 $(A_1A_1)(B_1B_1)$, $(A_1A_1)(B_1B_2)$, $(A_1A_1)(B_2B_2)$, $(A_1A_2)(B_1B_1)$, $(A_1A_2)(B_1B_2)$, $(A_1A_2)(B_2B_2)$, $(A_2A_2)(B_1B_1)$, $(A_2A_2)(B_1B_2)$ 및 $(A_2A_2)(B_2B_2)$의 조합이 있을 수 있다. 여기에서는 2개 유전자 좌위인 경우를 들었는데 3개 또는 그 이상의 유전자 좌위의 경우에 대해서도 같은 방식으로 조합을 생각할 수 있다. 이들 중에서 특정 조합에 의한 특정한 효과, 즉 상가적 유전자효과 또는 우성효과에 의해서도 설명할 수 없는 효과가 생긴다면 이것을 상위성효과라고 한다.

3. 유전력

유전력(Heritability)은 집단의 표현형 변이 가운데 유전적 요인에 의해 지배되는 비율로 정의된다. 유전력의 개념은 특정한 형질의 변이(variation)에 대한 유전적 요인과 환경적 요인의 상대적인 기여도를 나타내는 데 이용된다. 연속적인 변이를 보이는 형질들은 대부분 중다유전자(polygene)들과 환경요인에 의해 영향을 받는 것으로 알려져 있는데 양적 유전학에 대한 가장 주된 의문점은 개체별 유전적 소질의 차이가 표현형의 변이에 얼마나 영향을 미치는가 하는 것이고, 환경요인이 미치는 영향이 변이의 비율에서 얼마나 되는가에 관한 것이다. 예를 들어 소의 체중이나 닭의 산란수 또는 젖소의 산유량과 같은 복잡한 형질은 육종계획과 농업경영에 있어 매우 중요한 문제이다. 체형의 크기, 번식능력, 성장률과 같은 주요 경제 형질들은 많은 유전적 요인들이 관여하는 형질이며, 이러한 형질들의 변이에 관여하는 유전적인 효과를 규명하는 것은 집단의 진화를 이해하는데 매우 중요한 문제이다. 예를 들어 혈압과 출생시 체중과 같은 인간의 형질 특성에 대한 유전 및 환경요인의 기여도는 인간의 질병 및 건강관리 측면에서 중요하다. 따라서 유전력에 대한 이해는 과학적인 원리의 다양성에 있어서 매우 중요한 문제일 것이다.

다음의 내용에서는 유전력을 두 가지 측면에서 살펴보도록 할 것이다. 하나는 '넓은 의미의 유전력'이고, 다른 하나는 '좁은 의미의 유전력'이다. 유전력을 측정하기 위해서는 형질의 변이에 대한 측정이 우선되어야 하고, 이를 바탕으로 개체간 표현형의 차이에 대한 변이를 분산(variance)이라는 통계량으로 분할하게 된다.

(1) 표현형 분산성분

표현형 분산(phenotypic variance)은 측정한 형질의 변이에 대한 척도로써 V_P로 표시한다. 이러한 분산은 특정 집단의 표본에서 조사된 개체별 관측치로부터 추정한다. 여기서 추정된 분산은 관측치에 영향하는 다수의 요인들에 의한 분산으로 분할한다. 우선 표현형 변이의 일부는 개체들 간의 유전적 소질의 차이(유전자형의 차이)에서 발생하는 것이다. 유전자형의 차이가 표현형에 영향을 줌으로써 발생하는 변이를 유전분산(genetic variance)이라고 정의하며, V_G로 표기한다. 표현형의 변이에 영향을 미치는 또 다른 원인으로는 개체가 성장하고 생활하는 환경조건의 차이를 들 수 있다. 이러한 요인에 의한 변이 부분을 환경분산(environmental variance)라고 하며, V_E로 표기한다. 이러한 환경분산의 요인에는 의미상으로는 유전적 요인을 제외한 모든 요인들이 포함된다. 즉 온도, 영양 혹은 사양관리와 같은 개체의 표현형에 영향하는 모든 환경요인들이 여기에 포함된다. 표현형 분산의 구성성분 가운데 세 번째 요인으로 꼽을 수 있는 것은 유전-환경간의 상호작용(interaction)으로 V_{GE}로 표기한다. 환경조건에 따라 상대적으로 유전자의 효과가 달리 나타나는 것은 이러한 유전-환경간의 상호작용에 의한 것이다. 유전자형의 효과와 환경요인의 효과는 단순히 더해서 계산할 수 없으므로 이런 상호작용에 의한 분산성분은 고려해야 한다.

위에서 설명한 바와 같이 표현형에 영향을 미치는 요인들을 고려한 표현형 분산은 다음과 같은 공식으로 정리할 수 있다.

$$V_P = V_G + V_E + V_{GE}$$

이들 세 가지 요인들이 표현형 분산에 기여하는 비율은 집단 내의 유전자형 조성과 환경 및 유전-환경요인의 상호작용의 형태에 따라 달라진다.

유전분산(V_G)은 유전자들 간의 상호작용 형태에 따라 다시 세분화할 수 있다. 유전자들 간의 상가적인 효과(additive effect)를 보이는 경우, 이로 인해 발생하는 분산 성분을 상가적 유전분산(additive genetic variance)이라고 하며, V_A로 표기한다. 또한 우성효과(dominance effect)에 기인한 분산성분을 우성분산(dominance variance, V_D)이라 한다. 마지막으로 상위성 효과에 의한 유전분산 성분을 상위성 분산(epistatic variance)이라고 하며 V_I로 표기한다. 따라서 유전분산 성분은 다음과 같이 분할할 수 있다.

$$V_G = V_A + V_D + V_I$$

결국, 표현형 분산 전체를 다음과 같이 정리할 수 있다.

$$V_P = V_A + V_D + V_I + V_E + V_{GE}$$

위와 같이, 표현형 분산을 분할함으로써 표현형 변이에 영향하는 요인들의 기여도를 추론할 수 있다.

(2) 유전력의 정의

개체들 간의 변이에서 유전적인 차이로 인해 비롯된 부분을 알아내기 위한 일반적인 분산성분 추정 과정에서 표현형 분산(V_P)에 대한 유전분산(V_G)의 비율이 유전학에서 매우 중요한데 이러한 비율을 넓은 의미의 유전력(broad-sense heritability)이라고 하며, 다음과 같이 계산한다.

$$\text{넓은 의미의 유전력} = h^2 = \frac{V_G}{V_p}$$

유전력의 가능한 수치상의 범위는 0에서 1까지이다. 만약 유전력이 0이라면 모든 개체들 간의 표현형 차이가 환경적 요인에 의한 것이며, 유전력이 0.5라면 표현형 변이 중 절반은 유전자 조성의 차이에 의한 것이며, 만약 유전력이 1이라면 모든 변이가 유전적인 요인에서 비롯된다는 의미이다.

넓은 의미의 유전력은 모든 형태의 유전자들로 인하여 발생된 분산 성분으로 계산된다. 모든 유전자에 의한 효과가 누적적으로 나타나는 상가적 효과를 가진다면 자손은 부모의 평균능력에 접근하겠지만 우성 효과와 상위성 효과에 의해 반드시 그렇지는 않다. 따라서 일반적으로 정확한 예측이 가능한 상가적 유전분산에 의한 비율을 양적 유전학에서는 선호하는 경향이 있다. 이것이 바로 좁은 의미의 유전력(narrow-sense heritability)이다. 좁은 의미의 유전력을 통해 비로소 선발의 효과를 예측할 수 있으며, 집단의 유전적 능력의 변화를 정확히 예측할 수 있는 것이다. 좁은 의미의 유전력은 정의대로 다음과 같이 요약할 수 있다.

$$좁은\ 의미의\ 유전력 = h^2 = \frac{V_A}{V_P}$$

(3) 유전력의 개념

유전력의 개념은 이미 널리 이용되고 있음에도 불구하고 선행되어 이해하여야 할 조건들이 몇 가지 있는데 이러한 점들을 간과함으로써 유전력의 개념에 대한 오해와 잘못 이용하는 경우가 있다. 따라서 유전력을 추정하는 방법에 들어가기에 앞서 유전력의 개념에 대해 정확히 짚고 넘어가도록 한다.

① 유전력은 형질이 얼마나 유전적(genetic)인가를 정의하는 수치가 아니다. 유전력이 의미하는 바는 집단내 개체들의 유전적 차이에서 기인한 표현형 분산에 대한 비율이다. 유전자가 형질발현에 관여하기 때문에 종종 유전적이라는 표현을 쓰지만 개체간 표현형의 차이가 절대적으로 유전적인 것만은 아니다. 만약 집단의 모든 개체들이 어떤 형질에 관한 유전자좌위가 모두 고정되어 있다면 유전분산(V_G)은 0이 되고, 따라서 유전력은 0이 된다. 이 경우 유전력이 0이라고 할지라도 유전자가 형질에 전혀 영향력이 없는 것은 아니다. 단지 모든 개체들이 유전적으로 동일한 상태일 뿐인 것이다. 마찬가지로 유전력이 높다고 해서 형질에 대한 환경요인의 효과를 무시할 수는 없다. 이런 경우는 조사된 집단의 개체들이 상대적으로 동일한 환경조건에 있다는 것을 의미한다.

② 유전력은 개체의 표현형에서 일정 비율이 유전적이라는 것을 의미하지 않는다. 유전력의 기본개념은 분산 이라는 통계치에 근거한 것으로 개체가 속한 집단에서 계산되는 것이므로 집단의 특성에 대한 수치이다. 따라서 유전력은 개체에 대한 특성이 아니라 집단에 대한 개념이다.

③ 유전력은 고정된 수치가 아니다. 따라서 어떤 형질에 대해 정해진 유전력은 없으며 집단의 유전적 조성이나 환경요인에 따라 가변적인 수치이다. 집단이나 환경이 달라진다고 해서 유전자가 형질에 영향을 주는 방식이 변하는 것은 아니지만, 형질의 유전분산과 환경분산이 변하게 되므로 유전력은 달라지는 것이다.

④ 집단간의 특성 차이를 규정하는 데에 유전력을 이용할 수 없다. 다시 말해서 각각의 두 집단이 유전력이 높고 특정 형질이 현격히 다르다고 하더라도 두 집단이 유전적으로 다르다고 가정할 수는 없는 것이다.

⑤ 한 집단의 개체들의 형질이 유사하다고 해서 유전력이 반드시 높은 것은 아니다. 이 경우 집단 내의 개체들은 유전자를 공유하거나 동일한 환경에 있기 때문이므로 형질의 유사성이 유전력과 동일한 관계를 가지는 것은 아니다.

(4) 유전력을 계산하는 방법

만약 표현형 분산을 추정하는데 있어 유전자의 효과가 크다면 혈연관계가 높은 개체들은 혈연관계가 낮은 개체들보다 표현형이 더욱 유사할 것이며, 반면에 환경요인의 효과가 크다면 이들 개체간의 유사성은 적게 된다. 유전적 유사성을 추론하기 위하여 개체들로부터 해당 형질들에 대한 자료를 조사할 때, 혈연관계가 가까운 개체들을 동일 그룹으로 구성하여 조사한다면 유전적 요인과 환경적 요인을 구분하기가 쉽지 않기 때문에 혈연관계가 없거나 먼 개체들로 혼합하여 그룹을 조성하고 이들로부터 자료를 조사해야 한다. 즉 혈연관계가 있는 개체들 간의 표현형의 유사성은 유전적 조성의 유사성에서 비롯되어야 한다.

유전력을 추정하는 방법에는 부모–자손간 비교법, 전형매와 반형매 비교법, 개체들 간의 혈연관계의 크기를 모두 고려하여 비교하는 방법 및 선발반응실험 등이 있다. 형질에 대한 유전력 수치는 표 6–6에서 보듯이, 축종과 형질에 따라 다양한 값으로 나타난다. 다만 표 6–6에서 제시된 수치는 대표적인 경향치이며, 각 형질별 유전력은 분석모형, 조사된 자료의 축군, 시간 등에 따라 변화된다.

(5) 양적형질 관련 유전자의 규명

양적유전학의 기존 방법들이 가지는 제약 중 하나는 양적형질에 영향을 주는 유전자들에 관해 알려진 바가 많지 않다는 것이다. 유전력으로 표현형 분산 가운데 유전적 능력의 차이에 의한 기여도를 알 수 있는 반면에, 실제 형질에 관여하는 유전자의 수가 얼마나 되는지에 대해서는 거의 알려져 있지 않다. 만약 산유량과 같은 형질에 관여하는 개별적인 유전자를 규명할 수 있다면, 실제 개량을 위한 육종 프로그램의 설계에 큰 도움이 될 것이다.

최근 이러한 양적형질에 대한 연구를 위해 유전적 표지(genetic marker)라는 것을 이용하고 있다. 유전적 표지는 표현형에 영향하는 유전자의 위치를 간접적으로 나타내는 지표와 같은 것이다. 교배실험을 통해 유전적 표지를 밝히고 유전적 표지가 지표하는 유전자가 양적형질에 영향하고 있다면 이러한 좌위를 양적형질 유전자 좌위(Quantitative Trait Loci, QTL)라고 하며, 이러한 유전자 좌위는 양적형질과 얼마만큼의 연관관계를 갖고 있으며, 해당 형질에 얼마만큼 영향하는지는 현재 꾸준히 연구되고 있다.

표 6-6 인간 및 가축의 주요 형질에 대한 유전력 추정치

동 물	형 질	유전력
인 간	외모형태	0.65
	혈장면역물질	0.45
육 우	생시 체중	0.40
	이유시 체중	0.30
	12개월령 체중	0.40
	성숙 체중	0.65
	사료효율	0.40
	고환둘레길이	0.50
	등지방두께	0.40
유 우	분만간격	0.10
	유생산량(산유량)	0.35
	유지방량	0.40
	유방지지인대	0.20
	젖꼭지 위치	0.30
	후구모양	0.15
	체형	0.50
돼 지	산자수	0.10
	등지방두께	0.60
	등심단면적	0.50
	사료효율	0.35
	90kg 도달 일령	0.25
	이유시 체중	0.15
	21일령 한배새끼 체중	0.15
양	산자수	0.15
	산모량	0.40
	양모등급	0.35
닭	난중	0.50
	32주령 체중	0.55
	난각두께	0.45
	부화율	0.10
	정강이 길이	0.50
말	체고	0.40
	보행속도	0.40
	견인력	0.25
쥐	체중	0.35

4. 선발반응

진화는 한 집단에서 시간이 흐름에 따라 발생하는 유전적인 변화로 정의할 수 있다. 따라서 이러한 진화의 과정에 대한 이해는 유전적 변화와 그 속도를 예측하는 것이 그 주된 내용이 된다. 이러한 진화의 과정을 통하여 나타나는 형질들 중 특히 양적형질은 진화의 일환으로써 선발작용의 결과물이다. 자연적인 집단에서 진화의 주요 원인은 자연선발 혹은 자연도태이다. 주된 내용은 집단내 특정 유전자형의 개체들은 더 많은 자손을 생산하고 생존하여, 세대가 경과할수록 집단은 진화과정을 거치고 특정한 환경에 적응력이 높아진다는 것이다. 자연선발(natural selection) 과정만이 아니라 인간에 의해 가해지는 인위적인 선발(artificial selection)은 유전적 변이에 영향하는 또 다른 원인이다. 동 · 식물의 개량을 목적으로 하는 육종학의 경우, 집단내 개량대상 형질의 유전적 변이의 존재가 주된 관심 대상이 되며, 또한 그 형질의 유전력이 얼마나 되는가는 중요한 문제가 된다.

(1) 선발반응 추정

자연적 혹은 인위적인 요인에 의한 선발이 표현형에 작용될 경우, 세대가 경과함에 따라 표현형은 변화를 보이게 되고, 집단내 해당형질의 유전적 변이가 발생하게 된다. 한 세대가 경과할 때 발생하는 형질의 변화량을 선발반응(selection response), 또는 유전적 개량량(genetic gain)이라고 한다.

선발반응의 양은 두 가지 요인에 의해 달라지는데, 우선 첫째는 좁은 의미의 유전력이며, 둘째는 선발차(selection differential)이다. 선발차는 집단의 표현형 평균과 이 가운데 선발된 개체들의 집단 표현형 평균과의 차이이다. 이 두 가지 요인에 의한 선발반응을 공식으로 나타내면 다음과 같다.

$$\Delta G = h^2 \times S$$

여기서 ΔG는 선발반응 혹은 유전적 개량량, h^2는 좁은 의미의 유전력, 그리고 S는 선발차이다. 선발반응의 측정을 통해 다른 방법으로 좁은 의미의 유전력을 추정할 수 있는데, 이런 방법으로 추정한 유전력을 실현 유전력(realized heritability)라고 한다.

집단 내에 유전적 변이가 존재하는 한 선발반응은 세대가 경과함에 따라 계속해서 나타나게 된다. 그림 6-6에는 메추리(Japanese Quail)의 4주령 체중에 대하여 체중이 높은 계통(High line), 낮은 계통(Low line) 및 대조구(Control line)를 30세대 계통선발 후 계통별 성장곡선을 추정한 결과이다. 30세대 선발 후에 계통별 성장곡선의 차이는 뚜렷이 구분할 수 있다. 여기서 고려할 사항은 많은 세대에 걸쳐 선발을 실시할 때 선발반응은 점차 감소하게

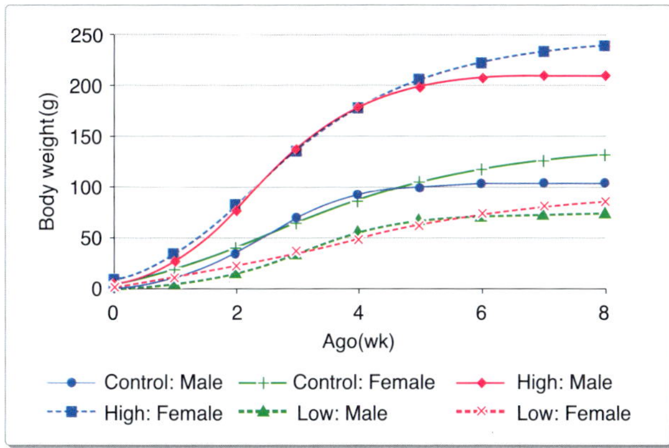

그림 6-6 메추리의 4주령 체중에 대하여 높은 계통과 낮은 계통을 30세대 선발 후 계통별 성장곡선 추정
(Aggrey 등, 2003 Poultry Science 82:538-542)

되는데, 이러한 현상의 이유로 선발이 진행됨에 따라 선발대상 형질에 대한 유전자형이 고정됨으로써 집단내 유전적 변이가 감소하였기 때문으로 생각할 수 있다.

(2) 선발의 유형

그림 6-7은 연속형질에 대한 세 가지 선발양식에 대한 것이다. 첫번째 선발의 유형은 중심형 선발(stabilizing selection)이다(그림 6-7(a)). 이 경우에는 집단의 표현형 분포에서 극단치에 해당하는 개체들을 다음 세대의 생산에서 배제하고, 중심치 부근의 개체들을 선발하는 방법이다. 선발의 결과로 집단의 표현형 평균은 동일하게 유지되지만, 형질의 표현형 분산이 감소하게 된다. 두 번째 선발방법으로써 분열형 선발(disruptive selection)은 중심화 선발의 반대 성격으로 집단의 표현형 분포에서 양쪽 극단치에 해당하는 개체들을 선발하는 방법이다(그림 6-7(b)). 집단에 이러한 선발을 가할 경우, 세대가 경과하면서 집단의 표현형 평균은 동일하지만 표현형 분산이 증가하고, 마치 평균이 다른 두 집단의 분포를 묶어 놓은 듯한 분포를 나타내게 된다. 마지막으로 방향성 선발(directional selection)은 다음 세대를 생산하기 위해 번식에 이용되는 개체들을 집단분포의 어느 한쪽 끝 부분에서 선발하는 경우이다(그림 6-7(c)). 이러한 선발을 절단선발(truncation selection)이라고 한다. 유전자가 표현형의 차이를 유발하는 주된 원인이고 고도의 유전력을 가지는 형질이라면 선발반응이 크게 일어나게 되고, 세대가 경과함에 따라 선발이 가해진 방향으로 집단의 평균이 이동하면서 분포의 위치가 변하게 된다.

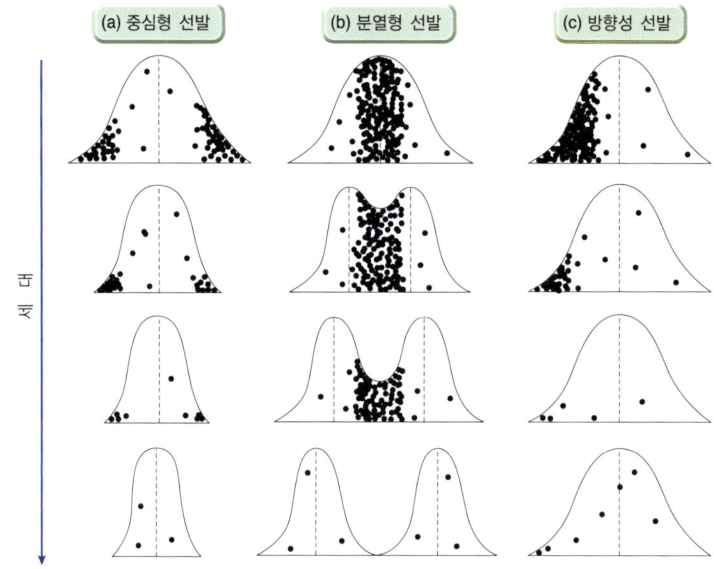

그림 6-7 세 가지 선발 유형별 후대축의 표현형 변화 양상

5. 양적형질 유전자 좌위의 연관분석(Linkage Analysis of Quantitative Trait Loci)

일반적으로 수많은 유전자의 분리 및 상호작용, 그리고 환경효과에 기인된 변이 요인 때문에 양적형질에 관여하는 개개의 유전자들의 효과는 혈통분석에서 명확히 규명되기 어려운 특성을 가지고 있다. 그러나 이들 유전자들이 특정한 유전자 표시인자들과 유전적으로 연관되어 있다면, 특정한 분석방법에 의해 양적형질에 영향을 미치는 유전자들의 위치를 알아낼 수 있게 된다. 이들 유전자들 중 경제적 가치를 대표하는 양적형질에 영향을 미치는 유전자들, 즉 양적형질 유전자 좌위(QTL)를 규명하는 것은 우수한 능력이 유전될 수 있도록 육종을 하거나, 특정 경제형질에 영향을 미치는 특정 유전자를 cloning하고, 이들 유전자의 기능을 규명하는데 매우 중요하게 된다. 따라서 집단내 유전자 표지(gene marker)와 특정 양적형질에 영향하는 수 개 또는 수십 개의 유전자 좌위간의 연관불평형상태를 유발시키는 실험집단을 만들어 이들 집단에서 분리되는 유전자 표지의 유전자형을 분석하고 염색체내 양적형질 유전자 좌위의 위치를 판단하게 된다.

양적형질의 유전적 변이는 여러 개의 유전자 좌위(locus)에서 일어나는 대립유전자의 분리현상(segregation)들이 함께 작용한다. 어떤 형질에 대한 QTL 효과의 범위는 상당히 넓어서 큰 효과를 지닌 적은 수의 유전자 좌위와 그 보다 훨씬 적은 효과를 가지는 다수의 유전자 좌위를 함께 포함한다.

결국, 집단 안에서 QTL의 대립유전자와 표지인자의 대립유전자간의 관련을 밝혀낸다면 그것을 선발계획에 직접 이용할 수 있는데, 이런 표지인자의 이용을 MAS(marker-assisted selection)라고 한다. 동물 집단에서 연관 불평형에 영향하는 요인은 크게 세 가지로 분류할 수 있는데, 첫째는 유효 집단 크기, 둘째는 QTL의 돌연변이 발생 및 재조합(recombination) 셋째는 계통간 교배 등이다.

QTL의 위치와 효과를 분석하는 방법을 간단하게 살펴보면 첫째는 되도록 많은 수의 동물에서 양적형질을 측정한 다음, 둘째는 그 동물에 대해 이미 염색체상에 위치가 알려진 표지인자로 유전자형 분석을 한 후, 셋째는 통계적 기법을 이용하여 인접한 표지인자들 사이의 각 구간에 대한 양적형질의 효과를 추정하는 세 단계를 거친다.

좀 더 자세히 설명하면 첫째 단계에서는 먼저 QTL분석을 할 축군을 조성하는 것이 필요하다. 이를 reference family라고 하는데 2세대 이상의 이계교배(outbreeding) 집단이 필요하다. reference family 조성시 주의할 점은 후대에서 탐지 가능한 교차와 재조합이 많이 생기도록 하기 위하여 되도록 유전적 조성이 다른 품종 또는 계통을 선택하여 교배계획을 짜야 하며, 분석할 양적형질에 대해 뚜렷한 표현형 차이를 보이는 계통을 선택해야 한다.

둘째 단계에서 쓰이는 표지인자는 주로 단순병렬반복 염기다형성(Simple Tandem Repeat Polymorphism, STRP)을 보이는 DNA 절편을 이용하는데, 유전체 전반에 걸쳐 많은 수가 고르게 분포하는 성질 때문에 주로 microsatellite marker가 많이 이용된다. 실제 STRP는 단순 반복되는 염기서열의 수로 측정이 되는데, 이는 중합효소 연쇄반응(polymerase chain reaction, PCR) 기법으로 결정한다.

마지막으로 이렇게 얻은 자료를 이용하여 대립유전자와 표지인자간에 연관되어 있다는 가정하에 CRIMAP(Green et al., 1990) 통계분석 프로그램을 이용하여 연관분석을 할 수 있

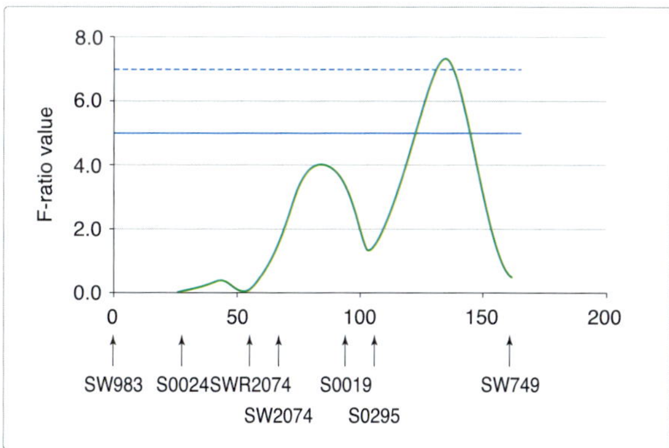

그림 6-8 돼지의 9번 염색체 QTL 분석

F-ratio value : 점선은 1% 유의수준, 실선은 5% 유의수준(김 등, 2004)

고, 대립유전자가 양적형질과 어느 정도 연관성을 있는가를 알아보기 위하여 QTL express(http://qtl.cap.ed.ac.uk/) 등의 통계분석 프로그램을 활용하여 QTL 분석을 할 수 있다. 그림 6-8은 유두수에 영향하는 QTL을 구명하기 위한 연구로써 한국재래돼지와 Landrace 2대 교잡돈 240두의 유두수를 조사하고 microsatellite marker를 이용하여 QTL 분석을 실시한 예로써 9번 염색체의 특정부위가 유두수의 상가적 유전효과에 크게 영향하고 있음을 보여주고 있다.

6. 유전체 선발(Genomic Selection)

양적형질과 연관되어 있는 유전자 표지를 통한 양적형질 유전자 좌위(QTL)는 형질에 따라 수 개부터 수 천개까지 다양하게 존재할 수 있다. 특히 대부분의 양적형질은 중다유전자(polygene)의 영향을 받고 이들 유전자들 간의 상호작용 효과 등이 작용하기 때문에 밝혀진 QTL의 효과만으로 표현형 관측치를 모두 설명하기는 어려움이 있다. 따라서 표현형에 영향하는 효과가 미미한 개개의 유전자들의 효과를 모두 고려하여 해당 개체들의 유전적 능력을 추론하게 된다. 하지만 이러한 유전자들을 직접 규명하는데 현재까지 학문적 어려움이 있기 때문에 이들 유전자들과 강한 연관관계를 갖는 표지인자를 활용하게 된다. 이러한 표지인자의 정보는 상기에서 언급한 단순반복염기서열의 수로 정의한 microsatellite marker 또는 단일염기다형(Single nucleotide polymorphism, SNP) 현상 등을 이용하는데, 최근 단일염기가닥의 다형(SNP) 현상을 손쉽게 조사할 수 있는 micro chip이 상용화 되면서 유전체 전장의 정보를 손쉽게 얻을 수 있게 되었다.

유전체 선발은 유전체 육종가(Genomic breeding value, GEBV) 정보를 이용하여 종축으로 활용할 개체를 선발하는 것을 의미한다. 여기서 유전체 육종가란 유전체 전장의 양적형질유

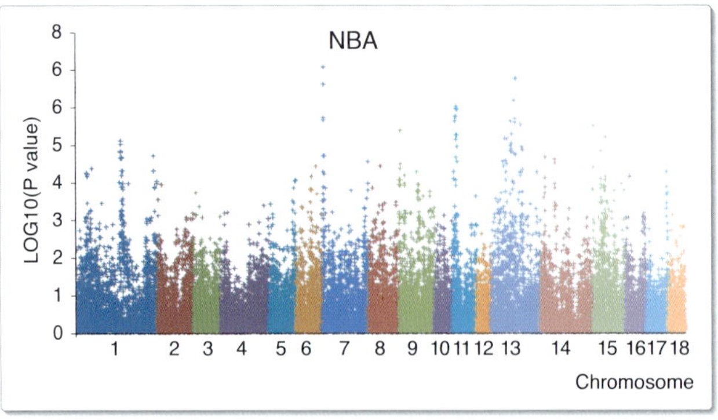

그림 6-9 돼지의 유전체 전장의 표지인자들에 대한 생존산자수의 효과 추정

(Personal report, 2010)

전자 좌위와 연관된 고밀도의 유전자마커의 유전적 효과를 추정한 것을 합한 것으로 계산하며, 이는 표현형 값과 각 유전자마커간의 함수관계를 참조집단에서 추정하게 된다. 마커들의 효과 값이 모두 추정되면 이들로부터 태어난 자손들의 유전자 마커정보를 수집하여 어린가축에 유전적 표지인자 정보만으로 해당개체의 유전적 능력을 추정함으로써 어린 가축을 조기에 선발할 수 있다. 실험결과 이러한 정보를 이용할 때 어린가축에 대한 선발의 정확도가 약 20~70%의 정확도로 선발할 수 있으나(Hayes 등, 2008), 이러한 선발의 정확도는 집단에 따라 다르고 대상형질의 유전력에 따라 다르다.

그림 6-9는 돼지의 성염색체를 제외한 유전체 전장에서 35,358개의 표지인자들에 대한 생존산자수의 효과를 추정하고 이들 표지인자가 생존산자수에 영향하는 정도에 대하여 유의성을 검정하고 유의수준 p-value를 -log변환하여 그림으로 표시하였다(이, 2010). 생존산자수에 영향하는 표지인자는 모든 염색체에 존재하는 것을 알 수 있으며, 유의수준 1%이하의 고도의 영향하는 표지인자는 모두 1,964개로 대단히 많은 것으로 추정되었다. 이러한 결과로 볼 때, 표지인자와 연관된 QTL은 상당히 많다는 것을 알 수 있으며, QTL의 효과를 모두 고려한 통계학적 이론의 전개와 학문적 발전은 꾸준히 진행 중에 있다.

요 약

1. 집단유전학(population genetics)은 긴 시간동안 집단 내의 유전적 변이가 어떻게 변하는가를 연구하는 분야이다. 유전집단은 일반적으로 세대가 진행함에 따라 유전자를 교환하는 유성생식 집단으로, 우리는 이러한 집단을 멘델 집단(Mendelian population)이라 부르고 비교적 집단의 크기가 크며, 임의교배가 이루어질 경우 이 집단 내에서 세대가 진행되어도 대립유전자나 유전자형 빈도가 일정하게 된다(Hardy-Weinberg 법칙).
2. 양적유전학(quantitative genetics)은 표현형의 측정치가 일정한 범위를 가지는 연속형질(continuous trait) 혹은 양적형질(quantitative trait)에 관해 연구하는 유전학이다. 연속형질은 일반적으로 다수의 유전자들과 환경요인들에 의해 발현되며, 이러한 연속형질들의 특성을 설명하기 위해 평균, 분산 및 표준편차 등과 같은 통계량들을 이용한다. 다수의 유전자 좌위에 의해 조절되는 형질은 멘델의 유전양식을 따르며, 다중 유전자 이론(multiple-gene hypothesis)은 유전자의 효과가 누적적이며 유전자 좌위간의 유전적 상호작용이 없으며 연관(linkage)되어 있지 않고 환경요인이 형질에 영향하지 않는다고 가정한다. 그러나 이러한 모든 가정이 실제로는 맞지 않는 경우가 대부분이다. 넓은 의미의 유전력은 집단의 표현형 분산에서 유전적 효과의 차이에서 기인하는 부분의 비율이며, 좁은 의미의 유전력은 이러한 유전적 효과 가운데 상가적 유전분산(additive genetic variance)만을 고려한 개념이다. 선발반응은 집단에 가해진 선발의 작용으로 세대가 경과하면서 나타나는 형질의 변화 정도이며, 좁은 의미의 유전력과 선발차(selection differential)에 의해 좌우된다.

참고문헌

- Ayala, F.J. and J.A. Kiger, Jr., 1984. Modern Genetics, 2nd Ed. The Benjamin and Cummings Menlo Park, Callifornia.
- Briles, W.E. and c.P. Allen, 1961. the B blood group system of chickens. II, The effects of genotype on livability and egg production in seven commercial inbred llines. genetics. 46 : 1273.
- Briles, W.E., C.P. Allen and Z.W. Millen. 1957. The B blood group system of chickens. 1. heterozyogosity in closed population. genetics. 42 : 631.
- Buschmann, H., 1962, Blutgruppengenetische Untersuchungen an s?ddeutshen Rinderra- sen, 2. Tierz. Z?chtungsbilogie. 78 : 12.
- Chapman, A.B. 1985. General and Quantitative Genetics, Elsevier, Amsterdam.
- Cock, A.G. 1956. Segregation of hypostatic colour genes within inbred lines of chickens. Poult. Sci. 35 : 504.
- Crow, J.F. and M. Kimura. 1970. An Introduction to Population Genetics Theory. Harper and Row, New York.
- Falconer, D.S. 1989. Introduction to Quantitative Genetics. 3rd Ed. Longman, London.
- Green, P.,K. Falls and S. Crooks. 1990. Documentation for CRIMAP, version 2.4. Washington Univ. School of Medicine, St. Louis, MO.
- Hayes, B.J., P.J. Bowman, A.J. Chamberlain and M.E. Goddard. 2008. Invited review: Genomic selection in dairy cattle: Progress and challenges. J. Dairy Sci. : 92 433~443.
- Johansson, I. and J. Rendel. 1968. Genetics and Animal Breeding. Freeman, San Francisco.
- Kim, T.H., B.H. Choi, D.H. Yoon, E.W. Park, J.T Jeon, J.Y. Han, S.J. Oh and I.C. Cheong. 2004. Identification of Quantitative Trait Loci(QTL) Affecting Teat Number in Pigs. Asian-Aust. J. Anim. Sci. Vol 17 : 1210-1213.
- Li, C.C., 1976. First Course in Population Genetics. Pacific Grove, California.
- Maciejowske, J. and J. Ziebra, 1982. Genetics and Animal Breeding. Part B. Stock Improvement Methods. elsevier, Amsterdam.
- Pirchner, F. 1969. Population Genetics in Animal Breeding, Freeman, San Francisco.
- Stansfield, W.D. 1983. theory and Problems of Genetics 2nd #d. McGraw-Hill New York.
- Warwick, E.J. and Legates, J.E. 1979. Breeding and Improvement of Farm Animals. 7th Ed. McGraw-Hill New-York.
- 강영선, 공태훈, 이 배함, 이연식, 최웅주, 정용재. 1978. 신제유전학, 향문사.
- 오봉국, 김재홍, 김창근, 박영일, 백동훈, 여정수, 이정구, 최광수, 한성욱. 1984. 가축유전학, 선진문화사.

7 동물생명공학의 기초

개 요

본 장에서는 생명공학의 개념과 더불어 유전자의 클로닝 및 재조합에 대한 이해와 게놈 내에 존재하는 DNA 및 유전자형에 대한 변이를 어떻게 발견할 수 있는가에 대한 이론과 방법적 기술들을 소개하고자 한다. 또한 소, 돼지, 닭 등을 중심으로 이루어지고 있는 유전자지도 작성 및 유전체 분석현황에 대해 알아보며, post genome 시대를 맞아 새로이 부상하는 기능유전체와 바이오칩에 대한 정의와 현황 등에 대해 알아보고자 한다.

7-1 생명공학이란

생명공학의 학문영역은 생명과학의 한 분야에 속하여 있으며, 생명공학에서 얻은 혁신적인 기술이 오늘날 학문 및 산업분야에서 광범위하게 활용되고 있다. 생명공학은 생명과학의 모든 분야에서 적용되어 응용되고 있기 때문에 학문의 기원과 정의를 내리기가 쉽지 않다. 오늘날 흔히 말하는 생명공학(bioengineering)과 생물공학(biotechnology)을 구분한다는 것은 그리 쉬운 일이 아닌 것 같다. 생물공학(biotechnology)이란 용어는 1917년 헝가리 과학자인 Karl Ereky가 돼지를 대단위로 사육할 목적으로 사탕무를 대량으로 재배하여 이를 사료로 가공하는 과정에서 시작이 되었다고 한다. Ereky는 "생명체를 수단으로 하여 원료물질들로부터 가공생산물이 만들어지는 일련의 과정"을 생물공학이라 하였다. 그 이후 생물공학이란 용어는 과학의 지침서로 일컬어 왔으며, 과학자들 마다 자기가 속하여 있는 전문영역에 맞추어 정의함에 따라 생물공학의 정의도 다양하게 의미되어 왔다. 오늘날 보편적으로 생물공학을 "제품생산과 서비스 세공을 목직으로, 생물체를 메체로 하여 원자재를 가

공처리하고, 이 과정에 과학 및 공학적인 원리를 적용하는 학문"으로 정의하고 있다. 최근에는 분자 생물학(molecular biology)이 생명현상의 연구를 주도하게 되고 유전자를 인위적으로 변형시키고 조작하는 유전자 재조합기술(recombinant DNA technology)이 보편화 되었다. 또한 인간의 건강과 생명 유지에 이들의 기술이 우선적으로 적용 된다는 의미에서 생명공학이란 용어가 공용화된 것 같다. 혹자는 생명공학이란 생물공학의 개념으로부터 발효기술을 제외한 학문의 영역으로 기술하기도 하였다.

1. 생명공학과 응용

생명공학 또는 생물공학 분야는 인간이 한 생물체(organism)로부터 얻은 유전정보 또는 유전자를 생물의 종에 구분 없이 다른 생물체에 전달하여 이들의 유전적 특성을 변경시키고, 표현상의 특징을 완전히 바꾸어 주는 새로운 개념의 첨단 학문분야이다.

생물공학은 전통적으로 수행하여 왔던 계량육종 방법으로는 불가능하던 일들을 가능케 하며, 지금까지 수행하여 오던 동식물의 유전육종 방법보다는 정확하면서도 빠르게 경제형질에 관련된 유전자들을 탐지하고 이들의 상호작용을 규명함으로써 단위 시간당 동식물의 생산성을 증가시키고, 유전적 개량량을 증가시키는 데 기여하고 있다.

최근에는 생명공학이란 학문적인 도구를 동물, 농업분야, 생의학분야 등 다양한 분야에 도입시킴으로써 수 많은 유전자변형생물체(genetically modified organism, GMO)를 만들어 내고 대량 생산체계를 구축하기에 이르렀다. 생명공학의 신기술은 기존의 생물체의 유전적 특성을 변화시킴으로써 인간사회에 유익한 식품, 생의약품, 건강 및 다양한 새로운 품종의 동식물을 제공한다. 하지만 이와 같은 기술은 양면적인 특성을 갖고 있는 바, 생물학적 위험성과 미래에 대한 불확실성에 대하여서 간과할 수 없는 일이다.

전 세계적으로 볼 때 농업분야에 있어서 생명공학 및 이를 매체로 농업관련 산업의 기술개발이 매우 빠르게 변화하고 있는데, 이와 같은 사실은 시장에 유통되는 유전자 변형농산물들의 상업성 유효기간(commercial life)이 매우 짧음을 반영하며, 연속적인 기술개발의 필요성과 해외시장에 접근할 수 있는 용이함 및 신속성을 필요로 하는 산업임을 의미하고 있다. 최근 동물산업에 있어서는 2008년부터 형질전환 염소(transgenic goat)의 유즙 속에 사람의 각종 질병을 치료할 수 있는 생의약품을 생산해내고, 이를 시장에서 시판할 수 있도록 허가하였다. 또한 형질전환 동물의 생산으로 친환경적인 돼지 생산과 조기에 빠른 속도로 성장하는 연어(salmon) 등이 선보일 예정이다. 그 밖의 분야에서는 우유의 생산성 증가와 고깃소에서 육량과 육질 개선 방안들이 제시되어 왔는데, 생리활성물질인 호르몬을 인위적으로 투여하거나 목적기관에 재조합된 생리활성물질의 유전자를 투여하여 조직에서 특이적인 생리활성물질을 분비시키고, 국소적으로 동물의 생리작용을 조절하는 방안들이 개발되고 있으며, 그밖에 질병에 대한 저항성이 강한 동물을 얻기 위한 방안들이 제시되고 있다. 또한 동물의 체조직을 사람에게 이식(xenotransplantation)시킬 수 있도록 형질전환 동물을 생산하는 연구가 진행되고 있어 동물이 사람의 조직 수여자(organ donor)로써의 역할을 기대하고 있다. 최근에는 줄기세포(stem cells)에 관한 연구가 활발히 진행되고 있다. 체내의 조직 내에서 어떤 원인에 의하여 세포들이 죽을 때 많은 질병이 발생하며, 치명적인 결과를 초래하게 되는데, 심장발작에서 볼 수 있는 세포들의 치사작용이나, 알츠하이머병 같은 뇌세포가 천천히 죽어가는 현상 또는 호흡기관의 만성적인 면역과민반응으로 인하여 원래 조직의 특성이 변하므로써 조직의 본래 기능을 상실하는 질병들이 있다. 이들 발병조직 또는 세포를 대체할 수 있는 것이 바로 줄기세포이다. 줄기세포는 체내의 재생가능 에너지 원이라 불리기도 하는데, 이런 줄기세포에 거는 기대가 매우 크다. 최근에는 인간의 배아줄기세포(embryonic stem cells)를 이용하지 않고 화학물질 등을 이용하여 이와 동일한 기능을 가진 인공 줄기세포를 개발하고 있는데, 이와 같은 사실은 줄기세포를 둘러싼 윤리적 문제를 해소 할 수 있는 가능성을 제시하고 있다.

이와 같은 동물 생명공학의 기술은 동물의 생산성 향상뿐 아니라 인간의 의약품 생산, 질병치료 및 건강증진에 매우 커다란 관심을 갖게 하지만, 이면에는 아직도 여러 가지 의문점을 남기고 있다. 생물공학 또는 유전자 재조합기술에서 빚어지는 안정성문제, 기술개발의 합리성 및 윤리성에 관하여 많은 의문점이 제시되고 있으며, 특히 사용동물에 있어서 동물의 복지문제(animal welfare)에 관하여서도 해결해야 할 사항들이 많이 있다.

2. 유전자 재조합

DNA가 유전물질임이 밝혀진 후, 끊임없는 유전공학기법들의 발전과 새로운 유전자 도입에 의하여 형질전환 동물(transgenic animals)과 복제동물을 생산하게 되었다. 생물공학적인 방법을 이용하기 위하여 유용한 유전자나 질병에 관련된 유전자를 분리하기 위해서는 여러 가지 도구들이 필요하다.

유전자기술에서의 가장 중요한 도구이며 DNA를 원하는 크기로 자를 수 있는 칼과 같은 물질로써 제한효소(restriction enzyme)가 이용된다. 박테리아와 같은 미생물들은 여러 종류의 제한효소를 갖고 있는데, 원래 세포 내에서 자신의 DNA는 보호하고 외래 유전자만을 선택적으로 분해하여 자신을 보호하는 기능을 한다. 더욱이 DNA의 어느 특정 부위만을 신택적으로 절단하는 기능을 가지며, 이 절단부위는 DNA 연결효소(ligase)의 처리로 다시 연결시킬 수 있다. 이와 같은 원리를 이용하여 미생물들로부터 여러 가지 기능을 갖는 효소를 추출하여 DNA 재조합 기술에 이용하게 되었으며, 현재까지 1,000여종이 발견되었다. 제한효소는 크게 3그룹(Type I, II, III)으로 분류하고 있으며, 이 중에서 Type II 효소들은 특정 염기를 인식하여 그 인식부위를 자르기 때문에 마치 분자 칼처럼 사용할 수 있어 매우 유용하다. 반면에 Type I, III에 속하는 효소들은 인식부위와 자르는 부위가 일정하지 않기 때문에 DNA의 클로닝에 적당하지 않다.

제한효소의 이름은 그 효소를 분리해 낸 미생물 이름에 따라 짓는다. 한 예로써 Hae III은 *Hemophilus aegyptius*에서 분리해 낸 것이다. Type II 효소들은 일반적으로 4개 또는 6개의 염기서열을 인식한다(표 7-1). 4개의 염기를 인식하는 효소를 이용하면 비교적 짧은 조각을 얻을 수 있다. 일부 효소들은 인식부위의 가운데를 자르기 때문에 끝이 밋밋한 blunt end를 만들지만, 대부분의 효소들은 몇 개의 염기를 사이에 두고 어슷하게 자르는 sticky end를 생성한다(표 7-1). 이러한 제한효소의 특정부위 인식에 의한 절단은 유전자 재조합에 매우 유용한 도구로써 사용할 수 있다. 잘라진 DNA는 대장균 속에서 살아가는 작은 유전체인 플라스미드(plasmid)에 끼워 넣어 효율적으로 증폭시키고 보존할 수 있게 된다. 이러한 플라스미드는 원형의 DNA로써 대장균 내에서 여러 개가 동시에 존재하며, 우리가 원할 때에는 쉽게 추출할 수 있으므로 편리한 저장 체계로 이용된다. 이렇게 특정한 DNA 부위

표 7-1 몇 가지 제한효소의 절단 인식서열

제한효소	인식서열	절단된 끝*		기 원
EcoR I	-G↓AATTC- -CTTAA↑G-	-G -CTTAA	AATTC- G-	*Escherichia coli* RY13
Hind Ⅲ	-A↓AGCTT- -TTCGA↑A-	-A -TTCGA	AGCTT- A-	*Hemophilus influenzae* serotype D
BamH Ⅰ	-G↓GATCC- -CCTAG↑G-	-G -CCTAG	GATCC- G-	*Bacillus amyloliquefaciens* H
Dra Ⅰ	-TTT↓AAA- -AAA↑TTT-	-TTT -AAA	AAA- TTT-	*Deinococcus radiophilus*
Hae Ⅲ	-GG↓CC- -CC↑GG-	-GG -CC	CC- GG-	*Hemophilus aegyptius*
Sma Ⅰ	-CCC↓GGG- -GGG↑CCC-	-CCC -GGG	GGG- CCC-	*Serratia marcescens* Sb

* EcoR I, Hind III, BamH I은 'stickey end'를 형성하고, Dra I, Hae III, Sma I은 'blunt end'를 형성함.

나 유전자를 제한효소로 자르고, 플라스미드에 원하는 DNA를 연결효소로 연결한 벡터 플라스미드를 대장균 내에 넣고 증식작용을 통하여 특정 DNA나 유전자를 증폭시키며 이를 보관하는 일련의 과정을 클로닝(cloning)이라 한다(그림 7-1). 이러한 기본적인 도구 외에 대상 유전자의 염기서열을 결정하는 방법과 체외에서 원하는 DNA 단편을 대량 증폭할 수 있는 PCR(polymerase chain reaction) 방법 등 수 많은 유전자 조작기술이 개발되어 이용되고 있다.

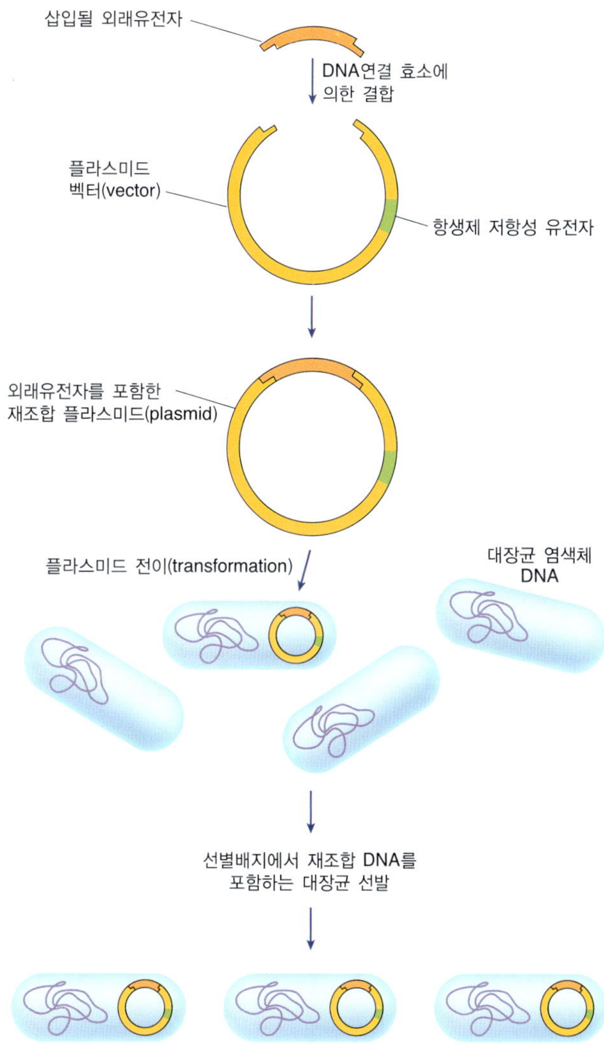

그림 7-1 제한효소의 이용과 유전자 클로닝(cloning) 과정

7-2 유전물질의 체계(Organization of Genetic Material)

동물의 유전체(genome) 또는 염색체(chromosome)에 들어 있는 DNA는 매우 길며 많은 양의 핵산으로 구성되어 있는데, 유전체 내의 전체 DNA의 기능에 관하여서는 다 알려져 있지 않다. 또한 유전체상에 존재하는 모든 DNA가 rRNA, tRNA, microRNA(miRNA) 및 mRNA와 같은 RNA합성이나 단백질 합성에 관여하는 유전정보만을 나타내는 것은 아니다. 동물의 유전체상에는 수많은 단백질들을 합성하는 데 필요한 유전정보를 갖고 있는 유전자(gene)들로 구성되어 있는데, 이 유전체상에 존재하는 전체 DNA 염기서열(DNA sequence)은 실재 단백질 합성을 위한 유전정보 보다 훨씬 많은 양의 DNA 염기서열로 구성되어 있다. 종간에는 약간의 차이가 있지만 사람의 경우, 유전체상에 존재하는 총 DNA 염기서열 중 약 2%의 유전정보만이 단백질합성에 필요한 단백질 암호서열(protein coding sequence)로 이용되어 지고 있다. 유전체상에 존재하는 DNA는 기능에 따라서 몇 가지로 구분할 수 있는데, 첫째는 단백질합성에 관련된 유전정보를 함유하고 있는 유전자(gene)이고, 둘째는 리보좀 RNA(rRNA)와 아미노산 운반 RNA(tRNA) 유전자, Histone 단백질 유전자 및 miRNA 유전자 등으로 구성되어 있는 연속 반복유전자(tandemly repeated genes), 셋째는 위유전자(pseudogene)라 하여 단백질합성에 필요한 암호를 갖고 있는 유전자와 DNA 염기서열이 동일하거나 매우 유사한 서열을 갖고 있지만 단백질을 합성해 내지 못하는 부위의 유전자다. 넷째는 단백질합성과는 관련이 없으며 유전체상에 임의적으로 또는 특정한 위치에 다양한 길이의 DNA 염기서열이 반복적으로 나열되어 있으며 많은 수의 복사본으로 존재하는 반복서열 DNA(repetitive DNA)로 구성되어 있다.

1. 단백질 암호 유전자(protein coding gene)

진핵생물(eukaryote)의 전사단위(transcription unit)의 구조는 매우 일정한 형태를 갖추고 있다. 전사단위는 시스-전사조절인자(*sis*- regulatory element)들 다음 위치에 존재하는 유전자 부위이며 제 1차 전사 RNA(primary transcript)를 복사해 내는 DNA 염기서열 부위를 의미하는데, 바로 이곳 내부에 유전자의 단백질합성 암호 부위(protein coding region)를 갖고 있다. 시스-전사조절인자 부위는 증폭자(enhancer) 부위, 호르몬조절인자(hormone response element, HRE) 부위 및 프로모터(promoter) 부위 등으로 구성되어 있으며 전사단위 내의 단백질합성 암호 부위의 전사작용을 조절하는 부위이다(그림 7-2).

단백질 암호 부위는 한 개 또는 여러 개의 intron이라 하는 단백질 비암호부위(protein

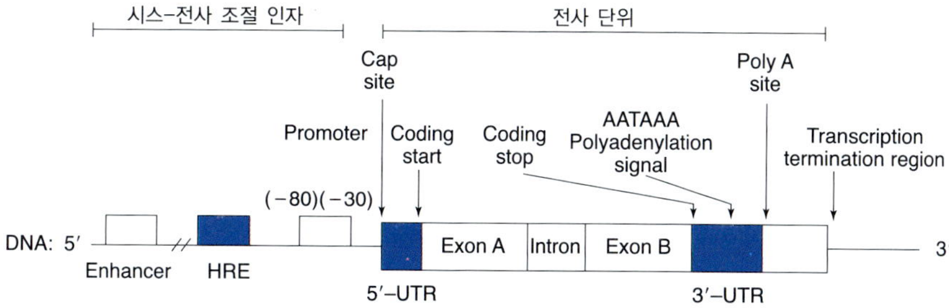

그림 7-2 진핵생물 유전자의 구성

noncoding region)에 의하여 나누어지는데, 바로 intron에 의하여 나누어져 있는 exon 부위가 실제 단백질합성에 관여하는 암호를 함유하고 있는 부위이다. 첫 번째 exon에는 5′-비해독부위(5′-untranslated region, UTR)를 갖고 있으며, 마지막 exon 부위에도 3′-비해독부위를 포함하고 있고, poly A첨가부위(poly A addition site)와 연결이 되어 있다. 다세포 생물에 있어서 단백질 암호 유전자들 가운데 소수의 유전자들은 반수체(haploid) 내에 단일 유전자 복제본(single copy) 만이 존재하지만, 생물체가 지니고 있는 대부분의 단백질 암호 유전자들은 2개 또는 그 이상의 유전자들로 구성하고 있는 가계집단(member of family)으로 구성되어 있다. 이 유전자들의 DNA서열은 매우 유사하거나 동일하지 않은 서열로 되어 있어, 합성된 단백질의 아미노산 조성이 매우 유사하나 동일하지는 않은 경우가 많다. 이들 유전자들의 가

표 7-2 척추동물 및 무척추 동물에서 볼 수 있는 단백질 가계(protein families)

단백질 가계	중복 유전자 수
Actins	5~30
Tubulin(α, β)	5~15
Myosin, heavy chain	5~10
Histones	100~1,000
Keratins	> 20
Heat-shock proteins	3
Eggshell proteins(silk moth and fruit fly)	> 50
Globins α(다수의 척추동물)	1~3
Globins β-like	> 5
Ovalbumin(chicken)	3
Vitellogenin(frog, chicken)	5
Immunoglobins(다수의 척추동물)	> 500
Transplantation antigens(mouse, human)	50~100

*(참고 : Darnell J et al. 1986, in Molecular Cell Biology)

계는 오랜 세월에 걸쳐 유전체 내의 원본 유전자(original gene)가 중복되어 나타났기 때문인 것으로 생각되며, 중복유전자 DNA 염기서열이 오랜 시간에 걸쳐 표류현상(drift)에 의하여 변경 된 것이다(표 7-2).

2. rRNA와 tRNA 유전자, Histone 단백질 유전자 및 microRNA 유전자

45S pre-rRNA, 5S rRNA와 각종 tRNA 합성 유전자 및 단백질 암호 유전자인 histone 단백질 유전자는 동물의 유전체상에 연속적으로 반복성을 갖고 나열되어 있다(그림 7-3, 그림 7-4). 연속적인 반복성이란 유전자의 DNA 염기서열(DNA sequences)이 연속적으로 반복성을 갖고 유전체상에 매우 길게 나열되어 있는 현상이다. rRNA 또는 tRNA 합성 유전자는 이들 유전자 내에 각각의 유전자 복제물(gene copy)들의 DNA 염기서열이 반복적으로 나열되어 있다. Histone 단백질 유전자는 조금은 복잡하지만 몇 개의 서로 다른 종류의 histone 유전자들이 각각의 유전자 복제물(gene copy)을 DNA 상에 반복적으로 나열시키며 군집형태를 형성하면서 이들의 유전자를 위치시켜 놓고 있다. 세포 내에 존재하는 총 RNA 중 95% 이상이 rRNA 및 tRNA로, 이들의 기능은 세포성장과 세포 생리작용을 위하여 많은 양의 RNA 합성이 요구되며, 이 합성률을 충족시키기 위하여 다중 복제유전자(multi-copy gene)로 존재하는 것으로 생각된다. Pre-rRNA유전자들은 대부분의 생물 종에서 100개 혹은 그 이상의 복제유전자들로 나열되어 있으며, 5S유전자는 20,000개이고, 각 tRNA 유전자에 대하여서는 약 10~100개 정도가 연속적으로 나열 되어 있다. 이와 같이 각종 생물종들 내에서 연속적으로 나열되어 있는 복제유전자들의 유전자 배열이 동일한 것은 아마도 감수 분열시 부등교차현상(unequal crossing over)에 의하여 형성 되었거나 유전자변환(gene conversion) 현상에 의하여 하나의 유전자가 다른 복제유전자를 교정하는 과정에서 형성된 것으로 생각된다. microRNA(miRNA)는 동식물의 세포 내에 존재하는 약 21~22개의 핵산서열로 이루어져 있으며 두가닥(double strands)으로 구성된 매우 작은 소중합체(oligomer) RNA로, 1993년 Victor Ambros 등에 의하여 *C. elegans*의 발육에 관여하는 유전자 *lin*-14 를 연구하는 과정에서 최초로 발견되었다. miRNA의 기능은 각종 유전자들의 유전자 발현작용을 조절하는 것으로 이들 miRNA는 하나 또는 그 이상의 목적 mRNA(target mRNA)의 일정 부위에 상보 RNA(complementary RNA)로 존재하며, 목적 mRNA로부터 단백질 해독작용을 방해하거나 목적 mRNA를 분해하여 특정 유전자의 단백질합성 조절작용을 억제하는 RNA이며, 때로는 간섭 RNA(interference RNA, RNAi)라고도 부른다. 대부분의 miRNA 유전자들은 각종 단백질 암호 유전자 사이에 위치하거나 이들 유전자들의 intron 또는 exon 상에 존재

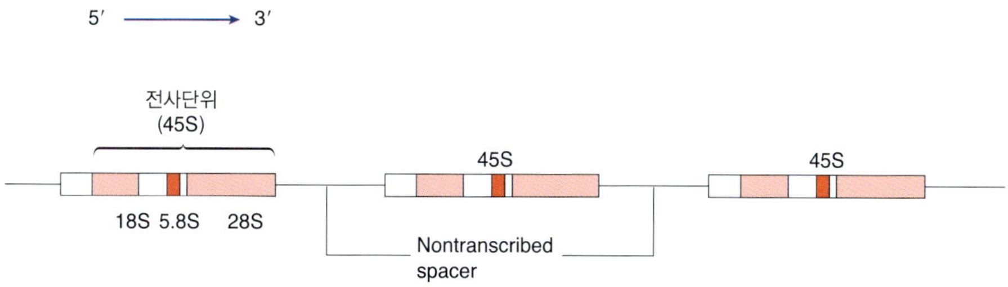

그림 7-3 인간 리보솜 유전자의 연속적 반복정열

45S, 14kb 길이의 전사단위가 약 200~300개로 구성 되어 있으며,
각 전사단위간에는 비전사체로 20~30kb의 간격으로 나뉘어 져 있다.
(참고 : Darnell J et al. 1986, in Molecular Cell Biology)

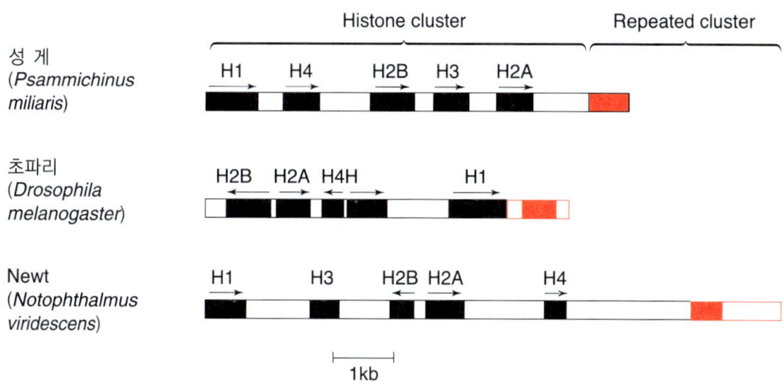

그림 7-4 세 종류 생물들의 histone 유전자 지도

5개의 histone유전자들은 H1, H2A, H2, H3 및 H4 단백질 암호 유전자를 갖고 있으며,
이들은 각 생물의 유전체상에 5~6kb내에 군집되어 있다. 화살표는 유전자 전사 방향.
(참고 : Darnell J et al. 1986, in Molecular Cell Biology)

하기도 하며, 비단백질 암호 유전자(non-protein coding gene) 내에 존재하는 것으로 알려져 있다. 하지만 miRNA 유전자들이 rRNA, tRNA 및 histone 단백질 유전자들과 같은 정도로 유전체상에서 반복성 DNA 염기서열을 갖고 있는 것 같지는 않다.

3. 위유전자(pseudogene)

앞에서 언급한 바와 같이 사람, 가축 및 미생물의 유전체상에는 단백질합성과는 거리가 먼 아주 많은 양의 비단백질 암호 DNA서열(non-protein coding DNA sequence)이 존재하는데,

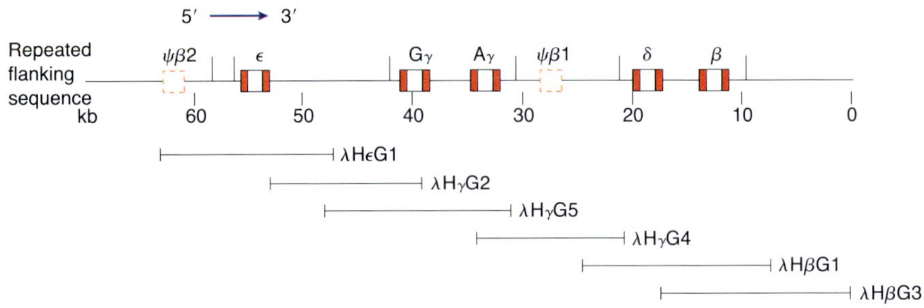

그림 7-5 인간 염색체 11번 내의 β-like globin 유전자 집단(gene cluster)

λHϵG1부터 λHβG3까지 표식된 부위들은 bacteriophage λ에 클론한 인간의 유전체 DNA상에 겹쳐져 있는 부위 : 유전체 크론상에 겹쳐있는 총 DNA는 60kb 이상이다. ϵ, $^{G}\gamma$, $^{A}\gamma$, δ 및 β의 5개 유전자들이 β-like globin단백질들을 암호화한 것이다.

(참고 : Darnell J et al. 1986, in Molecular Cell Biology)

특히 단백질 합성에 필요한 암호를 갖고 있는 유전자와 유전자 DNA서열이 동일하거나 또는 매우 유사한 유전자 서열을 갖고 있지만 단백질을 합성해 내지 못하는 부위를 위유전자(pseudogene)라 한다. 이와 같은 경우는 정상의 단백질 암호 DNA 염기서열을 갖고 있지만, 시스 전사조절 인자(*cis*-regulatory element)가 결여되어 있거나 DNA상의 단백질 암호 염기서열 부위의 부분절단 및 해독작용 중단 암호(translation stop codon)가 단백질합성 DNA서열 중간에 삽입되어 있는 경우 단백질 해독작용이 중간에서 중단되어 단백질의 기능이 소실되게 된다. 이와 같은 위유전자들로는 생쥐나 사람의 β-like globin 유전자 집단, 5S rDNA 유전자 집단 및 사람의 β-tubulin 유전자 집단들이 존재한다(그림 7-5). 위유전자를 포함하여 비단백질 암호 DNA 염기서열(non-protein coding DNA sequence) 부위는 동물의 어떤 유전형질과 관련이 있는 단백질의 암호서열 부위이지만 침묵(silent)상태에 있으며, 생물체의 유전자 발현작용이나 표현상에는 영향을 미치지 않으며, 또한 이들의 발육이나 건강에 영향을 미치지 않는 것으로 보고되고 있다. 하지만 동물의 유전체상에 존재하는 비단백질 암호 DNA 염기서열이 정상의 세포기능에 전혀 관계하지 않는다는 것은 아니다. 따라서 정상세포의 유전체상에 존재하는 수많은 비단백질 암호 DNA 염기서열의 생물학적 기능에 관한 연구의 필요성이 제기되고 있다.

4. 반복성 DNA(repetitious DNA)

앞에서 언급한 rRNA, tRNA 유전자나 β-like globin 유전자와 같은 중복유전자(duplicated gene) 등을 제외한 진핵생물의 유전체 내에 존재하며, 일정한 길이의 DNA 염기서열이 반복적으로 나열되어 있는 부위를 반복성 DNA라 한다. 이 부위는 5~10개의 염기로 구성되어있는 소중합체(oligomer)가 반복하여 연속적으로 존재하거나, 150~300개의 염기 또는 5,000~6,000개의 염기로 구성된 긴 DNA 염기서열이 반복적으로 위치한다. 이와 같은 반복성 DNA부위가 존재한다는 사실은 포유동물의 유전체상에 존재하는 DNA부위를 화학적으로 또는 물리적으로 변성(denature) 시켰을 때 반복성 DNA를 가지고 있는 부위가 다른 부위에 비하여 빨리 복원(reassociation) 된다는 사실을 통하여 확인 할 수 있었다.

(1) 부수체 DNA(satellite DNA)

부수체 DNA 또는 위성체 DNA라 부르는데, 대부분 5~10개의 염기로 구성된 단순한 소중합체로 되어 있다. 일부는 100~300개의 염기로 구성된 부수체 DNA가 유전체상에 반복적으로 나열되어 있다. 사람에 있어서 10^3~10^6 개의 복제 부수체 DNA가 유전체상에 존재한다. 이 부위는 DNA변성시 다른 어느 DNA부위들 보다 가장 빨리 복원(reassociation) 되는 부위를 말한다. 이들 부위는 rRNA나 tRNA 또는 mRNA를 합성할 만한 길이의 DNA서열로 이루어져 있지 않으며, 어떤 경우에는 단순한 소중합체가 반복적으로 나열하여 총 10^5 개의 염기로 구성된 긴 부수체 DNA도 존재하는데, 대략적으로 인간의 유전체상에서 존재하는 이들의 양은 약 0.5~1% 정도 되며 총 염기의 수로는 약 10^7개 정도인 것으로 알려졌다. *In Situ* 교잡방법에 의하여 나타난 결과 상당의 부수체 DNA가 염색체의 동원체(centromere) 부분에 존재하는 것으로 나타났으며, 유전체상에서 이들의 역할에 관하여서는 잘 알려져 있지 않다.

(2) 중간 반복성 DNA(middle repetitive DNA)

복원 반응 속도론(reassociation kinetics)에 의하면 중간 반복성 DNA는 변성 후 단수의 유전자(single-copy gene) 보다는 복원되는 속도가 빠르나 부수체 DNA 보다는 늦는 형태의 DNA 부위로, 반복성을 나타내는 DNA부위간에 염기의 배열상의 구조가 동일하지는 않지만 매우 유사한 구조들 갖고 있는 형태이다. 중복유전자군(cluster of the duplicated genes)이나 반복성 DNA군과는 달리 중간 반복성 DNA는 유전체상에 매우 넓게 분포되어 있다. 척추동물의 유전체상에 100~500개의 염기로 구성된 중간 반복성 DNA가 유전체상에 약 10^5개의 복제 DNA로 위치하고 있는데, 이와 같은 중간 반복성 DNA를 Sines라 하며, 150~300개의 염기로 구성되어 있으며, 인간 유전체에 약 3×10^5개 복제 DNA가 존재하는 *Alu* family DNA가 있는데, 이는 중간 반복성 DNA 염기서열 내에 *Alu* 제한효소의 절단 부위가 있다

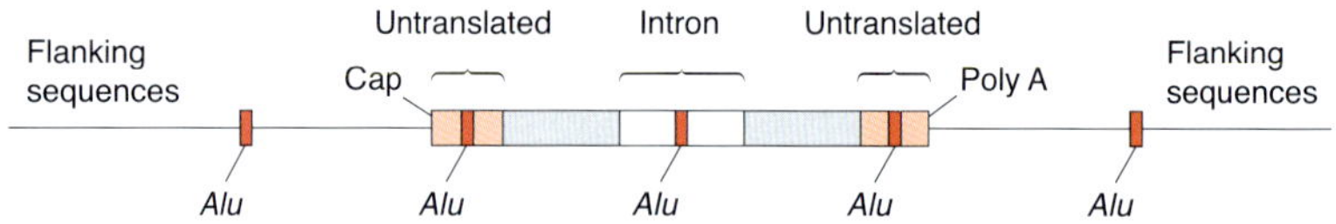

그림 7-6 단백질 암호 전사단위내 또는 주변에 존재하는 *Alu* 염기서열의 위치

전사단위 내에 *Alu* 염기배열은 고정되어 있거나 규칙적으로 위치하고 있지는 않다.

(참고 : Darnell J et al. 1986, in Molecular Cell Biology)

하여 *Alu* family라 부른다. 그밖에 Line이라 하여 길이는 약 5kb 이상 되며, 약 10^4개의 복제 DNA를 갖고 있는 중간 반복성 DNA를 말하는데, 때로는 *kpn* 제한효소 절단 부위를 갖고 있다 하여 *kpn* family라 부르기도 한다.

7-3 DNA 변이와 유전자형

1. 유전적 변이와 변이발생 요인

유전학은 생물의 유전과 변이를 다루는 생물학의 한 분야이다. 유전(heredity)이란 한 세대에서 다음 세대로 유전물질이 전달되는 것을 의미하며, 변이(variation)란 생물의 각 종들(species) 내에서 유전자들의 작용에 의하여 발생하는 형질(characteristics)발현 정도의 차이점을 말한다. 각 동물들이 지니고 있는 형질발현 정도는 유전자들 간의 새로운 조합이나 부분적으로는 돌연변이를 일으킨 유전자에 의하여 발생된다. 그밖에 환경 요인들도 변이를 초래하는 중요한 역할을 담당하기도 한다. 본 장에서는 유전적 변이에 관하여 설명하고자 한다.

유전적 변이를 일으키는 데는 근본적으로 두 가지 요인이 있다. 첫째는 염색체 돌연변이(chromosomal mutation)이고, 둘째는 유전자 돌연변이(gene mutation)이다. 염색체 돌연변이를 염색체 결함(chromosomal aberration)이라 하는데, 이는 유전자의 돌연변이 보다 유전적 변이의 크기를 더욱 크게 하는 요인이 된다. 염색체 돌연변이는 염색체 복제(duplication), 손실(deletion) 또는 염색체 단편(chromosome segments)의 재조합(rearrangement) 등에 의하여 발생되는 현상을 말한다. 이배체(diploid)를 형성하고 있는 종(species)은 정상적으로 2개의 반수체(haploid)로 구성되어 있는 염색체조(chromosome sets)를 지니고 있을지라도, 상당수의 경우 이들 염색체 내에서 유전적 변이를 가져오기도 한다. 유전적 변이 발생 요인으로는 각 종들이 본질적으로 갖고 있는 총 염색체수의 수적인 변화, 유전자 삭제, 유전자 중복 또는 염색체내 혹은 염색체간에 유전물질의 재조합(rearrangement) 등에서 오는데, 이를 종합하여 염색체 돌연변이(chromosome mutation) 또는 염색체 이상(chromosome aberration)이라 하며, 유전자 돌연변이(gene mutation)와는 구별된다. 염색체는 유전물질의 단위체(the unit of genetic transmission)로써 염색체 이상(chromosome aberration) 발생시 멘델의 법칙(Mendel's Law)에 따라서 예측되어지는 형태로 자손에게 전달되며, 이로 인하여 여러 형태의 결과가 나오게 된다. 즉 약간의 염색체 이상 또는 염색체 내에서 유전정보의 위치 변화가 표현형상에서 변이를 발생시키며, 어떤 경우는 치사(lethal)작용을 가져온다. 유전자 돌연변이(gene mutation)는 DNA에 저장되어 있는 유전정보 또는 화학적 정보(chemical information)상에서 약간의 변형이 발생되는 현상으로 동물 또는 모든 생물의 유전자형(genotype)을 결정하는 요인이 되기도 한다. 이와 같은 변형은 어떤 유전자 부위의 DNA를 형성하고 있는 핵산 염기들의 대치(substitution), 중복(duplication) 또는 결실(deletion) 등이 포함되어 있다. 염색체 돌연변이와 유전자 돌연변이는 유전적 변이를 일으키는 중요한 요인들로서 생물체에서 종종 발생이 되어 그들이 갖고 있는 형질들의 특성에 변형을 가져오게 한다.

2. 유전자 DNA 염기서열상의 변이와 유전적 결함

동물의 유전체상에 있는 각 유전자들의 단백질암호 염기서열(protein coding sequence) 부위는 특정 단백질만 합성해 낼 수 있는 DNA 염기서열로 암호화 되어 있는데, 이 단백질 합성에 필요한 DNA암호 염기서열을 다른 암호로 바꾸거나 특정 암호부위를 화학적으로 변형시키면 단백질의 아미노산 서열이 변하여 돌연변이체(mutant)의 단백질이 합성되거나 단백질 합성 작업이 정지된다. 이와 같이 정상의 유전자가 돌연변이를 일으켜 돌연변이체의 단백질을 합성해 내거나 단백질 합성작업이 중간에 정지되면 동물의 생명유지에 필요한 단백질의 기능이 소실되거나 약해지게 되며, 이 돌연변이 유전자는 다음 세대에 유전되어 유전적 결함이 있는 질병을 초래하게 된다.

3. DNA 다형성(DNA polymorphism)

DNA 염기서열의 차이점이 동물의 동일 종(species) 내에 속해 있는 개체들 간의 유전체상에서 발견되어진다. DNA 염기서열에서 차이점은 단백질 암호 염기서열 부위 또는 비단백질 암호 염기서열 부위에서 찾아 볼 수 있는데, 이와 같은 현상을 DNA 다형성(DNA polymorphism)이라 한다. 사람, 가축 및 모든 생물체의 유전체상에서 수많은 DNA 다형성을 볼 수 있는데, 최근에는 사람을 비롯하여 가축들의 유전체에 대한 DNA 염기서열이 밝혀짐에 따라 그들의 DNA 다형성과 염색체상에 존재하는 이들의 위치를 밝히게 되었으며, 유전체상의 각종 유전자들을 지도화 하는데, 이 DNA 다형성을 이용하고 있다. 이와 같은 연구 방법은 서로 다른 염색체상에 위치한 유전자들의 지도를 작성하므로 염색체상에 존재하는 유전자들의 상대적 위치를 정하게 되었고, 이들의 DNA 다형성을 유전체 표지인자(genome marker)로 이용하게 되었다. 사람에 있어서 비단백질 암호 DNA에는 짧은 연속 반복염기서열(short tandem repeat, STR)을 포함하는 많은 양의 반복성 DNA 염기서열(repeated DNA sequence)이 존재하는데, 특히 짧은 직렬 반복서열이면서 사람의 법의학 검사용으로 사용되는 4염기반복서열(tetranucleotide repeat sequence)이 있는데, 이는 4개의 염기서열이 사람의 유전체상에서 5~50회 정도 직렬로 반복하여 위치하고 있으며, 4염기반복서열의 전 후 DNA 염기서열은 임의의 DNA 염기서열로 구성되어 있다(그림 7-7). 법의학자들은 이 4염기반복서열 정도에서 볼 수 있는 변이를 이용하여 개체별 차이점을 분별하게 되었다. 간략히 말하면, 사람 개체별 유전체내 존재한 4염기반복서열은 어떤 지점에서 반복되는 횟수가 다르다는 것을 이용한 것이다.

DNA가 유전물질임이 밝혀진 이후, 많은 분석기술들이 개발되어 DNA 단편의 염기서열을 결정할 수 있게 되었으며, 이를 통하여 DNA상의 유전자의 구조와 기능을 이해할 수 있게 되었다. 개체간의 DNA 차이, 즉 DNA 다형성은 DNA의 염기서열 결정에 의해 그 특성이 정확히 알려지게 되었다. 하지만 집단 내의 여러 개체들에 대한 다형여부를 판단할 경우에는 각각의 개체의 유전자에 대해 염기서열 결정을 하기가 어렵기 때문에 보다 간편하고 효율적인 DNA 다형성 관찰방법들이 이용되어 왔다. 집단 내의 DNA 다형현상은 1~3% 정도의 범위 내에서 염기서열이 다른 경우를 말하는데, 이러한 다형 부위를 관찰하기 위한 최초의 방법이 제한효소 절단 단편다형성(restriction fragment length polymorphism, RFLP)이며, 개체내 염기의 다형성을 이용한 여러 가지 유전적 표지인자(genetic marker)가 유

4염기반복서열 : 대립유전자 3번, 3개의 4염기반복서열
....ATGTGGT**TGCATGCATGCA**TCGCTGAAGGAT....
....TACACCA**ACGTACGTACGT**AGCGACTTCCTA....

4염기반복서열 : 대립유전자 6번, 6개의 4염기반복서열
....ATGTGGT**TGCATGCATGCATGCATGCATGCA**TCGCTGAAGGAT....
....TACACCA**ACGTACGTACGTACGTACGTACGT**AGCGACTTCCTA....

그림 7-7 가상적인 4염기반복서열(tetranucleotide repeat sequence)
유전체상에 존재하는 4염기반복서열이 연속적으로 오는 횟수의 차이점을 이용하여 개체별 식별을 함.

전분석에 이용되고 있다. 앞에서 예시된 사람의 법의학 검사용으로 사용되는 4염기반복서열(tetranucleotide repeat sequence) 이 외에도 미토콘드리아 DNA, 알로자임 유전자 좌 다형성(allozyme loci, polymorphism), 연속반복지표의 변이수(variable number of tandem repeat marker, VNTR), DNA 손실/삽입, 단일염기 다형성(single nucleotide polymorphism, SNPS) 등이 있는데, 이 중 VNTR 지표는 주요 DNA 염기서열의 길이에 따라 2개의 부류로 나누어진다. 반복염기서열(repeated sequences)의 길이가 15~70개의 염기로 구성되어 있는 소형 부수체(minisatellite) DNA와 그 길이가 2~6개의 염기로 구성된 초소형 부수체(microsatellite) DNA가 있다. 최근에는 유전자다형현상 해독에 단일염기다형성(SNPs) 방법이 주목받고 있다.

4. 유전자형

동물의 종마다 체세포의 핵 속에 존재하는 염색체수는 다양하다. 특히 인간의 체세포 속에는 23쌍의 염색체가 존재하는데 상염색체 유전자(autosomal gene)의 경우 이론적으로 한 종류의 유전자에 대하여 2개의 복제(copies) 유전자를 가지게 된다. 예외적으로 성염색체(sex chromosome)의 경우 동물의 수컷은 한 개의 X염색체와 다른 한 개의 Y염색체를 갖고 있지만, 암컷은 2개의 X염색체를 갖고 있으며 Y염색체를 갖고 있지 않다. 따라서 다수의 다중복제유전자(multi-copy gene)를 제외한 X 또는 Y 염색체상에 존재하는 유전자는 한 개의 유전자(single copy gene)만이 존재한다. 앞에서 언급한 바와 같이 상염색체상에 위치하고 있는 각 유전자는 2개의 복제유전자를 갖고 있는데, 이 때 각 유전자를 대립유전자(allele)라 하고 어떤 유전자에 대한 대립유전자는 유전자 좌(locus)라는 염색체상의 특정 위치에 존재하게 된다. 한 유전자에 대하여 2개의 대립유전자는 DNA 염기서열상에서 서로 다를 수 있으며, 때로는 매우 다른 형태로 존재할 수 있는데, 바로 이 DNA 염기서열상의 차이점이 동물 유전자형의 다양성을 나타내며 결과적으로 표현형의 차이점을 발생시키는 원인이 된다. 즉 유전자형(genotype)이란 동물 또는 생물체가 가지고 있는 어떤 유전자에 대하여 두 개의 대립유전자 세트를 말하며, 두 대립유전자가 동일한 DNA 서열을 갖는 형태의 이배체 생물의 유전자 좌위에 대하여 동형접합(homozygote)라 하고, 두 개의 서로 다른 형태의 대립유전자를 갖는 유전자 좌위를 이형접합(hetrozygote)이라 한다. 그리고 염색체상의 유전자 다형성 표지인자(polymorphic marker) 가운데 서로 다른 형태를 나타내는 표지인자를 개체가 갖고 있는 표지인자의 대립유전자(allele)라고 말한다. 즉 한 특정 표지인자에 대한 대립유전자는 한 염색체상에 놓여 있으며, 다른 대립유전자는 다른 쌍의 염색체상의 동일한 위치인 유전자 좌위에 놓여 있는데, 한 개체의 유전체상에 있는 표지인자에 대한 두 개의 대립유전자를 그 개체의 표지인자에 대한 유전자형(genotype)이라 한다. 그림 7-8은 염색체, 표지인자, 대립유전자, 유전자형 및 DNA단면도를 나타내 주고 있는 예이다. 염색체 1은 표지인자 I에 대하여 두 개의 대립유전자(8과 3)를 갖고 있으며, 이 대립유전자는 반복성 DNA(repetitive DNA)로서 제시된 수만큼의 DNA 서열반복(repetitive DNA)이 존재한다. 표지인자 I은 서로 다른 수만큼의 DNA 서열반복이 있기 때문에 유전체상에서 이형접합(heterozygote)이다. 하지만 염색체 2의 표지인자 III은 각 대립유전자에 6개의 동일한 반복성 DNA서열이 존재하므로 동형접합(homozygote)이다.

5. 유전자형의 관찰

개체간의 DNA의 차이를 관찰하기 위한 최초의 방법으로 제한효소 절단 단편다형(restriction fragment length polymorphism, RFLP)은 제한효소 인지부위의 존재여부에 의하여 절단된 DNA 단편의 크기의 차이점을 관찰하는 방법이다. 이후, 소형부수체(minisatellite)와 초소형 부수체(microsatellite)라는 유전체상의 반복 염기서열의 기본단위가 발견되었는데, 앞에서 언급한 4염기 반복서열과 같은 연속 반복 염기서열이 유전체상에 존재하는 한 예이다. 이들은 염색체의 재조합과정에서 형성된 구조로 반복 염기서열의 수에 있어서 개체간에 많은 차이를 나타내기 때문에 이를 이용하여 집단의 유전적 차이를 파악하고 개체를 식별하여 유전자지도 작성 등에 많이 사용하고 있다. 이와 더불어, PCR(polymerase chain reaction) 기술이 개발됨에 따라 유전체 DNA의 일부분을 튜브 내에서 증폭시키고 분리하여 특정 유전자내 DNA 염기서열의 다형성 여부를 판별할 수 있게 되었다. 이러한 기술로서 전기영동 겔 내부에서 DNA분자의 입체구조의 차이점을 관찰하는 단일가닥 입체다형(single strand conformation polymorphism, SSCP)과 임의의 염기서열을 갖는 PCR 프라이머(random primer)를 이용하여 유전체 DNA를 증폭시키고 개체들 간 증폭부위의 차이점을 관찰하는 임의증폭다형 DNA(random amplified polymorphic DNAs, RAPD) 방법들이 개발되었다. 최근에는 인간 유전체의 DNA서열이 밝혀짐에 따라 과학자들은 개체, 집단 또는 인종간의 유전체 염기서열간에 차이점을 비교하여 질병발생의 빈도를 관찰하고 치료방안을 개발하기위한 연구들이 진행되고 있다. 이를 분석하기 위한 한 방법으로 단일염기다형성(single nucleotide polymorphism, SNP) 방법이 이용되고 있다. 이는 모집단 내에 존재하는 개개인마다 유전체내 염기서열 가운데 단일 염기쌍의 차이점이 산재하고 있다는 사실을 이용하여 유전자 다형성을 관찰하는 방법이다. 대부분 단일염기 다형작용은 단일 염색체상에서 단일 돌연변이에 의하여 발생되어 특정 집단 내에 존재하며 점차 퍼져나가게 된다. 일반적으로 단일염기 다형

표지인자 I
대립유전자: 3과 8
유전자형: 3, 8
이형접합
표지인자 II
동일 대립유전자: 10
유전자형: 10, 10
동형접합

표지인자 III
동일 대립유전자: 6
유전자형: 6, 6
동형접합
표지인자 IV
대립유전자: 12과 13
유전자형: 12, 13
이형접합

개체 DNA 단면도
표지인자 **I**: 3, 8
표지인자 **II**: 10, 10
표지인자 **III**: 6, 6
표지인자 **IV**: 12, 13

그림 7-8 염색체, 표지인자, 대립유전자, 유전자형 및 DNA단면도

(참고 : Molly Fitzgerald-Hays and Frieda Reichsman, 2009, in DNA and Biotechnology)

성은 표현상의 차이점에는 영향을 미치지 않으나 유전체 전반에 걸쳐 존재하며 그 숫자도 많은 것으로 알려져 있다.

(1) 제한효소 절단 단편다형(RFLP)

제한효소 절단 단편다형(RFLP)은 대상 유전자 혹은 그 주변에 있는 제한효소(restriction enzyme)의 인지부위에 영향을 주는 점, 돌연변이(point mutation)나 부등교차(unequal crossing over)에 의한 염기서열 변화의 결과로서 생성된다. DNA 염기서열상의 특정 부위를 제한효소가 인지하여 자르고 단편 조각을 발생시켜 전기영동의 겔상에 다양한 DNA 단편들이 크기에 따라 분리되고 관찰된다. 예를 들어 수백 염기쌍 정도가 결손되어 있거나 삽입배열이 존재하는 경우 그 영역을 제한효소로 처리하면 절단 양상이 틀려지게 된다. 겔상에서 분리된 DNA 단편을 니트로셀룰로스(nitrocellulose) 또는 나일론 막(nylon membrane)에 흡착시킨 후 찾고자 하는 특정 유전자의 cDNA(complementary DNA)나 DNA 단편을 방사성 동위원소 등으로 표지(labelling)한 후, 이를 탐침(probe)으로 이용하여 막(membrane)에 흡착된 DNA 단편들과 혼성화(hybridization)시킨다. 이를 다시 X-선 필름에 감광시켜 밴느 차이를 파악할 수

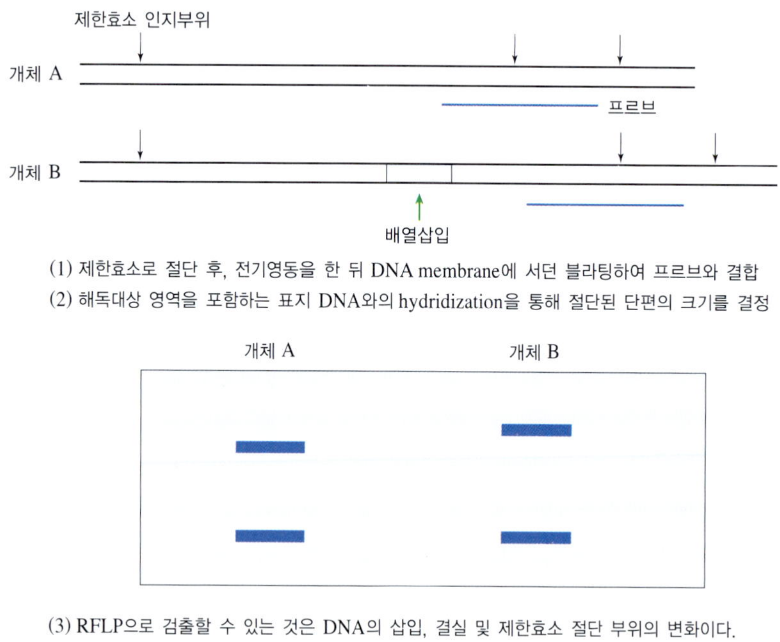

그림 7-9 RFLP에 의한 유전체 다형의 해독

있게 된다(그림 7-9).

이러한 RFLP 방법은 핵 DNA에서만이 아니라 미토콘드리아 DNA를 이용해서도 유전적 거리를 추정할 수 있으며, 유전병의 진단, 연관분석 등이 가능하다. 그러나 방사성 동위원소를 사용한다든가 여러 개체에 대해 많은 양의 자료를 얻기가 어렵다는 점 등의 방법상의 어려움이 존재하는데, 이를 극복하기 위해 제한효소 인지 차이에 의한 단편의 차이를 보이는 부위를 PCR을 이용해 증폭하고 이를 제한효소로 처리하여 RFLP를 관찰하는 "PCR-RFLP" 방법도 이용되고 있다(그림 7-10).

즉 경제형질에 직접적으로 관여하는 유전자인 성장호르몬, IGF-I과 II, 프로락틴, 케이신, 알부민 등의 유전자를 이용한 PCR-RFLP 분석이 소, 양, 돼지 등의 가축에서 이루어졌으나, 제한효소 인지 부위에 있어서만 다형현상 관찰이 가능하므로 많은 돌연변이 부위는 관찰하지 못하는 단점이 있다. 또한 넓은 의미에서 다른 형태의 RFLP 기술을 이용한 유전자 지문법(DNA fingerprinting)이 존재한다. 이는 게놈의 많은 부위에 반복되는 서열이 존재하고 개체마다 그 반복수가 다양하여 다형 양상이 멘델법칙에 따라 자손에게 유전되기 때문에 이러한 부분의 변이를 살펴봄으로써 친자감별과 개체식별 등이 가능하다. 즉 핵심서열(core sequence)이라고 불리는 공통염기서열의 반복수의 차이에 의한 개체간의 차이를 파악

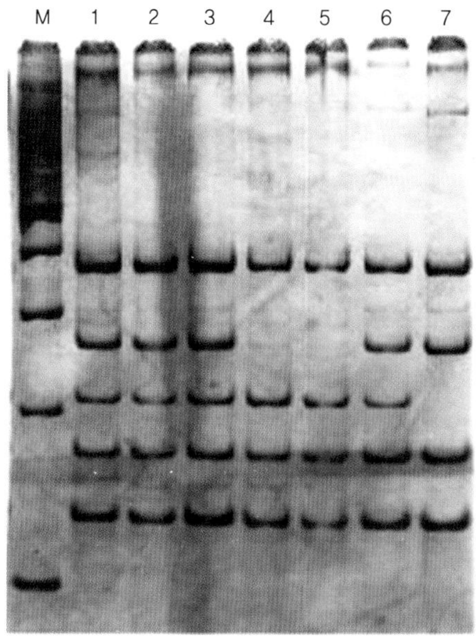

그림 7-10 한우 비만관련 obese 유전자의 Msp I 효소에 의한 다형성

1,2,3,6 : M1M2, 4,5 : M2M2, 7 : M1M1(김, 1997)

할 수 있는 것이다.

(2) 단일가닥 입체다형(single strand conformation polymorphisms, SSCP)

RFLP는 제한효소가 인지하는 부위가 유전적 교차나 점 돌연변이 등에 의한 변이에 의해 나타나는 것으로 제한효소가 인지하는 부위 이외의 유전체상의 다양한 변이를 찾을 수가 없다. 이러한 이유에서 단일가닥 입체다형 분석법이 개발되었는데, 정상개체의 DNA와 변이를 보이는 개체의 특정 DNA부위를 PCR을 통해 증폭하고 변성시켜 단일가닥으로 분리한 다음, polyacrylamide 겔 전기영동을 실시한다. 두 개체의 각각의 단일가닥들은 염기서열의 차이에 따라 입체구조의 차이를 갖게 되어 전기영동 겔 내에서 이동속도의 차이를 보이게 된다(그림 7-11).

이 방법의 장점은 PCR을 이용한 증폭과 전기영동 이외의 다른 작업이 필요하지 않아 수월하고, 200bp 이하의 경우에는 70~90%의 정확도로 변이를 검색해 낼 수 있으며, 400bp 이상에서는 50% 이하의 정확도를 갖는다. 단일가닥 입체다형(SSCP) 방법은 기존의 RFLP와 같이 멘델 법칙에 따라 자손에게 유전이 되며, 기존의 다형성을 많이 보여준 유전자뿐만 아니라 RFLP에서 보여주지 않았던 유전자에서도 이 방법을 이용하여 변이를 관찰할 수 있는데 phenylketonuria, cystic fibrosis 등의 인간 유전병 진단에도 이용하고 있다.

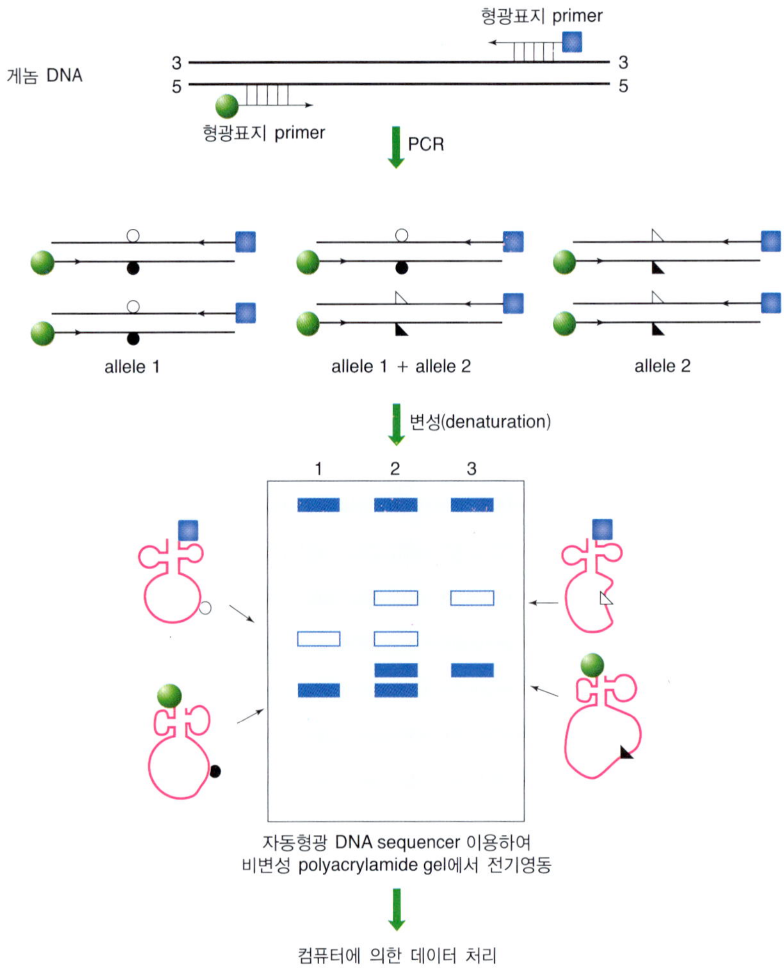

그림 7-11 다색형광 PCR-SSCP 분석의 원리

(3) 단일 염기다형(single nucleotide polymorphisms, SNPs)

단일 염기다형 표지인자(SNP marker)는 각 개인의 염기배열 차이를 직접 비교하는 것이다. 즉 단일 염기다형 표지인자는 본질적으로 염기배열의 다양성을 의미한다. 소형부수체 표지인자(microsatellite marker)를 이용하는 유전체 다형의 해독은 비교적 간단하며 대량해독에도 적절하지만 표지인자의 위치밀도라고 하는 점에서는 단일 염기다형 표지인자가 더 우수하다. 표지인자의 위치밀도가 높으면 높을수록, 보다 상세한 유전체 다형의 해독이 가능해지는데, 단일 염기다형 표지인자는 1,000 bp에 하나씩의 비율로 존재하는 것으로 알려져 있기 때문에 종래의 유전자 다형 표지인자와 비교하여 출현빈도가 매우 높고, 유전체 전체를 통해 균등히 존재하므로 높은 정확도 및 해상도로 개체의 유전체 차이를 해독할 수 있다.

단일 염기다형 표지인자 자체가 질환유전자인 경우는 거의 없고, 질환원인 유전자 가까운 곳에 있다는 것을 알릴 수 있는 좋은 표지인자로 활용된다. 이론상 인간은 유전자 염기서열이 99.9% 동일하며, 개체간에 0.1%의 차이가 있는 것으로 알려져 있다. 따라서 30억개의 염기쌍으로 이루어진 인간 게놈의 0.1%는 약 300만 염기에 해당되며, 이 차이가 단일 염기다형성이다. 비록 단일 염기다형성 연구가 Incyte(미국), Genset(프랑스), Celera(미국) 그리고 CuraGen(미국) 등 생명공학 벤처를 중심으로 주도 되었지만, 1999년 전 세계 10여개 유수 제약회사가 컨소시엄(The SNP Consortium, TSC)을 구성하면서 연구의 가속도가 붙게 되었다. 즉 미국 NIH에서는 1998년부터 단일 염기다형 표지인자를 발굴할 목적으로 거액의 연구비를 투자하고 있고, 단일 염기다형성 컨소시엄은 2년 동안 300,000개의 단일 염기다형 표지인자를 발굴하기로 계획을 잡아 놓고 있다. 가축의 경우 단일 염기다형 표지인자의 이용 현황은 아직 미미한 상태이다. 소의 경우 인수공통병을 유발하는 O157:H7이나, *Salmonella typhimurium* DT104 같은 감염성 세균에 저항성을 지니는 개체에 대한 DNA 정보를 갖기 위해 싸이토카인(cytokine) 유전자 좌위에 대한 31개의 단일 염기다형 표지인자가 보고되었으며, 7개의 단일 염기다형 표지인자가 interleukin-8(IL-8)의 DNA 단편에서 발견되었는데 IL-8은 세균의 침입시 면역작용을 도와주는 일종의 싸이토카인이다. 단일염기다형성을 이용한 연관지도(lingkage mapping) 작성이 소와 닭 등에도 사용되고 있다.

닭은 단일 염기다형이 200~500개의 염기마다 1개꼴로 존재할 것으로 추정되며 Smith 등(2001)은 약 37개의 발현서열표지(expressed-sequence tag, EST) 염기서열 분석 결과 65개의 단일염기다형을 보고하였다. 이러한 단일염기다형의 개발에는 DNA 염기서열 결정(DNA sequencing) 방법이 현재로서는 가장 효율적인 것으로 여겨지고 있다.

또한 PCR-SSCP의 원리를 이용하여 서로 다른 형광색소로 primer를 표지한 후, 단일염기다형 표지인자를 검출하는 방법도 개발되었다(그림 7-11). 이 PCR-SSCP는 ① 대량의 샘플을 신속하고도 동시에 처리할 수 있으며, ② 증폭된 DNA 단편상에서도 다형을 검출할 수 있다. ③ PCR-SSCP에 있어서 이동도의 패턴으로부터 단일 염기다형 표지인자 타입(homo, hetero)을 예측할 수 있다. ④ 질환의 원인이 되는 변이도 단일 염기다형과 같은 단일 염기치환을 나타내므로, 단일 염기다형 및 질환원인 유전자를 동시에 동정할 수 있는 등의 이점이 있다.

단일 염기다형 표지인자는 여러 목적으로 이용이 가능하다. 또한 개인의 유전적 조성에 따라 각 개인에게 보다 효율적인 투약 및 치료방법을 적용할 수 있는 맞춤의학, 신약개발 등에 관한 정보를 제공할 수 있다. 건강한 사람과 질환을 가지고 있는 사람들 간의 수많은 단일 염기다형성의 차이가 연구되고 있고, 이는 질병에 대한 유전적 소양을 이해하는데 큰 도움이 될 것 이며, 유전자진단을 가능하게 하여 질병의 예방에 획기적인 정보를 제공할 것으로 기대되고 있다.

(4) 임의 증폭다형(random amplified polymorphic DNAs, RAPD)

유전자 지문, 제한효소 절단 단편다형(RFLP)과 더불어 유전적 표지인자를 찾는 방법으로 임의 증폭다형(RAPD)을 이용할 수 있다. PCR을 이용하여 원하는 부위를 증폭하기 위해서는 그 부분에 대해 충분한 정보, 즉 염기서열을 알아야 증폭에 필요한 primer의 작성이 가능하다. 그러나 염기서열이 밝혀지지 않은 유전자가 밝혀진 유전자에 비해 훨씬 많고, 유전자의 염기서열이 밝혀져 있다 하더라도 그 유전자가 어떤 기능을 하는지 또는 어느 형질에 연관되어 있는지에 대한 정보는 극히 미약하다. 따라서 알려진 특정 유전자를 대상으로 하여 PCR 방법을 수행하여 품종간의 차이를 보이는 특정 유전체부위나 어떤 경제형질에 연관된 표지를 찾기는 매우 어렵다. 이러한 이유로 유전체의 임의 DNA 부분을 증폭하여 종간, 계통간 혹은 개체간의 증폭된 밴드차이에 의한 유전특성 분석이 가능하다. 임의 증폭다형 방법은 여러 동물에 대해서도 빠른 시일 내에 실험을 수행할 수 있고, 여러 조합에 의해 수많은 primer를 제작할 수 있으며, 제한효소 절단 단편다형 방법(RFLP)과 같이 ^{32}P

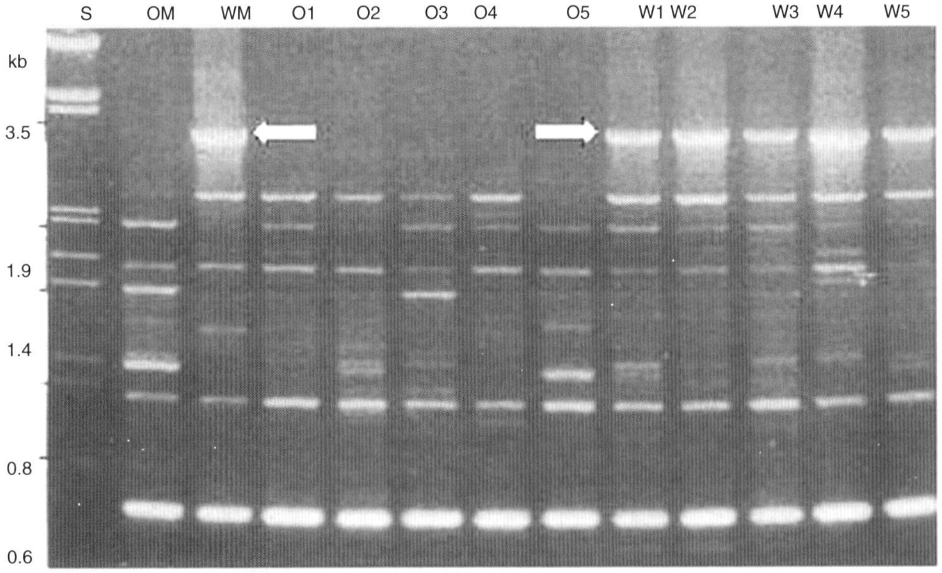

그림 7-12 RAPD에 의한 오골계와 백색 레그혼간의 유전분석

O1~O5 : 오골계, W1~W5 : 백색 레그혼, OM : O1~O5의 혼합, WM : W1~W5의 혼합

같은 방사성 동위원소를 사용하지 않고 간편하게 분석할 수 있다는 장점이 있다. 그러나 표지인자는 대부분 동형접합자 상태와 이형접합자 상태를 구분할 수 없기 때문에 제한효소 절단 단편다형 표지인자(RFLP marker)에 비해 절반의 정보만을 제공하는 단점이 있으나, 퇴교배 집단(backcross population)이나 재조합 순계통을 이용한 유전자지도 작성(mapping)에는 충분히 이용될 수 있다.

(5) 소형부수체에 의한 다형 관찰법(microsatellite typing)

포유류를 비롯한 진핵생물의 유전체에는 반복적인 DNA 염기서열이 존재하는데, 여기에 포함되는 것들로는 9~64개의 염기로 된 핵심서열 반복으로 1kb 내외의 크기를 갖는 최소부수체(minisatellite)와 2~6개 염기서열의 크기가 반복되어 200개의 염기서열 내외가 되는 소형부수체(microsatellite)가 있다. 소형 부수체 변이는 반복단위(repeat units)의 수에 있으며, 이들 반복단위 수의 차이는 DNA 복제(replication)시 일어나는 미끄러짐(slippage)에 의한 것으로 생각되어진다. 즉 DNA polymerase가 반복되는 위치를 복사할 때, "slippage"가 일어남으로써 반복되는 횟수를 바꾸게 된다. 다양한 반복수는 이러한 slippage가 반복된 결과로 볼 수 있으며, 이외에 감수분열시 부등교차(unequal crossing over)에 의해서도 일어날 수 있다.

최소부수체(minisatellite)는 염색체상의 중심체나 말단부위에 위치하고 있어서, 유전자지도 작성에 필요한 표지인자로 개발하는데 유전체의 여러 부위에 골고루 표지할 수 없다는 단점이 있는데 비해, 소형부수체(microsatellite)는 유전체 전체에 걸쳐 존재하므로 유전분석이나 유전자지도 작성에 유용한 DNA 표지인자로 평가된다. 이러한 소형부수체는 반복단위의 반복수 차이에 따라 대립형질(allele)이 결정되며, 반복수가 많을수록 확률상 반복수 차이에 의한 대립형질의 수도 많게 된다. 이러한 소형부수체에 의한 다형 현상관찰 방법을 보면, 먼저 500bp 내외의 DNA 단편을 플라스미드 벡터(plasmid vector)를 이용하여 library를 만든 다음, 합성된 소형부수체 염기서열을 이용하여 library를 검색한다. Hybridization으로 확인된 클론의 염기서열을 결정하여 소형부수체의 양쪽 부위에 해당하는 primer를 작성한 다음, 이를 이용하여 유전체 내의 소형부수체를 증폭한다. 이 후 polyacrylamide겔에서 전기영동을 실시하여 개체나 축군간의 다형양상을 확인한다.

대부분의 소형부수체 표지인자(microsatellite marker)는 1단위가 7bp까지의 반복서열로 존재하며 mononucleotide(AAA 등), dinucleotide(CA, TA, CG 등), trinucleotide(CTG, CGG 등), tetranucleotide(TAAA 등) 등의 반복 형태로 존재한다.

대부분의 척추동물은 10,000~100,000개 정도의 소형부수체가 존재할 것으로 예상되고

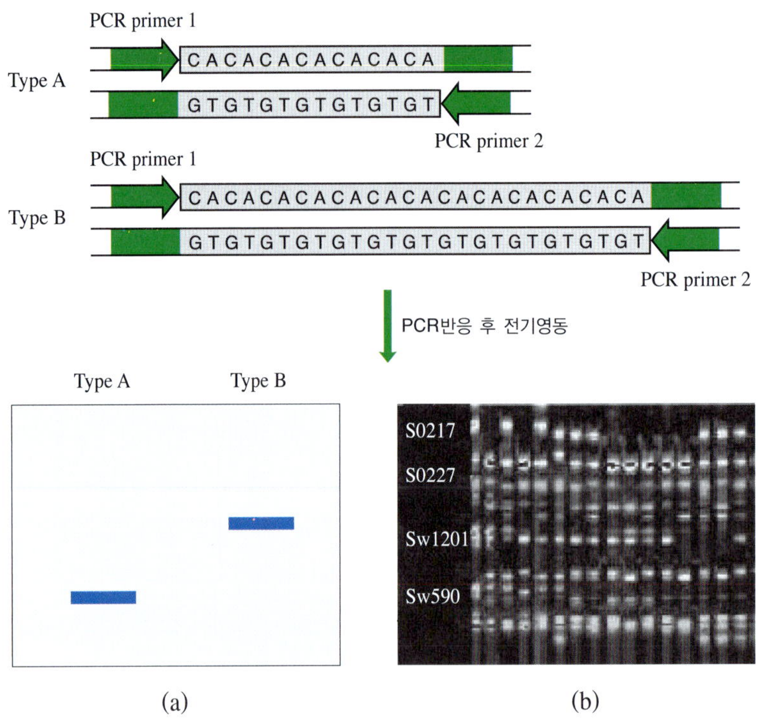

그림 7-12 소형부수체 표지인자를 이용한 유전체 다형의 해석 모식도

Type A와 B 사이에는 소형부수체 배열(CA-CA)의 크기가 다르지만, 이 소형부수체 배열의 주변 영역의 배열은 공통적이므로, 이 부분의 배열을 이용하여 PCR을 수행한다. 전기영동 후 DNA를 Ethidium Bromide로 염색하는 것만으로도 다형의 판정이 가능한 경우도 있으며(a), primer에 각기 다른 형광염료를 부착하여 자동염기서열장치(automatic sequencer)를 이용 분석한다(b).

있으며, 가축의 경우 돼지는 65,000~100,000, 닭은 7,500개, 소는 15,000개 내외로 존재하는 것으로 알려져 있다. 소형부수체는 유전체 전체에 걸쳐 존재하며, RFLP에서와 같이 개체의 유전자형을 파악할 수 있고, 게다가 PCR 기술을 이용하여 유전체의 특정 부위를 임의로 증폭하여 인접한 다른 부위를 검색하는데 STS(sequence tagged site)로 사용할 수 있으므로, 기존의 RFLP에서와 같이 DNA 형태의 probe나 clone 형태로 저장이나 교환할 필요 없이 염기서열 정보만으로도 연구자간에 쉽게 정보를 교환할 수 있다.

7-4 유전자지도와 유전체 분석

1. 유전자지도 작성현황

유전체 프로젝트(genome project)란 생명체가 가지고 있는 염색체의 유전적인 염기서열을 알아내어 유전자지도(gene mapping)를 작성하는 작업, 즉 각각의 유전자의 기능은 물론 유전병의 원인을 낱낱이 밝힐 수 있는 생명현상을 분자적 수준에서 이해할 수 있는 해부도를 완성시키는 작업이다.

유전자지도(gene mapping)란 수백 개에서 수천 개 단위로 염기가 모여 만든 유전자의 숫자와 위치를 나타낸 것으로, 이것은 질병과 관련된 유전자 기능이 분석 가능해져 신약개발과 미래 의학 등 그 활용가치가 매우 크다. 인간의 유전정보는 23쌍의 염색체를 구성하는 DNA에 담겨 있다. DNA는 아데닌, 구아닌, 시토신, 티민 등 4개의 염기조합으로 이뤄져 있다. 이 DNA에 담겨 있는 각각의 유전정보가 염색체상에서 차지하는 위치 지도를 작성한 것이 인간의 유전자지도(게놈지도)이다.

유전자지도를 작성하는 목적으로는 유전자들의 공간적인 순서를 파악하여 해부도를 얻는 것과 여러 위치에 존재하는 각각의 유전자의 기능을 파악하는 궁극적인 목표를 들 수 있다. 이는 유전질병이나 관심이 있는 어떤 경제형질에 관련된 유전자의 실체를 파악하여, 유전병의 치료나 산업적인 이용을 위한 것이다. 현재 사람과 마우스를 비롯하여 소, 돼지, 닭, 면양 등을 포함한 10여종의 동물과 옥수수, 콩, 감자, 쌀 등의 작물, 그리고 효모나 대장균 등 약 100여종의 생물에 대한 유전자지도 작성과 유전자 분석이 전 세계의 연구그룹들에 의해 진행되고 있다.

전체 프로젝트는 크게 4가지로 나뉘는데, 첫째는 유전체의 구조연구로 유전체의 지도를 작성하고 염기서열을 결정하는 분야, 둘째로 유전자와 유전자 산물의 기능연구와 조직, 기관 및 생체의 생리학적 유전체 연구분야, 셋째로 다양한 모델 생명체의 유전체 연구와 인간 유전체의 다양성 연구인 비교 유전체 분야, 마지막으로 밝혀낸 클론의 확인, 저장, 분배, 생물정보학과 데이터베이스 등을 담당하는 자원관리 분야로 나뉜다. 가축에 있어서 이러한 결과들은 성장촉진 및 질병 저항성을 비롯한 경제형질에 관련된 유전자와 유전적 표지인자의 개발로써 우수한 품종 및 종축을 선발하는 강력한 도구로 이용될 전망이다.

(1) 물리적 지도와 유전지도

유전자지도에는 유전자의 위치를 수학적인 거리의 개념으로 나타낸 물리지도(physical

표 7-3 동물의 게놈 데이터베이스 및 인터넷 서버

Species	조 직(Organization)	Web site
소	Bovine ArkDB-US node	texas.thearkdb.org
	Bovine ArkDB-UK node	www.ri.bbsrc.ac.uk
	BovMAP, INRA(France)	locus.jouy.inra.fr
	Illinois Reference/Resource Families(IRRF)	cagst.animal.uiuc.edu
	Meat Animal Research Center(MARC), USDA	sol.marc.usda.gov/genomes
	Cattle Genome Database(CGD), CSIRO	spinal.tag.csiro.au
돼지	PiGBASE(The genome database of the pig)	www.ri.bbsrc.ac.uk/pigmap
	PiGMAP(The EC Pig Gene Mapping Project)	www.ri.bbsrc.ac.uk/pigmap
	INRA Laboratoire de Genetique Cellulaire-including somatic cell hybrid panel	www.toulouse.inra.fr
	US Pig gene mapping(NAGRP)	www.public.iastate.edu/
	USDA Meat Animal Research Centre	sol.marc.usda.gov/genomes
	Swine genome mapping project	iowa.thearkdb.org
닭	ChickMap(chicken gene mapping project)	ww.ri.bbsrc.ac.uk/chickmap
	ChickGBASE(poultry gene mapping project)	www.genome.iastate.edu
	US polutry genome project	poultry.mph.msu.edu
기타	Sheep ArkDB-US Node	texas.thearkdb.org
	UK-sheep genome project	www.ri.bbsrc.ac.uk/sheepmap
	Horse ArkDB-US Node	texas.thearkdb.org
	Cervid Resources	texas.thearkdb.org
	Animal Genome Database Server(Japan)	ws4.niai.affrc.go.jp
	DNA Information and Stock Center(Japan)	www.dna.affrc.go.jp
	Human Genome Database(GDB)	gdbwww.gdb.org
	Mouse Genome Informatics(MGD)	www.infromatics.jax.org
	Online Mendelian Inheritance in Animals(OMIA)	ars-genome.cornell.edu
	Agricultural Genome Information Server(AGIS)	ars-genome.cornell.edu

map)와 기능을 가진 유전자의 상대적인 위치를 나타내는 유전지도(genetic map)가 있다.

① **유전자지도** : 어떤 염색체의 어느 위치에 어떤 유전자가 있는지를 표시하는 것이다. 예를 들면 머리털이나 눈, 피부의 색 등을 결정하는 유전자 A, B, C가 몇 번 염색체의 어느 위치에 있는가를 알 수 있다. 유전자지도에서 단위는 센티모건(cM, centi Morgan)으로 1Mb와 마찬가지로 염기가 10^6쌍이 있다는 뜻이다.

② **물리지도** : 염색체를 제한효소로 절단해서 얻은 몇 개의 DNA 조각에 유전자 A, B, C에 대응하는 탐색침(probe)을 결합시킨다. 탐색침은 이미 염기배열을 알고 있는 DNA

한쪽 사슬로 DNA 염기서열 결정을 통하여 DNA 염기서열을 모두 읽는다. 이 조작으로 유전자 A, B, C가 염색체의 어느 위치에 있는지를 유전자지도보다 훨씬 정확하게 알 수 있다. DNA 염기서열 결정(sequencing)을 통해 DNA 염기서열을 모두 읽을 수 있다. 물리지도에서 단위는 메가염기쌍(Mb, Megabase)으로 1Mb는 염기가 10^6 쌍이 있다는 뜻이다.

유전자지도 작성에는 DNA를 추출해 증폭하는 기술과 초고속 염기서열 분석기 등 특수 장비와 기술이 활용되고 있다.

(2) 인간의 게놈지도

인간의 게놈지도는 미국 영국 등 6개국 국제컨소시엄인 인간게놈프로젝트(HGP)와 미국 생명공학 벤처기업인 셀레라 게노믹스에 의해 밝혀졌다. 연구결과는 인간의 23쌍 염색체에 존재하는 약 30여억 개의 염기쌍의 배열구조를 밝힌 것이다.

그리고 2003년 4월 인간게놈프로젝트(HGP)는 인간 게놈지도를 99.99%의 정확도로 완성했다고 발표했다. 이에 의하면 인간게놈의 염기숫자는 약 30억7천만개, 유전자는 약 2만 5천~3만 2천개로 밝혀졌다.

(3) 동물의 게놈지도 작성현황

동물의 유전자지도 작성은 인간이나 마우스 등에 비해 상대적으로 늦어지고 있는데, 이는 인간만큼 가축의 유전체의 크기가 크기 때문이다. 그러나 인간게놈의 완전해독에 따라 동물의 유전자지도 작성은 가속이 붙을 예정이다. 즉 인간게놈의 해석 노하우(know-how)와 게놈 비교검색을 통해 보다 쉽게 접근할 수 있을 것이다.

현재 표지인자간의 평균 간격이 약 5~10cM 정도인데, 이들의 간격이 0.2~2cM 정도가 될 때까지의 상세한 유전자지도를 작성한다는 목표를 두고 진행 중 이다.

1) 침팬지의 게놈지도

2002년 1월 인간과 가장 닮은 동물인 침팬지의 게놈지도를 완성하는 데 성공하였다(그림 7-14). 침팬지의 유전자지도는 한국의 생명공학연구원과 일본, 독일, 중국, 대만, 미국 등 6개국 연구진이 2001년 3월에 공동으로 구축한 '침팬지 유전체연구 국제컨소시엄' 에 의해 이뤄졌다. 이에 따르면 침팬지의 염색체수는 48개로 인간(46개)과 흡사하며 침팬지 게놈은 34억개의 염기로 이뤄져 있으며, 그 중 98.77%가 인간과 같은 구조로 되어 있다고 밝혔다. 특히 이러한 인간과 유사한 영장류의 해석과 분석은 인간의 진화적 메카니즘을 밝히고

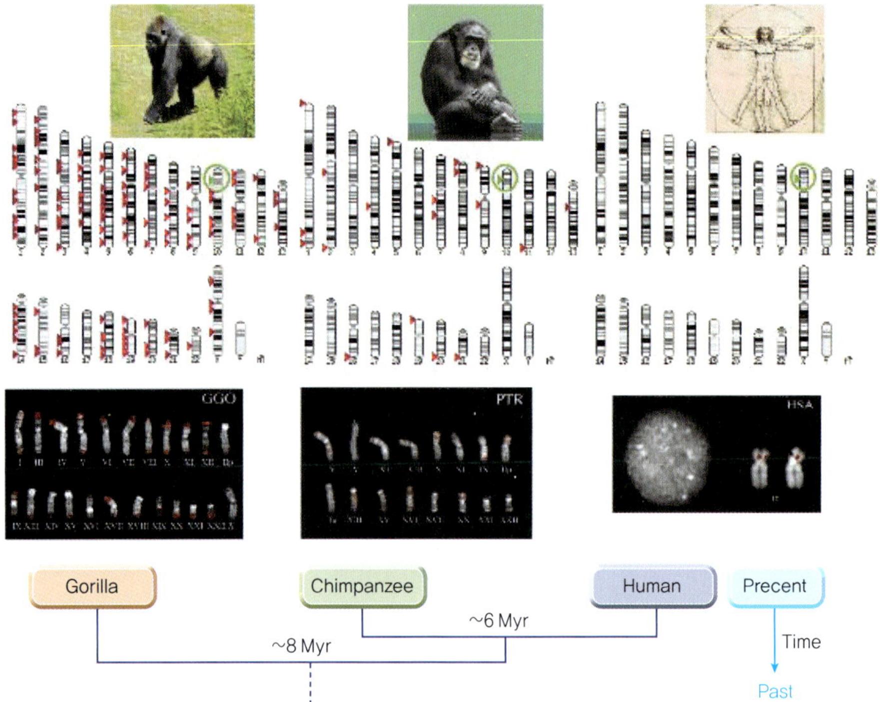

그림 7-14 영장류 게놈의 정보를 이용한 진화적 분석

인간 특이적인 질병을 연구하는 데 큰 공헌을 하고 있다.

2) 쥐의 게놈지도

2002년 12월엔 영국의 생거연구소와 미국 화이트헤드연구소 및 워싱턴대학의 과학자들은 공동연구 끝에 쥐의 게놈 염기서열 가운데 95%를 해독한 게놈지도 초안을 과학잡지 "네이처"에 공개하였다(그림 7-15). 이에 따르면 쥐와 인간의 유전자는 최소 80%가 완전히 일치하고 99%가 서로 대응되는 유사한 것으로 드러났다. 쥐와 인간은 각각 약 3만개의 유전자를 가졌으며, 이 중 불과 300개만이 서로 다른 것이다. 한편 쥐의 게놈지도는 2001년 2월에 이미 완성된 바 있다. 당시 미국 생명공학 벤처 셀레라 제노믹스(社)는 실험용 일반 쥐의 게놈(유전체)지도를 완성해 약 30억개에 이르는 쥐의 유전암호 99%를 해독했다고 밝혔다.

3) 개의 게놈지도

2003년 9월 개에 대한 게놈지도 초안이 완성됐다(그림 7-16). 게놈연구소(IGR)와 게놈진흥센터(CAG)가 공동 연구한 결과로 개 게놈지도 초안에 따르면 개들은 약 24억개의 DNA 염기쌍을 갖고 있다. 이는 인간보다 약 5억개가 적은 것이다. 그리고 개가 쥐보다 유전학적

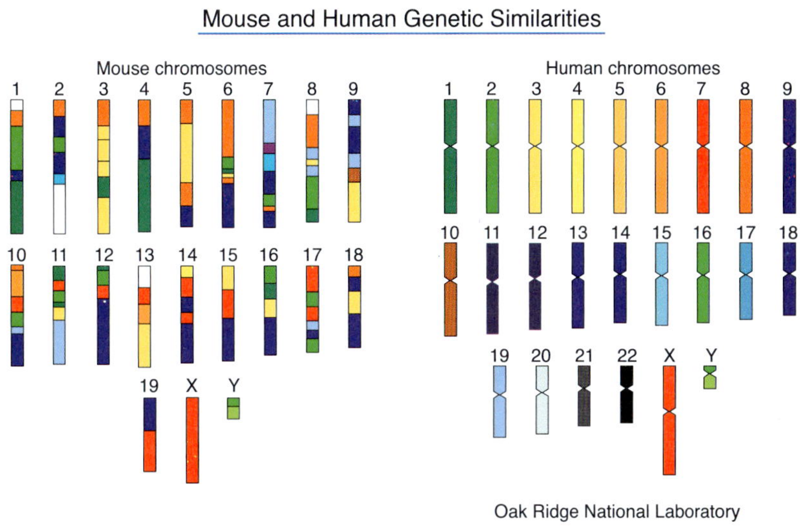

그림 7-15 인간과 쥐의 게놈 비교

으로 사람과 더 유사한 것으로 나타났다.

4) 소의 유전자지도

소의 유전자지도를 작성하기 위한 국제공동 연구사업은 영국과 호주, 아프리카, 이스라엘 등이 참여한 가운데 유럽의 BovMap 프로젝트가 진행 중이며, 미국은 농무성 산하기관인 NAGRP(National Animal Genome Research Program) 지원하에 USDA-MARC(Meat Animal Research Center) Clay center에서 독자적으로 진행 되었다. 소의 유전자지도 작성현황을 보면, 2001년 7월 약 2,500여개의 좌위가 밝혀졌으며, 이 중 640개가 Type Ⅰ 인자(유전자)로 지정이 되었다. 또한 microsatellite 역시 약 1,200여개가 밝혀져 기하급수적으로 늘어나고 있는 실정이다(그림 7-17, 표 7-4).

현재 소의 유전자지도는 경제형질과 관련이 있는 유전자 좌위를 찾기 위한 도구로써 충분히 이용할 수 있다. 이미 단일유전자 좌에 의해 영향을 받는 몇몇 형질들에 대한 유전자좌가 결정되었으며(George 등, 1993), 양적형질로 분류되는 산유량(Plante 등, 2001) 등에 대한 QTL(Quantitative Trait Loci) marker와 이를 이용한 선발(Marker Assistant Selection, MAS)에 대한 연구가 진행 중이다.

5) 한우 유전자지도

한우 유전자지도가 완성되었다. 농촌진흥청이 한우의 유전체를 해독한 결과 99.9% 이상의 정확도를 가진 한우 유전자지도를 완성했다. 소를 대상으로 유전체를 해독한 나라는 지

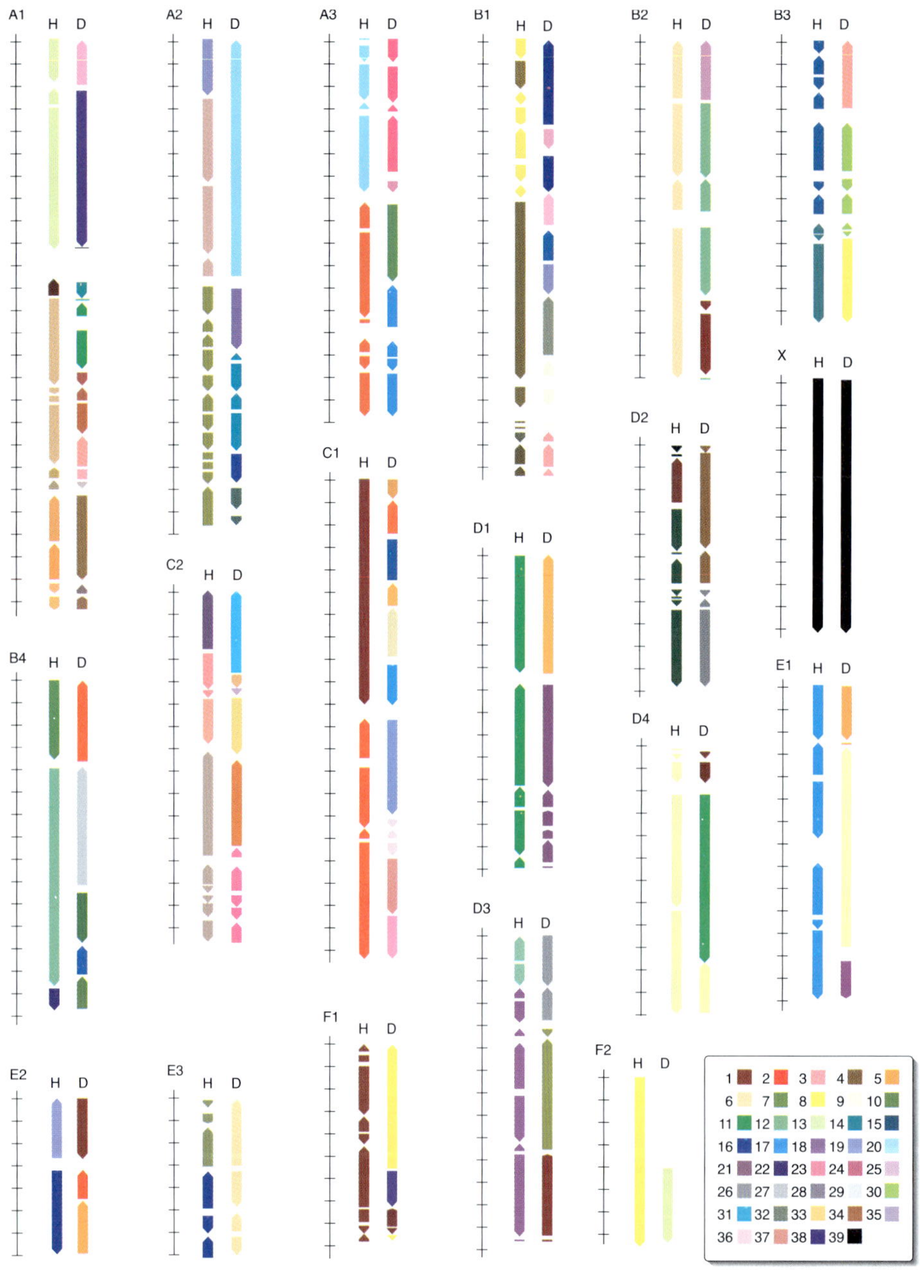

그림 7-16 개의 게놈지도

금까지 미국 헤어포드종과 독일 플렉비히종에 이어 세 번째로, 농진청은 유전자지도 완성을 위해 한우의 표준잣대라 할 수 있는 농촌진흥청 한우시험장의 보증씨수소를 이용했다.

한우 유전자지도에 의하면 한우는 약 2만2천개의 유전자를 갖고 있으며, 유전체 염기서

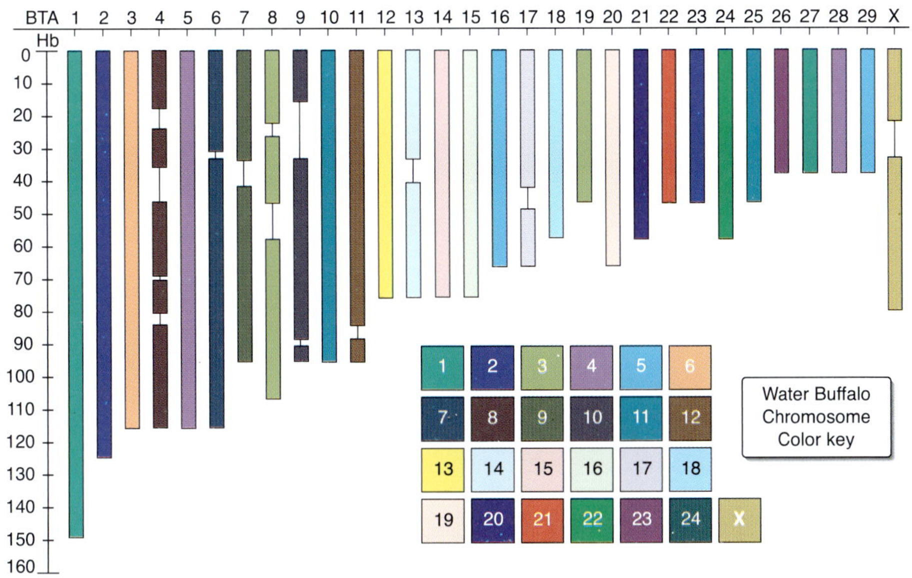

그림 7-17 소의 게놈지도

열상으로 사람과 80% 이상이 일치해 임상실험용으로 많이 사용되는 쥐(75%)보다 사람과 더 유사한 것으로 나타났다. 또 한우와 미국의 헤어포드종의 유전체를 비교해본 결과, 600만개 이상의 염기서열과 23만개 이상의 유전체 구조에도 차이가 있는 것으로 나타나 향후 소의 외모부터 고기의 생산성, 품질, 질병저항성 등 다양한 개체 차이를 풀어줄 단서가 될 전망이다.

6) 말의 유전자지도

미국의 캘리포니아 대학에서 공동연구를 통해 말의 전체 게놈 시퀀스를 밝혀냈다.

이런 게놈 시퀀스 연구에 의한 정보로 특정 형질에 대한 유전자를 식별할 수 있으며, 말에 대한 높은 품질의 개량 번식을 이룰 수 있는 가능성을 제시하는 중요한 연구가 되었다. 말에 대한 모든 유전자 분석을 통해서 뛰어난 종을 만들어내는 것은 물론 인간과 유사한 질병을 가지는 경우를 본다면 인간의 질병 또한 치료하고 이해하기 위한 중요한 연구결과이다. 또한 높은 품질의 말을 게놈 시퀀스 분석으로 인해 다양한 특성을 적용할 수 있는 특정 유전자 시퀀스를 세계 각국에 제공하면서 그런 연구를 통해 말의 유전자, 신경 상태의 원인 식별에 초점을 맞춘 정보를 사용할 경우 다양한 연구 성과를 이룰 수 있을 것이라 기대된다. 이처럼 말에 대한 게놈 시퀀스가 밝혀지게 되면 말에 대한 유전자의 분석을 통해 뛰어난 말의 성능을 갖춘 새로운 종마의 탄생을 기대할 수 있고, 결과적으로는 경마, 승마

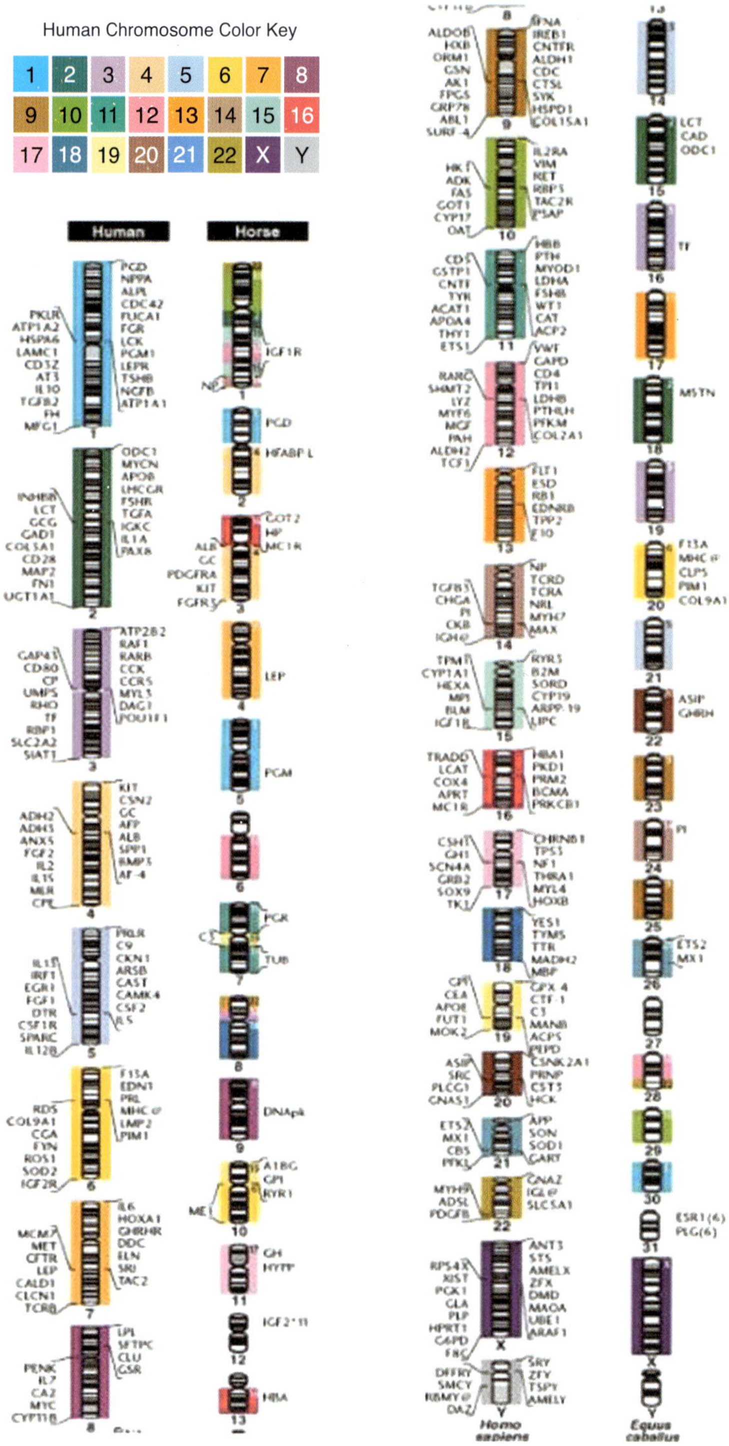

그림 7-18 말의 게놈지도

산업에 대한 혁신적인 발전이 될 것이라 생각된다. 또한 인간의 질병과 건강에 대한 연구에 많은 도움이 될 것이라 생각된다. 말에 대한 연구를 통해 단지 말 산업에 대한 비약적 발전이 아닌 인간의 생명과도 관련된 연구 성과를 기대할 수 있다(그림 7-18).

7) 돼지의 유전자지도

돼지는 인류의 주요한 식량자원으로써 경제형질과 유전현상을 파악하여 이용하는 것이 가장 큰 목표이다. 돼지는 산자수가 많고(평균 10두 이상), 세대간격이 짧아 유전자지도 작성을 위한 집단조성이 용이하다.

돼지의 게놈 크기는 사람과 비슷한 약 3,000Moran(M)이며, 0.2cM 간격의 유전자지도 작성을 목표로 수행되고 있다. 즉 약 15,000개의 유전적 마커가 필요한 것이다. 특히 경제적 형질, 즉 산자수, 등지방 두께 등과 같이 양적형질에 의해 영향을 받는 형질의 경우에는 MAS을 이용한 선발에 의해 개량이 가능하며, 특히 사람과 돼지의 유전자지도 비교에 의한 사람의 질병에 대한 모델동물로서의 활용도 가능하다. 예를 들어 PSS(Porcine Stress Susceptibility)는 사람의 악성고체온증에 대한 모델동물로의 한 예이다. 1990년 유럽에서는 20여개 실험실에서 공동으로 돼지의 유전자지도 작성을 위한 공동연구를 시작하였다. 유

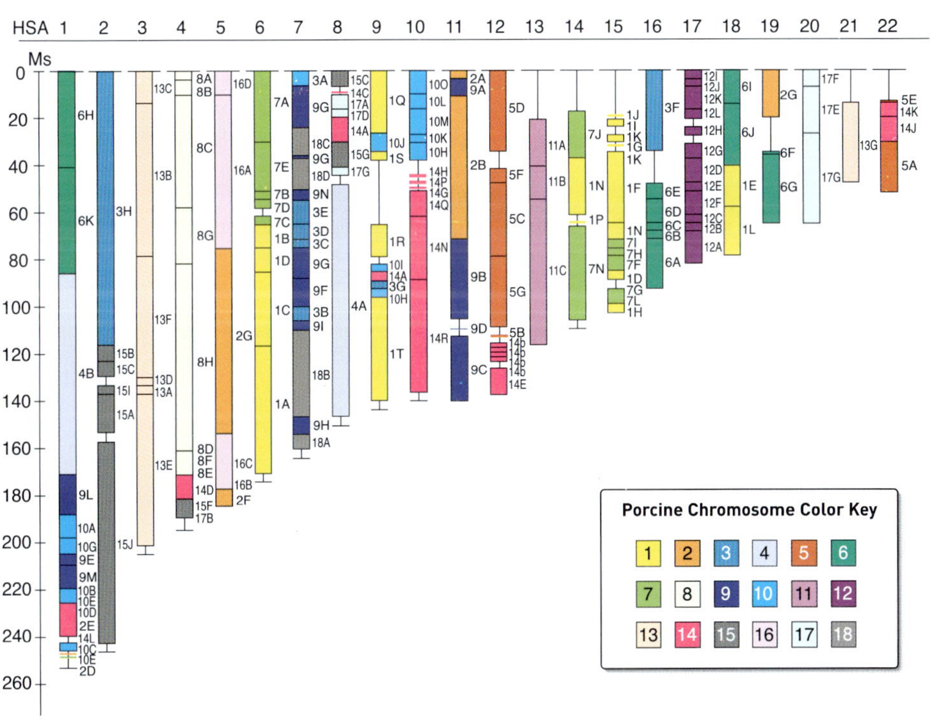

그림 7-19 돼지의 게놈지도

럽의 유전자지도 작성을 위한 축군으로는 상업용인 Large White종이나 Pietrain과 중국의 Meishan종 또는 유럽의 Wild Boar와 교잡하여 F_1을 생산하여 이들 간의 교배를 통해 F_2 축군을 조성하여 이용하고 있으며, 미국 농무성의 경우는 상업용 축군을 중국의 재래종과 Duroc에 퇴교배하여 이용하고 있다. 가장 이상적인 유전적 마커는 다형현상을 보이며(대립 유전자가 많으면 많을수록 좋다), 공우성(codominant)이고, 쉽게 기록이 가능하여야 한다. 돼지의 경우 DNA 염기서열의 차이에 의한 유전자 변이 검출에는 RFLP와 minisatellite, microsatellite 같은 VNTR 좌위의 변이 등을 이용한 방법이 주로 사용되고 있다.

돼지의 유전자지도 작성현황을 보면 2001년 2,100여개의 좌위(loci)가 밝혀졌으며, 이 중 670여 개가 유전자로 지정되었다. 또한 총 4,700여 개의 표지인자가 지도상에 표기되었는데, 이 중 3,600여개는 연관지도에 의해, 그리고 1,000여 개는 물리적 지도에 의해 위치가 결정되었다(그림 7-19).

8) 닭의 유전자지도

닭은 게놈 크기가 1.2×109bp 정도 되며, 가축 중에서 처음으로 유전자지도 작성이 시

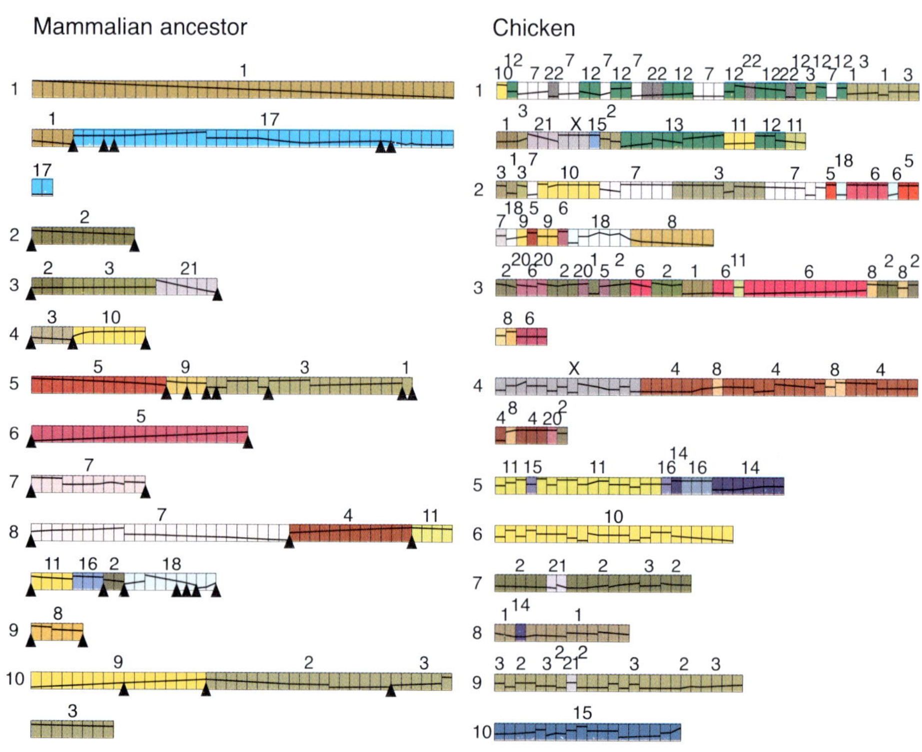

그림 7-20 닭의 게놈지도

표 7-4 주요 축종별 유전자 좌위(*loci*) 수 및 다른 유형의 분석방법에 의해 밝혀진 마커의 수

	Cow	Pig	Chicken	Sheep	Deer
좌위(*Loci*)	**2,613**	**2,406**	**2,387**	**1,494**	**231**
명명된 유전자(designated gene)	661	864	640	370	164
Experiments	**5,835**	**3,579**	**2,385**	**2,922**	**416**
SINE-PCR	48	19	47	3	–
ISH	561	522	287	259	–
Hybrid panel	–	29	–	–	
RFLP	–	258	255	250	135
RAPD	–	4	88	3	–
PCR-RFLP	4	166	17	17	2
SSCP	18	65	55	15	–
Microsatellite	1,219	1,388	1,277	1,741	117
VNTR	–	19	30	–	–
Map assignments	**2,820**	**4,909**	**3,517**	**2,257**	**217**
연관(linkage)	2,209	3,687	3,236	1,413	217
세포유전학(cytogenetic)	611	1,222	281	844	0

자료 : ARKdb system(http://texas.arkdb.org) (2002년 2월)

도되었고(Hutt, 1936), 1991년부터 미국과 유럽을 중심으로 물리적 유전자지도 작성을 시작하였다(그림 7-20). 닭의 염색체는 39쌍이나 되고, 30개의 미세염색체(mic-rochromosome)를 포함하고 있기 때문에 물리적 지도 작성의 속도가 다른 가축에 비하여 느리다. 따라서 국제적으로 핵형의 표준화가 진행되고 있으나 microchromosome에 대한 표준화가 어려운 실정이다. 닭의 유전자지도상에 설정한 표지인자의 수는 2,000여개의 좌위(loci)가 밝혀졌으며, 이 중 640개가 유전자로서 표기되었다(표 7-4).

9) 개미 게놈지도

2010년 9월 개미의 게놈지도가 사상 처음으로 완성되었다. 미국 뉴욕대학 의과대학의 대니 레인버그 등 과학자들은 점프개미와 목수개미 등 두 종류 개미의 유전자지도를 완성했다. 두 종류의 개미는 전체 게놈 중 20%가 서로 달랐고, 인간 유전자와는 30%가 같았다. 점프개미는 인간의 1/10인 3억 3,000만 개의 염기쌍에 만 8,564개의 유전자를, 목수개미는 2억 4,000만 개의 염기쌍에 17,064개의 유전자를 각각 가지고 있는 것으로 밝혀졌다. 또 두 종류의 개미는 각각 DNA염기서열은 똑같았지만, 사회적 계급에 따라 후생유전학적 변화에 의해 다른 특성을 지니는 것으로 나타났다. 이러한 다양한 생물에서의 게놈분석은 신화석 메커니즘이나 환경의 변화 등을 추정할 수 있는 주요한 자료로서의 의미를 충

분히 가진다.

10) 기타 동물

현재 유전체 연구는 차세대시퀀싱기술(Next Generation Sequencing)의 발달에 의해 과거에 비해 빠르고 정확한 분석이 가능해졌다. 다양한 동식물들의 유전체가 지금도 밝혀지고 있다. 2011년에는 중국에서 1,000종의 동식물의 유전체 분석을 진행하며, 미국도 이런 세계적 추세에 맞춰 다양한 동식물의 유전체 분석을 진행하고 있다. 또한 새로운 바이오산업의 메카로 주목받고 있는 우리나라 또한 유전체 분석이 붐을 일으키고 있는 실정이다.

2. 유전자지도의 응용

1) "유전자지도"를 알면 질병이 보인다.

유전자지도 완성에 집중하는 이유는 사람의 유전정보를 질병치료에 응용하기 위해서다. 유전자는 인간 유전정보의 총집합이다. 사람의 성격과 생김새 등을 결정할 뿐 아니라 질병 등 생명현상 전반에 관여한다. 과학자들은 개개인에 따른 유전자 변이가 당뇨병이나 암, 천식 등 수천가지 질병과 관련되어 있을 것으로 추정하고 있다.

이런 변이가 어떤 방식으로 질병을 일으키는지, 또 질병과 관련이 있는 특정 유전자를 막거나 예방하는 방법이 무엇인지에 대해서는 아직 연구가 진행 중이다. 다만 현대 의학은 개인별 유전적 차이와 특정 질병과의 관련성을 파악해 치료나 진단에 일부 응용하고 있는 수준이다. 국내 대학병원 등에서 유전자 검사를 통해 다른 사람들에 비해 특정한 약이 덜 듣는 환자를 가려내거나, 특정 유전자가 있으면 암이 전이될 가능성이 높은 것으로 보고 치료하는 경우 등이 이에 속한다.

2) 삶의 질 향상 및 식량난 해결

동물뿐만이 아니라 농작 식물에서의 유전정보 분석은 향후 개체의 개량 및 번식, 수확량의 향상에 기여하는 초석이 된다. 즉 한정된 자원에서 가장 효율적인 사육 및 경작을 가능하게 해준다. 병에 강한 가축이나 식물을 만드는 것이 쉽게 이해할 수 있는 좋은 예가 될 것이다. 또한 인간의 삶이 풍요로워지면서 좀 더 양질의 음식을 섭취하려는 경향성이 강화되었다. 이러한 것이 가능하기 위해서는 무엇보다도 그 개체의 유전적 정보가 바탕이 되어야 하며, 지속적인 종 보전과 연구가 절실히 필요하다. 이에 중국과 미국을 포함한 여러 국가에서 가축 및 농작물에 대한 정보 분석이 본격화 되고 있는 실정이다.

7-5 기능 유전체와 바이오칩

1. 기능 유전체학(Functional Genomics)

2001년 2월 인류의 과학 · 의학사에 기념비가 될 인간 유전정보의 총체인 인간 유전자지도가 완료되었다. 인간 게놈연구 국제컨소시엄인 인간 게놈프로젝트(HGP)와 미국 생명공학벤처 셀레라 제노믹스(Celera Genomics)는 인간 게놈지도 완성을 공식 발표하고, 연구결과를 공개했다. 이러한 인간 게놈프로젝트 조기완료 이후, 즉 포스트 게놈(post genome) 시대는 연구의 중심이 유전자의 기능성 규명과 유전자 발현에 대한 연구로 옮겨 갔다. 성장기와 노년기, 건강할 때와 질병에 실제로 수많은 유전정보가 어떻게 작동되는 지를 규명해야 하는 엄청난 과제를 부각시켰다. 따라서 2000년대 들어서는 유전자 구조연구를 바탕으로 유전자의 기능을 규명하는 기능 유전체학(functional genomics)과 개인간 유전자정보 비교를 통해 생체내 기능 차이를 규명하는 비교 유전체학(comparative genomics)에 대한 연구가 주류를 이루게 되었다.

기능 유전체학이란 유전자와 유전자 산물의 기능에 관한 연구를 하는 학문 분야이다. 얻어진 단백질들의 기능을 부여하는 작업이라 할 수 있는데, 임의적으로 전체 cDNA를 분리하여 염기서열을 결정하거나, 중요한 유전자의 발굴을 위하여 기능이 잘못된 동물로부터 관련 유전자를 분리할 수 있다. 유전자의 기능을 알아내는 방법으로는 생물학적 접근법과 생화학적 접근법이 있다. 생물학적 접근법은 실험실에서 사용되는 모델 동물로부터 특정 유전자를 제거하여 생리작용이 변화하는 상태를 관찰하는 방법이다. 이 방법은 어떤 유전자가 질병의 원인인지를 알아낼 때 주로 사용한다. 생화학적인 접근법은 이미 알고 있는 유전정보로부터 어떤 단백질이 만들어지는지를 추적하고, 그 구조와 기능을 밝혀내는 방법이다. 이 두 가지 방법의 공통점은 유전자 발굴과 유전자의 발현 양상을 조사하는 것이다. 유전자 발굴의 목표는 정상조직과 암조직, 성인과 발달과정에 있는 뇌의 여러 부위에서 발현하는 모든 유전자의 목록을 만드는 것이다. 그 다음으로 유전자의 발현 양상을 결정하고 발생 · 전이 및 다른 병리 상태에서의 유전자 발현 윤곽의 변화를 추적한다. 이들 분류는 질병의 예후를 예측하거나 치료방법을 선택하는 데 유익한 정보를 제공한다.

비교 유전체학은 인간의 표준 유전체학을 바탕으로 마우스, 소, 돼지, 닭 등 동물들의 유전자를 찾거나 기능을 분석하는 것으로 현재 다양한 동식물 군에서 활발히 진행되고 있는 분야이다. 실제로 사람의 유전병 원인유전자 289개 중 177개가 초파리에서도 발견되고 있다는 사실은 새로운 유전자의 발견이나 기능의 규명은 다양한 생물의 게놈정보와 비교

분석함으로써 가능하다는 것을 강력히 시사하고 있다.

2. 바이오칩(Microarray)

21세기에는 농업혁명, 산업혁명, 정보혁명의 시대를 거쳐 바이오 혁신시대가 도래 했다고 한다. 바이오테크 혁명은 인간을 비롯한 생물체의 게놈분석을 바탕으로 생명체의 설계도라 할 수 있는 DNA 염기서열이 밝혀짐에 따라서 유전자와 관련된 질병을 극복할 수 있고, 생명유지에 보다 유리한 유전자의 복제가 가능해졌다.

바이오테크 혁명을 이끌기 위한 기반 기술로는 유전자 분리 및 재조합 기술, 유전자 이식 기술, 게놈데이터베이스 구축기술, 생물 정보학 기술 등 바이오 인포매틱스와 바이오 MEMS, 마이크로 플루이딕스 기술 등 다양한 기술이 요구되고 있으며, 바이오칩(Biochip) 기술도 이에 유용하게 사용될 수 있는 신기술로서 기대를 모으고 있다.

기능 유전체학에서 가장 많이 응용되고 있는 연구 방법론은 바이오칩을 이용한 유전자 발현 연구이다. 즉 미지의 유전자를 포함한 수많은 유전자의 활성도(mRNA expression level)를 동시에 측정하여 특정 조건 전후의 발현 상태를 비교하거나, 서로 다른 조직 혹은 이웃한 조직에서의 발현 프로파일의 비교, 다른 종에서 관련 유전자의 발현 비교 및 시계열 발현 프로파일을 분석하는 등 다양한 방법에 의해서 유전자 정보를 대량 처리하여 새로운 지식을 찾아내는 것이다.

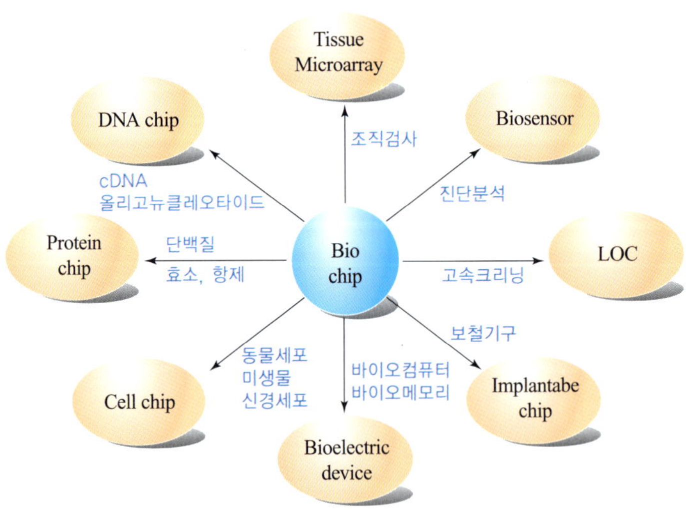

그림 7-21 바이오칩의 종류와 응용분야

바이오칩은 생물에서 유래된 효소, 단백질, 항체, DNA, 미생물, 동식물 세포 및 기관, 그리고 신경세포 등과 같은 생체 유기물과 반도체 같은 무기물을 조합하여 기존의 반도체 칩 형태로 만든 혼성소자(hybrid device)이며, 사용 용도나 응용분야에 따라 정의가 달라질 수 있지만 기본적으로 생체분자의 고유한 기능을 이용하고 생체의 기능을 모방한 인위적인 소자이다. 따라서 전기적 신호처리가 가능하거나 전기적 신호를 유발할 수 있는 장치의 개념을 가지고 있다. 바이오칩을 이용하여 생명현상의 규명, 신약 스크리닝, 질병의 조기진단 등에 적극 활용할 수 있다. 좁은 의미에서 바이오칩은 유전자 분석의 첨단기술로 인정되고 있는 DNA 마이크로어레이(microarray) 기술을 의미한다. 반면 넓은 의미로는 생체물질과 기존의 물리, 화학 및 광학적 신호변환기를 조합한 바이오센서, DNA 탐침이 내장된 DNA 마이크로어레이, 효소나 항체/항원 등과 같은 단백질이 사용된 단백질 칩(protein chip), 동물과 식물 세포를 이용한 셀 칩(cell chip)과 생체삽입용 칩, 그리고 시료의 전처리, 생화학 반응, 검출 및 자료해석 기능까지 소형 집적화 되어 자동 분석기능을 갖는 랩온어칩(Lab-On-a-Chip) 등으로 분류되는 생명공학과 전자공학간의 경계에서 전개되는 Bioelectronics의 연구 산물로 정의될 수 있다.

(1) 바이오칩의 중요성

바이오칩은 포스트게놈 시대에 생명공학 분야의 가장 근간이 되는 기술로서 방대한 양의 생물정보를 해석하는 생명공학 연구 툴(tool) 뿐만 아니라 초고속 신약 스크리닝, 질병진단 등에 반드시 필요한 기술이며, 일부 기술들을 제외하고, 기존 기술의 모방 과정을 거치

표 7-5 Bio-chip의 종류

단백질 가계	중복 유전자 수
DNA chip	DNA probe가 내장된 칩
Protein chip	효소나 항체/항원 등과 같은 단백질을 사용한 칩
Cell chip	동물/식물 세포를 이용한 세포 칩
Neuro chip	신경세포를 직접 사용한 칩
생체 삽입용 칩	생체에 삽입하여 생물정보를 얻는 센서
바이오 센서	생체물질과 기존의 물리, 화학, 광학적 신호변환기(Transducer)를 조합한 센서
Lab-on-a-chip	시료의 전처리, 생화학반응, 감출, 자료해석기능을 소형 집접화한 자동 분석기능을 가지는 칩

지 않는 새로운 접근방식이 가능하므로 초기 과감한 투자에 의해서 기술적 우위를 선점할 수 있는 장점이 있다.

(2) 바이오칩의 분류

1) DNA chip

DNA chip은 휴먼게놈프로젝트 연구의 달성 및 유전정보와 그 기능을 규명하는 functional genomics에 필수적인 기술로 인식되고 있다. 자동화가 용이하고 대량선별과 수많은 유전정보의 해석을 단시간 내에 수행할 수 있다는 장점 때문에 DNA 염기서열 분석, 유전자지도 작성, 유전자 발견과 같은 유전학 연구와 감염성 질병진단 분야에서 기존의 생물학적 또는 임상용 분석기술을 대체할 신기술로서 의료진단, 예방의학, 신약개발, 유전자 치료법 개발 등에 기여할 수 있다. 이밖에 동식물 검사, 식품 안전성 검사, 항생제 내성 검사, 병리학, 개인의 약물감수성 검사, 독성학, DNA 고고학, 법의학 분야 등에 응용이 기대되고 있다. DNA칩은 전체 바이오칩 시장에서 압도적으로 큰 규모를 차지하고 있으며 현재로서는 가장 성공적인 기술 분야이다.

DNA칩은 두 가지 다른 방식으로 생산되는데 Affymetrix에서 개발한 Photolithography와 다른 생산업체들이 채용하고 있는 Glass arrays 방식이 그것이다. Glass array 방식은 cDNA나 DNA 올리고머를 사용하는데 비해 Photolithography 방식은 오직 하나의 DNA bases를 사용하기 때문에 생산원가측면에서 매우 유리한 위치를 차지하고 있다. Glass arrays 기술을 사용한 DNA칩의 경우 올리고머나 cDNA를 사용하며, 이에 대하여 현재 시장 점유율을 비교해보면 현재에는 cDNA가 압도적인 우위를 차지하고 있지만 향후에는 올리고머가 보다 높은 성장성을 보일 것으로 예측된다.

DNA chip은 제작하는 방법에 따라, 크게 4가지로 나눌 수 있다(표 7-6).

이러한 DNA chip에 대한 연구는 Affimetrix, GeneLogic, Hyseq, Nanogen, ProtoGene 등 미국내 벤처기업을 중심으로 유전체연구와 함께 감염성 질병 진단 및 암 진단용으로 개발하기 위한 연구가 활발히 진행되고 있으며 관련시장이 급속히 증가하고 있다. DNA 시료준비와 관련된 mRNA추출, cDNA 합성, 어떤 DNA probe를 이용할 것인가에 관한 chip 설계, photolithography, ink jet printing, spotting 등과 같은 제조방법의 개선, hybridization을 고감도, 고신뢰성으로 검출해 내는 새로운 분석법 및 측정법 개발, 그리고 DNA chip으로부터 얻어진 막대한 양의 데이터를 처리해 주는 소프트웨어 개발 등에 있어 이미 수많은 관련 기업들이 치열한 경쟁을 하고 있다. 현재의 DNA chip 제작기술은 고밀도의 DNA array를 값싸게 제작하는 방법, hybridization 반응의 최적화와 검출방법, 패턴 비교 방법 등에 있어서 아직 개선해야 할 문제점이 많이 있다.

표 7-6 DNA chip 제작기술 비교

DNA cip 제작기술	특 징	칩 종류	DNA cip 제작회사
Photolithography	Photolithography를 이용한 oligonucleotide직접합성	Oligonucleotide	Affymetrix
Pin microarray	Pin을 이용한 micro dotting (surface contact)	cDNA & oligonucleotide	Hyseq Incyte
Inkjet	Inkjet 원리를 이용한 micro dropping	cDNA & oligonucleotide	Incyte
Electronic array	전기를 이용한 oligonucleotide addressing	Oligonucleotide	Clinical Micro Sensors Nanogen

자료 : 황(1999), 한국생명공학연구원-바이오진

가. DNA chip의 종류

① Photolithography (그림 7-22)

② Pin microarray (그림 7-23)

③ Ink-jet microarray (그림 7-24)

④ Electronic array (그림 7-25)

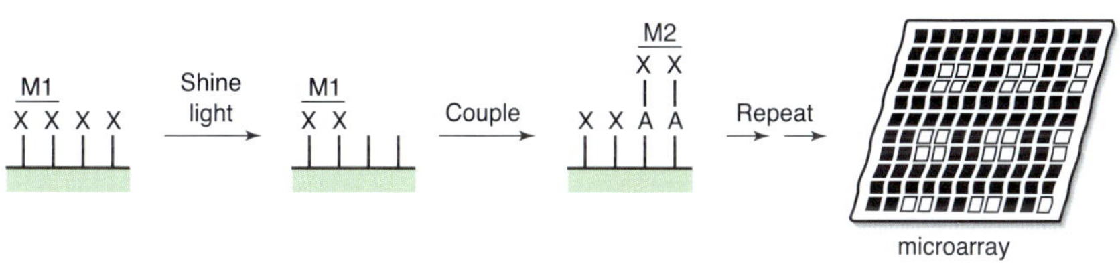

그림 7-22 Photolithography의 원리

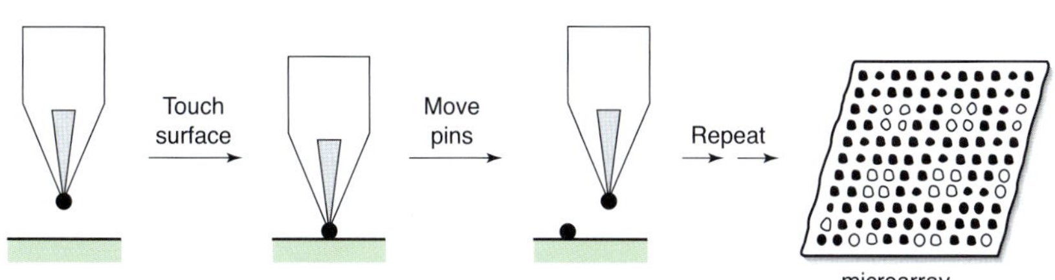

그림 7-23 Pin microarray의 원리

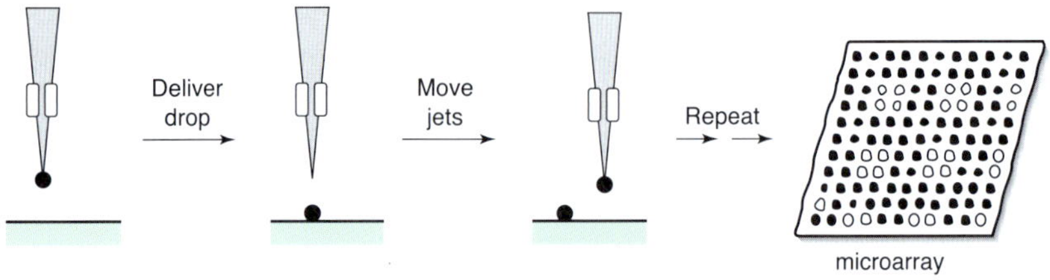

그림 7-24 Ink-jet microarray의 원리

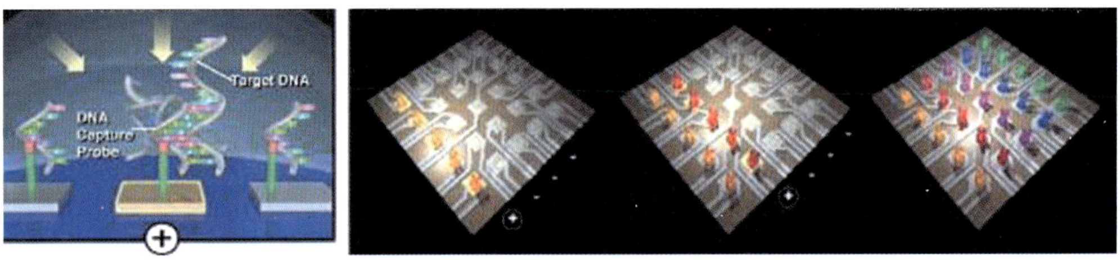

그림 7-25 Electronic array의 원리

나. 활용분야

유전자 발현을 검색하는 데에는 cDNA chip이나 oligonucleotide chip이 기존의 방법들보다도 모두 뛰어나다. 즉 한 번에 많은 수의 유전자들의 검색이 가능하다는 것이다. 인간을 비롯한 모든 동·식물체의 모든 세포는 똑같은 유전정보를 가지고 있지만, 발생단계에서 자신의 결정된 역할들에 의하여 특정 유전자들만 발현함으로써 다른 세포들과 구별되어진다. 만약에 이들 유전자에 돌연변이가 생기거나 변화가 일어나면 질병이 발생하게 되는데, DNA chip을 이용하면 게놈 차원에서 이러한 유전자 기능과 변화를 알아내는 것이 가능하다. 따라서 이러한 지식은 신약개발이나 유전자 치료 등에도 많은 기여를 할 것이다. 표 7-7은 이들 DNA chip의 사용분야를 간단히 요약한 내용이다.

인류의 건강을 위해서는 인간 유전자 기능 검색뿐만 아니라 많은 인간 질병의 원인이 되고 있는 미생물들의 동정을 검색하는 것도 아주 중요하다. 이미 많은 질병관련 미생물들의 게놈이 밝혀져 있으며 앞으로도 계속해서 밝혀질 것이다. 이렇게 밝혀진 염기서열을 통한 연구는 계속될 것이고, 연구 진행의 결과로 미생물의 유전자 검색 또한 손쉽게 이루어질 수 있을 것이다. 또한 이러한 DNA chip은 병원뿐만 아니라 동·식물 및 식품 검역소, 환경오염 등에도 쓰여 질 수 있다. 사람의 ID, 친자확인, 장기이식 가능조직의 검사 등에도 DNA chip은 널리 쓰이게 될 것이다. DNA칩은 유전병, 돌연변이, 암과 같은 질병을 확인할 때는 물론, 사람의 신원이나 친자 확인에도 유용하게 쓰인다. 또한 가축육종에서 선발과 열성유전자의 제거, 종축의 유전질병진단 등에 유용하게 쓰일 수 있다. DNA칩이 각광받는 이유는 빠른 시간 내에 유전정보를 확인하는 데 있다. 정상적인 유전자 정보를 가진 DNA칩에다 샘플(혈액이든 세포든 무엇이나 가능)을 넣기만 하면 컴퓨터가 순식간에 그 차이를 밝혀주기 때문이다. 이들 기술이 DNA chip에 사용 가능한 이유는 모든 사람이나 동물들이 각자 조금씩 다른 DNA 구조를 가지고 있기 때문이다.

표 7-7 DNA chip 활용분야

cDNA chip 활용 가능 분야	Oligonucleotide chip 활용 가능 분야
인체 유전자 기능분석 연구	암 관련 유전자 돌연변이 검색진단
산업용 유전자 재조합 동식물 및 미생물 연구	유전병 관련 유전자 돌연변이 검색진단
실험용 동식물 모델 연구	약제내성 검색진단
암 및 질병 관련 유전자 진단	DNA 염기서열 분석
유전자 치료	유전자 변이 가계도 작성
임상 병리학	장기이식 가능 조직검사
동식물 검역	병원성 미생물 동정
환경변화에 따른 생태학 연구	법의학(용의자확인, 친자확인 등)
식품 안전성 검사	DNA 고고학
신약개발	동물육종시 열성유전자 제거
종축생산을 위한 선발연구	동물유전질병의 진단

자료 : 황(1999), 한국생명공학연구원-바이오진

다. cDNA chip과 oligonucleotide chip의 응용가능 분야

① **염기서열 해석** : 염기서열 레벨에서의 DNA를 조사하는 것이라고 할 수 있다. 예를 들어 oligos는 알려진 모든 염기의 배열을 chip위에 배열하고 있으므로 알려지지 않은 타겟 유전자의 서열 결손 및 변화를 빠른 시간 내에 스크린 할 수 있다.

Sapolsky 등은 STS(sequence-tagged site) marker의 chip으로 cosmid clone의 mapping을 실시하였고, 최근 Wang 등은 2.3Mb에 이르는 human genome DNA의 SNP(single nucleotide polymorphism; 1염기 다형)를 조사하여 3,241개의 SNP 후보를 동정하고, 이 중 2,227개의 SNP 유전자지도를 작성하였으며, Drmanac 등은 SBH에 의해 p53의 exon 5~8(약 1kb)의 염기서열을 12검체에 대하여 정확하게 결정하였다. 염기서열의 해석을 통해 유전자간의 연관성(linkage analysis)을 알아볼 수 있다.

② 돌연변이 및 다형의 검출 : 염기서열만 틀려도 결합하지 않는 성질을 이용하여, 한 염기에 생긴 point mutation까지도 찾아낼 수 있다. Affymmetrix회사는 암관련 유전자인 p52과 BRCA1을 가진 chip, aids의 원인인 HIV의 종류도 알 수 있는 chip, 그리고 SNP(single nucleotide polymorphism) 측정용 chip 등을 생산하고 있다.

③ 유전자 발현의 해석 : DeRisi 등은 효모의 전 유전자를 함유하는 chip을 다시 제작하여 알코올 발효 전후의 전 유전자의 발현 변화를 경시적으로 측정하였다. Argonne 국립연구소의 그룹은 유아의 brain cDNA library로부터 약 73,000개의 filter array를 제작하여 200~320종의 32P표식 oligonucleotide probe를 이용하여 약 20,000개의 유전자를 동정하고, 그 발현 수준을 그룹으로 구분하였다.

④ 질병의 진단 : Heller 등(1997)은 염증관련 유전자와 말초혈 림파구의 유전자 chip을 이용하여 환자조직과 cell line화 세포에서의 유전자 발현을 조사하여 그 유용성을 확인하였다. 밝혀진 유전자 질환이나 관련성이 있는 질환 혹은 조직 특이성 발현을 검색하여 볼 수 있다(그림 7-26).

⑤ 질환의 예방 및 신약개발 : 유전자의 기능이나 발현 연구가 질환의 예방과 진단 및 의약품 개발 등의 새로운 길을 여는 데 기여할 수 있다.

⑥ 효능 및 독성 검사 : 질병관련 유전자의 스크리닝과 함께 약제 독성, 선택성(특이성), 약

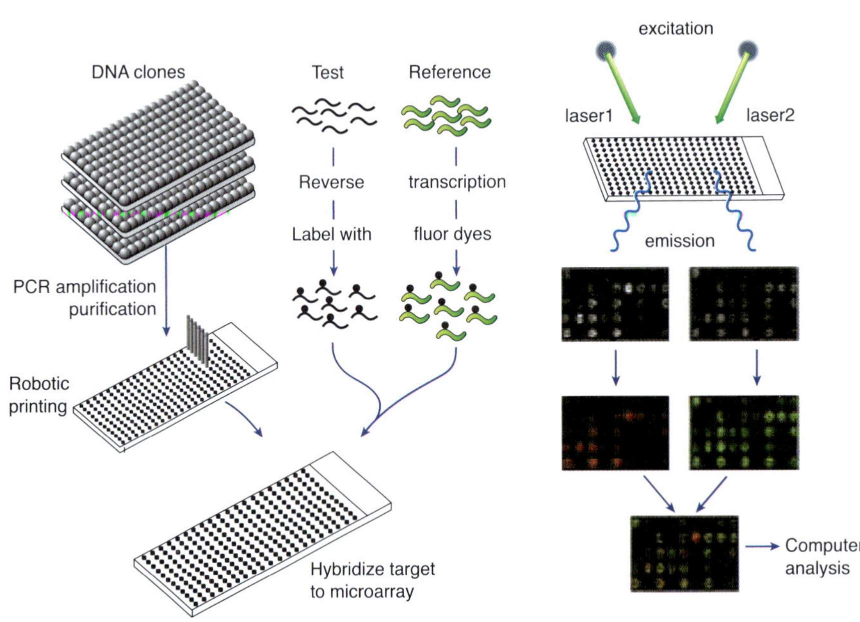

그림 7-26 결핵진단용 DNA칩의 국내 개발

제 감수성, 약효 등의 연구에 이용할 수 있다.

⑦ 법의학적 활용 : 범인의 검출 및 친자 확인에 DNA chip을 이용하여 신속하게 확인할 수 있다(그림 7-27).

⑧ DNA 고고학 : 유전자 서열의 유사성을 통하여 유전자 계보를 세울 수 있다.

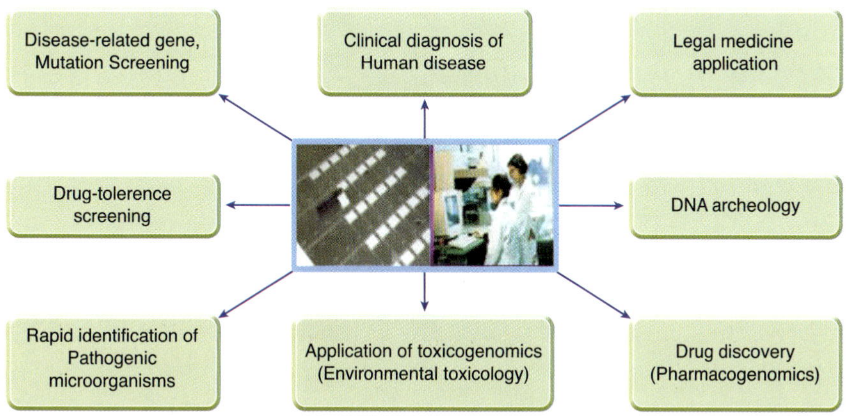

그림 7-27 DNA chip의 응용분야 요약

2) Protein chip

Protein chip은 특정 단백질과 반응할 수 있는 항체, 리셉터, 리간드, 핵산, 탄수화물 등의 관련 생화학 물질을 단일 chip 상에 고밀도로 고정화시킨 형태로서(그림 7-28), 단백질의 분리, 확인, 정량 및 기능 해석에 이르는 일련의 단백질 분석 작업을 chip 상에서 수행할 수 있다. 고도의 선택성과 대량 스크리닝의 장점이 있기 때문에 기존의 생명공학산업 뿐만 아니라 질병의 원인규명을 유전자 수준에서 단백질 수준까지 확대 규명하는 proteomics 연구분야에 널리 활용된다.

Genomics가 특정 유전자와 병과의 관계를 규명할 수 있는 반면, 모든 병은 유전자 수준에서 뿐만 아니라 단백질 수준에서 규명될 필요가 있다. 단백질칩은 보다 넓은 분야로서 단백질어레이(Protein array)에 속하며 단백질칩 이외에도 세부적으로는 항체, 펩타이드, Solution bead/particle array 등의 분야가 있다. 그러나 현재 단백질칩이 전체 단백질어레이 시장의 대부분을 차지하고 있는 실정이며, 2010년에는 3억 달러 규모로 그 점유율은 90%까지 높아질 것으로 예측된다.

단백질 칩은 DNA 칩에 비해 다양한 응용분야를 가지고 있는데, 단백질 칩이 가지고 있

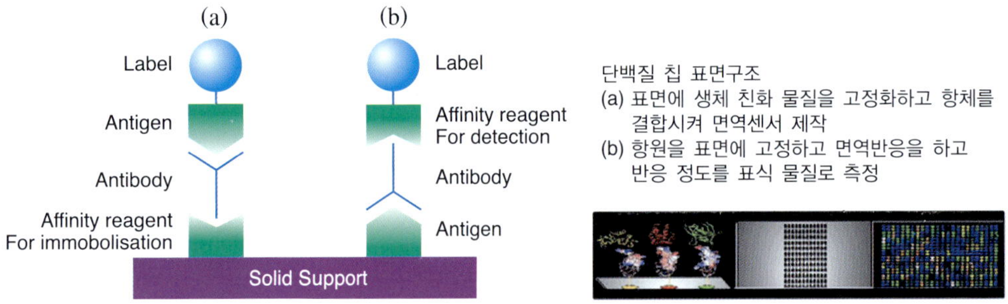

그림 7-28 단백질 칩의 원리

는 진단분석(screening), 정량분석(Quantification), 단백질 상호작용 분석(Kinetic Measurement), 질량분석(Mass Spectrometric Analysis) 등 4가지의 특성에 응용의 기초를 두고 있다. 특징은 다음과 같은 분석분야에 이용될 수 있다.

① 단백질 상호작용 분석 : 단백질은 그 특성상 또 다른 단백질과 상호작용을 통해 기능을 수행하는데, 단백질 칩은 단백질 상호작용을 분석하는데 가장 적합한 방법 중 하나이다.

② 단백질의 순수분리 : 센서칩에 항체나 단백질을 부착시킨 후 조직이나 세포에서 분리한 단백질 추출물에서 원하는 단백질을 순수분리하는 방법이다. 순수한 단백질이 칩에 결합한 경우 Trypsin 등을 이용한 'On-chip Digestion' 방법으로 단백질을 가수분해한 후 Peptide Mapping을 할 수 있다.

③ Protein Profiling : 단백질 칩의 질량분석 기능을 이용하면 단백질 혼합물을 각 단백질의 질량에 따라 분석할 수 있다. 이러한 단백질 칩의 특징은 세포나 조직의 단백질 발현분석, 질병의 바이오마커 발굴, 신약개발 등 다양하게 이용될 수 있다. 최근 직장암, 방광암, 치매 등의 바이오마커나 질병진행과정 연구에 단백질 칩이 이용될 수 있는 가능성이 제시된 바 있다.

④ 단백질 특성분석 : 단백질 칩은 Peptide Mapping, Epitope Mapping 뿐만 아니라 단백질 기능의 조절과정에서 발생하는 인산화(phosphorylation), 당쇄화(Glycosylation) 등도 분석할 수 있다. 단백질 칩을 이용한 것 중에 알레르기 검사용 단백질 칩이 있는데, 알레르기 단백질 칩은 MAS나 AllergyScreen과 같이 동시에 여러 항목을 분석할 수 있는 특징을 가지고 있으며, 동시에 측정 가능한 항목의 수는 MAS나 AllergyScreen과는 비교할 수 없을 정도로 크다.

3) Cell chip

DNA chip과 Protein chip이 각각 genomics와 proteomics를 위한 기본적인 도구라 한다면 Cell chip은 살아있는 세포의 실시간 반응을 통해 기존의 방법으로는 측정 못하는 세포에 의한 복합적인 생리신호를 검출할 수 있는 장점이 있다. 즉 세포수준에서 생리활성물질을 스크리닝 할 수 있게 해 준다. LAPS를 이용한 Microphysiometer 시스템과 임피던스계측 방식의 ECIS 시스템 등이 상용화된 예이다.

4) Neuron chip

Neuron chip은 살아있는 신경세포의 신경망구조를 이차원 기판에 형성시킨 전극 위에 재현한 chip이다. 시냅스간의 상호작용에 따른 독특성과 신경 세포간의 상호 정보교환을 이해하여 생체 내의 정보처리와 뇌의 기능을 연구하기 위한 수단이 될 수 있으며, 궁극적으로는 기술이 확장되어 뇌신경계와의 인터페이스 개발, 신경전자소자 등 인공적인 정보처리 소자의 개발을 촉진하고, 인공뇌 연구의 기반이 되기 때문에 의료 산업 및 정보전자 산업에 큰 영향을 줄 전망이다.

5) 바이오센서

바이오센서는 생체물질만이 갖는 분자간의 선택적인 반응성을 이용하여 다양한 생리활성 물질의 농도를 신속하게 정량할 수 있는 센서이며, 생체물질과 기존의 물리, 화학, 광학적 신호변환기를 조합한 형태로서 각종 생화학반응으로부터 전기적 신호를 유발하기 위해 바이오칩 기술이 가장 먼저 응용된 분야이다. 이미 혈당 측정기, 혈액이온성분 분석기, 생체시료 연구용기 등과 같이 의료 및 환경산업 분야에 사용될 수 있는 휴대용 측정기와 연구 목적의 자동화 분석기기 형태로 관련 시장이 급속히 확장되고 있으며, 점차 임상 및 의료용 진단과 식품 위생, 농업, 환경산업 분야 등에 걸쳐 광범위한 응용이 기대되고 있다.

바이오센서 시장의 대부분이 의료용에 국한된 실정이므로 현재로서는 유전자 분석, 혈액성분 분석, 기타 병원균, 마약성분 등을 고감도로 신속하게 정량할 수 있는 분야에 연구개발 노력이 집중되고 있다.

6) 랩온어칩(Lab-On-a-Chip)

각기 다른 화학반응을 하나의 칩에서 볼 수 있다는 특징을 가진다(그림 7-29). 연구는 주로 미국과 유럽에서 이루어지고 있고, 아시아권에서는 소형화에 강한 일본에서 조차도 이 분야에 대한 연구가 활성화되어 있지 않은 실정이다. 또한 Aclara Bioscience와 같이 랩온어칩에 독창적인 기술을 바탕으로 설립된 회사가 최근 랩온어칩 개발을 포기하는 사례는 현재의 랩온어칩 시장이 그다지 낙관적으로는 보이지 않는다는 점을 시사해준다. 그러나 향후 MEMS 기술과 같은 기반 기술의 발전과 프로테오믹스 분야에서의 응용 정도에 따라 랩온어칩 관련 시장의 성장에 많은 변화가 있을 가능성은 상존해 있다.

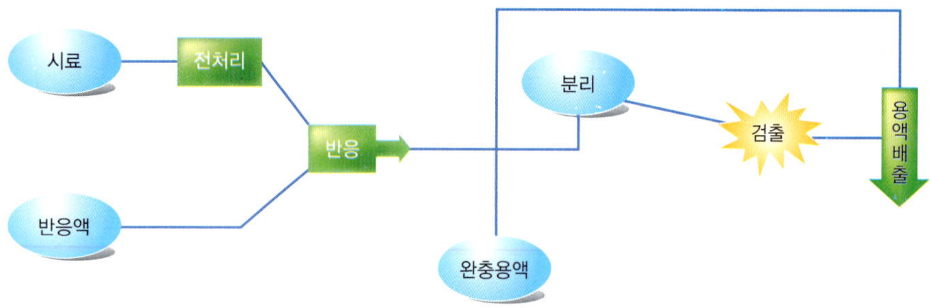

그림 7-29 Lab-on-a-Chip의 모식도

(3) 바이오칩의 응용 분야

바이오칩의 응용 분야는 크게 제약, 의료, 환경, 에너지, 식품, 농축수산, 정보, 전자, 엔터테인먼트 등 다양한 방면으로 나눠 볼 수 있다. 바이오칩은 제약, 의료 등의 헬스케어 분야에서 개발되기 시작하였는데, 헬스케어 분야는 바이오칩에 대한 수요가 다른 분야에 비해 비교적 많고 제품 개발도 많이 진전된 편이며, 전자 진단분석 기기 및 치료용 약물 로봇, 원격진료를 위한 모바일 의료기기 등에 대한 응용이 추진되고 있다. 장기적으로 바이오칩 기술을 통해 인공장기 개발도 가능할 것으로 기대되고 있다. 환경, 에너지 분야에서는 수질오염 감시, 오염물질이나 위험물의 검출 및 분석을 위한 바이오센서가 오래 전부터 개발되어 왔다. 식품의 안전성 검사, 동식물의 질병진단 등에도 바이오칩 기술이 활용되고 있으며 정보, 전자 분야에서는 개인식별 및 보안을 위한 생체 인식시스템, 가상현실 시스템 등의 응용 제품들이 있다.

요 약

1. 생명공학이란 생명현상을 바탕으로 유전공학 기법을 이용함으로써 생명체를 보다 효율적으로 활용하고자 하는 응용학문을 말하며, 유전자 재조합, 형질전환 동물 생산기술, 동물복제기술, 바이오칩과 DNA 백신 및 사람과 가축의 유전체 연구 등 다양한 생명현상을 다루는 첨단 과학이다.
2. 유전자 재조합이란 제한효소를 이용한 DNA 조작과 클로닝을 의미하며, 이러한 유전자 도입에 의한 형질전환 동물의 생산을 가능케 하였다. DNA상의 유전자의 구조와 단편의 염기서열의 차이를 이용한 DNA 다형현상의 이용은 집단 및 개체의 식별뿐만 아니라 경제형질과 연관된 표지마커로서의 사용이 가능하며, RFLP, SSCP, SNP, RAPD, microsatellite 등의 다형현상 관찰법이 이용되고 있다. 가축의 유전자지도는 사람 및 마우스에 비해 다소 작성이 늦었지만 게놈해석 기술의 발달로 거의 대부분 작성이 완료되었고, 현재 유전체의 구조 및 기능을 밝히는 데 연구를 집중하고 있다. 경제형질에 관련된 유전자와 표지마커를 개발하여, 우수한 품종 및 종축을 선발하는 강력한 도구로서의 사용 가능성을 타진하고 있다. 기능유전체학은 유전자와 유전자 산물의 기능연구, 즉 얻어진 단백질의 기능을 부여하는 작업을 말하며, 비교유전체학은 인간 등의 표준유전체학을 바탕으로 마우스, 가축 등의 유전자를 찾거나 기능을 분석하는 것이다. 또한 방대한 유전정보 중에서 필요한 유전자 검색을 위한 바이오칩은 수천 혹은 수만 개 이상의 DNA나 단백질 등을 단 시간 내에 분석할 수 있는 생물학적 마이크로 칩이다.

참고문헌

- Alice Park. 2009. The quest resumes. Time, Feb 9, p31~35.
- Amir S Khan, Angela M Bodles-Brakhop, Marta L Fiorotto, Ruxandra Draghia-Akli. 2010. Effects of maternal plasmid GHRH treatment on offspring growth. Vaccine 28 : 1905~1910.
- Bernard R Glick and Jack J Pasternak. 1994. Molecular Biotechnology, Principles and Applications of Recombinant DNA, 3rd Ed., ASM Press, Washington, D.C.
- Costas N Karatzas and Jeffrey D Turner. 1997. Toward altering milk composition by genetic manipulation: current status and challenges J Dairy Sci 80 : 2225~2232.
- Crooijmans RP, AJ van Kampen, JJ van der Poel, MA Groenen. 1993. Highly polymorphic microsatellite markers in poultry. Animal Genetics 24(6) : 441~443.
- Darnell J, H Lodish and D Baltimore. 1986. Molecular Cell Biology, Scientific American Books, Inc.
- Dean M, MB White, JA Amos, B Grrard, C Stewat, KT Khaw and M Leppert. 1990. Multiple mutation in highly conserved residues are found in mildly affected cystic fibrosis patients. Cell 61 : 863~870.
- Grosse WM, SM Kappes, WW Laegreid, JW Keele, CG Chitko-mcKown and MP Heaton. 1999. Single nucleotide polymorphism(SNP) discovery and linkage mapping of bovine cytokine genes. Mammalian Genome 10 : 1062~1069.
- Gurdon JB and DA Melton. 2008. Nuclear reprogramming in cells. Science 322 : 1811~1815.
- Heaton MP, CG Chitko-mcKown, WM Grosse, JW Keele, JE Ken. 2001. Interleukin-8 haplotype structure from nucleotide sequence variation in commercial populations of US beef cattle. Mammalian Genome 12 : 219~226.
- Heaton MP, WM Grosse, SM Kappes, JW Keele, CG Chitko-mcKown, LV Cundiff, A Braun, DP Little and WW Laegreid. 2001. Estimation of DNA sequence diversity in bovine cytokine genes. Mammalian Genome 12 : 32~37.
- Heaton MP, WW Laegreid, WW Beattie, TPL Smith and SM Kappes. 1999. Identification and genetic mapping of bovine chemokine genes expressed in epithelial cells. Mammalian Genome 10 : 128~133.
- Labrune P, D Melle, F Rey, M Berthelon, CC Aillaud, J Rey, A Munnich and S Lyonnet. 1991. Single-strand conformation polymorphism or detection of mutations and base substitutions in Phenylketonurea. American J of Human Genetics 48 : 1115~1120.

- Litt M, JA Luty. 1989. A hypervariable microsatellite revealed by in vitro amplification of a dinucleotide repeat within the cardiac muscle actin gene. American J of Human Genetics 44(3) : 397~403.
- Molly Fitzgerald-Hayes and Frieda Reichsman. 2009. DNA and Biotechnology, 3rd ed., Elsevier.
- Neibergs HL, AB Dietz and JE Womack. 1993. Single-strand conformation polymorphisms(SSCPs) detected in five bovine genes. Animal Genetics 24 : 81~84.
- Pfost DR, MT Boyce-Jacino and DM Grand. 2000. A SNP shot: Phamacogenetics and the future of drug therapy. Trends Biotechnology 18 : 334~338.
- Reece RJ. 2004. Analysis of Genes and Genomes. John Wiley & Sons, Ltd.
- Rodriguez A, S Griffiths-Jones, JL Ashurst and A Bradley. 2004. Identification of mammalian microRNA host genes and transcription units. Genome Res 14 : 1902~1910.
- Ryan Person, Angela M Bodles-Brakhop, Melissa A Pope, Patricia A Brown, Amir S Khan and Ruxandra Draghia-Akli. 2008. Growth hormone-releasing hormone plasmid treatment by electroporation decreases offspring mortality over three pregnancies. Molecular Therapy 16(11) : 1891~1897.
- Smith EJ, L Shi, P Drummond, L Rodriguez, R Hamilton, E Powell, S Nahashan, S Ramlal and J Foster. 2000. Development and characterization of express sequence tags for the Turkey(Meleagris gallopavo) genome and comparative sequence analysis with other birds, Amimal Genetics 31 : 62~67.
- Smith EJ, L Shi, P Drummond, L Rodriguez, R Hamilton, S Ramlal, G Smith, K Pierce and J Foster. 2001. Expressed sequence tags for the chicken genome from a normalized 10-day-old White Leghorn embryo cDNA library: 1. DNA sequence characterization and linkage analysis. Journal of Heredity. 92(1) : 1~8.
- Steffen P, A Eggen , AB Dietz, JE Womack, A Stranzinger, R Fries. 1993. Isolation and mapping of polymorphic microsatellites in cattle. Animal Genetics 24(2) : 121~124.
- William S Klug and Michael R Cummings. 2002. Concepts of Genetics, 7th ed, Prentice Hall, Pearson Education, Inc.
- Wintero AK, M Fredholm, PD Thomsen. 1992. Variable (dG-dT)n.(dC-dA)n sequences in the porcine genome. Genomics 12(2) : 281~288.

8 동물생명공학의 응용

8-1 형질전환 동물 및 조류

형질전환 동물(transgenic animals)이란 특정 외래 유전자를 수정란이나 초기배자의 배간세포에 도입하여 생산한 유전적 변환체 동물을 의미한다. 특정 유전자를 인위적으로 조작할 수 있는 유전자 재조합기술과 체외 수정란 조작기술이 개발됨에 따라, 1980년대 초 형질전환 마우스가 탄생하였으며, 이 후 형질전환 동물 생산기법도 급속한 발전을 해왔다. 포유류 및 조류의 형질전환 기술은 가축의 경제형질 뿐 아니라 인류의 질병문제를 해결할 수 있는 모델로서의 충분한 가치를 갖는다.

1. 형질전환 동물의 생산방법

(1) 형질전환 동물

1) 미세주입 방법

형질전환 동물의 생산에 가장 널리 사용되는 방법으로 미세주입을 들 수 있다. 미세주입(microinjection) 방법은 원하는 특정형질을 나타낼 수 있는 재조합 유전자를 수정직후 하나의 세포일 때, 아주 가느다란 미세주입 피펫을 이용하여 수정란의 핵 안으로 주입하는 것이다(그림 8-1). 현미경하에서 미세한 주입 피펫으로 수정란의 핵에 재조합 유전자를 주입하고, 외래 유전자를 도입 받은 수정란은 가임신(pseudopregnant)된 대리모의 자궁에 이식하여 자손을 생산한다. 이렇게 생산된 자손이 미세주입한 외래 유전자를 지녔는지를 최종적으로 조사함으로써 형질전환 여부를 판별하게 된다. 발생 초기에 주입된 외래 유전자는 수정란

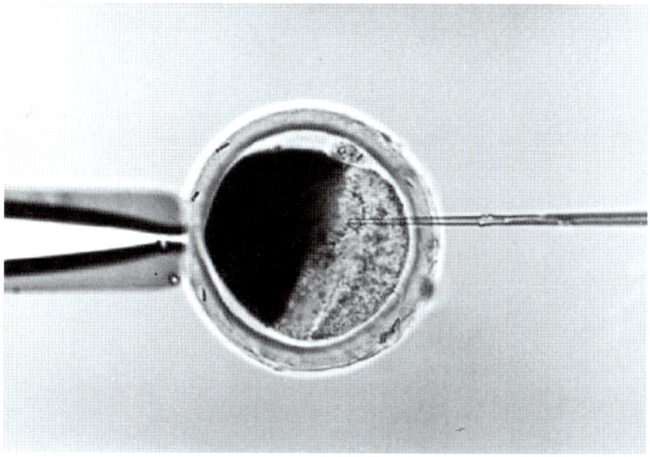

그림 8-1 돼지 수정란 내로의 미세주입장면

의 염색체 안으로 삽입되고, 발달과정 중 세포분열에 의해 분화되는 다양한 조직의 세포로 계속하여 전달되어 최종적으로 태어난 개체는 모든 세포에서 외래 유전자를 가진 형질전환 개체가 된다. 미세주입법은 정확하고 높은 효율로 재조합 유전자를 전달할 수 있는 반면에 노동집약적이고 시간이 많이 걸린다는 단점이 존재한다. 이를 극복하기 위하여 최근에는 자동화 시스템을 구축하여 미세주입 속도 및 효율을 극대화 하려는 노력이 진행 중이다(Zhang 등, 2008). 또한 수정직후 하나의 세포만을 조작할 수 있다는 점에서 재조합 유전자 삽입뿐만 아니라 유전자 변형 유도물질을 미세 주입하여 특정 유전자의 기능을 억제할 수 있는 기술도 개발되고 있다(Geurts 등, 2009).

2) 배아줄기세포

줄기세포는 활발한 자기복제 능력을 보유하고 있으며, 세포분화의 중간 단계에 속하는 전구세포 단계를 거쳐 혈구세포나 신경세포와 같은 분화 최종 단계의 체세포로 분화할 수 있는 능력을 가지고 있다. 이러한 줄기세포는 크게 동물의 배아와 성체에서 기원하며 배아줄기세포(그림 8-2)의 경우 생물체를 이루는 거의 모든 세포군으로의 분화가 가능한 능력을 가지고 있다. 배아줄기세포는 수정란의 발생초기 배반포 단계의 내부 세포괴를 분리한 후 체외 배양하여 만들어지는 세포로서 생물체를 이루는 거의 모든 조직으로 분화가 가능한 세포이다. 이러한 배아줄기세포의 능력은 동물 유전체의 유전자 조작을 하는 데 매우 용이하게 이용될 수 있다. 즉 배아줄기세포에 특정 유전자를 전이하고, 유전자가 안정적으로 전이된 세포만 선발하여 발생초기의 수용체 배자에 재주입함으로써, 형질전환 개체를 만들어 낼 수 있다.

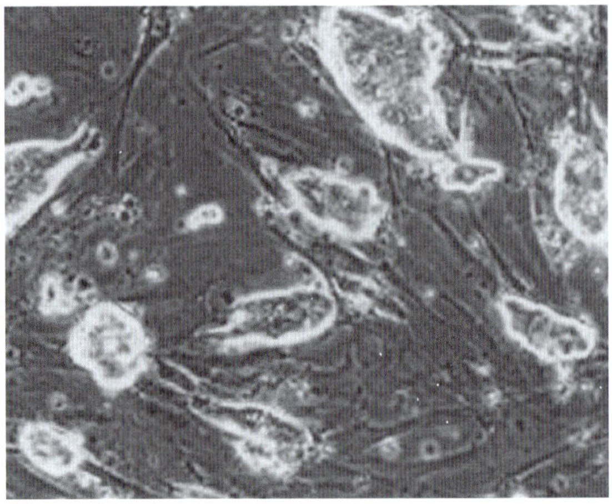

그림 8-2 마우스의 배아줄기세포 군체 (Tremml 등, 2008)

특히 배아줄기세포는 유전자 적중(gene targeting)을 위하여 이용되고 있다. 유전자 적중이란 수많은 유전자 중에서 우리가 원하는 특정 유전자만을 정확하게 없애거나, 다른 유전자로 치환시키는 방법이다. 이를 이용하여 경제형질과 연관된 유전자 등과 같은 특정 유전자의 기능을 밝히는 과정에 유용하게 이용될 수 있다.

3) 핵이식

외래 유전자 도입을 통한 형질전환 동물의 생산기법으로 핵 이식을 통한 방법도 있다. 핵이식이란 핵이 제거된 공여난자에 이미 분화된 체세포의 핵을 이식하는 방법으로서, 핵 이식된 난자는 이식된 체세포와 동일한 유전정보를 가지게 되고, 이후 발달을 통해 배아줄기세포를 생산할 수 있는 배반포로 성장하게 된다(그림 8-3). 이러한 방식의 줄기세포 생산은 이식된 체세포의 핵과 동일한 DNA를 갖는 복제세포를 만들어 내게 된다. 이처럼 단일세포 또는 개체로부터 성세포에 의한 수정과정 없이 무성적으로 생겨난 유전적 조성이 동일한 자손들을 클론(clone)이라고 하며, 이 클론을 얻는 과정을 클로닝(cloning)이라고 한다. 유용 유전자 및 우수형질의 동물 체세포의 핵이식을 통한 클론들의 생산은 우수한 능력을 가진 품종의 가축 등을 대량 생산하고 우수한 유전자원의 보존을 가능하게 한다.

(2) 형질전환 조류

조류는 포유류와 초기배아의 발생학적 및 형태학적 측면에서 매우 큰 차이를 보인다. 조류의 배아는 난(卵)의 노른자인 난황의 표면에 위치해 있으며, 암탉의 난관 내에서 수정되어 난각에 싸인 채로 체외로 산란된다. 조류의 난자는 포유류에 비해서 크고 깨지기 쉬

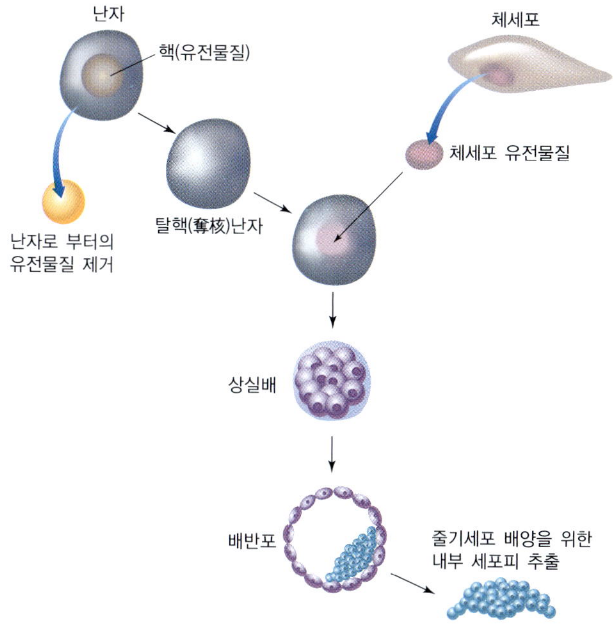

그림 8-3 공여 난자의 체세포 핵이식을 통한 배반포 생산 모식도
(The National Academies Understanding stem cells, 2004)

우며, 수정시 여러 개의 정자가 한꺼번에 수정되는 특징을 가지고 있기 때문에 수정 이후 정자에 의해서 형성되는 전핵이 한 개인 포유류와는 달리 다정자 수정에 의해 여러 개의 전핵이 존재한다. 또한 불투명한 난황 때문에 수정란을 체외에서 다루기가 매우 힘들고, 수정란에서 전핵을 인지하는 것이 매우 어려워 포유류에서 널리 이용되는 미세주입법의 적용이 어렵다. 그리고 난관에 배란된 후 대략 30분이 경과하면 수정이 일어나고, 이후에 하루 동안(24시간) 난관 내에서 세포분열이 왕성하게 일어나므로 산란 직후 수정란은 대략 4~6만개의 세포로 이루어진다(Eyal-Gialdi 등, 1981). 따라서 포유류와 같은 생식선 전이가 가능한 배아줄기세포주를 확립하는 것이 어렵기 때문에 조류에서는 포유류와 다른 방법으로 형질전환기술이 발달되어 왔다. 현재 형질전환 조류을 생산하는 데 이용되고 있는 방법으로는 크게 배반엽(blastoderm)세포에 바이러스 벡터(viral vector)를 주입하는 방법, 원시생식세포(primordial germ cell)를 이용하여 생식선 키메라(germline chimera)를 생산하는 방법 등이 있다.

1) 바이러스 벡터 주입법

오래전부터 형질전환 조류를 생산하기 위한 방법으로 바이러스 벡터를 사용하는 방법이

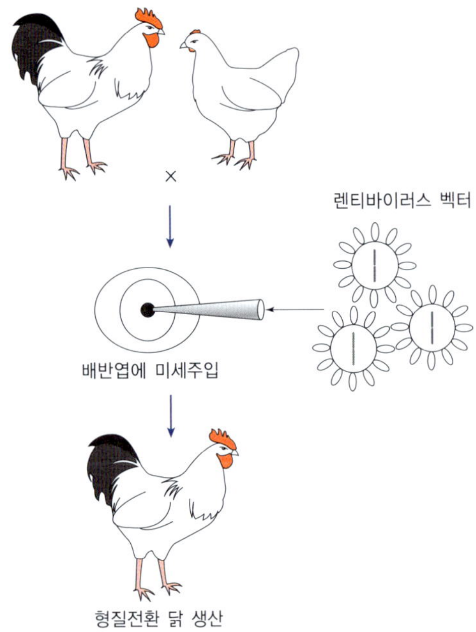

그림 8-4 렌티바이러스 벡터를 이용한 형질전환 닭 생산에 관한 모식도

지속적으로 시도되었으며, 최초로 레트로바이러스 벡터(retroviral vector)를 배반엽에 주입하는 방법을 이용하여 형질전환 닭의 생산이 보고되었다(Shuman과 Shoffner, 1986). 이 레트로바이러스는 자연상태에서 고등진핵동물 세포의 게놈(genome) 내에 안정적으로 외래 DNA를 삽입시킬 수 있는 능력을 갖고 있어 형질전환 조류 생산에 효과적이다. 최근에는 렌티바이러스 벡터(lentiviral vector)를 이용한 방법이 형질전환 조류를 생산하는 데 널리 이용되고 있다(그림 8-4). 렌티바이러스 벡터는 분열하지 않는 세포도 감염시킬 수 있는 장점이 있어, 분열속도가 빠르지 않은 원시생식세포에 외래 유전자를 도입하는 데 매우 효과적이다. 그러나 이 방법에는 바이러스가 감염성 바이러스 입자(infectious viron)를 생성하고, 종양(oncogenic)을 유발시킬 수 있다는 잠재적 위험성이 존재한다. 따라서 산업적으로 이용하는 데 있어서는 안전성 면에서 신뢰도가 떨어진다.

2) 원시생식세포의 이용

가금류에 있어서 원시생식세포(primordial germ cell)는 향후 정자나 난자와 같은 성세포로 발달할 수 있는 능력을 지닌 전구세포이며, 초기 배아의 발달과정에서 체세포 사이를 통해 이동하는 포유류와는 달리 배아의 혈관을 통해 이동하는 특징을 지니고 있다. 따라서 발달과정에 있는 수용체(recipient) 배자의 혈관에 다른 배자에서 유래한 유전자 전이된 원시생식

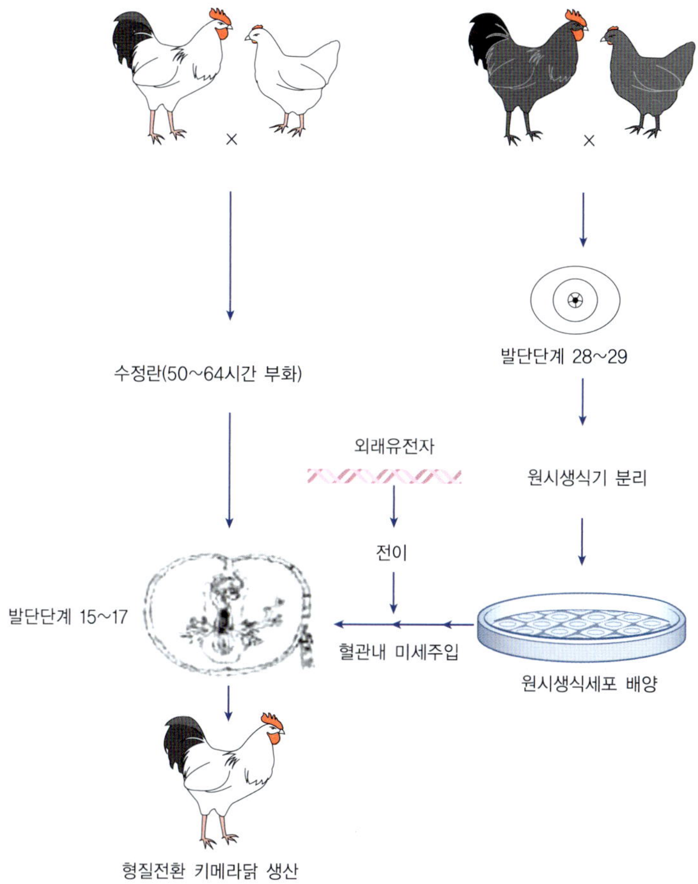

그림 8-5 원시생식세포를 이용한 형질전환 닭 생산에 관한 모식도

세포 또는 배양된 배아생식세포(embryonic germ cell)를 이식하면, 다른 배자에서 유래한 생식세포와 수용체 배자에서 유래한 생식세포를 함께 가지고 있는 형질전환 생식선 키메라(germline chimera)를 생산할 수 있다(그림 8-5, Shin 등, 2008).

체외에서 배양된 원시생식세포에 렌티바이러스 또는 전기충격법(electroporation) 등의 물리적인 방법을 이용하여 외래유전자를 도입하고, 외래 유전자가 도입된 원시생식세포를 선발하여 다시 수용체 배자에 이식함으로써 생식선 키메라를 생산할 수 있다. 형질전환된 원시생식세포가 이식된 생식선 키메라는 성성숙에 이르면 형질전환된 원시생식세포에서 유래한 정자 또는 난자를 생산하게 되므로 이들을 검정교배하면 형질전환 자손을 생산할 수 있다. 원시생식세포를 이용한 형질전환 조류 생산법은 원시생식세포의 배양이 가능해짐에 따라 향후 조류에서도 유전자 적중 기술의 도입이 가능해질 것이다.

3) 대리 난각 배양 수정란의 이용

포유류의 수정란은 체내에서 발달하기 때문에 1세포기 수정란의 조작이 어려웠으나, 닭은 난각에서 배아가 발달하는 발생학적 특징 때문에 시험관내 배양체계가 성공적으로 이루졌다(Perry, 1989). 이 방법은 닭의 난관 팽대부로부터 1세포 단계의 수정란을 수거하여 이 수정란의 세포질에 외래 유전자를 직접 미세주입하는 방법이다. 또한 대리 난각배양이 가능해짐에 따라 미세조작을 통한 조류의 체외수정 및 핵이식에 의한 형질전환 조류의 생산도 가능해질 전망이다.

2. 형질전환 동물의 이용

유전자 재조합기술과 유전공학의 발달은 의학, 생물학 등의 여러 분야에서 급속한 발전을 초래하였으며, 형질전환 동물의 생산을 가능케 하였다.

형질전환 동물은 기초학문, 의학, 약학, 농업에서 광범위하게 이용될 수 있다. 인간에게 유용한 고부가가치 의약품 등을 우유나 달걀을 통해 생산하거나 육질의 향상 및 산유량의 증가, 질병에 강한 품종개량 등이 가능하다. 또한 의학적으로는 인간의 질병과 유사한 모델의 동물을 만들어 임상실험 및 치료방법을 연구할 수 있으며, 인간의 장기를 대체할 수 있는 인체 유사 장기를 생산하는 목적 등에 사용하게 된다.

(1) 우수한 능력의 가축생산

예로부터 뛰어난 능력을 가진 가축을 생산함으로써 보다 많은 식량자원을 확보하려는 노력은 농업에 있어서 매우 중대한 관심사였다. 우수한 능력을 가진 개체생산을 위해서는 현재 두 가지 방법이 이용되고 있는데, 우수 능력에 관련된 유전자를 인위적으로 도입시키는 방법과 우수한 능력과 관련된 유전자를 찾아내어 이를 가지는 개체를 선발하는 방법이 있다. 전통적으로 우수한 능력의 가축생산을 위한 육종방법으로 능력이 우수한 개체를 선발하고, 최고의 능력을 발휘시킬 수 있는 계통과 교배하여 이용하는 방법이 주로 이용되고 있다. 그러나 최근 들어서 개발되고 있는 형질전환 동물 생산기술은 우수한 가축을 생산하는데 있어서 획기적인 발전을 가져올 것으로 기대되고 있다. 즉 형질전환 동물의 생산기술을 이용하여 유용한 새로운 형질을 도입함으로써 새로운 차원의 유용동물을 생산하는 것이 가능해질 것이다. 예를 들어 질병저항성 유전자의 도입, 여우나 밍크에 있어서 모피색깔의 조절에 관련된 유전자의 변환, 식육생산 증가를 위한 유전자 도입, 사람의 인슐린 등의 의약품 생산을 위한 형질전환 동물 등의 생산이 가능해질 것이다. 또한 1982년 Palmiter

등이 보고한 거대 마우스(supermouse)처럼 재조합 성장호로몬 유전자를 발현시켜 성장이 두 배로 빠른 형질전환 마우스의 탄생과 같이 가축에서도 성장호르몬 유전자를 이용한 많은 시도가 이루어지고 있다. 그러나 가축의 경우에 성장효과는 마우스와는 달리 극소의 효과만을 보았으며, 성장과정 중 성장인자(growth factor)의 과다 분비로 다른 기관의 발달에 악영향을 미쳐 질병 저항성이 약해지는 결과를 초래하기도 하였다. 그러나 최근 이러한 성장인자의 발현시기 및 정도를 조절시키기 위한 실험이 돼지에서 실시되고 있다. 조류에서도 이러한 체계를 곧바로 이용할 수 있는 것이다. 질병저항계통을 육성하기 위해서는 유전자 확보 및 개발이 시급한 문제이며, 형질전환 닭 생산시스템이 확립되면 이들 질병 저항성 계통 닭의 육성이 용이할 것으로 생각된다.

(2) 생리활성물질의 생산

생체 반응기(bioreactor)란 마치 공장의 기계와 같이 동물의 생체가 끊임없이 인간에게 유용한 물질을 합성해 내도록 함에서 비롯된 용어이며, 이를 통하여 치료 또는 생리활성을 돕는 의학적으로 중요한 단백질을 대량 생산할 수 있게 되었다(그림 8-6). 형질전환 동물을 이용할 경우 저렴한 비용으로 단백질의 대량 생산이 가능하여 생산비가 절감되고, 미생물 및 동물세포 배양시스템에서 드러난 문제점(당쇄수식, 높은 생산비 등)을 해결해 줄 수 있다. 생체 반응기의 탄생은 의약품을 생산하는 동물을 지칭하는 새로운 신조어를 탄생시켰다. 즉 제약 목적의 가축사육을 의미하는 pharmaceuticals과 farming의 합성어인 "pharming"이다. 세계적으로 최초의 pharming 동물은 영국 바이오테크 회사인 PPL Therapeutics사에 의해 만들어진 "Tracy"라는 이름의 양이다. 이 양의 유즙에서 발현되는 물질은 낭포성 섬유증(cystic fibrosis)의 치료에 쓰이는 단백질인 Alpha-1-Antitrypsin이다. 이 단백질을 체내에서 합성하지 못하는 환자들은 지속적인 폐 조직의 감소에 시달리게 된다. 이 회사는 1999년 형질전환 양의 복제에 성공하여 지속적으로 Alpha-1-Antitrypsin 단백질을 생산을 하는 동물을 생산해 낼 수 있었다. 이 외에도 혈우병 치료제인 fibrinogen, factor VII, factor IX 등의 생리활성물질을 생산하는 형질전환 양도 생산하였다. 또한 네덜란드의 형질전환 종우인 "Herman"의 암컷 자손들은 우유에서 사람의 lactoferin을 생산하고 있다(Krimpenfort 등, 1991). 이 단백질은 암 환자나 에이즈 환자들의 면역시스템을 강화하거나, 신생아의 철분결핍을 보호하는 역할을 한다. 미국의 대표적인 생명공학회사인 Genzyme 사는 현재 약 12종류의 생리활성물질을 생산하는 형질전환 염소를 개발해 놓은 상태다. 이 중 사람 anti-thrombin을 리터당 1g 이상 생산하는 형질전환 염소를 개발하여, 현재 이 단백질을 이용하여 유즙으로부터 분리 · 정제하여 임상실험이 진행 중이다(Edmund 등, 1998). 이밖에 사람

TPA를 생산(3mg/l 유즙)하는 형질전환 염소도 개발하였는데, 이를 이용한 상업화도 멀지 않은 것으로 기대하고 있다.

최근 들어서는 조류의 난을 이용하여 생리활성물질을 생산하려는 시도가 이루어지고 있다. 닭은 해마다 300개 정도의 달걀을 낳고, 그것들은 각각 약 100mg의 원하는 단백질을 함유하고 있다. 이에 상응하는 단백질을 실험실에서 생산해 내는 것은 복잡하고 비용도 엄

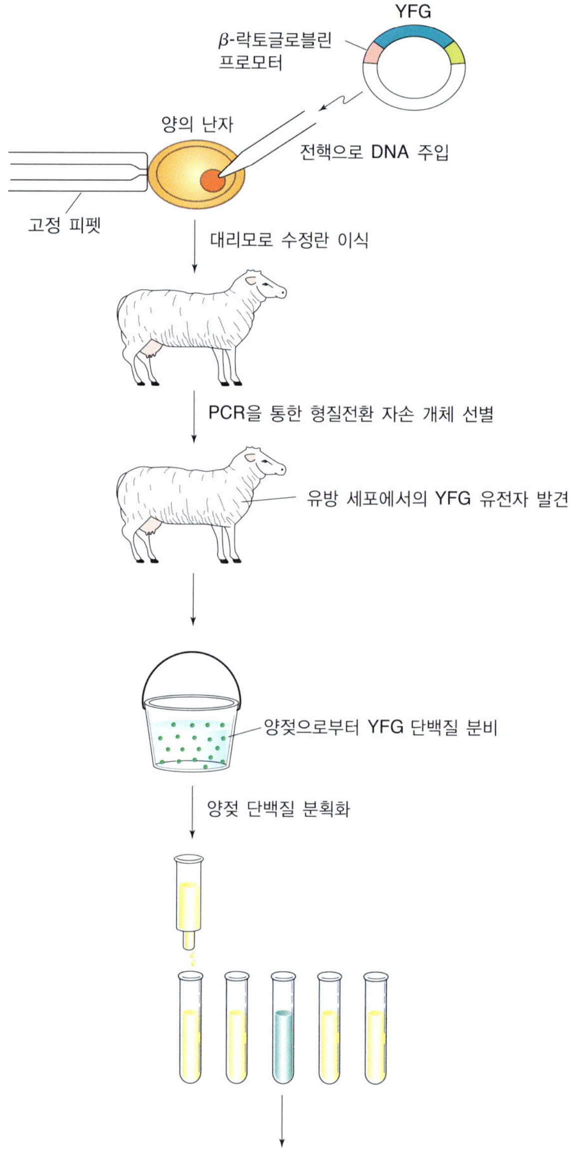

그림 8-6 낭포성섬유 증 치료제 생산을 위한 생체반응기 생산 모식도

청나게 들기 때문에 살아있는 의약품 공장(pharming)으로서 동물들을 사용하는 것은 효율적인 대체 용법이 될 수 있다. 돌리를 만든 에딘버러의 로슬린 연구소는 미국의 바이오 기술 회사인 Viragen과 함께 암 치료에 쓰이는 항암제가 들어있는 달걀을 생산하는 닭 "Britney"를 창조하였다. 이 밖에도 미국의 Geneworks, Avigenics, Origen사 등의 형질전환 조류에 관련된 회사들에서 이미 인간에게 유용한 단백질 및 항체 등을 생산하는 닭의 개발 및 상용화에 심혈을 기울이고 있다.

또한 계란 구성성분 중에는 식품으로써의 가치 외에도 상업적으로 매우 유용한 것들이 있으며, 이들은 유전적 조작에 의해서 개량 또는 개선될 수 있다. 그 예로 거대한 시장성을 갖고 있는 라이소자임(lysozyme)의 경우 살균제(bactericdal reagent)와 항균제(antimicrobial agent)로의 사용이 적절하며, 아비딘(avidin)의 경우 질병 진단에 사용되는 표식제(labelling system)의 성분으로 사용되고 있다. 또한 오브알부민(ovalbumin)의 경우 drug-containing pellet의 성분으로 약품 산업에서 중요한 단백질이다. 오브알부민과 더불어 라이소자임은 식품 산업에 사용되는 유화제와 포말제로 매우 가치가 있다. 이러한 계란 내 구성성분들의 유전자를 닭의 난관 내에서 과발현 시킴으로써 닭의 난관세포에서 쉽게 많은 양을 생산할 수 있을 것이다.

(3) 항체 생산

가축 개량시 중요한 목표 중의 하나는 항병성 향상을 통한 생산성과 안전성의 극대화일 것이다. 이러한 방법 중의 하나가 특정하게 고안된 항원을 주입하여 인류가 원하는 항체를 생산하는 시스템이다. 포유류와 동일하게 닭에서도 어린 자식의 면역체계가 형성되기 전까지 모체로부터 많은 항체를 제공받게 된다. 닭에 있어서 대부분의 모체항체(IgG)는 난소를 통하여 난황으로 들어가며, 그 후 수정란 배양과정에서 배아 내로 순환하게 된다. 이와는 다르게 IgM과 IgA는 난백 내에 축적되어, 다시 요낭액을 통해서 소화계 쪽으로 들어가게 된다. 계란 1개당 IgG(IgY)의 양은 약 500mg 정도 포함되어 있으며, 이렇게 많은 양의 항체는 다양한 항원에 의한 암탉의 면역에 의해 제공되고, 이러한 항체는 고도로 정제된 형태로 난황으로부터 분리되어질 수 있다. 그러므로 특정 항체의 생산과 특정 항원의 주입에 의한 닭 생산은 인류의 건강뿐만 아니라 가축의 질병 저항성에 크게 이바지할 것이다.

(4) 생물 소재의 생산

형질전환 동물의 유즙에서 만들어낸 거미줄을 장력이 매우 강한 신소재 강화금속섬유로 이용하려는 시도가 있다. 이러한 거미줄과 같이 유전자변환 동물을 통하여 생산하고 가공한 물질을 바이오스틸(biosteel)이라 한다. 캐나다의 바이오 회사인 "Nexia"는 염소의 유즙을 통해 거미의 silk protein이 발현되는 형질전환 염소를 개발하였다. 바이오스틸은 의학 기자재, 항공기나 자동차의 부품, 공습 방어용 재료, 화장품 등으로 사용이 가능할 것이다. 현재 미국에서는 세포배양이나 형질전환 마우스의 유즙에서 생산이 가능한 단계이며, 대량생산을 위한 시스템을 개발 중이다.

(5) 질병치료의 모델 동물

인간의 질병치료를 위한 연구는 인간을 이용할 수 없기 때문에 이와 비슷한 표현형을 갖는 동물을 이용하여 연구를 수행할 수 있다. 이러한 목적으로 만들어진 형질전환 동물은 질병치료제의 안정성 검정 및 유전질환 모델로서 이용성이 크다. 질병모델 동물을 특정치료제의 치료효과, 독성효과 등의 안정성 검정에 이용할 수 있고, 약품의 생체내 대사과정, 저항성 및 약품간의 상호작용을 연구할 수 있는 모델로 이용될 수 있다(그림 8-7).

또한 인간의 유전질환과 유사한 변이체를 개발하여 질병에 관한 분자유전학적, 생화학적, 병리학적 및 발생학적인 기작을 규명할 수 있다. 이와 같은 질환모델로는 주로 형질전환된 마우스가 이용되고 있다. 예를 들면 사망의 중요한 원인이 되고 있는 심장병, 당뇨병, 폐기종, 근 무력증, 동맥경화증, 자가면역증, 낭포성섬유증 등의 모델이 마우스에서 개발되어 이용되고 있으며, 앞으로는 새로운 질병관련 유전자가 밝혀질 경우, 그 유전자를 이용하여 형질전환된 동물을 생산함으로써 질환모델을 개발할 수 있다.

그림 8-7 질병 모델용 누드 마우스

(6) 인간장기를 만드는 동물

미국에서는 한해 장기기증을 기다리는 환자가 5만 명이며, 그 중 신장 기증을 기다리는 환자가 3만 5천 명으로 가장 많은 것으로 나타났다. 그러나 미국 내에서 한해에 장기 기증자는 6천 명 정도로 환자가 기증을 받기 위해서는 최소한 5년은 기다려야 한다. 이렇듯 이식 장기의 수요가 증가하는데 비해, 공급은 턱없이 부족한 현실이다. 이러한 장기 부족을 해결하기 위해서 세포배양이나 다른 동물을 통한 장기를 이용하려는 연구가 활발히 진행되고 있다. 세포배양을 통한 장기 생산 분야는 지난 1988년, 미국에서 태동한 생체조직공학의 눈부신 발전으로 지금은 시험관 내에서 실제 생체 내의 기능을 갖도록 세포분화를 유도하여 다양한 조직을 구성하는 방법이 연구되고 있는 중이다. 동물로서는 인간과 유전적으로 흡사하여 가장 적합한 모델로 돼지가 주목을 받는데, 돼지를 통한 대체장기 생산은 유전적 치료 및 면역 거부반응의 극복을 통한 방법으로 개발이 가능하다. 특히 유전자를 변환하여 인간의 유전자를 가진 돼지를 통한 장기의 생산은 거부반응을 더욱 줄일 뿐 아니라 이식률을 높이게 된다.

현재 인공장기 생산용 형질전환 돼지 개발 분야는 영국의 Imutran사, 미국의 Nextrans사 및 Alexion사, 일본의 일청제분 및 일본 햄 등을 중심으로 관련연구가 활발히 진행되고 있다. 영국 Imutran사에서는 사람 DAF(decay accelerating factor) 유전자를 발현하는 형질전환 돼지의 심장을 이식받은 비비원숭이(baboon)가 초급성 이식 거부반응을 나타내지 않고, 21일간 생존하였으며(Waterworth 등, 1998), 신장이식의 경우는 35일간 생존하였다고 보고함으로써 형질전환 동물에 의해 생산된 인공장기의 응용가능성을 제시하고 있다(Zaidi 등, 1998).

8-2 동물복제

1. 동물복제의 정의

복제(cloning)란 한 개체와 동일한 유전자를 지닌 새로운 개체를 만드는 것이다. 즉 유전자 조작기술의 발달로 새로운 생명을 창조하거나, 또는 현존하는 생명체의 복제가 가능해졌다.

이러한 기술은 형질전환기법을 한 단계 높이는 혁신적인 방법이라 할 수 있다. 즉 유전자 조작 및 전이에 의해 탄생한 유전자 변환동물을 복제기술을 이용하여 동일한 형질을 갖는 동물의 다수를 생산함으로써, 그 결과를 몇 배로 증대시킬 수 있다는 것이다. 복제동물을 생산하기 위하여 과거에는 수정란이 분할하는 단계에서 각 세포를 분리하여 각각을 자궁에 이식하는 방법과 분할하는 수정란의 유전자를 다른 수정란에 이식하는 방법들이 이용되었으나, 최근에는 이미 우수한 유전형질을 갖고 있음이 판명된 성체로부터 체세포를 분리하여 만드는 방법이 개발되어 이용되고 있다(그림 8-8).

2. 동물복제 연구

동물체의 복제는 1970년대에 존 거든(John Gurdon)이 개구리 수정란의 핵을 개구리 난자에 이식시켜 올챙이까지 키우는 데 성공했으나, 양서류가 아닌 포유동물에는 이 기술이 적용이 불가능하다고 생각되었다. 그러나 마우스의 1세포기 수정란의 전핵을 치환하여 새끼를 얻는 데 성공하였으며(McGrath와 Solter, 1983), 이 후 체세포 및 2세포기 수정란 구를 이용한 동물에서의 핵이식 연구가 가속화 되었다. 그 결과 1997년 영국 로슬린 연구소(Roslin Institute)의 Wilmut 박사와 그 동료들은 6년생 암양의 유선세포로부터 채취한 핵을 다른 암양의 핵이 제거된 난자와 결합시키고, 이를 또 다른 암양의 자궁에 이식하여, 첫 번째 암양과 유전적으로 동일한 새끼를 얻었는데, 이것이 바로 세계 최초의 체세포 복제양 돌리이다 (그림 8-8).

Wilmut 박사는 일반 체세포인 임신후반기 양의 유방세포에서 핵을 분리해 내고, 이를 혈청농도의 점진적 감소 등의 조치로 세포분열 정지시기인 G_0상태에 머물게 해 활성을 중지시켰다. 세포분열 중기 II(Metaphase II) 단계의 수핵난자에 핵이식법을 통해 수정란으로 발육시키고, 대리모에 임신시켜 '돌리' 가 탄생된 것이다. 이 기술의 핵심은 이미 여러 세포로 분열할 수 있는 전능(totipotent) 또는 다능(pluripotent)의 단계를 지난 체세포를 G_0단계에

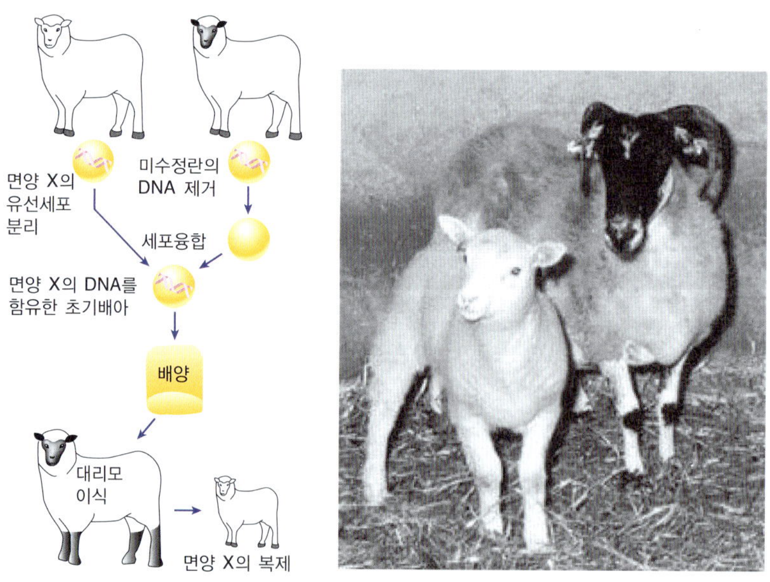

그림 8-8 (a) 면양의 유선세포 복제에 의한 복제동물 생산 모식도
(b) 어린 돌리(dolly)와 대리모(surrogate)

서 분열을 중지시키고, 수핵난자의 세포주기에 일치시켜, 세포융합→체외배양→전능성이 확보된 수정란으로의 재생산 등에 있다.

돌리가 복제되기 전에는 공여핵을 착상 이전시기의 배아의 할구(blastomere)와 내세포괴(inner cell mass) 등 배아에서 유래한 세포에서만 채취 하였다. 그러나 돌리를 복제함으로써 체세포도 핵이식시 공여핵으로 사용하는 것이 가능해졌다. 현재까지 배아영양세포(trophectodermal cells), 간엽줄기세포(mesenchymal stem cells), 난세포(cumulus cells), 수란관세포(oviductal cells), 태아 섬유아세포(fetal fibroblast cells) 등 다른 종류의 세포들도 복제동물을 생산하는 데 성공적으로 이용되었다. 핵이식 기술을 응용하여 미국 Massachusetts 대학의 Robl 박사팀(Cibelli 등, 1998)은 외래 유전자가 도입된 체세포를 핵치환하여 형질전환 젖소(George와 Charlie)를 개발하였으며, 돼지(Polejaeva 등, 2000), 염소(Baguisi 등, 1999) 등 많은 동물들이 복제에 성공하여 생명공학의 새로운 장을 열어가고 있다. 최근에는 체세포핵이식(somatic cell nuclear transfer, SCNT)을 이용하여 처음으로 쥐를 복제 하였다(Zhou 등, 2003). 이어서 Idaho Gem이라 불리는 말 종인 노새를 최초로 난구 세포를 이용하여 복제 하였다(Vanderwall 등, 2003). 2009년 아랍에미리트 연합국에서 Nisar Ahmad Wani 박사팀은 최초로 낙타를 복제 하였다(Wani 등, 2009).

인간 이외의 영장류로서는 최초로 원숭이 복제에 성공함으로써 암, AIDS, 파킨스(Parkinson's)병, 불임 등 질병의 원인 규명 및 새로운 백신 및 치료 모델로서의 이용이 가능하게 되었다(Meng 등 1997).

3. 동물복제의 응용

(1) 우량동물의 번식과 보전

우수한 종축의 확보는 생산성과 밀접하게 연관되어 있기 때문에 젖소, 돼지, 닭 등의 경제동물은 산유량, 정육률, 산란수 등의 경제형질이 우수한 종축으로 개량이 이루어져 왔으나, 전통적인 육종기법의 한계 등으로 인해 그 개량 속도가 늦어지고 있다. 특히 대부분의 종축을 값비싼 가격을 주고 수입하는 우리의 입장에서는 우수한 능력의 경제동물 수정란을 복제한다면 보다 경제적인 가격으로 우량가축의 대량복제가 가능할 것이다. 미국의 챔피언 젖소인 "Mandy"는 산유량이 보통 젖소의 2배에 달하는 우량젖소인데, 생명공학 회사인 인피젠(Infigen Inc.)은 이 젖소를 복제하여 출산을 기다리고 있다. 태어나지도 않은 이 맨디의 복제 젖소는 8만 2천 달러에 낙찰되었다. 이 회사는 복제한 수소 'Gene'를 역시 복제한 암소들과 교배하고 있다. 능력이 우수한 복제소들의 자손들이 대량으로 양산될 날이

멀지 않아 보인다.

(2) 멸종 종들의 보전

시베리아 호랑이나, 중국의 팬더 등은 현재 멸종위기에 처해 있고, 앞으로도 많은 동물 종들이 없어질 것으로 예상된다. 번식이 까다로운 팬더 같은 동물은 인공수정이나 체세포 복제 같은 기술을 사용하여 대량으로 번식시키고 보전할 수 있을 것이다. 호주에서는 130여년 전에 멸종된 태즈마니아 호랑이의 세포를 채취하여 복제하려고 추진하고 있으며, 미국은 13,000년 전에 멸종된 매머드(mammoth)의 복원사업을 구상하고 있다. 2001년도에 처음으로 멸종 위기에 처한 인도산의 큰 소 Gaur는 메사추세추에 위치한 Advanced Cell Technology연구소의 Robert P. Lanza 팀에 의해 복제되었다. Gaur의 체세포를 소의 무핵 난모세포에 전기융합하여 체세포를 이용한 동물복제가 멸종 또는 멸종 위기에 놓인 종들을 복원시키는 데 사용될 수 있다는 것을 보여주었다.

(3) 형질전환 동물복제

20세기 후반에 시작된 생명과학의 발전은 생명의 본질에 대한 의문에 어느 정도의 해답을 제공하기 시작하고 있으며, 급기야는 이에 대한 지식을 이용하여 현존하는 생명체의 유전자를 바꾼 형질전환 동물(transgenic animal)을 만드는 기술이 개발되기에 이르렀다. 형질전환 동물이란 인위적으로 외부의 유전자를 주입하여 의도하는 유전형질을 발현시킨 동물을 말한다. 즉 인위적인 DNA조작에 의해 만들어진 본래의 것과는 다른 유전적 특성을 갖게 된 동물을 말한다. 이러한 형질전환 동물을 만들기 시작한 목적은 산업적, 의학적으로 사용하기 위해서이다. 예를 들어 질병에 강한 품종을 만들고 싶을 때에는 질병에 저항성을 가지는 유전자를 동물체 내에 주입함으로써 형질전환 동물을 제조할 수 있다. 또한 형질전환 동물은 인간이 필요로 하는 생리활성물질을 생산하는 생물반응기(bioreactor), 특정 질환을 선천적으로 나타내는 질환모델 동물(Disease model animal)로 이용되며, 인간의 이식용 장기 등을 생산할 수 있는 장기이식용 형질전환 돼지도 개발되었다. 알부민(albumin), 인터페론(interferon), 인터루킨(interleukin) 등의 치료용 단백질과 생리활성 물질들은 질병의 치료에 유익한 수단으로 이용되고 있으나 그 공급은 부족한 상태이다. 이들 중 일부는 인간의 혈액 또는 세포배양기술을 통하여 생산할 수 있으나, 생산량이 극소량에 불과하고 단가도 비싸다. 이에 비해 형질전환 동물의 유즙, 뇨, 계란 등에서는 이러한 치료용 생체활성물질을 저렴한 가격에 대량으로 생산이 가능하다. 이와 같은 목적으로 하는 형질전환 동물 생산은 산업적으로 고부가가치를 지니지만, 기술적으로 이러한 개체들의 대량 생산에는 매우 큰 어려움이 있다. 그러나 최근 복제기술의 발달로 형질전환 동물의 복제가 적극적으로 시도되고 있으며, 다양한 성공사례들이 발표되고 있다.

(4) 장기이식용 동물생산

인간의 장기이식술은 불치, 난치의 질환을 치료하는 확실한 수단으로 이용되고 있으나, 현실적인 문제로 장기의 공급원이 절대적으로 부족하여 인공장기 개발 및 형질전환 동물을 이용한 대체 장기의 개발에 많은 노력을 기울이고 있다. 일반적으로 돼지 등 이종동물의 장기를 이식하면 이종항원에 면역거부반응이 일어나, 이식이 실패하게 된다. 돼지는 장기의 크기나 기능면에서 인간과 유사하기 때문에 장기이식 동물로서의 사용이 가능하고, 이종항원에 대한 면역거부반응을 유전자 조작으로 제거하거나 약화시켜서 이식해도 별 문제가 없는 형질전환 동물을 만들 수 있다. 최근에 돼지의 체세포 복제가 성공하여 장기이식에 대한 희망을 주고 있으며(Onishi 등, 2000), 영국의 PPL Therapeutics사는 외부 유전자가 주입된 세포를 이용해 돼지를 5마리나 복제하는 데 성공하였으며, 특히 2002년 미국 미주리대학과 Immerge BioTherapeutics사는 장기이식시 사람의 항체가 이식된 장기의 당분자에 부착하여 거부반응을 일으키게 하는 유전자인 GGTA1(α-1,3 galactosyltransferase) 유전자가 제거(knockout)된 최초의 돼지를 생산하여 장기이식용 동물생산의 새로운 가능성을 제시하였다. 2005년 하버드대 연구팀이 면역거부 반응을 초래하는 인자인 GGTA1(α-1,3 galactosyltransferase)이 제거된 미니돼지의 심장을 바분 원숭이에 이식해 6개월간 생명을 유지시켰다. 이어 2009년 우리나라에서 미국에 이어 세계에서 두 번째로 장기이식용 복제돼지 Xeno를 생산했다. 임상실험을 통해 면역거부반응을 극복한다면 장기를 적출해 환자에게 이식할 수 있을 것으로 기대되고 있다.

(5) 질병 모델 동물의 생산

인간을 대상으로 한 질병연구는 한계가 있으므로 연구자들은 각종 모델 동물을 만들어 연구하려는 노력을 해 왔다. 예를 들어 특정 암을 가진 쥐나 당뇨병, 비만, 파킨슨병을 가진 마우스 등을 만들어 이를 체세포 복제기법으로 대량 생산한다면 연구에 쓸 수 있는 동일한 유전형질을 가진 실험동물을 얼마든지 만들 수 있어, 보다 정확한 실험과 연구를 가능하게 할 것이다.

(6) 세포 및 유전자 치료

현재 백혈병, 파킨스병, 당뇨병 등에 걸린 환자에게 정상기능을 하지 못하여 장애가 생긴 세포를 대신하도록 정상세포를 외부에서 배양, 주입하여 치료하려는 시도가 행해지고 있다. 그러나 면역학적 거부반응 때문에 주입하는 정상세포는 배아줄기세포로부터 얻은 것을 사용한다. 이 단계의 세포는 아직 면역반응을 일으킬 만큼 면역기능이 성숙하지 않았기 때문이다. 하지만 배아줄기세포의 이용은 다른 사람의 난자가 필요하거나 배아세포를 이용하는 점 등에서 여러 윤리적인 문제가 존재한다. 그러나 인간세포가 난자 없이도 재프로그래밍(reprogramming) 되는 과정을 이해하게 되면 환자 자신의 체세포를 줄기세포로 역분화시켜 사용할 수 있으므로 면역학적 거부반응의 문제나 배아세포를 사용하는데 대한 윤리적인 문제를 줄일 수 있다.

(7) 개체 발생과정의 이해

개체 발생은 하나의 수정란으로부터 완전한 하나의 개체가 만들어지는 과정을 의미한다. 이는 곧 세포의 기능분화과정이다. 이 기능분화과정(differentiation)의 이해는 암, 당뇨병 등 각종 퇴행성 질병, 심지어 노화현상을 이해하고 해결하는데 있어 가장 핵심적인 부분이다. Wilmut의 실험성공은 세포가 분화하면 세포의 핵내 유전자에 어떤 돌이킬 수 없는 변화가 생겨, 이를 거꾸로 돌릴 수는 없다는 이론을 허무는 계기가 되었으며, 개별 유전자가 어떻게 생체 내에서 전개되며 발현하는가에 대한 정보도 얻을 수 있게 되었다.

4. 동물복제의 문제점

체세포 복제에 의해 태어난 돌리의 발표는 관련분야 과학자들은 물론, 일반인들에게도 커다란 충격을 주었으며, 인간 복제라는 윤리적 측면에서 커다란 논란을 불러일으키기에 충분하였다. 그러나 현재 이 기술의 효율성을 높이기 위해서는 극복해야 할 많은 장애요인들이 산재해 있으며, 복제 그 자체에 대한 종교적이고 윤리적인 문제 그리고 복제동물에 대한 '동물권' 등에 대한 많은 문제들이 대두되고 있어, 이 기술의 막대한 산업적 가치와 더불어 해결해야 할 문제이다.

(1) 종교 · 윤리적인 문제

지금까지 종교에서는 인간의 복지를 위한 동물의 활용은 바람직한 것으로 여겨왔다. 그러나 지금까지 절대자의 영역에 속해있던 생명복제에 대한 인간의 접근을 신성한 영역을 침범한 것인가에 대한 깊은 우려를 나타내고 있다. 학자들은 인간 복제의 경우, 대부분 유전적 또는 물리적 이상으로 인해 자연 유산되고, 복제배아를 임신한 여성의 건강과 생명에도 심각한 위험을 줄 수 있다고 우려하고 있다. 윤리적인 문제도 만만치 않다. 불치병 치료 등을 위해 복제 인간을 만든다 하더라도 인간을 수단으로 이용한다는 비난을 피할 길이 없다.

(2) 생명복제 규제법

의학연구 목적의 인간 배아복제를 공식으로 허용하는 국가는 현재로선 영국뿐으로, 영국 상원은 지난해 이 같은 내용의 법안을 세계에서 처음으로 통과시켰다. 하지만 복제된 배아를 여성의 자궁에 이식하는 개체 복제행위는 금지하고 있다. 이스라엘은 지난해 인간을 대상으로 하는 어떤 종류의 복제실험도 위법행위라는 내용의 법안을 의회에서 통과시켰다.

한국 정부는 '생명과학보건안전윤리법' 시안을 만들어, 인간 복제를 금지할 수 있는 법적 장치를 마련하였다.

(3) 특허 및 산업과 관련된 과학기술의 양극화

유전자의 특정 염기서열이나 혹은 유전자 조작을 통해 얻은 동물에 대해 특허를 주장할 수 있는가의 문제는 여전히 논란거리이다. 특히 인간게놈에 대한 특허권의 경우도 특허 한계를 어디까지 볼 수 있느냐의 문제 외에도 만약 특허가 광범위하게 인정된다면 유전자 조작기술을 가진 일부 선진국이나 대기업에게만 유리하며 그렇지 못한 대부분의 국가들에게는 불리하기 짝이 없으므로 경제적 불평등이 더욱 심화될 것이라는 주장도 존재한다.

(4) 복제된 동물의 자연수명

복제양 돌리가 다른 양들에 비해 빨리 늙고, 노화에 따른 질병에 걸릴 가능성이 높다는 연구결과가 나왔다. 이 주장에 따르면, 현재 돌리는 5살이지만 6년생 양으로부터 복제되었기 때문에 실질적인 생리적인 나이는 11년생으로 보아야 한다는 것이다. 이는 염색체의 끝부분에 존재하는 텔로미어라는 부분이 있는데, 세포가 나이가 먹을수록 이 부분의 길이가 짧아진다는 것과 관련이 있다. 실제로 돌리의 경우, 같은 나이의 개체보다 이 텔로미어가 짧았다. 그러나 최근의 다른 연구자들은 소 세포의 체세포 복제에 의해 태어난 건강한 소의 경우, 돌리와 달리 오히려 1년된 소의 텔로미어가 막 태어난 송아지의 것과 같았다라고 주장한다. 정확히 그 메카니즘은 모르지만 복제기술의 차이 또는 공여세포(donor cell)의 기원에 기인하지 않았나 하고 추측할 따름이다(Lanza 등, 2000).

8-3 생물정보학(Bioinformatics)

21세기를 대표하는 과학기술로서, 많은 사람들이 주저하지 않고 정보기술(Information Technology, IT)과 생물공학기술(Bio-Technology, BT)을 꼽는다. 언뜻 생각하면, 전혀 관계가 없을 듯한 이 두 분야가 생물정보학이라는 다소 생소한 용어로 만나 생물학 또는 생명공학의 새로운 학문분야를 열어 가고 있다.

1. 생물정보학의 정의

우리말로 생물정보학(또는 생명정보학)이라고 번역되는 생명과학 및 생명공학의 새로운 분야는 영어로는 bioinformatics, computational biology 또는 computational molecular biology 등의 용어로 불리고 있다. 국내에서는 bioinformatics(bio+informatics)를 한글로 번역한 생물정보학이라는 용어가 점차 확립되어 가고 있으며, 세계적으로 이 용어가 가장 널리 사용되고 있다.

생명공학의 급속한 발전에 힘입어 바이러스에서 미생물, 식물, 동물, 그리고 인간에 이르기까지 생물체가 가진 모든 유전정보를 밝히고, 그 특성을 분석, 규명하고자 하는 노력이 전 세계적으로 시도되고 있고, 또 큰 성과를 거두고 있다. 이러한 연구를 소위 Genome Project 라고 하는데, 1990년대 후반 인간 게놈프로젝트(Human Genome Project)가 급속하게 진전되어 막대한 양의 데이터가 생산됨에 따라 이들 데이터를 수집하고 분석하여 유전자 기능을 규명하는 도구로써 컴퓨터의 활용을 생각하게 되었다.

이와 같이 컴퓨터를 이용하여 생명체 관련 자료를 체계적으로 정의하고 분석, 이용하는 방법을 연구하는 분야를 생물정보학이라고 할 수 있다. 생물정보학은 넓은 의미로는 컴퓨터를 이용하여 생물학(생명과학)을 연구하는 모든 분야로 정의할 수도 있으나, 일반적으로 DNA나 단백질의 서열 및 구조에 관한 정보를 처리하고 활용하는 좁은 의미로 이해되고 있다. 생물정보학은 지금까지 별개의 것으로 여겨지던 생물학과 전산학의 두 학문분야를 함께 다루는 생물학의 새로운 분야로서, 이 분야를 연구하기 위해서는 전산학이나 통계학 또는 수학이나 나아가서는 전자공학에 이르기까지 여러 분야의 사람들이 협력을 필요로 한다.

2. 생물정보학의 발전

예전부터 컴퓨터를 이용하는 생물학이라는 뜻으로 전산생물학(computational biology)이라는 용어가 사용되어 왔는데, 이 용어는 주로 복잡한 계산이 필요한 생명과학분야 예를 들면 단백질의 구조를 컴퓨터로 연구하는 전산구조생물학 등에서 제한적으로 사용되어 왔다. 즉 1960년대에 Frederic Sanger에 의해 단백질 서열결정 방법이 개발된 이래, 종류가 다른 단백질을 구성하는 아미노산의 서열을 정량적으로 비교하기 위한 목적으로 수학적인 개념을 도입한 것이 시초라고 할 수 있다. 1980년에 Frederic Sanger는 생물체의 중요한 고분자인 DNA의 염기서열을 밝히는 방법을 발명하여 두 번째 노벨 화학상을 받았다. 이 후 급속한 분자생물학의 발전으로 인해 엄청난 양의 서열정보가 만들어지게 되었는데, 전 세계적으로 진행되고 있는 Genome Project에 의해 이미 수많은 생명체의 전체 서열들이 완전히 밝혀진 상태이다. 대량으로 밝혀진 서열정보들의 분석을 위해서 컴퓨터는 필수불가결한 도구로 등장하였고, 이 서열을 이해하고 분석하기 위해 생물정보학은 가장 중요한 연구수단으로 고려되고 있다.

하나의 생물체를 생각할 때 DNA속에 담겨진 정보에 의해서 다수의 단백질들이 만들어지고, 이 단백질들은 그 자체의 구조에 대한 정보와 함께 어떤 조건에서 무엇이 어떤 식으로 상호작용을 할 것인가에 대한 정보를 가지고 있다. 또한 세포, 조직, 기관들 사이의 상호작용에서 시작하여 개개의 개체 사이의 상호작용, 집단과 집단과의 상호작용, 진화에 이르기까지 다양한 계층의 정보를 가지게 된다. 이에 수반되는 정보의 양은 엄청나며 매우 복잡하여 인간이 지금까지 다루어 온 어떠한 것보다도 크다고 할 수 있다. 이러한 복잡한 정보를 다룰 수 있는 도구는 당연히 컴퓨터이며, 이 컴퓨터를 이용하여 생명체가 가지는 정보를 처리하고 이용할 수 있도록 하는 학문분야가 생물정보학이라 할 수 있다.

인간 게놈프로젝트에 의해 촉발된 생명체의 정보 수집과 분석 및 이해를 위한 컴퓨터의 활용은 게놈프로젝트의 확장에 의해 수백만 명에 대한 개개인의 유전적 차이를 데이터베이스로 만드는 것이나 다양한 종류의 암세포에 대한 대규모의 정보를 얻으려는 시도를 하는 것 등으로 급속히 발전하고 있는 추세이다.

생물정보학의 발전에 필수 불가결한 요소는 당연히 전산학이나 전자공학 분야의 기술발전이다. 컴퓨터를 주축으로 한 전산, 전자공학 및 로보틱스 등의 눈부신 기술발전에 의해 대규모의 데이터 획득이나 데이터 분석 및 해석에 이들 기술이 폭넓게 활용되고 있다. 그러나 생물정보학의 발전을 생각할 때, 한 가지 문제점으로 등장하는 것이 바로 전문가 양성의 어려움이다. 지금까지 살펴 본 바와 같이 생물정보학은 생물학(생명공학)과 정보처리학(수학)을 포함하는 학문분야이기 때문에 생물정보학을 공부하기 위해서는 생물학과 함께 수학이나 전산학을 함께 공부해야만 한다. 지금까지 생물학과 전산학 및 수학은 서로 연관성이 적다고 간주되어 왔으나, 이제 서로 멀리 떨어진 것처럼 보이는 학문분야들을 농시에 공부해야 되는데 따르는 어려움이 예상되고, 이에 따라서 그만큼 생물정보학 전문가나 학자를 양성하기가 쉽지 않을 것으로 판단된다. 그러나 미국을 중심으로 한 이 분야의 선도국에서는 이미 생물정보학을 발전시키기 위해 막대한 투자를 아끼지 않고 있으며, 앞으로 수학과 전산학으로 무장한 새로운 개념의 생물학자들이 많이 등장할 것으로 보인다. 데이터만 있으면 컴퓨터를 이용하여 뭐든지 할 수 있다고 하는 소위 "data driven science" (data driven discovery) 개념의 확산에 의해 모든 학문분야에서 이러한 추세는 더욱 확대될 것이고, 우리도 이에 대비한 준비를 지금부터 하지 않는다면 생물공학시대라고 일컬어지는 21세기에 과학 선진국이 되기 어려울 것으로 예견된다.

3. 생물정보학의 분류

생물정보학은 취급분야와 대상이 되는 도구 및 취급하는 데이터의 종류 등에 의해 분류될 수 있는데, 도구의 종류에 따른 분류는 데이터의 수집과 처리 및 분석에 따라 달라질 수 있다. 생물정보학을 다루는 분야별로 분류해 보자면, ① 생물학 관련 데이터베이스의 구축, ② 서열분석 알고리즘의 개발, ③ 생체 고분자의 3차원구조 예측과 모델링, ④ 생물학 연구 분야의 소프트웨어 개발, ⑤ 생명공학 종합정보시스템 구축 등을 들 수 있다.

(1) 생물학 관련 데이터베이스의 구축

전산학 용어로 데이터베이스(Database, DB)란 하나의 조직 안에서 다수의 사용자들이 공동으로 사용하기 위하여 만들어진 통합자료의 집합이라고 정의되는데, 일반적으로 관심을 가지고 있는 특정 분야에 대한 데이터를 모아둔 것을 말한다. 그러나 데이터베이스는 단순히 특정 분야의 자료를 모아둔 것만이 아니고, 사용자의 질의에 대하여 적절히 답을 하고 필요에 따라 데이터의 수정, 삭제 및 새로운 데이터의 추가 등의 작업이 가능해야 된다. 이와 같이 데이터베이스를 만들고 관리하며, 사용자의 요구에 답을 해 주기 위해서는 DBMS(Database Management System)라는 소프트웨어가 필요하다. DBMS의 발달과 함께 생물학 분야에서도 다양한 데이터베이스가 구축되어 있고, 특히 인터넷을 통해 전 세계적으로 자료 검색이 가능해짐에 따라서 많은 정보가 데이터베이스를 통해 수집되고 활용되고 있다. 특히 유전자와 단백질의 서열분석, 유전자와 단백질의 구조(3차원) 분석 등에 활용되어 이 분야의 연구에 지대한 공헌을 하고 있다.

1) 서열정보 데이터베이스

Frederic Sanger에 의해 DNA 염기서열 결정방법이 개발된 후, 유전자의 염기서열을 해

그림 8-9 NCBI 홈페이지 초기화면

석하고자 하는 시도가 전 세계적으로 확산되어 갔다. 이러한 생명의 4개 분자 디지털 신호를 저장하기 위하여 현재 미국 NCBI(National Center for Biotechnology Information, http://www.ncbi.nlm.nih.gov)의 GenBank, 유럽 EMBL(Europ-ean Molecular Biology Laboratory, http://www.ebi.ac.uk)의 Nucleotide Sequence Database 및 일본의 DDBJ(DNA Data Bank of Japan, http://www.ddbj.nig. ac.jp) 등과 같은 데이터베이스가 구축되어 있다. 가장 대표적인 데이터베이스인 GenBank는 EMBL 및 DDBJ와 함께 "International Nucleotide Sequence Database Collaboration"을 형성하여 자료를 공유하고 있으며, DNA와 RNA 및 이들로부터 얻어지는 단백질에 대한 정보를 담고 있다. 1985년도 GenBank에는 주로 생의학 잡지의 서열 자료를 스캐닝한 6,000개 미만의 자료가 있었으나, 1998년도에는 거의 2백만 개의 레코드와 25,000 종류 이상의 생물체에 대한 10억 개를 훨씬 넘는 염기쌍에 대한 유전정보가 저장되어 있다. 약 18개월마다 자료의 크기가 두 배로 증가하고 있는 GenBank는 주로 저자나 서열결정센터로부터 자료를 받아서 데이터베이스를 구축하고 있다.

단백질 서열만을 다루는 데이터베이스로 가장 대표적인 것은 SWISS-PROT(http://www.expasy.ch/sprot)로서 제네바 내학의 Amos Bairoch 박사에 의해 운영되어 오다가 최근에

EBI(European Bioinformatics Institute)와 공동으로 구축되어 운영되고 있는 데이터베이스이다. 이 밖에도 PIR(Protein Information Resource, http: //www-nbrf.georgetown.edu)이 있다.

2) 단백질 데이터베이스

단백질 자체에 대한 포괄적인 정보를 담고 있는 데이터베이스는 아직 없다. 단백질 서열과 관련된 정보는 서열정보 데이터베이스에서 검색할 수 있고, 효소와 관련해서는 국제효소위원회가 SWISS-PROT와 연계하여 구축한 ENZYME(http://www.expasy.ch/enzyme)이 있으며, 대사경로와 관련된 KEGG(Kyoto Encyclopedia of Genes and Genomes, http://www.genome.ad.jp/kegg)가 있다. 이 외에도 단백질의 2D 젤 전기영동데이터를 모아 놓은 SWISS-2D PAGE(http://www.expasy.ch/ch2d)가 있다.

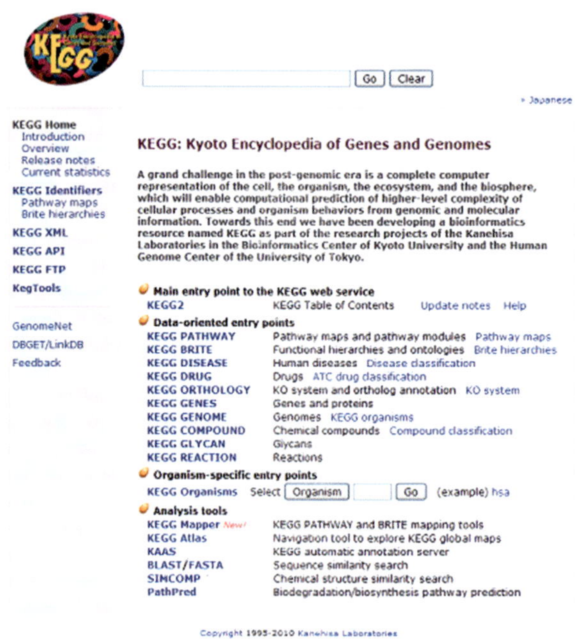

그림 8-10 KEGG 홈페이지 초기화면

3) 구조 관련 데이터베이스

실험에 의해 구조가 결정된 단백질들의 데이터가 미국의 Brookhaven National Laboratory에 의해 PDB(Protein Data Bank, http://www.rcsb.org)에 구축되어 있으며, 핵산의 구조에 관해서는 NAD(Nuclec Acid Database, http://ndbserver. rutgers.edu)가 구축되어 있다.

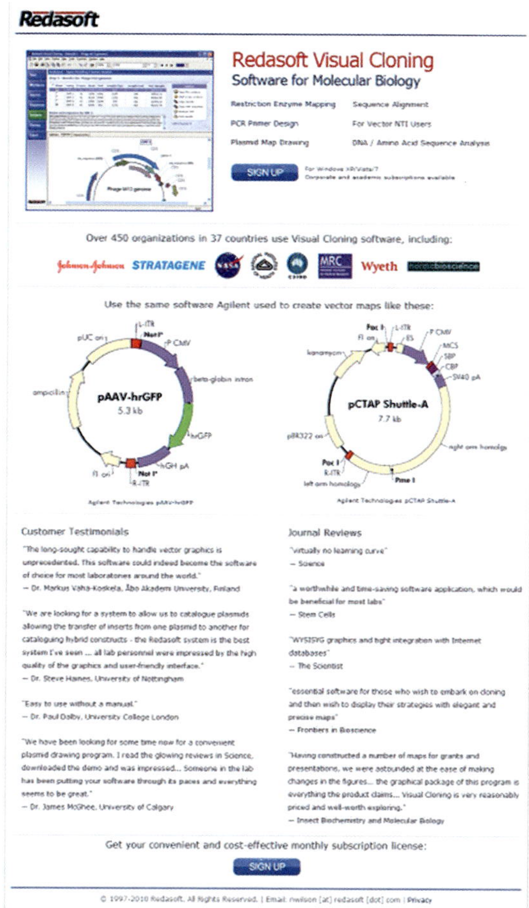

그림 8-11 Redasoft회사 홈페이지 초기화면

(2) 서열분석 알고리즘의 개발

알고리즘(Algorithm)이란 문제 해결을 위한 수학적 혹은 논리적 절차를 일컫는 용어인데, 일반적으로 전산학에서는 주어진 문제를 해결하기 위하여(또는 문제의 답을 찾기 위한 프로그램을 작성하기 위하여) 명확하게 정의된 명령어를 사용하여 하나의 문제를 몇 개의 쉬운 단계로 쪼개면서 옳은 답을 찾는 과정을 말한다. 생물정보학에서 서열분석 알고리즘을 개발한다는 것은 DNA나 단백질의 서열을 분석하기 위하여 적절한 알고리즘을 생각하는 것으로 여러 종류의 알고리즘 원리를 적용하여 적절한 알고리즘을 개발하게 된다.

1) 유사성 검색 원리에 의한 알고리즘 개발

분자생물학에서 유전자를 cloning 히여 염기서열을 결정하고 나면, 이 유전자가 기존에 이미 밝혀진 유전자인지 아니면 새로운 것인지 또는 이 유전자에 의해 생성되는 단백질이 어떤 구조와 기능을 갖는지에 관해 의문을 가지게 된다. 이런 경우에 이미 먼저 결정된 단백질의 아미노산서열이나, DNA 염기서열에 관한 데이터가 있다면 상호 비교하여 의문점을 해결할 수 있을 것이다.

유사성 검색 원리를 이용한 알고리즘에 가장 널리 사용되는 것은 Smith-Waterman, FASTA, BLAST 등이 있다. Smith-Waterman 알고리즘은 전체 서열을 대상으로 유사성검색을 실시하는 것으로서, 다른 알고리즘에 비해 검색시간은 오래 걸리지만 상대적으로 좀 더 정확한 결과를 얻을 수 있는 것으로 알려져 있다. FASTA와 BLAST는 대상이 되는 서열을 미리 작성해 놓은 서열 데이터베이스와 비교하여 문제점을 해결하는 프로그램으로 단백질서열과 염기서열 데이터베이스간의 비교가 가능하다.

2) 패턴분석의 원리에 의한 알고리즘 개발

이미 알려진 서열들 중에서 기능적으로 중요한 부분이나 구조적으로 동일한 부분들을 모아 데이터베이스를 구축한 후 염기서열의 패턴을 이용하여 문제점을 해결하는 방법이다. SIB(Swiss Institute of Bioinformatics, http://www.expasy.ch/prosite)에서 제공하는 PROSITE와 미국의 Fred Hutchinson Cancer Research Center (http://www.blocks.fhcrc.org)에서 제공하는 BLOCKS 등이 있다.

(3) 생물학 연구 분야 소프트웨어의 개발

이제 생물정보학(생물학)의 연구에서 컴퓨터와 인터넷은 떼어 놓을 수 없는 필수 불가결한 연구도구가 되고 있다. 생물학 분야의 데이터베이스와 함께 많은 종류의 생물학 연구에 관련된 소프트웨어(Biosoftware)가 개발되어 이용되고 있다. 이러한 소프트웨어 중에는 무료로 이용이 가능한 것도 많이 있는데, Gilbert(1998)는 무료 소프트웨어(Free Software)의 종류와 해당 소프트웨어를 download 받을 수 있는 사이트를 정리해서 발표하였다(http://iubio.bio.indiana.edu/soft/molbio).

이 밖에도 Bioinformatis(http://www.bioinformatik.de)나 포항공대의 BRIC(Biological Research Information Center, http://bric.postech.ac.kr)에서 운영하고 있는 홈페이지에 접속하면 생물학의 여러 분야별로 정리된 소프트웨어들의 이름과 내용을 파악할 수 있다.

4. 생물정보학을 이용한 유전체 분석 분야

(1) 마이크로어레이 칩 분석

DNA 마이크로어레이(Microarray)란 염기서열을 알고 있는 DNA 분자의 일부 서열과 혼성화(hybridization) 될 수 있는 탐침자(probe)를 DNA 올리고뉴클레오타이드로 제작하거나 cDNA 서열의 일부로 소형 기판 위에 고밀도로 배열해 놓은 것으로, 칩에 따라 수는 다르지만 약 3만개 정도의 많은 유전자의 발현 상태를 총체적으로 파악하고자 이용한다. cDNA array의 경우 혈액과 같은 조직에서 형광물질로 표시된 DNA를 추출하여 칩과 반응시키면 칩 위의 DNA와 일치하는 조직의 DNA가 있으면 형광을 발생한다. 실험군에는 빨간 형광색으로 표지하고 대조군에는 초록 형광색으로 표지한 후 각 유전자마다 발현 정도를 비교할 수 있다. 실험군과 대조군의 유전자 발현 정보를 얻고, t-test와 같은 통계 테스트를 통해서 유의하게 다른 유전자(Differentially Expressed Genes)을 찾아서 실험군과 대조군을 비교할 수 있다. 통계프로그램 R의 bioconductor package 중 limma라는 패키지를 이용한 유의성검정이 일반적으로 많이 이루어지고 있다. 예를 들면 암환자와 정상 환자의 유전자 발현 정도가 정말 통계적으로 차이가 있는지를 확인할 수 있다.

비교분석 뿐만 아니라 시계열분석, 즉 시간에 따른 유전자 발현양상의 변화를 알 수도 있다. 예를 들면 어떤 세포의 면역반응을 알기 위해 항원을 주입한 후 각 0, 0.5, 1, 3, 6, 9, 12시간 후에 뽑은 유전자의 RNA를 microarray에 뿌려주고, 그 발현정도를 알아낸 후 항원 주입에 따른 면역반응이 어떤 유전자에서 시작되었고 그 신호가 다른 유전자 발현에 이어지는 등의 원인 결과 관계를 밝혀낼 수도 있다. 이렇게 유전자의 발현정보를 이용한 microarray뿐 아니라 transcriptome 중 하나이며, 차세대 시퀀싱(next generation sequencing, NGS)을 이용한 RNA-seq이 점차 microarray의 자리를 대체해가고 있는 추세이다.

(2) SNP(Single Nucleotide Polymorphism) chip 분석

SNP(Single Nucleotide Polymorphism)란 DNA염기서열에서 A,T,C,G와 같은 단일염기가 같은 종의 다른 개체의 유전체에서 같은 위치 같은 염기서열이 다른 것을 말한다. 단일염기 다형성이라 불리는 SNP는 다른 개체의 같은 염색체의 같은 위치를 비교했을 때 단일염기가 다른 것을 발견할 수 있다. 이것이 SNP이다. 이런 SNP들은 미리 알아낸 SNP들을 확인할 수 있는 chip들이 있어서 SNP chip을 이용하거나, 요즘처럼 차세대 시퀀싱(Next Generation Sequencing)을 통해 얻어진 정보를 이용하여 알아낼 수 있지만 차세대 시퀀싱을 이용하는 연구는 아직 초기 단계이다. SNP chip의 경우 affymetrix나 illumina 회사 제품이

보편적으로 사용되고 있다.

단일염기변이를 이용한 전장유전체연구(Genome Wide Association Studiy, GWAS)를 통하여 질병연구를 하고, 동물에서는 경제형질(우유생산량, 고기생산량 등)과 연관시켜서 연구하고 있다. SNP 자체가 질병을 일으키지는 않지만, 이를 이용하여 어떤 사람이나 동물이 특정 질병에 걸릴 가능성을 미리 알 수 있다.

우리나라에서도 국립보건연구원에서 예측 및 맞춤의학 실현을 위한 KARE(Korean Association REsource)를 통하여 연구를 했다. 체질량지수(body mass index, BMI), 복부지방률(waist hip ratio, WHR), 키(height), 수축기 혈압(systolic blood pressure, SBP), 이완기 혈압(diastolic blood pressure, DBP), 맥박(pulse rate), 골밀도(bone density) 이렇게 여덟 가지 형질에 대해 각 SNP와의 연관성 분석이 수행된 바 있다. 이러한 형질뿐 아니라 질병에 관한 많은 연구들도 국내외에서 수행되고 있는데, 이러한 연구를 바탕으로 현재는 정상이지만 개인 유전정보에 따라 질병 발병률이 높을 수 있는 위험군을 보다 광범위하게 예측 가능하게 하고 질병에 대한 경고를 예시하여 질병 발병률 감소에 기여할 것으로 기대된다. 사람 뿐 아니라 돼지, 소 같은 다른 동물에서도 수행되고 있다. 동물에서는 고기맛과 관계되는 형질에 대한 연구와 말의 경우 잘 뛰는 것에 대한 연구가 수행되기도 했다.

(3) Metagenomics 분석

Metagenome이라는 용어는 "특정 자연환경에 존재하는 모든 미생물의 유전체 집합"으로 정의된다. Metagenomics란 특정 환경 내에 존재하는 미생물의 유전체를 연구하는 학문의 한 분야이다. 현재 metagenomics 연구 방법으로 16S rRNA gene과 같은 계통발생학적 표지의 동정을 통해 환경 시료에 존재하는 미생물의 다양성을 밝히는 것이 주류를 이루고 있다. 예를 들면 폐광산 침출수, 해수, 동물이나 사람의 장내 점막과 분변 등 다양한 생태환경에서 채취한 시료로부터 metagenome 연구가 행해지고 있다.

과거에는 미생물의 유전체를 연구하기 위하여 실험실적 조건에서 배양하는 과정을 거쳐야 했다. 그런데 대부분의 미생물은 난배양성이므로 이러한 연구방법은 제한적인 결과를 얻을 수밖에 없었다. 그러나 이 후 pyrosequencing 등 차세대 시퀀싱(Next Generation Sequencing) 기술의 발달로 배양과정을 거치지 않고 미생물의 대량 sequencing을 신속하게 할 수 있게 되어 metagenome 연구가 크게 활성화되고 있다.

Metagenomics 연구과정에서는 대량의 미생물 서열 자료가 발생하기 때문에 기술적으로 대량의 자료를 신속하게 처리할 수 있는 컴퓨팅 자원이 필수적이다. Metagenomics 연구에 사용되는 소프트웨어로서는 MEGAN, MG-RAST, ESPRIT 등이 있으며, metagenome

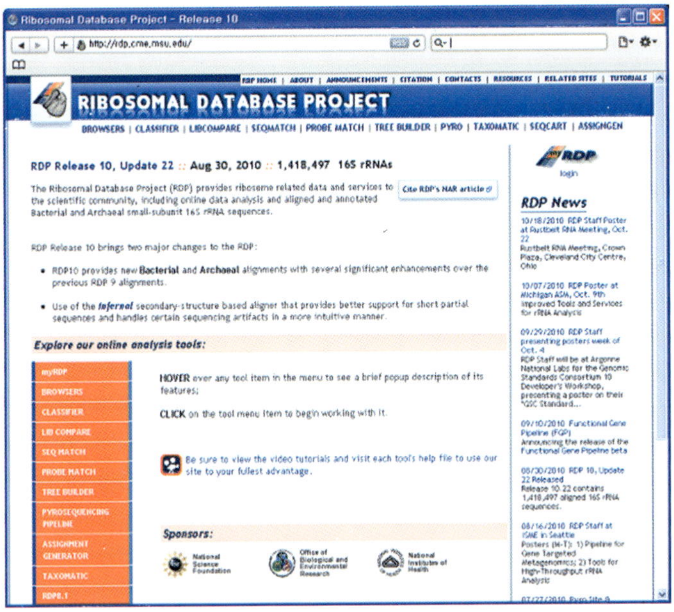

그림 8-12 Metagenome 연구 ribosomal database project 사이트 초기화면

데이터베이스를 인터넷상으로 제공하는 대표적인 인터넷 사이트로 RDP(Ribosomal Database Project)가 있다.

(4) Selective sweep

동물유전학의 기원은 인류가 아프리카로부터 전 세계로 흩어진 10,000년 전으로 거슬러 올라간다. 그 전까지 인류는 2백만 년 간 채집과 수렵을 하며 살았다. 14,000년 전, 마지막 빙하기의 끝자락에 지구의 온도는 지금과 비슷한 수준으로 상승했다. 인류는 10,000에서 12,000년 전 "비옥한 초승달 지역(Fertile Crescent)"으로 불리는 근동(near east) 지역에서 최초의 농경을 시작했다. 농경사회의 시작은 충분한 식량을 생산할 수 있게 되면서 한 곳에 무리를 이뤄 정착생활을 할 수 있게 됨을 의미한다. 이때부터 인류는 밀도 있는 사회를 구성할 수 있게 된 한편, 더불어 야생의 종(wild type)을 길들이기 시작했다.

육종가들은 선택적인 교배를 통해 가축의 표현형에 점진적이고 확실한 변화를 가져왔다. 이는 2백만 년이라는 긴 시간 중, 단 1만년이라는 극히 짧은 기간 동안 일어난 일이다. 때문에 적응을 통해 획득된 표현형과 선발을 통해 강화된 표현형은 유전체에 강한 시그널로 남았다. 예를 들어 오늘날 전 세계에 닭은 300여 품종, 돼지는 100여 품종, 소는 800여 품종, 개는 400여 품종 이상 있는 것으로 추산된다. 단기간 내에 단 하나의 야생종이 이처럼 다채로운 품종으로 나눠지는 까닭은 그 집단의 특징적인 표현형에 해당하는 유전자가 다른 집단과 구분되는 부분을 가졌기 때문이다. 이러한 특징적 차이는 육종가의 노력의 산물이기도 하고, 동물이 환경에 적응하면서 자연히 생기기도 한다. 먹이가 되는 콩의 크기에 따라 그 크기가 달라진 핀치의 부리(Darwin's finch)가 대표적인 예이다.

다시 말하면 가축화 유전자(domestication gene)란 야생의 생물이 인위적인 선발에 의해서 길들여져서 특정한 표현형을 가지게 되면, 이 표현형에 상응하는 대립유전자(allele) 혹은 그 유전자가 위치한 유전체상의 위치인 로커스를 말한다. 적응 유전자(adaptation gene)란 특정한 환경에 적응한 한 무리의 집단이 자연선택을 받아 형성된 특정한 표현형과 이 표현형에 상응하는 대립유전자(allele) 혹은 로커스(locus)를 말한다. 종, 아종 혹은 품종의 특징적 표현형을 결정짓는 대립유전자는 한번 형성되면 이 유전자에 인접한 대립유전자들까지 함께 다음세대로 전달된다. 현상을 선택적 싹쓸이(selective sweep)라고 한다. 선택적 싹쓸이 현상으로 인해 같은 품종이 공유하는 대립유전자는 점이 아니라 긴 영역으로 드러난다. 집단 유전체학은 이 현상이 일어난 영역을 발굴함으로써 유전자와 유전자의 전체 집합의 공간인 유전체 정보로부터 환경에 대한 적응과 선발의 역사를 추론하고, 동물 유전자의 기능을 이해하는 데 목적이 있다.

(5) Copy Number Variation

유전자 복제수 변이 Copy number variation(CNV)란 reference 염기서열과 비교하여 복제수의 변화를 보이는 DNA 절편으로, 특정 염기서열의 삽입(insertion), 결실(deletion), 역위(inversion), 증폭(duplication) 등과 같은 유전자의 구조적 변이(structural variation)를 말한다(그림 8-13). CNVs는 전체 유전체의 약 12%(4-24Mb)를 차지하고 있어 단일염기다형성(Single Nucleotide Polymorphism, SNPs)이 차지하는 유전체당 총 크기(2.4Mb)보다 훨씬 더 많은 다형성을 가진 유전체 변이이고, CNVs는 인간에게서 알려진 약 30,000개의 유전자 중 약 10%인 2,900개 이상의 유전자를 포함하고 있다.

CNVs의 검출 방법은 전체 유전체의 변이를 한 번에 검출하는 유전체 전장(genome-wide) 방법으로 주로 microarray 기법을 기반으로 한다. Genome-wide 검출 방법에는 array-CGH, SNP array, 전장유전제 염기순서 분석법(whole genome sequencing)을 많이 사용하고 있다.

특정 부위의 CNVs는 질환의 원인이 되거나, 감수성(susceptibility) 인자로서 작용한다. 복제수 변이가 질환을 유발하는 기전으로는 CNV 구역의 유전자가 결핍 또는 증폭되어 유전자의 기능장애나 양적변이에 의해 용량초과(dosage effect)를 나타낼 수 있다. 유전자의 돌연변이보다는 다운증후군과 같은 유전자 복제수 변이의 여러 가지 증상을 유발하는데, 이러한 경우 유전체질환(genomic disorder)이라고 한다. 유전자의 CNVs로 인한 질환으로 알츠하이머병(Alzheimer's disease, 기억상실증, 치매), 파킨슨씨병(Parkinson's disease, 중풍), Williams 증후군 등이 있다.

(6) Genomic Rearrangement

살아있는 생물체의 genome은 하나 이상의 염색체의 특정 순열에서 유전자 그리고 non-coding DNA의 배열로 구성 되어있다. 진핵생물은 일반적으로 선형 염색체 쌍으로 이루어져있고 전형적인 원핵생물은 오직 하나 이하의 원형(가끔씩 선형) 염색체로 이루어져 있다. 특정한 종의 특정한 염색체에 따라 유전자 또는 유전자 세트의 순열은 일반적으로 보존되나 종마다 그 순열은 같거나 조금씩 다를 수가 있다. 종마다 이러한 게놈에 따른 유전자 또는 실제 마커의 목록을 수집하여 유전자 또는 마커 사이의 거리, 즉 거리를 측정하는 단위를 발생론 또는 물리적 지도라고 일컬어지고 있다. 하지만 각각의 종마다 이러한 발생론 또는 물리적 지도가 다르게 나타나는데, 그 이유는 유전자 또는 마커의 분열, 역전 융화, 전위 등으로 인해 유전자 또는 마커 사이의 거리, 순열이 틀려 지기 때문이다. 이러한 거리와 순열 등은 종간의 차이점을 야기 시키고, 이러한 차이점은 모든 종간의 계통을 발생

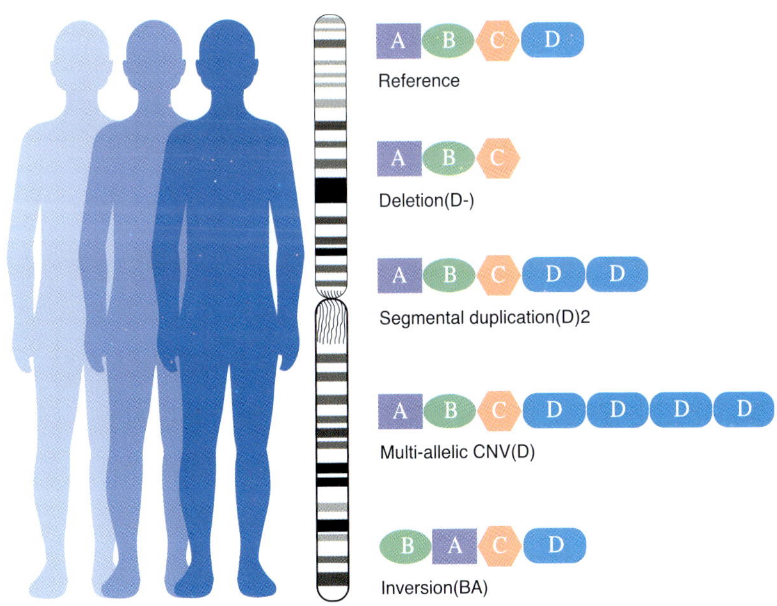

그림 8-13 DNA의 구조적 변이(structural variation)의 형태

학론적으로 파악할 수 있는 원동력을 제공한다. 즉 genomic rearrangement란 비교하려는 종간의 염색체의 유전자 또는 마커 등의 위치목록을 바탕으로 기준이 되는 종과 비교 대상의 종의 유전자 또는 마커 등의 위치 목록이 똑같아지기까지의 최소의 단계를 말하며, 이 단계를 이용하여 계통발생학적 구조를 파악할 수 있는 한 가지 방법이라고 할 수 있겠다. 예를 들어 그림 8-14는 쥐의 X 염색체와 사람의 X 염색체에 서로 같이 존재하는 유전자의 위치 정보를 나타낸 그림이다. 이 그림을 보면 상단의 비교 대상이 되는 종(쥐)과 하단의 기준이 되는 종(사람)을 확인 할 수 있다. 그리고 그 중간에 쥐에서 사람까지의 유전자 위치가 변화하는 최소한의 단계가 나타나 있다. 여기서 확인을 하면 적어도 7단계는 거쳐야 비로소 쥐와 사람의 유전자 위치가 같아지는 것을 확인 할 수 있겠다.

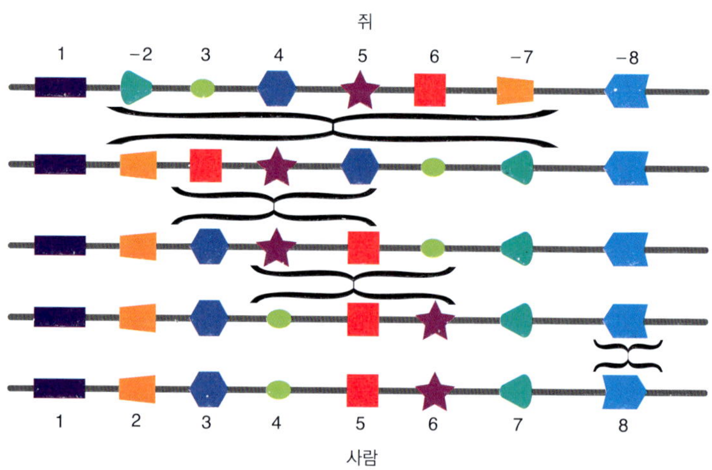

그림 8-14 쥐와 사람의 염색체 X의 같은 유전자의 위치 정보

(7) Genomic Selection

1990년대에 시작된 인간 게놈프로젝트에 의한 염기서열의 분석기술이 발달함으로써 다양한 생물종의 염기서열이 공개됨에 따라 종간의 서열의 차이를 분석하여 생물종의 다양성을 설명하던 시기가 있었다. 그러나 최근에는 반수체 유전체형(Haplotype), 단일염기다형성(Single nucleotide polymorphism, SNP), 유전자 복제수 변이(Copy number variation, CNV) 등의 생물종 내의 염기서열의 다양성을 보여주는 현상이 밝혀짐으로써 다양성, 즉 종내 집단의 다양성을 설명하고자 하는 많은 노력이 이루어지고 있다. 이러한 현상을 이용해 유전체상의 더욱 조밀한 간격의 마커를 개발하는 기술도 함께 발달해 왔다.

동물육종에 있어서 유전자마커를 이용한 기술은 유전적 질병이나 소에 있어서 뿔의 유무와 같은 질적형질에 있어서 하나 혹은 소수의 유전자에 의해 발생하는 단순유전형질(simply-inherited trait)인 경우가 많으며, 이러한 형질에 대한 소수의 유전자마커를 이용한 선발이 이루어졌다. 그러나 도체중이나 산유량과 같은 양적형질(Quantitative trait)의 경우에는 매우 많은 유전자들이 형질에 관여하고 있기 때문에(이러한 형질을 다인자 형질(polygenic trait)이라 한다) 이러한 형질에 대한 마커에 의한 선발은 어려운 것으로 알려져 있다. 이는 개별적 마커의 효과를 측정하는 과정에서 전체 유전적 분산의 일부만을 가져오게 되기 때문이다. 그러나 앞서 논의되었던 SNP나 haplotype과 같은 양적형질 좌위(Quantitative trait loci, QTL)에 조밀하게 위치하는 표지인자들의 효과를 추정하여, 기존의 동물 육종분야에서 유전능력평가를 위해 혈통정보를 이용하여 추정하였던 육종가(Estimated breeding value, EBV)를 모든 마커의 효과를 추정하여 개체의 능력을 예측하고자 하는 방법이 시도되었다. 이렇게 추정된 육종가를 유전체 추정육종가(Genomic EBV, GEBV)라 하며, 이 방법을 이용하여 개체를 선발하는 것을 유전체 선발(Genomic selection)이라 한다. 이러한 유전체 선발은 조밀한 마커와 이들 마커의 유전자형을 높은 처리량(high-throughput)으로 분석할 수 있는 실험 기법이 개발되었기에 가능해졌으며, 방대한 자료로부터 유전체 추정육종가를 계산하기 위해서는 빠르고 효율적인 컴퓨터의 계산능력과 통계적 기법이 필요하기 때문에 이에 대한 생물정보학적 접근이 불가피하다.

유전체 선발기술의 정확도에 영향을 미치는 요인들은 크게 세 가지로 볼 수 있다. 첫 번째는 연관불평형(Linkage disequilibrium, LD)의 정도와 마커의 수이다. 전체 QTL을 모두 포함할 수 있는 조밀한 마커의 수가 필요하며, Meuwissen 등(2001)의 모의실험 연구에 따르면 인접한 마커간에는 0.2이상의 r^2값을 가져야 한다고 보고된다. 두 번째는 앞서 이야기한 LD와 관련되어 어떤 마커를 사용하는지도 유전체 선발의 정확도에 영향을 미친다. 마지막으로 표본집단 내에서 표현형 기록의 수이다. 표현형 자료가 많을수록 유전체 선발의 정확도는 더욱 높아지며, Meuwissen 등(2001)의 모의실험 연구는 약 2,000개 이상의 기록이 있어야 정확한 육종가를 추정할 수 있는 것으로 보고하였다.

유전체 선발은 기존의 혈통을 이용한 유전능력평가에 비하여 높은 정확도를 갖는 육종가를 산출하기 때문에 더욱 정확한 선발기준이 될 수 있다. 뿐만 아니라 표현 형질에 따른 기록이 없더라도 유전자형만으로도 육종가를 산출할 수 있다. 따라서 가축의 조기선발을 통하여 능력검정이 가능하므로 선발의 세대간격을 줄일 수 있는 이점을 지닌 기법이다.

요 약

동물생명공학의 응용 기술이라 함은 유전학적 기법을 기반으로 한 유전자 재조합기술, 형질전환 동물 생산기술, 동물복제기술, 바이오칩 기술 및 생물정보학적 기술 등을 망라한 생명공학 기술을 일컫는다. 이들 중 형질전환 동물은 특정 외래 유전자를 수정란이나 초기배아의 배간세포에 도입하여 생산한 유전적 변환체 동물을 의미하며, 우수한 가축의 생산, 생리활성 물질의 생산, 질병치료 모델 및 대체장기 등의 목적에 이용할 수 있다. 동물의 복제는 형질전환 기법을 한 단계 높이는 혁신적인 기법으로 우량동물의 복제, 멸종 위기의 종 보전, 세포 및 유전자 치료, 그리고 개체발생의 이해 등 다양한 분야에 응용될 수 있다. 생물정보학은 넓은 의미로 컴퓨터를 이용하여 생물학을 연구하는 모든 분야를 말하며, 일반적으로 DNA나 단백질의 서열 및 구조에 관한 정보를 처리하고, 활용하는 분야를 말한다.

참고문헌

- Baldi, P.P. and S. Brunak. 1998. Bioinformatics : The Machine Learning Approach MIT Press.
- Barton N. 2010. Understanding Adaptation in Large Populations. PLoS Genet. 6 (6) : e1000987.
- Bergeron, A. 2005. A very elementary presentation of the Hannenhalli-Pevzner theory. Discrete Applied Mathematics. 146 (2) : 134-145.
- Bionaz M, Monaco E, Tanaka T, Wheeler MB. 2010. Current and Emerging Biotechnologies for Livestock Production 37th International Symposium. "Biotechnology in Agriculture and Fisheries" (October 22, 2010), The National Academy of Sciences, Republic of Korea.
- Butte, A. 2002. The use and analysis of microarray data. Nature reviews drug discovery. 1 (12) : 951-60.
- Calus M.P.L., Meuwissen T.H.E., De Roos A.P.W., Veerkamp R.F. 2008. Accuracy of genomic selection using different methods to define haplotypes. Genetics. 178 : 553?561.
- Chen, K; Pachter L. 2005. Bioinformatics for whole-genome shotgun sequencing of microbial communities. PLoS Comp Biol. 1 (2) : 24.
- Clote, P. and R. Backofen. 2000. Computational Molecular Biology Wiley, John & Sons Incorporated.
- Cook E.H., Scherer S.W. 2008. Copy-number variations associated with neuropsychiatric conditions. Nature. 455 (7215) : 919–23.
- Don Gilbert. 1998. Free Software in Molecular Biology for Macintosh and MS Windows computers(http://iubio.bio.indiana.edu/soft/molbio/docs).
- Eisen, J.A. 2007. Environmental shotgun sequencing: its potential and challenges for studying the hidden world of microbes. PLoS Biology. 5 (3) : e82.
- Galli C, Lagutina I, Crotti G, Colleoni S, Turini P, Ponderato N, Duchi R, Lazzari G. 2003. Pregnancy: a cloned horse born to its dam twin. Nature 424 : 635.
- Geurts A.M., Cost G.J., Freyvert Y, Zeitler B, Miller J.C., Choi V.M., Jenkins S.S., Wood A, Cui X.X., Meng X.D., Vincent A, Lam S, Michalkiewicz M, Schilling R, Foeckler J, Kalloway S, Weiler H, Menoret S, Anegon I, Davis G.D., Zhang L, Rebar E.J., Gregory P.D., Urnov F.D., Jacob H.J., Buelow R. 2009. Knockout Rats via Embryo Microinjection of Zinc-Finger Nucleases. Science 325 : 433–433.
- Handelsman, J; Rondon M.R., Brady S.F., Clardy J, Goodman R.M. 1998. Molecular biological access to the chemistry of unknown soil microbes: a new frontier for natural products. Chemistry & Biology 5 : 245–249.

- Hirschhorn, J.N. and Daly, M.J.. 2005. Genome-wide association studies for common diseases and complex traits. Nature Reviews Genetics. 6 (2) : 95-108.
- Kling J. 2009. First US approval for a transgenic animal drug. Nat Biotechnol 27: 302-304.
- Lanza R.P., Cibelli J.B., Diaz F, Moraes C.T., Farin P.W., Farin C.E., Hammer C.J., West M.D., Damiani P. 2000. Cloning of an endangered species (Bos gaurus) using interspecies nuclear transfer. Cloning 2 : 79-90.
- Lawrence M. Fisher, Down on the Farm, a Donor; Breeding Pigs That Can Provide Organs for Humans. The New York Times, January 5, 1996, p.D1.
- McGrath, J. and D. Solter. 1983. Nuclear transplantation in mouse embryos. J Exp Zool. 228(2) : 355-62.
- National Academies (U.S.). 2006. Understanding stem cells : an overview of the science and issues from the National Academies, Washington, Dc : National Academises.
- Nielsen R. 2005. Molecular Signatures of Natural Selection. 39 : 197-218.
- Pfost, D.R., M.T. Boyce-Jacino and D.M. Grant. 2000. A SNPshot : Phamacogenetics and the future of drug therapy. Trends Biotechnol. 18 : 334-338.
- Quackenbush, J. 2001. Computational analysis of microarray data. Nature Reviews Genetics. 2 (6) : 418-27.
- Rashidi, H. and L.K. Buehler. 1999. Bioinformatics Basics : Applications in biological Science and Medicine CRC Press.
- Tremml G, Singer M, Malavarca R. 2008. Culture of Mouse Embryonic Stem Cells. Curr Protoc Stem Cell Biol Chapter1: Unit 1C 4.
- Vanderwall D.K., Woods G.L., Aston K.I, Bunch T.D., Li G.P., Meerdo L.N., White K.L. 2004. Cloned horse pregnancies produced using adult cumulus cells. Reprod Fertil Dev 16 : 675-679.
- Wani N.A., Wernery U, Hassan F.A., Wernery R, Skidmore J.A. 2010. Production of the first cloned camel by somatic cell nuclear transfer. Biol Reprod 82 : 373-379.
- Watson, J.D., M. Gilman, J. Witkowski and M. Zoller, 1992. Recombinat DNA. 2nd ed. Scientific American Books, New York.
- Yamanaka S. 2007. Strategies and new developments in the generation of patient-specific pluripotent stem cells. Cell Stem Cell 1 : 39-49.
- Zhang Y, Yu L.C. 2008. Microinjection as a tool of mechanical delivery. Curr Opin Biotechnol 19 : 506-510.
- Zhou Q, Renard J.P., Le Friec G, Brochard V, Beaujean N, Cherifi Y, Fraichard A, Cozzi J. 2003. Generation of fertile cloned rats by regulating oocyte activation. Science 302 : 1179.

- 과학기술자문봉사단. 2000. 새로운 생명자원이야기. 서광미디어.
- 김경언. 2001. Biochips : Biological Microchips. 생명공학연구원-바이오진. 제품시장동향(http://biozine.kribb.re.kr/market/at2001-1-17.html).
- 김희발. 1997. PCR-RFLP에 의한 한우 비만유전자의 다형성 검정과 육질관련 DNA 표식인자의 개발에 관한 연구. 서울대학교 석사학위논문.
- 박용호 외 6인. 1996. 동물유전공학. 선진문화사.
- 원세연. 2000. 생물정보학이란 무엇인가(http://www.bioinformatics.pe.kr)
- 유대열, 송창우, 유영춘, 박승용 번역. 2001. 게놈기능연구 프로토콜. 월드사이언스.
- 황승용. 1999. DNA chip technologies : Array of Hope. 생명공학연구원-바이오진 기술/정책 report (http://biozine.kribb.re.kr/special/sp11-10.html).

생물정보학을 위한 유용한 인터넷 사이트

- 생명공학연구소. http://kribb.re.kr
- BioExchange. http://www.bioexchange.com
- Bioinformatics Information. http://www.bioinformatics.pe.kr
- Bioinformatik. http://www.bioinformatik.de
- BRIC(Biological Research Information Center). http://bric.postech.ac.kr
- DDBJ(DNA Data Bank of Japan). http://www.ddbj.nig.ac.jp
- EMBL(European Molecular Biology Laboratory). http://www.ebi.ac.uk
- ExPasy(Expert Protein Analysis Sytem). http://www.expasy.ch/
- FHCRC(Fred Hutchinson Cancer Research Center). http://www.blocks.fhcrc.org
- ISCB(International Society for Computational Biology). http://www.iscb.org
- KEGG(Kyoto Encyclopedia of Genes and Genomes). http://www.genome.ad.jp/kegg/
- MDL(Molecular Design Limited). http://www.mdlchime.com
- NAD(Nucleic Acid Database). http://ndbserver.rutgers.edu
- NCBI(National Center for Biotechnology Information). http://www.ncbi.nlm.nih.gov/

- PDB(Protein Data Bank). http://www.rcsb.org/
- PIR(Protein Information Resource). http://www-nbrf.georgetown.edu/
- Redasoft. http://www.redasoft.com
- SIB(Swiss Institute of Bioinformatics). http://isb-sib.ch/

가

나

다

라

마

바

사

아

자

차

카

타

파

하

영문

집 필 진

- 김희발 : 서울대학교 식품동물생명공학부 교수
- 도창희 : 충남대학교 동물바이오시스템과학과 교수
- 손시환 : 경남과학기술대학교 동물생명과학과 교수
- 신영수 : 신구대학 자원동물과 교수
- 양영훈 : 제주대학교 생명공학부 교수
- 여인서 : 강원대학교 동물생명공학과 교수
- 여정수 : 영남대학교 생명공학부 교수
- 이득환 : 한경대학교 동물생명환경과학부 교수
- 이정구 : 강원대학교 동물자원과학과 교수
- 이학교 : 한경대학교 생명공학과 교수
- 조병욱 : 부산대학교 동물생명자원과학과 교수
- 최연호 : 신구대학 자원동물과 교수
- 한재용 : 서울대학교 식품동물생명공학부 교수
- 홍영호 : 중앙대학교 생명자원공학부 교수

바이오시대의

동 물 유 전

2011년 8월 20일 초판 1쇄 발행
2015년 8월 20일 2쇄 발행
값 30,000원

저 자 김희발 · 도창희 · 손시환
신영수 · 양영훈 · 여인서
여정수 · 이득환 · 이정구
이학교 · 조병욱 · 최연호
한재용 · 홍영호

발행자 양 희 돌

경기도 고양시 일산서구 하이파크3로 17
發行處 先 進 文 化 社
<등록 제410-2005-000040호>
ISBN 978-89-7392-259-8 93520

 ☎ (031)925-8237· 8238. FAX925-8239